MATHEMATICA

Titel der Originalausgabe: *Mathematica – Mathematics from ancient times to the modern world*

5231 DC 's-Hertogenbosch
Niederlande
www.librero-ibp.com

Ursprünglich 2024 herausgegeben von The Bright Press,
einem Imprint von The Quarto Group

Autoren: Dr James Lees (Einleitung, Teil 1, Teil 2, Kapitel 21 und 22) und
John Farndon (Teil 3 Einleitung, Kapitel 16–20 and Kapitel 23).

The Bright Press
Verleger: James Evans
Chefredaktion: Isheeta Mustafi, Anna Southgate
Verlagsleiterin: Kathy Turtle
Verlagsassistentin: Jemima Solley
Leitende Redakteurin: Jacqui Sayers
Art Director und Cover-Designer: James Lawrence
Design und Illustrationen: Tony Seddon
Projektredakteur: Joe Barnes
Bildrecherche: Katie Greenwood
Leitende Redakteurin: Izzie Hewitt
Mathematik-Redakteure: Linnet Bruce und Keith Gallick

Übersetzung aus dem Englischen:
Nina Kavelar, Köln
Redaktion und Satz der deutschen Ausgabe:
Print Company Verlagsges.m.b.H., Wien

Printed in Pontian, Johor, Malaysia. PC/06/2026

ISBN: 978-94-6499-075-1

Coverbild: Leonardo da Vinci, *Mona Lisa, circa* 1503–1519
(Art Collection 2 / Alamy Stock Photo), darüber die Goldene Spirale.

FSC www.fsc.org MIX Papier | Fördert gute Waldnutzung FSC® C007207

MATHEMATICA

DIE GESCHICHTE DER MATHEMATIK VON DER ANTIKE BIS IN MODERNE ZEITEN

Dr James Lees
und John Farndon

Librero

INHALT

Einleitung

Mathematiker stellen sich oft eine grundlegende Frage, auf die es jedoch keine Antwort gibt: Ist eine mathematische Formel eine Erfindung oder eine Entdeckung? Oder anders ausgedrückt: Ist die Mathematik in irgendeiner Form ein struktureller Teil des Universums, den wir entdecken, oder entwickeln wir sie bei dem Versuch, das Universum zu verstehen?

Im breitgefächerten Spektrum des menschlichen Denkens sticht die Mathematik hervor, da sie von der angeborenen Neugier der Menschen zeugt, aber auch von unserer Fähigkeit, von der sichtbaren, greifbaren Welt zu abstrahieren. Die Mathematik war schon immer ein Abenteuer des Intellekts, das ein komplexes Gebilde spinnt und das kollektive Streben unzähliger kluger Köpfe aus verschiedensten Kulturen und Zeitaltern darin verwebt.

Mathematik in verschiedenen Kulturen

Die Mathematik bietet uns einen einzigartigen Einblick in die Kulturen der Menschen. In gewisser Hinsicht ist sie egalitär: Die verwendeten Zeichen ändern sich mit der Zeit, aber die Wissenschaft bleibt gleich. Dennoch entwickelten sich unterschiedliche Rechenweisen.

Oft ist die Mathematik ein Spiegel der Kultur, in der sie angewandt wird, und neue Verfahren dienen den Interessen der Reichen und Mächtigen. Ob algebraische Geometrie, Buchführung, wissenschaftliche Untersuchungen oder Computertechnik – sie alle führten in verschiedenen Epochen zu unterschiedlichen Fortschritten in der Mathematik.

Rechts: Ein Ölgemälde aus dem Jahr 1495 zeigt Luca Pacioli, der einen mathematischen Lehrsatz demonstriert.

Links: Die letzte Seite des Pariser Codex (um 1450 v. Chr.) erläutert die Zahlen der Maya und einige ihrer mystischen Assoziationen.

Dieses Buch begleitet Sie durch die frühesten Anfänge der Mathematik, als sie in der Welt verbreitet wurde und die gleichen Konzepte von unterschiedlichen Personen entwickelt wurden. Das kann man sich mittlerweile kaum vorstellen, aber damals, als Völker und Kulturen nicht wie heute miteinander vernetzt waren, wurden manche Entdeckungen mehrmals unabhängig voneinander gemacht.

Die Mathematik spannt auch einen historischen Bogen – die Entwicklung beginnt in Babylon und setzt sich im alten Ägypten, im antiken Griechenland und in weiteren Kulturen fort, was jedoch keineswegs bedeutet, dass eine Zivilisation der anderen intellektuell überlegen war, sondern dass die mathematischen Entdeckungen mit dem Aufstieg und Fall verschiedener Hochkulturen und Weltreiche der Geschichte einhergingen.

Im Verlauf der Geschichte war Bildung ein Luxusgut. Jede Rechnerei, die über das simple Zählen im Alltag hinausging, war den Wohlhabenden der Gesellschaft vorbehalten. Kaufleute, Priester, Adelige und Gelehrte gab es verhältnismäßig wenige, aber wenn sie in größerer Zahl zusammenkamen, wurden in der Regel große mathematische Entdeckungen gemacht.

Die Vorherrschaft der Europäer

Fast alle der wichtigen mathematischen Entdeckungen, die auf das 15. Jahrhundert folgen, wurden in Europa gemacht. Auch das bedeutet nicht, dass Europäer von Natur aus überlegen waren, sondern dass sie den Rest der Welt kolonisierten, ausbeuteten und unterwarfen, was ihnen Macht und Wohlstand sicherte.

Damit einher ging die Erfindung des Buchdrucks, der eine zuvor ungekannte massenhafte Verbreitung von Wissen ermöglichte. Immer mehr Menschen erlangten mathematische Kenntnisse, die erforderlich waren, um neue Entdeckungen zu machen.

Dieser Entwicklungsvorsprung führte dazu, dass viele mathematische Werke aus Europa und den USA stammten. Der Lebensstandard ermöglichte es einem Teil der Bevölkerung, eine akademische Laufbahn einzuschlagen und an erstklassigen Universitäten zu studieren, und die breitere Gesellschaft unterstützte diesen Forschungsdrang.

Die Mathematik ist eine universelle Disziplin, die als multikulturelles Bestreben begann und auch heute noch ist. Darum sollten wir weiterhin gewährleisten, dass jede Person, die einen Beitrag zu dieser Wissenschaft leisten kann, auch die Möglichkeit dazu erhält.

Wozu Mathematik lernen?

Rechnen zu können ist praktisch, etwa beim Einkaufen, beim Abmessen von Möbeln oder bei der Haushaltsbuchführung. Für manche Berufe ist Mathematik essenziell. Aber was braucht man darüber hinaus? Höhere Mathematik erscheint vielen unverständlich und unnötig. Wer muss schon wissen, was ein Hypertorus ist und welche Eigenschaften er besitzt?

Im Laufe der Geschichte stellte man sich wohl oft die Frage nach der Sinnhaftigkeit der Mathematik. Unsere fernen Vorfahren konnten sich noch nicht vorstellen, wie normal und alltäglich diese neuen Methoden einmal sein würden.

Als Menschen besitzen wir den Drang, uns selbst und die Welt um uns herum verstehen zu wollen. Ganz gleich, ob wir Mathematik, Kunst, Geschichte oder Naturwissenschaften studieren – alle Erkenntnisse auf allen Gebieten helfen uns dabei.

Mathematik in der heutigen Zeit

Viele Menschen haben eine Abneigung gegen Mathematik. Es ist nicht schwer, jemanden zu finden, der Mathematik in der Schule hasste oder selbst vor relativ einfachen Rechenaufgaben, etwa dem Teilen eines Geldbetrags durch die Hälfte, zurückschreckt.

Falls das auch auf Sie zutrifft, befinden Sie sich in bester Gesellschaft. Die Geschichtsbücher stecken voller Individuen, die mit der Mathematik auf Kriegsfuß standen. Das wissen wir aus ihren Briefen, aus ihren Schmähschriften zum Thema und sogar vom Gekritzel aus ihren Klassenzimmern, in dem sie ihre Meinung über die damaligen Mathelehrer kundtaten.

Es mag sinnlos erscheinen, Mathematik zu lernen, besonders in der heutigen Zeit. Unsere Handys rechnen für uns und unsere Computer lösen selbst komplexe Gleichungen.

Dennoch kann die Kenntnis der Mathematik von unschätzbarem Wert sein, und zwar nicht nur aus praktischen Gründen, sondern auch, um allgemeine Tendenzen in der Gesellschaft zu verstehen. In der modernen Welt sind Zahlen überall, zum Beispiel im Börsenticker, bei Umfragen, in Gesundheitsstatistiken oder in der Steuererklärung. Wir sind von Zahlen umgeben und sie betreffen uns, egal ob wir sie verstehen oder nicht. Daher ist es hilfreich, ein mathematisches Grundwissen zu besitzen, um mit diesen Zahlen umgehen zu können. Dafür muss man kein Genie sein.

Außerdem lohnt es sich immer, etwas zu lernen, ganz besonders Mathematik. Sie wird oft als eine Universalsprache bezeichnet und das stimmt auch, denn sie bildet das Fundament für viele andere Disziplinen, von den Naturwissenschaften bis zur Musik, und ist oft der Schlüssel zu ihrem tieferem Verständnis.

Unten: Bei diesem Vortrag im Jahr 1934 demonstrierte Albert Einstein mithilfe der Mathematik seine spezielle Relativitätstheorie, die in der berühmten Gleichung „E = mc²" gipfelte.

Ein umfassender Überblick

Die gesamte Geschichte der Mathematik ist so umfangreich, dass man sie nicht einmal in einer ganzen Bibliothek voller Bücher zum Thema unterbringen könnte.

Das vorliegende Buch ist ein illustrierter Leitfaden, der einige der größten Meilensteine in der Geschichte der Mathematik beleuchtet und einen groben Umriss der jahrtausendealten, multikulturellen und von unerwarteten Wendungen geprägten Wissenschaft zeichnet. Es dokumentiert die Entwicklung von mathematischen Gleichungen und der zugrundeliegenden Ideen, um zu zeigen, wie Generationen von Menschen die Konzepte und Methoden ihrer Vorfahren aufgriffen, weiter ausbauten und verfeinerten.

Die Geschichte der Mathematik wird in diesem Buch in drei Abschnitte unterteilt. Zuerst kommt die Zeit von der Entstehung des Menschen bis zur Renaissance. Damals wurden Zahlen- und Rechensysteme in verschiedenen Kulturen auf der ganzen Welt unabhängig voneinander erfunden und für unterschiedliche Zwecke angepasst. Die Mathematik entwickelte sich zusammen mit den Zivilisationen, in denen sie angewendet wurde.

Unten links: Eine Darstellung des arabischen Universalgelehrten al-Kindi, vermutlich bei der Entschlüsselung wichtiger Dokumente am Kalifenhof.

Unten rechts: Ein Kupferstich von den Napierschen Rechenstäbchen, erschienen in *Theatrum Arithmetico Geometricum*. Er zeigt, wie man damit viel schneller multiplizieren und dividieren konnte, als es die meisten Menschen auf dem Papier bewerkstelligten.

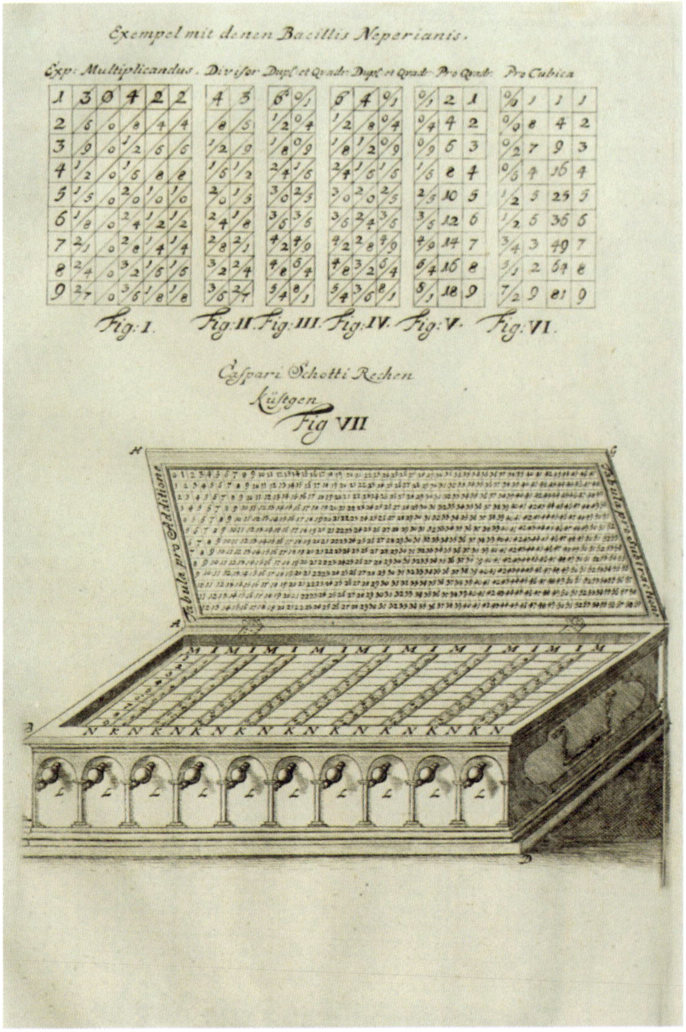

Links: Seit dem Jahr 2012 befinden wir uns in der „Zettabyte-Ära“: Auf Computern auf der ganzen Welt sind Billionen von Gigabytes an Daten gespeichert.

Im zweiten Teil werfen wir einen Blick auf die Mathematik nach der wegbereitenden Epoche der Renaissance, die im Herzen Europas ihren Ursprung nahm. Diese kulturelle Revolution führte dazu, dass sich die Mathematik weiter denn je verbreitete und zu einer vereinheitlichteren Disziplin verfestigt wurde, was Vor- und Nachteile hatte.

Zu guter Letzt ergründet der dritte Teil die Mathematik, die sich ab dem 20. Jahrhundert entwickelte. Sie bildete die Grundlage für unseren Alltag, unser Verständnis von Wissenschaft sowie die Basis der Computertechnik, ohne die das moderne Leben undenkbar wäre.

Auf unserer Reise durch die Geschichte der Mathematik streifen wir auch Themengebiete, die auf den ersten Blick nicht viel mit ihr zu tun haben, unter anderem Astronomie, Architektur und Wirtschaft. Konzepte der Mathematik, wie zum Beispiel Logarithmen, die Kreiszahl Pi, Mengenlehre und sogar die Null spielen alle eine bedeutende Rolle in der Entwicklung der Mathematik der heutigen Zeit.

Falls Sie nicht alles in diesem Buch sofort verstehen, macht das nichts. Denken Sie bloß nicht, dass Sie schlecht in Mathematik sind. Nehmen Sie sich ausreichend Zeit, um sich mit dem Thema zu beschäftigen – schließlich brauchte es die kombinierte Denkleistung unzähliger schlauer Menschen über einen Zeitraum von tausenden Jahren, um zum Wissen der Gegenwart zu gelangen.

Teil eins:

Anfänge der Mathematik

Preclarissimus liber elementorum Euclidis perspi/
cacissimi: in artem Geometrie incipit quā foelicissime:

Punctus est cuius ps nō est. ¶ Linea est lōgitudo sine latitudine cuiꝰ quidē ex/tremitates sūt duo pūcta. ¶ Linea recta ē ab vno pūcto ad aliū breuissima extē/sio i extremitates suas vtrūqʒ eoꝝ reci/piens. ¶ Supficies ē q̄ lōgitudinē ⁊ lati/tudinē tm̄ hʒ: cuiꝰ termi quidē sūt linee. ¶ Supficies plana ē ab vna linea ad a/liā extēsio i extremitates suas recipiēs. ¶ Angulus planus ē duarū linearū al/ternus ꝯtactus: quaꝝ expāsio ē sup sup/ficiē applicatioqʒ nō directa. ¶ Quādo aūt angulum ꝯtinēt due linee recte rectilineꝰ angulus noiaṫ. ¶ Qñ recta linea sup rectā steterit duoqʒ anguli vtrobiqʒ fuerit eq̄les: eoꝝ vterqʒ rectꝰ erit ¶ Lineaqʒ linee supstās ei cui supstat ppendicularis vocaṫ. ¶ Angulus vo qui recto maior ē obtusus dicit. ¶ Angulꝰ vo minor recto acutꝰ appellaṫ. ¶ Terminꝰ ē qd vniuscuiusqʒ finis ē. ¶ Figura ē q̄ tmino vl' termis ꝯtineṫ. ¶ Circulꝰ ē figura plana vna q̄dem linea ꝯtēta: q̄ circūferentia noiaṫ: in cuiꝰ medio pūctꝰ ē: a quo oēs linee recte ad circūferētiā exeūtes sibiīuicē sūt equales. Et hic quidē pūctꝰ cētrū circuli dr̄. ¶ Diameter circuli ē linea recta que sup eiꝰ centꝝ trāsiens extremitatesqʒ suas circūferētie applicans circulū i duo media diuidit. ¶ Semicirculus ē figura plana dia/metro circuli ⁊ medietate circūferentie ꝯtenta. ¶ Portio circu/li ē figura plana recta linea ⁊ parte circūferētie ꝯtēta: semicircu/lo quidē aut maior aut minor. ¶ Rectilinee figure sūt q̄ rectis li/neis cōtinenṫ quarū quedā trilatere q̄ tribꝰ rectis lineis: quedā quadrilatere q̄ q̄tuor rectis lineis. q̄dā mltilatere que pluribus q̄ quatuor rectis lineis continenṫ. ¶ Figurarū trilaterarū: alia est triangulus hñs tria latera equalia. Alia triangulus duo hñs eq̄lia latera. Alia triangulus triū inequalium laterū. Haꝝ iterū alia est orthogoniū: vnū.s. rectum angulum habens. Alia ē am/bligonium aliquem obtusum angulum habens. Alia est oxigoni/um: in qua tres anguli sunt acuti. ¶ Figurarū autē quadrilateraꝝ Alia est q̄dratum quod est equilaterū atqʒ rectangulū. Alia est tetragonꝰ longꝰ: q̄ est figura rectangula: sed equilatera non est. Alia est helmuaym: que est equilatera: sed rectangula non est.

De principijs p se notis: ⁊ pmo de diffini/tionibus earandem.

Die Mathematik hat keinen einzelnen Ursprungspunkt. Sie hat sich an mehreren Orten ganz unabhängig entwickelt. Und selbst über all diese kulturellen und geografischen Grenzen hinweg behielt sie ihre grundlegenden Eigenschaften.

Für die frühen Menschen war die Mathematik untrennbar mit dem Kosmos und dem Göttlichen verknüpft. Ihre Erforschung war eine Entdeckungsreise: Die Mathematik schien wie auf magische Weise Antworten auf viele Probleme zu liefern. Kein Wunder, dass sie einst als Mysterium galt. Meist entwickelte sich die Mathematik parallel zur wachsenden Komplexität einer Zivilisation. Kulturen wurden größer und veränderten sich, und die Menschen mussten ihre Geschäfte verbuchen, die Landnutzung quantifizieren und Steuersätze festlegen.

In erster Linie wurde die Mathematik für die praktische Anwendung entwickelt. Je weiter sich die Städte und Bevölkerungen ausdehnten, desto größer wurde der Bedarf nach Mathematik. Mit der Zeit änderten sich die Gründe, warum man Mathematik brauchte. Im Laufe der Geschichte kristallisierten sich verschiedene Prioritäten für ihre Nutzung heraus: Handel, Landwirtschaft, Astronomie oder auch nur reine Neugier – abhängig vom Ort, von der Zeit und von den Menschen, die sich mit Mathematik beschäftigten. Unzählige Mathematiker, deren Beitrag zur Geschichte heute vergessen ist, verbrachten ihr ganzes Leben damit, Experimente und Berechnungen durchzuführen, um unser mathematisches Wissen zu erweitern.

Wenn wir also die frühe Menschheitsgeschichte unter die Lupe nehmen, dürfen wir nicht vergessen, dass wir nur einen winzigen Ausschnitt einer komplexen Welt kennen. Außerdem müssen wir bedenken, dass viele der erhaltenen Texte die frühen Äquivalente zu Lehrbüchern waren und die Mathematik, die sie beschrieben, sich auf allgemeine und nützliche Themen konzentrierte und nicht unbedingt den höchsten mathematischen Wissensstand der jeweiligen Epoche widerspiegelte.

Im Altertum waren die Siedlungsgebiete noch nicht so stark miteinander vernetzt, wie sie es heute sind, trotzdem gab es zwischen den großen Machtzentren einen regen Handel und Austausch – aufgrund der Aussicht auf Reichtum und der Wege der Sklaverei. Obwohl wir in diesem Buch viele Zivilisationen separat behandeln, darf nicht vergessen werden, dass es erhebliche Überschneidungen gab, da mathematische Methoden geteilt und verbreitet wurden.

Links: Die erhaltenen Texte bieten uns eine Momentaufnahme der Mathematik, wie sie vom Verfasser verstanden wurde, aber kein umfassendes Bild vom damals aktuellen Wissensstand.

Zeittafel – Anfänge der Mathematik

um 1700 v. Chr.

QUADRATWURZEL

YBC 7289 (Mesopotamien)

Die umgekehrte Multiplikation findet praktische Anwendung in der Bau- und Landverwaltung.

um 9000 v. Chr.

◄······ KERBHÖLZER

Ishango-Knochen (gefunden in der heutigen Demokratischen Republik Kongo)

Knochen, in denen Kerben geritzt wurden, waren die ersten Zählwerkzeuge der Menschheit.

Chr

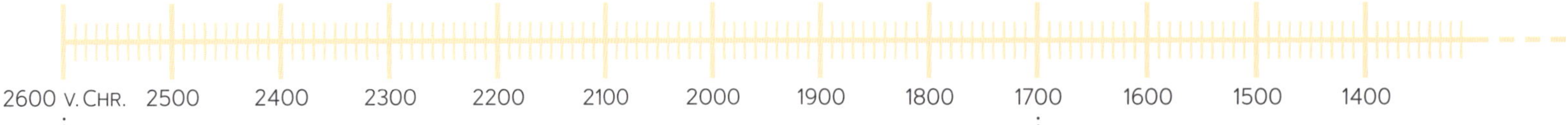

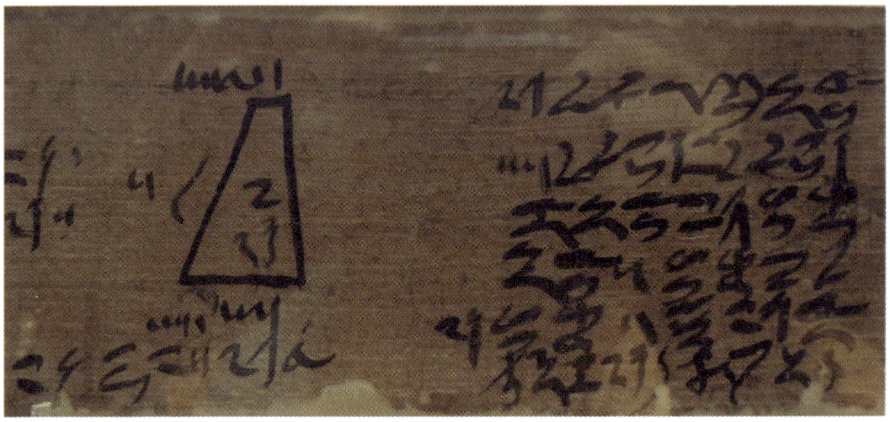

um 2600 v. Chr.

MULTIPLIKATIONSTABELLE

VAT 12593 (Mesopotamien)

Einer der ersten bekannten mathematischen Texte ist eine Multiplikationstabelle, die in eine Tontafel eingedrückt wurde.

um 1700 v. Chr.

MATHEMATISCHE AUFGABEN

Papyrus Moskau (altes Ägypten)

Dieser Papyrus enthält 25 Rechenaufgaben, die seine Leser auf mathematische Gleichungen in ihrem Arbeitsalltag vorbereiten sollen.

ca. 1000–500 v. Chr.
DIE *SULBASUTRAS*
(Indien)

Eine Serie von religiösen Schriften, die unter anderem mathematische Methoden beschreiben, soll die Bildung fördern.

um 305 v. Chr.
TSINGHUA-BAMBUSSTREIFEN
(China)

Zu den chinesischen Texten, die auf schmalen Bambusstreifen verfasst wurden, gehört auch eine Anleitung zur Multiplikation.

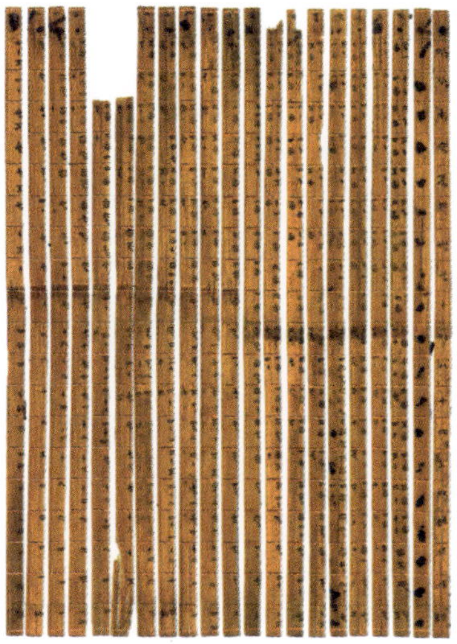

ca. 170–100 v. Chr.
ALMAGEST
Claudius Ptolemäus
(altes Griechenland)

Das wohl einflussreichste Mathebuch der Geschichte, das fast 1500 Jahre lang als Standardwerk galt.

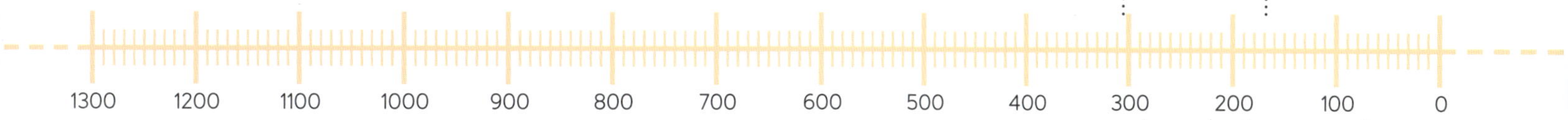

ca. 287–212 v. Chr.
WISSENSCHAFTLICHE GESETZE
Archimedes von Syrakus
(altes Griechenland)

Archimedes war der Erste, der die physikalische Welt mithilfe von Mathematik erforschte.

ca. 190–120 v. Chr.
TRIGONOMETRIE
Hipparchos
(altes Griechenland)

Hipparchos stellte Tabellen zur Berechung von Dreicken zusammen und gilt als Wegbereiter in der Astronomie.

ca. 75–15 v. Chr.
ARCHITEKTUR
Vitruvius (altes Rom)

Aus dem Bauwesen war die Mathematik bereits nicht mehr wegzudenken, aber Vitruvius wandte sie auf eine neue, systematische Art und Weise an.

ca. 449–500

KREISZAHL PI

Zu Chongzhi (China)

Für diese wichtige mathematische Konstante, die seit Jahrhunderten bekannt ist, entdeckt man eine neue Methode der Berechnung, die fast tausend Jahre lang verwendet wird.

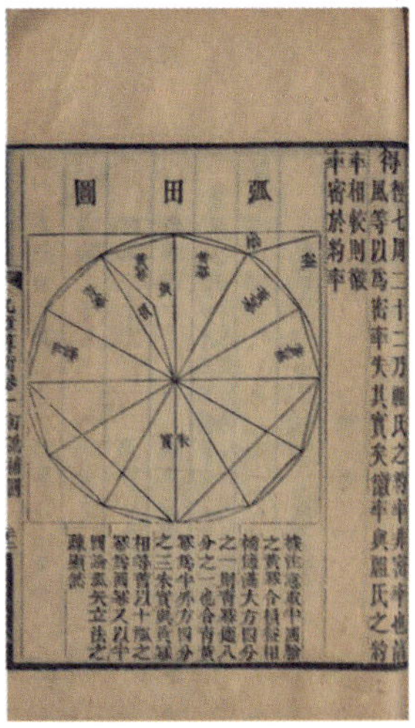

ca. 476–550

STELLENWERTSYSTEM

Aryabhata (Indien)

Bedeutende Fortschritte in der Stellenwertschreibweise, bei der die Ziffern nebeneinander stehen und jede Position einen Stellenwert hat.

ca. 850–930

IRRATIONALE ZAHLEN

Abu Kamil (Ägypten, Blütezeit des Islam)

Zahlen, die keine ganzen Zahlen sind, wurden zuvor verschmäht und ignoriert, doch Abu Kamil studierte sie ganz genau und erweiterte das Wissen über sie.

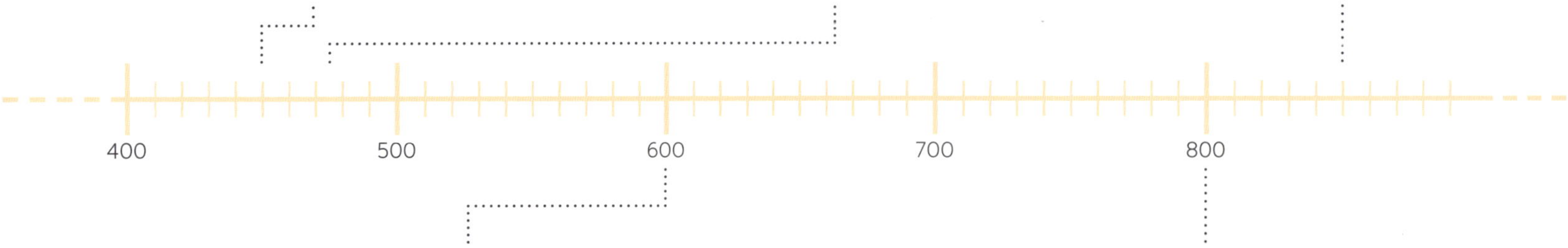

ca. 598–668

NULL

Brahmagupta (Indien)

Diese scheinbar simple, aber essenzielle mathematische Komponente wurde nicht nur entdeckt, sondern auch ausgiebig in Berechnungen eingesetzt.

800

RÄTSEL FÜR KARL DEN GROSSEN

Alkuin von York (England)

Ein Brief von einem Gelehrten an einen Herrscher enthielt eine Reihe von mathematischen Aufgaben.

ca. 1000–1532
DIE QUIPUS DER INKAS
(präkolumbisches Südamerika)

Diese Knotenschrift, mit deren Hilfe man Zahlen auf einer Schnur darstellen konnte, war nicht nur praktisch, sondern sah auch kunstvoll aus.

ca. 1170–1250
FIBONACCI
(lateinischer Westen)

Dieser Mathematiker entdeckte die nach ihm benannte Zahlenfolge und verbreitete im lateinischen Westen Mathematik aus anderen Teilen der Welt.

ca. 1300–1600
KERALA-MATHEMATIK
Madhava (Indien)

Die Gründung der berühmten Schule für Mathematik führte zu unzähligen neuen Entdeckungen.

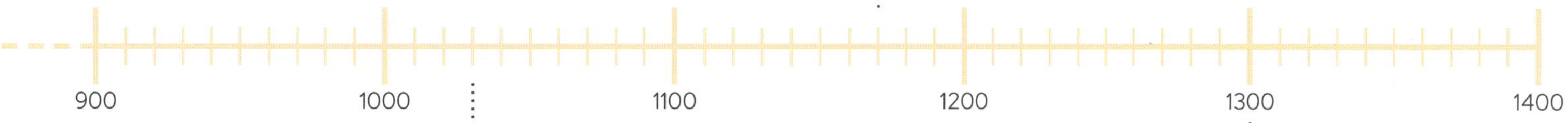

um 1129
MAYA-CODICES
(Mesoamerika)

Reich bebilderte, religiöse Handschriften, die Zeremonien und Rituale in der Gesellschaft der Maya beschreiben.

14. Jahrhundert
OXFORD CALCULATORS
(England)

Diese Gruppe von Denkern nutzte die Mathematik auf bis dato unbekannte Art und leitete eine neue Ära ein.

Kapitel eins

Mathematik der Urgeschichte

Den genauen Ursprung der Mathematik werden wir wohl nie bestimmen können. Viele Tiere – unter anderem Vögel und Affen – scheinen Zahlenvergleiche anzustellen, um Entscheidungen bei der Nahrungssuche zu treffen. Die Venusfliegenfalle „zählt", um herauszufinden, ob die Berührungen, die sie spürt, von einem Insekt oder nur von Staubteilchen erzeugt werden. Selbst manche Arten von Schleimpilzen folgen mathematischen Prinzipien, um effizientes Wachstum zu gewährleisten. Die Mathematik ist also fest mit der Natur verwoben.

Die wirklich spannende Frage ist jedoch, wann sich die Mathematik erstmals von einem Urinstinkt zu etwas entwickelte, das die Menschen (und vielleicht auch einige unserer hominiden Vorfahren) aktiv erforschten und verwendeten.

Es gibt mehrere mögliche Erklärungen, wie und warum sich die Mathematik entwickelte. Die Belege sind spärlich, aber eine Theorie besagt, dass viele der alten Sprachen, die uns heute überliefert sind, wie etwa Sumerisch, Akkadisch oder Eblaitisch, einige wenige Wörter für mathematische Konzepte enthielten. Statt einer kompletten Zahlenmenge gab es beispielsweise nur Begriffe für „eins", „zwei", „drei", „einige" oder „viele".

Eine der ersten praktischen Anwendungen von Mathematik ist wohl die Messung der Zeit. Für die Jäger- und Sammlergesellschaften war die Kenntnis vom Wechsel der Jahreszeiten, der die Wanderung der Tiere und das Reifen der Früchte und Beeren beeinflusst, der Schlüssel zum Überleben. Man musste wissen, wann es an der Zeit war, das Lager an einen anderen Ort zu verlegen und mit den Vorbereitungen für den Winter zu beginnen. Als die Menschen vom Nomadentum zum Ackerbau übergingen, wurde das Verständnis von zeitlichen Abläufen noch wichtiger, da eine erfolgreiche Aussaat und Ernte davon abhingen.

Auch die Zeitmessung zu religiösen Zwecken darf nicht vergessen werden. Religiöse Feste und Zeremonien wurden mit bestimmten Tagen und Perioden verknüpft und dann jedes Jahr zur selben Zeit eingehalten, wie das auch heute noch bei Feiertagen wie Weihnachten oder Eid al-Fitr, dem Fest des Fastenbrechens, der Fall ist.

Was auch immer der wahre Ursprung und Zweck der frühen Mathematik unserer nomadischen Vorfahren gewesen sein mag, ganz eindeutig reicht ihre Anwendung weit in die Urgeschichte zurück. Vielleicht war es genau diese Fähigkeit, Mathematik zu verstehen und in der Praxis zu nutzen, die den prähistorischen Menschen half, sich zu den ersten Zivilisationen zu entwickeln.

Gegenüber: Megalithe aus Stein wurden oft errichtet, um die Position der Sterne zu bestimmten Jahreszeiten zu beobachten.

Unten: Die Venusfliegenfalle ist eine fleischfressende Pflanze, die nachweislich bis fünf „zählen" kann, was ihr beim Fang von Beute zugute kommt.

Kerbhölzer

Stäbe aus Knochen, in die Kerben geschnitzt wurden, waren vielleicht die ersten Zählwerkzeuge der Geschichte. Sämtliche bekannten Kerbhölzer oder Kerbstöcke aus der Steinzeit bestehen aus Knochen, aber wahrscheinlich wurden auch andere Materialien verwendet und nur die knöchernen sind heute noch erhalten. Die gefundenen Exemplare stammen aus der Jungsteinzeit (ca. 40 000–8000 v. Chr.).

Vermutlich dienten die Kerbhölzer dem Zählen, auch wenn man nicht weiß, was damit gezählt wurde. Die Spekulationen reichen von Tagen oder Monaten bis hin zu Tieren. Vielleicht wurden sogar komplexere Aufzeichnungen gemacht. Oft sind die Kerben in gut sichtbaren Gruppen zusammengefasst und manche der Linien sind deutlich länger als andere, was darauf schließen lässt, dass mit den Stöcken mehr als nur einfach gezählt wurde.

Der älteste bekannte Zählstab ist das Wadenbein eines Pavians, das mit 29 Kerben markiert ist. Es wurde in der Höhle „Border Cave“ in den Lebombobergen in Eswatini gefunden und soll stolze 37 000 Jahre alt sein. Aufgrund der Anzahl der Kerben glaubt man, dass damit vielleicht ein Mondmonat oder ganz praktisch ein Menstruationszyklus aufgezeichnet wurde.

Der Ishango-Knochen

Dieser Knochen von der Größe eines dicken Bleistifts ist der wohl bekannteste Kerbstock. An einem Ende ist ein scharfes Stück Quarz befestigt, mit dem wahrscheinlich in andere Knochen geritzt wurde. Der Ishango-Knochen wurde 1950 in der heutigen Demokratischen Republik Kongo bei Ausgrabungen am Ufer eines Nebenflusses des Nils entdeckt. Sein genaues Alter ist umstritten, aber man nimmt an, dass er um 20 000 v. Chr. hergestellt wurde.

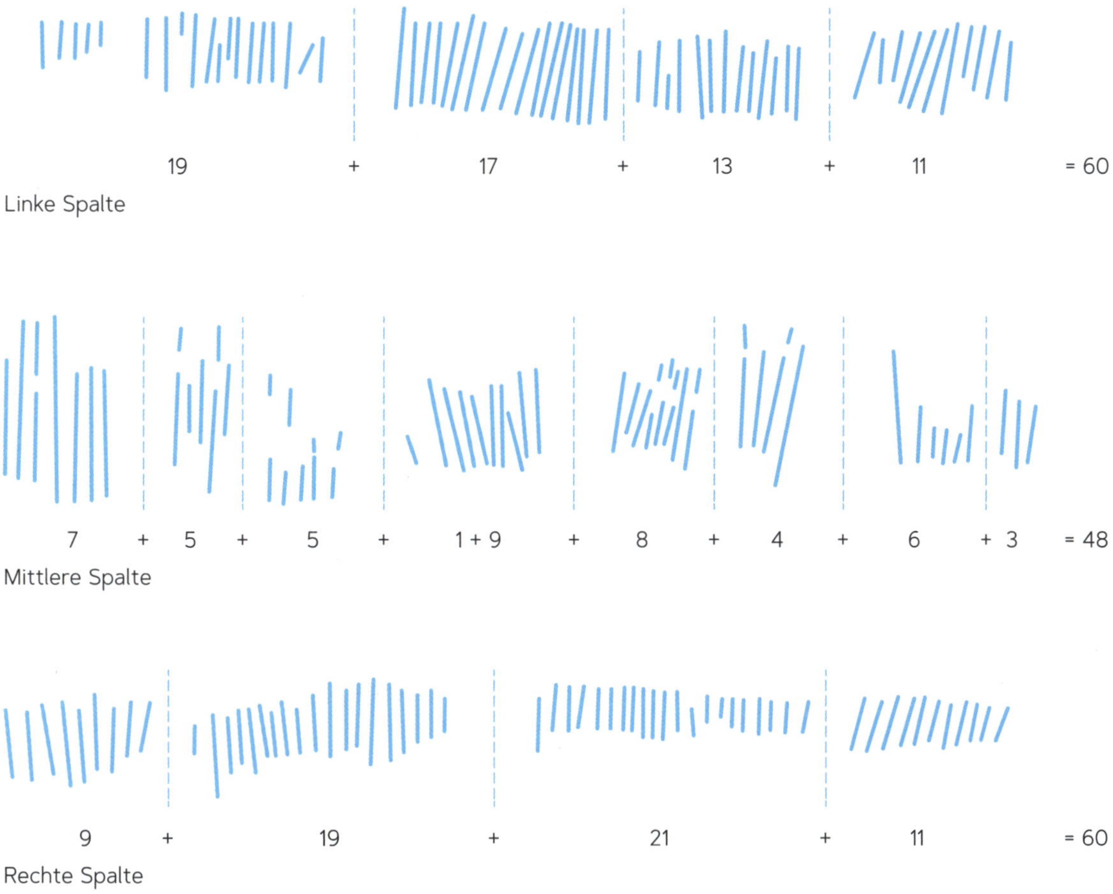

Gegenüber: Die Vorder- und Rückseiten des Ishango-Knochens sind mit Kerben bedeckt.

Links: Grafische Darstellung der Kerben des Ishango-Knochens.

ZÄHLWERKZEUGE NACH DER STEINZEIT

Aus heutiger Sicht wirken Kerbhölzer primitiv. Sie waren aber noch lange in Gebrauch und fanden in nachchristlicher Zeit in den Werken Plinius des Älteren (23–79) und Marco Polos (1254–1324) Erwähnung. Die Methode ähnelt einer modernen Strichliste, nur ohne den vertikalen Strich, der eine Fünfergruppe kennzeichnet und das Zählen erleichtert. Auch andere Kulturen entwickelten verschiedene Zählsysteme, etwa das Quipu der Inkas [S. 136], von denen einige vermutlich die Grundlage für die späteren numerischen Zeichen bildeten. Die folgenden Beispiele zeigen die Ziffern eins bis fünf.

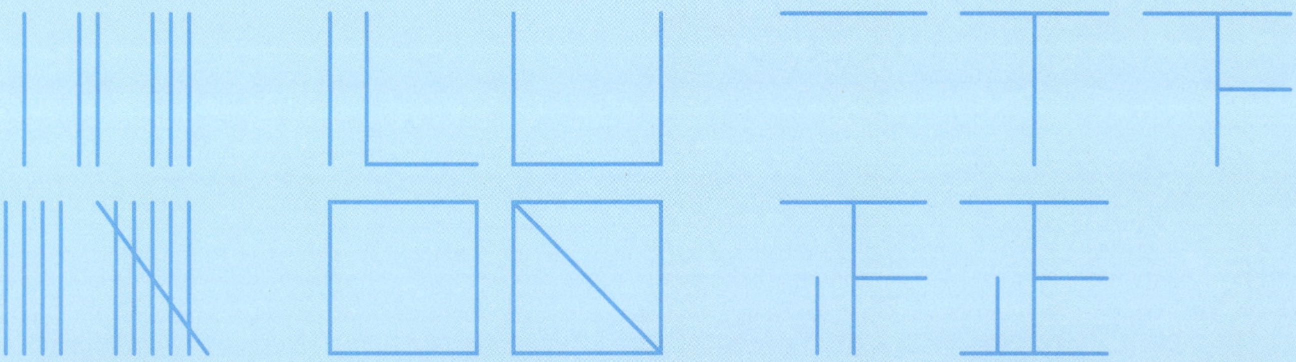

Verwendet in:
Australien, Europa, Nordamerika, Simbabwe

Verwendet in:
Brasilien, Frankreich. Südamerika, Spanien

Verwendet in:
China, Hongkong, Japan, Korea

Geometrische Formen

Wer sich mit unseren frühesten Vorfahren verbinden möchte, sollte die Höhle von Lascaux im französischen Departement Dordogne besuchen. Das Höhlennetz wurde 1940 entdeckt und enthält über 600 Felsbilder aus der Zeit um 15 000 v. Chr. Zu den Motiven der Malereien zählen Tiere, Jagdszenen und die faszinierenden Handabdrücke der Männer und Frauen, die Jahrtausende vor unserer Zeit lebten. Und zwischen all diesen Bildern, oft übersehen, befinden sich einige geometrische Formen.

Man weiß nicht genau, was diese Formen bedeuten und warum sie gezeichnet wurden, aber man findet sie überall in Lascaux und an ähnlichen Fundstätten, unter anderem in Spanien, Namibia und Australien. Manche von ihnen sind gemalt, andere wurden in den Fels geritzt, aber es gibt nur wenige verschiedene Zeichen. Einige kamen in bestimmten Zeiten häufiger vor, andere finden sich nur an bestimmten Orten, was die Vermutung nahelegt, dass es sich um eine Art Sprache und nicht nur um dekorative Formen handelt.

Wahrscheinlich werden wir die wahre Bedeutung der einzelnen Symbole nie vollständig entschlüsseln, aber neuere Forschungsergebnisse lassen aufhorchen: Wissenschaftler vermuten, dass die Linien, Punkte und Y-Formen verschiedene Informationen über Tiere vermittelten und vielleicht den ersten Mondkalender bildeten. Die Anzahl der verwendeten Punkte entspricht oft dem Monat, in dem eine bestimmte Tierart Junge bekommt (wahrscheinlich die Anzahl der Monde nach der Wintersonnenwende) oder der Dauer der Trächtigkeit des Tieres. Wenn das stimmt, wäre dieses Beispiel die erste nachgewiesene Anwendung von Mathematik als Kommunikationsmittel.

Die Empfänger dieser Informationen waren vielleicht Familien- oder Stammesmitglieder, aber möglicherweise wollte man in Form der Wandmalereien auch Wissen für zukünftige Generationen erhalten.

Links: Hirsche sind eines der Motive in den Höhlen von Lascaux.

Unten: Eine Auswahl der verschiedenen Formen und Piktogramme, die sich in Höhlen auf der ganzen Welt finden.

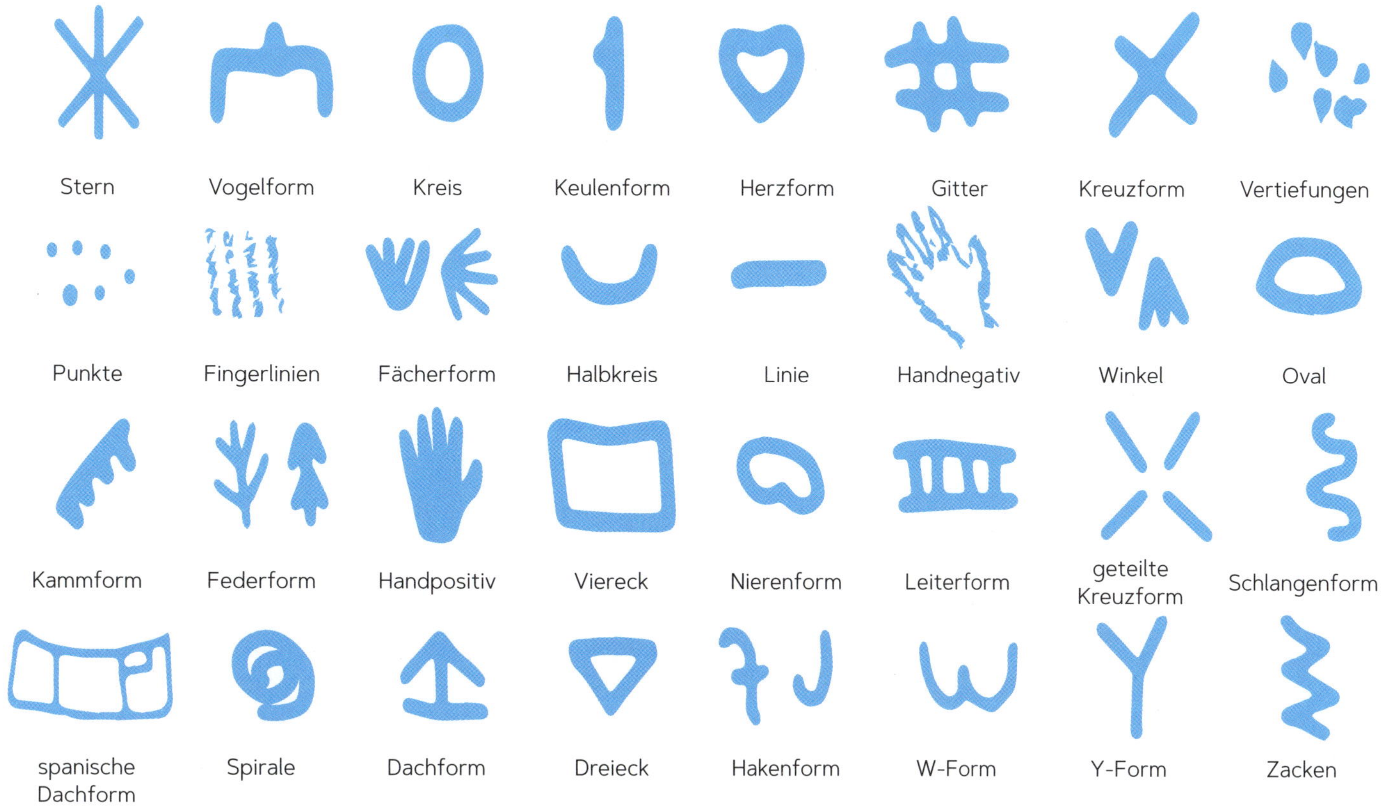

Megalithen

Aus der Jungsteinzeit (ca. 10 000–2000 v. Chr.) sind nur sehr wenige Überreste erhalten. Damals fingen die Jäger und Sammler an, in kleinen Dörfern sesshaft zu werden. Sie errichteten Hütten, betrieben Ackerbau und züchteten Tiere zu Nahrungszwecken. Außer einigen Tonscherben bleiben uns von ihnen nur die Megalithen und Grabhügel, die überraschend mathematisch konstruiert sind.

Ein Megalith ist ein Bauwerk oder Monument, das aus einem oder mehreren großen Steinen besteht (aber nicht alle Monumente, die aus großen Steinen bestehen, sind Megalithen). Die Steine können bearbeitet, gezielt positioniert und/oder einfach aufgerichtet hingestellt sein. Viele von ihnen dienten als Markierung für jungsteinzeitliche Grabstätten. Auf der ganzen Welt gibt es tausende megalithische Monumente. Das berühmteste davon ist wohl Stonehenge im Südwesten Englands, das auf etwa 3000 v. Chr. datiert wird.

Wie bei den meisten Bauwerken aus dieser Zeit weiß man nicht wirklich, warum sie errichtet wurden. Aber der enorme Aufwand, der betrieben wurde, um die gigantischen Steinblöcke zu bewegen, ist ein eindeutiger Hinweis, wie wichtig sie für ihre Erbauer waren. Über ihre Bedeutung gibt es viele Theorien: Möglicherweise markierten sie Grenzen,

Rechts: Diese Luftaufnahme von Stonehenge zeigt die präzise Kreisform, die selbst nach Jahrtausenden noch erhalten und gut erkennbar ist.

Schauplätze von wichtigen Schlachten, Machtzentren oder religiöse Stätten. Vielleicht auch alles oder nichts davon. Einer Vermutung zufolge dienten sie wahrscheinlich als mathematische Werkzeuge.

Viele dieser Megalithen haben eine Verbindung zu astronomischen Ereignissen, in der Regel zu den Sommer- und Wintersonnenwenden (also zum jeweils längsten und kürzesten Tag des Jahres). Stonehenge ist ein gutes Beispiel, denn die Steine sind so angeordnet, dass die Sonne am Tag der Sommersonnenwende genau zwischen den Hauptstrukturen in der Mitte aufgeht. Auch viele prähistorische Grabhügel waren so ausgerichtet, dass die aufgehende Sonne an diesem Tag in ihren Eingang scheint – ein Motiv, das Epochen später von den Architekten der römischen Antike und der Renaissance wieder aufgegriffen wurde.

Oben: Viele Megalithen der Jungsteinzeit, wie etwa diese im französischen Carnac, sind auf Himmelsereignisse ausgerichtet, etwa auf die Sommer- und Wintersonnenwenden.

DIE MATHEMATIK DER MEGALITHEN

Der Zweck der Megalithen wird wohl immer vage und spekulativ bleiben, wie bei vielen Funden der Urgeschichte. Die astronomische Platzierung mancher von ihnen ist eindeutig, und einige ähnliche Stätten, etwa der Kalender von Warren Field in Schottland, zeugen von einem nuancierten Verständnis des Unterschieds zwischen einem Sonnenjahr und einem Mondzyklus. Aber alle weiteren Deutungen sind nur fundiertes Rätselraten.

Neben ausgefalleneren Spekulationen, etwa dass Außerirdische die Steine in ihren UFOs transportierten oder dass eine vormenschliche Zivilisation existierte, gibt es noch weitere Ideen zum Zweck der Monumente. Alexander Thom (1897–1985), der über 600 Megalithen in Großbritannien und Frankreich untersuchte, vermutete, dass sie mit alten Maßeinheiten konstruiert wurden – er bezeichnete diese Einheiten als „megalithisches Yard" und „megalithischer Zoll". Seiner Theorie zufolge waren die Menschen und ihr mathematisches Wissen damals besser miteinander vernetzt, als man es bisher für möglich hielt. Neuere Auswertungen seiner Daten konnten jedoch die meisten Wissenschaftler nicht überzeugen.

Der Berliner Goldhut

Um 1000 v. Chr. hatten die babylonischen und ägyptischen Zivilisationen bereits signifikante Fortschritte in der Technik und bei der Verbreitung von Informationen gemacht. Im Gegensatz dazu steckte ein großer Teil Europas damals noch in der Bronzezeit (ca. 2000–700 v. Chr.) und verfügte weder über das umfangreiche Wissen noch die Werkzeuge, die ihre Zeitgenossen in Afrika und im Nahen Osten schon besaßen. Umso erstaunlicher, dass ausgerechnet eine Kultur aus Mitteleuropa so ein ausgeklügeltes Artefakt wie den Berliner Goldhut hervorbrachte.

Der Hut ist knapp 75 Zentimeter hoch und besteht aus einem einzelnen Blatt Gold, das am Übergang zur Krempe mit einem Band aus Bronze verstärkt ist. Die Außenseite ist flächendeckend mit eingestempelten Kreisen und Linien verziert.

Die Herstellung eines solchen Artefakts mit den Mitteln, die den Menschen damals zur Verfügung standen, erforderte unglaubliches handwerkliches Können. Und das ist noch nicht einmal das Erstaunlichste am Berliner Goldhut, denn er ist nicht nur ein wahres Kunstwerk, sondern gleichzeitig ein astronomischer Kalender. Die Symbole auf jedem Ornamentband stehen für Zahlen, aus denen man die Mondzyklen für mehrere Jahre errechnen und den Beginn zukünftiger Jahreszeiten vorhersagen konnte. Die genaue Art, wie der Hut und seine Symbole für astronomische Prognosen verwendet wurden, ist zu komplex, um hier beschrieben zu werden, aber er ermöglichte die Berechnung von 235 Mondmonaten und 228 Sonnenmonaten – das entspricht einem Zyklus von 19 Jahren.

Die wichtige Erkenntnis hierbei ist, dass die Beobachtung des Mondes allein nicht ausreicht, um die Zeit zu messen. Ein Mondzyklus dauert rund 29,5 Tage und ein Mondjahr somit 354,4 Tage. Ein Kalender, der nur die Mondphasen berücksichtigt, würde also schon bald nicht mehr der Bahn der Sonne entsprechen (weswegen die Sonnenwende so ein wichtiges Hilfsmittel zum Ausrichten ist). Der Berliner Goldhut war der wohl erste Lunisolarkalender, der auch Schalttage integrierte, was seine Genauigkeit wesentlich verbesserte.

Man vermutet, dass der Hut von einem Priester oder Herrscher getragen wurde, um dessen Herrschaft über die Zeit zu symbolisieren. Auch an anderen Fundorten wurden dekorative Artefakte mit ähnlichen Verzierungen gefunden, zum Beispiel die Gürtelscheibe von Heegermühle.

Gegenüber: Der Berliner Goldhut zeugt von anspruchsvoller Handwerkskunst. Seine komplexe Ornamentierung hat die Funktion eines Lunisolarkalenders.

Unten: Die Gürtelscheibe von Heegermühle stammt ungefähr aus der gleichen Zeit wie der Berliner Goldhut und weist ähnliche Muster auf.

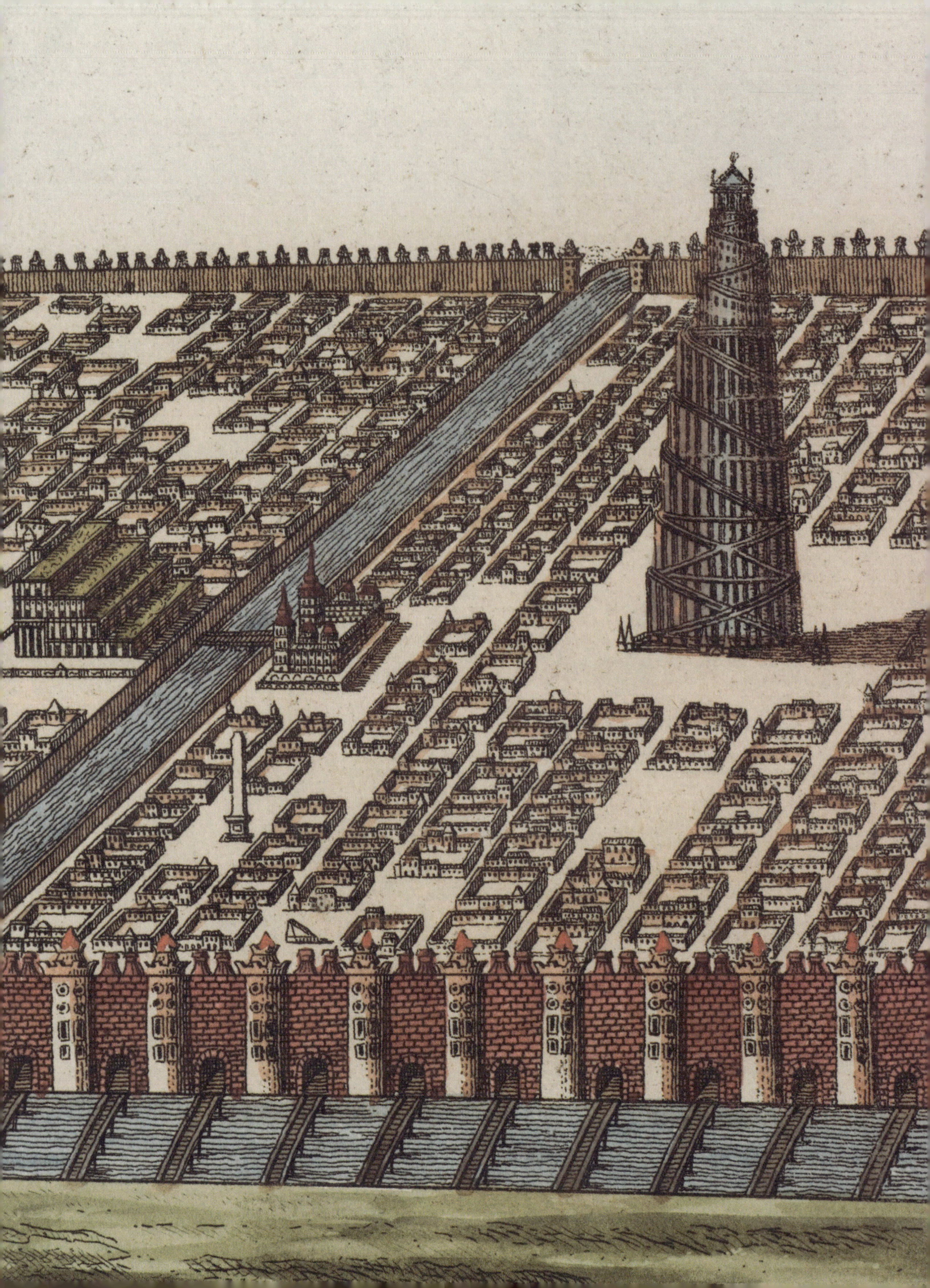

Kapitel zwei

Mathematik in Babylon

Irgendwann zwischen 5500 und 4000 v. Chr. siedelte sich ein westasiatisches Volk am Ufer der Flüsse Euphrat und Tigris an (im heutigen Irak) und bildete das Gebiet Sumer (ca. 5500–1800 v. Chr.), eine der ersten Hochkulturen. Die Sumerer gründeten schließlich die Stadt Babylon (1894 v. Chr.–1000 n. Chr.) und waren von da an die Babylonier. Sie bauten Städte, betrieben Landwirtschaft und erreichten ein noch nie zuvor dagewesenes Bevölkerungswachstum.

Gegenüber unten: Babylonische Zahlzeichen von 1 bis 59.

Unten: Eine Tontafel aus der Zeit vor der Keilschrift dokumentiert die Verteilung von Gerste. Sie wird auf die Zeit um 3100–2900 v. Chr. datiert.

Unten rechts: Diese Keilschrifttafel aus der Zeit um 2000 v. Chr. enthält das Protokoll eines Rechtsstreits zwischen zwei Personen, die einander des Diebstahls wichtiger Tontafeldokumente bezichtigten.

Als ihre Gesellschaft zunehmend komplexer wurde, mussten die Sumerer ihr Umfeld dazu passend neu gestalten und verwalten. Wahrscheinlich entwickelten sie aus diesem Grund die erste Schrift der Welt. Mithilfe von Griffeln aus Schilfrohr drückten sie Zeichen in feuchte Tontafeln, die anschließend getrocknet wurden. Auf diese Weise konnten Informationen festgehalten und zu einem späteren Zeitpunkt nachgelesen werden. Schon auf den ältesten Exemplaren finden sich numerische Aufzeichnungen.

Aber die frühen Sumerer führten nicht nur Strichlisten. Sie beherrschten Multiplikationen, Divisionen und sogar geometrische Berechnungen. Für sie war die Mathematik ein nützliches Hilfsmittel, das während des Aufstiegs und Falls der verschiedenen Reiche sowie der Herrscher, die das Gebiet im Laufe der Geschichte regierten, ausführlich studiert wurde.

Der religiöse Glaube der Babylonier veranlasste sie, die Sterne und die Bewegungen der Himmelskörper zu beobachten und mithilfe von Mathematik zu deuten. Diese praktische Anwendung führte zu einer Weiterentwicklung der Mathematik durch die Babylonier: Sie entdeckten die Arithmetik und Gleichungen und konnten von da an Berechnungen anstellen, die ohne dieses Wissen wahrscheinlich zu schwierig gewesen wären.

Babylonische Zahlen

Die Menschen, die in Babylon und den umliegenden Gebieten lebten, schrieben in der Keilschrift. Als Schreibgriffel diente ein zugeschnittenes Schilfrohr, mit dem man einfache Linien und Dreiecke in feuchten Ton drücken konnte. Auf diese Weise konnte man schneller schreiben als mit der Bilderschrift, die zuvor in Verwendung gewesen war.

Ein senkrechter Keil (𒁹) steht für eine einzelne Einheit und ein sogenannter Winkelhaken (𒌋), der nach links zeigt, symbolisiert die 10. Diese Symbole werden dann zu 59 verschiedenen Ziffern kombiniert. Ab 60 wiederholen sie sich, was bedeutet, dass die Zahl 70 durch die Zeichen 𒁹𒌋 dargestellt wird, auf ähnliche Weise wie bei der römischen Zahlschrift.

Ein Nachteil dieses Systems ist, dass die Zeichen auch mehrere Bedeutungen haben konnten – zum Beispiel war 𒈫 entweder 2 oder 120. Um welche der beiden es sich handelte, ergab sich nur aus dem Zusammenhang, denn 𒁹 stand für 1 und auch für 60. (Das heißt, wenn zwei dieser Zeichen nebeneinander standen, konnte das 1 + 1 oder 60 + 60 bedeuten.)

TONTAFELN

Dank der Fülle an Tontafeln, die dem Zahn der Zeit widerstanden haben, wissen wir so viel über die Mathematik der Babylonier. Auf den erhaltenen Tafeln sind die unterschiedlichsten Informationen zu finden – vom schulischen Lehrplan über Buchführung bis hin zu einem Beschwerdebrief wegen einer Lieferung minderwertigen Kupfers.

Links: Diese Keilschrifttafel teilt dem Empfänger den Erlass seiner Silberschulden mit.

Handel in Babylon

Der Handel mit Waren und Dienstleistungen gehört schon von Anfang an zur Geschichte des Menschen dazu. Aber als die Gemeinschaften und ihre Siedlungen sich immer weiter vergrößerten, wurde der alltägliche Handelsverkehr zu aufwendig, um alles im Kopf zu rechnen. Ein System, das nur Soll und Haben dokumentierte, reichte für diese zunehmend komplexer werdende Gesellschaft nicht aus.

Auf einem Kerbholz konnte man markieren, wie viele Waren sich auf Lager befanden, aber handelte man mit mehreren Personen, wurde es schwierig, die Übersicht zu behalten. Die Verwendung von Zählsteinen war in der sumerischen Hochkultur bereits seit ihrer Entstehungszeit gang und gäbe. Belegen zufolge wurden sie bereits von sumerischen Bauern (die schließlich Sumer gründeten) genutzt und waren auch schon überall im heutigen Nahen und Mittleren Osten im Einsatz.

Die Zählsteine hatten viele verschiedene Formen. Man weiß nicht, welchem Zweck sie genau dienten, aber eine Analyse von Proto-Keilschrifttexten ergab, dass jeder Form wahrscheinlich eine bestimmte Bedeutung zugeordnet war. Eine flache Scheibe stand beispielsweise für eine festgelegte Menge Getreide; ein Zylinder symbolisierte ein Schaf, und eine Pyramide die täglich geleistete Arbeit einer Person.

Mit zunehmender Entwicklung der Gesellschaft wurden auch die Zählsteine immer detaillierter, um die Waren, die sie symbolisierten, genauer darstellen zu können. Um 3200 v. Chr. nutzten die Sumerer bereits ein System, bei dem mehrere Zählsteine in hohlen Tonkugeln – sogenannten „Bullen" – versiegelt wurden. Sie dienten möglicherweise als Quittung, die bestätigen sollte, die richtige Art und Anzahl von Waren erhalten zu haben.

Solche Zählsteine für die Buchführung wurden noch weit über 2000 Jahre nach Erfindung der Schrift verwendet. Während sich das Schreiben in der wohlhabenden und gebildeten Bevölkerungsschicht verbreitete, verwendeten Menschen, die arm oder des Schreibens unkundig waren, weiterhin das Zählsteinsystem, das ihnen gute Dienste leistete.

Gegenüber: Die Standarte von Ur, um 2600 v. Chr., bietet einen bebilderten Einblick in das Leben der Sumerer.

Unten: Eine Tonbulle aus der Zeit um 3400–3100 v. Chr. und die in ihr enthaltenen Zählsteine.

Multiplikationstabellen

Alle Schulkinder auf der ganzen Welt wissen wahrscheinlich, was Multiplikationstabellen sind. Aber da wir das Einmaleins auch auswendig lernen, wird die Nützlichkeit dieser Tabellen oft unterschätzt. Dabei kann man damit einfache Multiplikationen schnell und unkompliziert durchführen und das wussten auch schon die alten Sumerer.

Das älteste bekannte Exemplar einer Multiplikationstabelle findet sich auf der Tafel mit der Bezeichnung VAT 12593. Entdeckt wurde sie in den Ruinen der Stadt Schuruppak, die um 2600 v. Chr. einem verheerenden Feuer zum Opfer fiel. Auf der Tafel stehen drei Spalten, die als Länge, Breite und Fläche eines Feldes beschrieben sind.

Die dritte Spalte enthält die Ergebnisse, die herauskommen, wenn man die ersten beiden Spalten miteinander multipliziert. Die Tafel diente also eindeutig als Methode, um die Größe eines Feldes anhand von Länge mal Breite zu berechnen. Das Ergebnis wurde dann mal zwei genommen, was eine Art Umrechnung zwischen verschiedenen Längen- und Flächenmaßen zu sein schien. Vermutlich ermittelte man auf diese Weise, welche Mengen von Samen benötigt wurden oder wie viel Zeit man für das Pflügen einplanen musste. Ein solches Hilfsmittel war für Bauern und Beamte äußerst nützlich, da damit auch ohne großen Aufwand korrekte Berechnungen gewährleistet werden konnten. Vielleicht dienten die Tafeln auch als Lernhilfe, um den jungen Sumerern das Multiplizieren beizubringen.

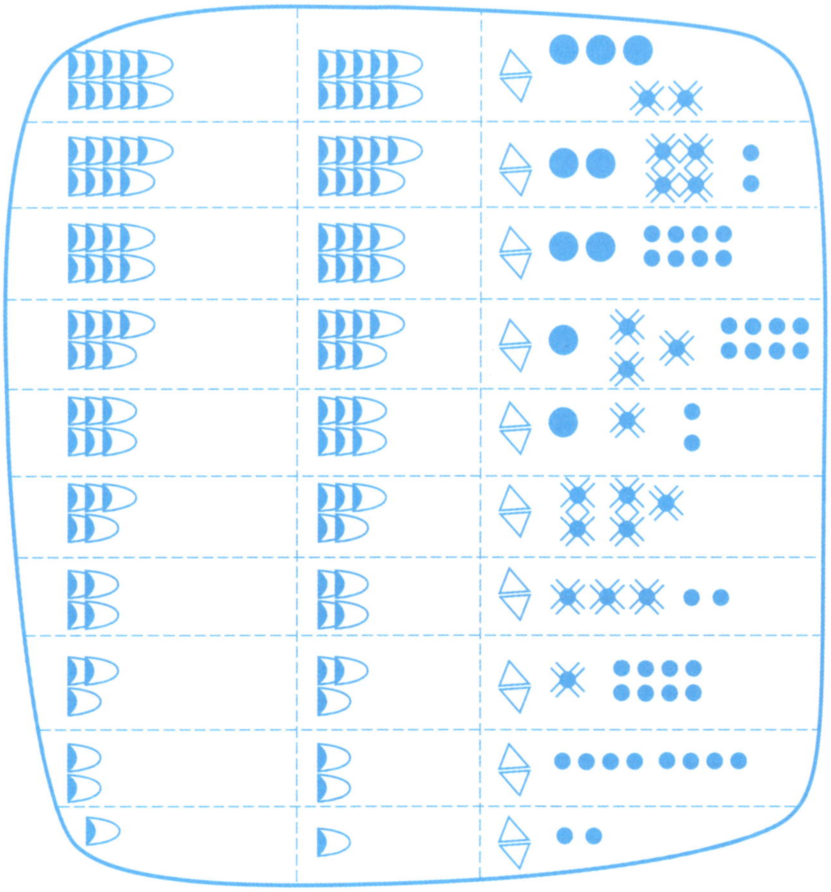

Links: Grafische Darstellung der Markierungen auf der Tontafel VAT 12593. In dieser Rekonstruktion wurden Stellen, an denen die echte Tafel beschädigt ist, durch logische Annahmen ergänzt.

Rechts: Die Tafel VAT 12593, die sich gegenwärtig im Besitz des Vorderasiatischen Museums in Berlin befindet, ist die älteste bekannte Multiplikationstabelle.

DAS SEXAGESIMALSYSTEM DER SUMERER

Die sumerische Mathematik verwendete ein Zahlensystem mit 60 Ziffern – im Gegensatz zu unserem Dezimalsystem, das nur mit zehn Ziffern rechnet: 0, 1, 2, 3, 4, 5, 6, 7, 8 und 9. An der grundlegenden Mathematik ändert sich dabei nichts, nur sind manche Berechnungen einfacher, andere schwieriger.

Auf der hier gezeigten Tafel kommen übrigens zwei unterschiedliche Zahlensysteme zum Einsatz: *bur* (die Punkte) und *iku* (die Kegelformen).

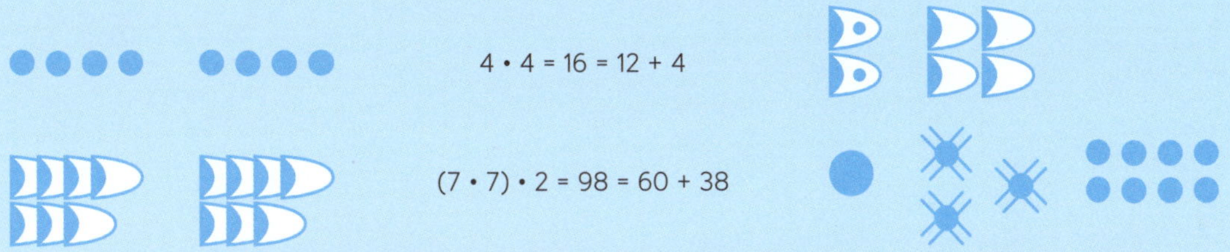

Rechtwinklige Dreiecke

Auf den ersten Blick scheint das rechtwinklige Dreieck keine bahnbrechende Entdeckung zu sein, aber nicht ohne Grund wurde es im Altertum so genau erforscht. Ein rechtwinkliges Dreieck besteht aus drei Seiten, von denen zwei einen rechten Winkel (also einen Winkel von 90 Grad) bilden, wodurch die Ecke eines Quadrats (oder Vierecks) entsteht.

Diese einfache, leicht verständliche Form hat zwei wichtige Anwendungsmöglichkeiten. Erstens können viele andere geometrische Figuren in rechtwinklige Dreiecke zerlegt werden, was bei der Berechnung und Konstruktion dieser Figuren hilft.

Zweiten ist ein Verständnis von rechten Winkeln unerlässlich, wenn man Gebäude mit senkrechten Wänden errichten möchte. Einer der Hauptgründe, warum sich die Sumerer als dominante Kultur etablierte, war die Entwicklung der Lehmziegel. Damit konnten sie in Dimensionen bauen, die Voraussicht und Planung erforderten. Mithilfe von rechtwinkligen Dreiecken berechneten sie unter anderem standardisierte Gebäudegrößen und die benötigten Rohstoffe. Später beschäftigte sich Pythagoras (ca. 570–495 v. Chr.) ganz intensiv mit dem rechtwinkligen Dreieck [S. 61], aber bereits zur Zeit der Babylonier kannte und verwendete man dieses mathematische Konzept.

Plimpton 322

Die Babylonier waren also mit dem rechtwinkligen Dreieck vertraut und integrierten es in ihre Berechnungen. Das beste Beispiel dafür findet sich auf der Tontafel Plimpton 322, die aus der Zeit um 1800 v. Chr. stammt. Ein Teil davon ist beschädigt, sodass nicht der gesamte Inhalt erhalten ist, aber zu sehen sind 14 Zahlenmengen, aus denen rechtwinklige Dreiecke konstruiert werden konnten. Wie diese letztendlich berechnet wurden, ist nicht bekannt, aber man vermutet, dass dazu eine Methode zum Einsatz kam, die dem Satz des Pythagoras [S. 60] ähnelte – und das bereits über 1000 Jahre vor der Geburt des griechischen Mathematikers.

Links: Dieses Wandstück eines schreitenden Löwen aus glasierten Ziegeln befand sich am Ischtar-Tor, das in das Stadtzentrum von Babylon führte (ca. 604–562 v. Chr.).

Unten: Aus den Zahlen, die auf der Tontafel „Plimpton 322" stehen, können rechtwinklige Dreiecke konstruiert werden.

Quadratwurzeln

Unten: Die Spirale des Theodorus, auch „Wurzelschnecke" genannt, wurde im 5. Jahrhundert v. Chr. entdeckt. In Babylon war sie noch nicht bekannt, aber sie zeigt auf elegante Weise den Zusammenhang zwischen rechtwinkligen Dreiecken, für die sich die Babylonier interessierten, und Quadratwurzeln.

Wird eine Zahl mit sich selbst multipliziert, kommt eine Quadratzahl heraus, zum Beispiel: $4 \cdot 4 = 16$. Die Zahl 16 ist eine Quadratzahl. Die Quadratwurzel einer Zahl ist jener Wert, den man mit sich selbst multiplizieren muss, um diese Zahl zu erhalten. Für die Quadratzahl 16 beträgt die Quadratwurzel also 4. Quadratwurzeln werden in der Mathematik durch das Wurzelzeichen dargestellt: $\sqrt{\ }$. Die Wurzel aus 16 – $\sqrt{16}$ – ist also 4, da $4 \cdot 4 = 16$, und $\sqrt{1}$ ergibt 1, da $1 \cdot 1 = 1$.

Eines der ersten Grundsatzprobleme der Mathematik war die Frage nach der $\sqrt{2}$. Heute wissen wir, dass das Ergebnis eine irrationale Zahl ist [S. 121], die auf die ersten zehn dezimalen Nachkommastellen 1,4142135623 beträgt, aber die Mathematik, um das zu ermitteln, war erst um 1000 n. Chr. so weit.

Die Babylonier hatten Interesse an den Quadratwurzeln, weil sie für zahlreiche praktische Anwendungen in der Architektur und bei der Landvermessung nützlich waren (was auch der Grund für die Beschäftigung mit rechtwinkligen Dreiecken war).

Einige Belege lassen vermuten, dass die Babylonier die $\sqrt{2}$ als wichtiges mathematisches Problem betrachteten und versuchten, es zu lösen.

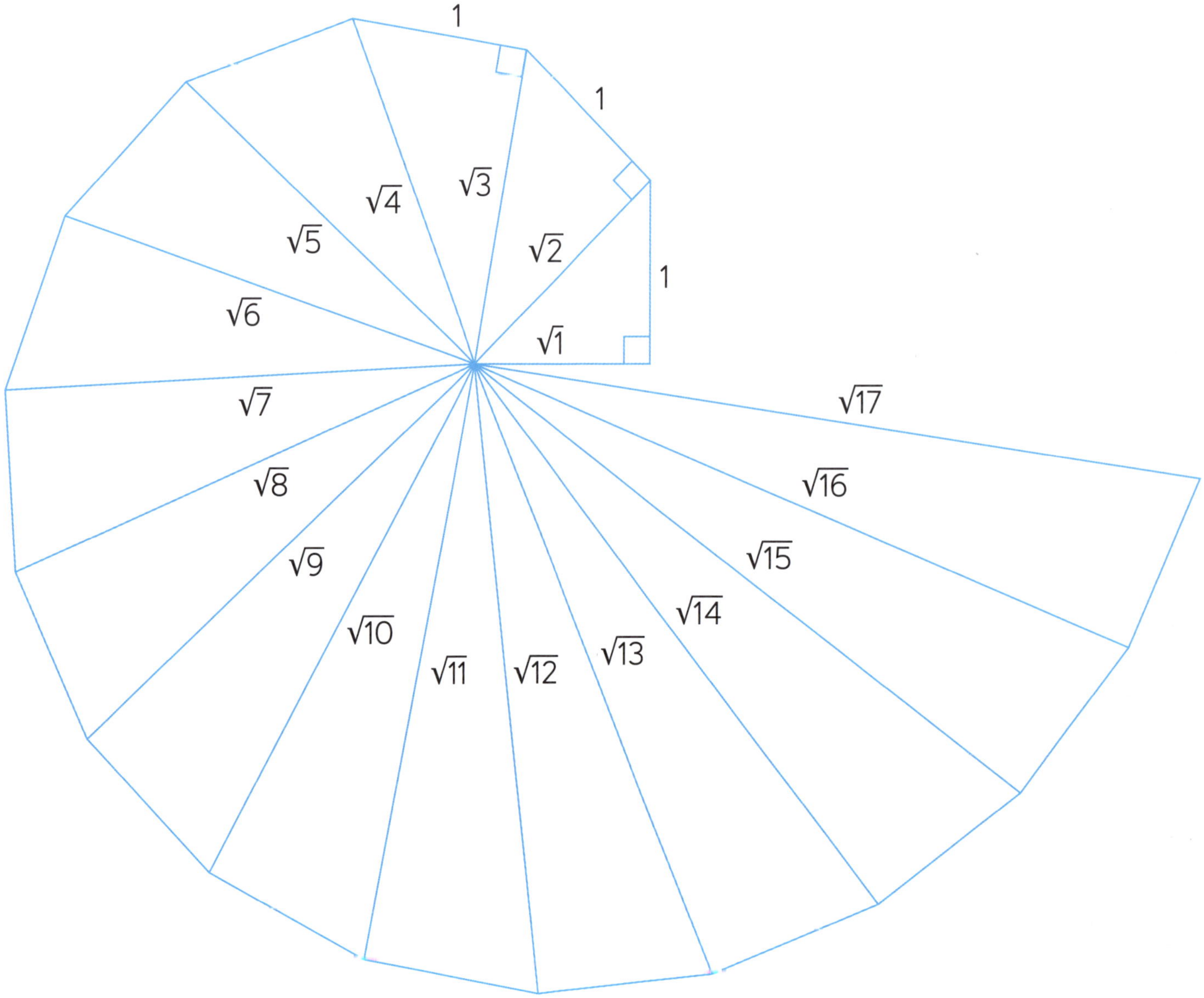

YBC 7289

YBC 7289 ist eine runde Tontafel aus der Zeit um 1700 v. Chr., von der vermutet wird, dass sie aus der Hand eines Schreibschülers stammt. Sie zeigt ein Quadrat mit zwei eingezeichneten Diagonalen. Auf der Tafel steht die Berechnung für die Länge der Diagonale, die man heute mithilfe der Quadratwurzel ermitteln würde (Diagonale = $\sqrt{2}$ mal Seite). Die Tafel beweist, dass die Babylonier einen Näherungswert dieser Formel kannten.

Entlang einer der Diagonalen des Quadrats stehen die Zahlen 1, 24, 51, 10. Da die Babylonier ein System aus 60 Ziffern verwendeten, kann das als ($1 + 24/60 + 51/60^2 + 10/60^3$) gedeutet werden, was 1,414213 ergibt – eine sehr gute Näherung der $\sqrt{2}$. Eine Seite des Quadrats ist mit der Zahl 30 beschriftet. Das kann bedeuten, dass für alle Seiten die Länge 30 gegeben ist. Schließlich gibt es noch die Zahlen in der unteren Hälfte des Quadrats: 42, 25, 35 beziehungsweise ($42 + 25/60 + 35/60^2$), was 42,426 ergibt. Das ist eine erstaunlich genaue Näherung der Länge der Diagonale des Quadrats, die herauskommt, wenn man die Quadratwurzel (1,414213) mit der Seitenlänge 30 multipliziert.

Dass die Babylonier zu einer solchen gründlichen, präzisen Berechnung von $\sqrt{2}$ imstande waren, zeugt von der hohen Entwicklung dieser Zivilisation, die aus pragmatischen und intellektuellen Gründen vorangetrieben wurde.

Oben rechts: Die Tontafel YBC 7289. Die aufgedruckten Zahlen kennzeichnen ihre keilschriftlichen Entsprechungen.

Rechts: Die Rückseite der Tontafel YBC 7289 ist aufgrund von Verwitterung nicht mehr lesbar, scheint aber eine mathematische Aufgabe mit einem Viereck zu zeigen.

Kapitel drei

Mathematik in Ägypten

Wenn man über das alte Ägypten spricht, muss man unbedingt bedenken, über welchen Zeitraum sich diese Zivilisation erstreckte. Kleopatra (69–30 v. Chr.) lebte näher an der heutigen Zeit als am Bau der Pyramiden von Gizeh (um 2570 v. Chr.), die über 1000 Jahre nach dem Beginn der Pharaonenzeit errichtet wurden. Diese Hochkultur existierte so lange, dass es bereits im alten Ägypten Archäologen gab, die Funde aus dem alten Ägypten ausgruben.

Eine Zivilisation überdauert die Jahrtausende aber nur, wenn sie den dafür erforderlichen militärischen und politischen Einfluss besitzt. Die alten Ägypter profitierten bei ihrem Aufstieg zur Supermacht von einigen begünstigenden Faktoren. Der erste war der Fluss Nil mit seinem verlässlichen Hochwasser. Das klingt vielleicht nicht sehr vorteilhaft, aber Überschwemmungsgebiete sind oft sehr fruchtbar, da die Fluten Nährstoffe in die Erde spülen. Aus diesem Grund hatten die alten Ägypter Zugang zu riesigen Flächen des fruchtbarsten Ackerlands auf der ganzen Welt. Der zweite große Vorteil, der zur Entwicklung dieser Hochkultur beitrug, war die Systematisierung und Wertschätzung der Mathematik.

Ihre mathematischen Kenntnisse ermöglichten es den alten Ägyptern, gigantische Bauvorhaben wie die Pyramiden in die Tat umzusetzen, das riesige, bevölkerungsreiche Gebiet zu verwalten sowie den Wechsel der Jahreszeiten und die Nilschwemme zu verstehen, auf die sich die gesamte Nahrungsversorgung stützte. Die Ägypter verfügten wahrscheinlich über einen etablierten und mathematisch versierten Beamtenapparat, der Arbeiter anforderte oder sie während der Hochwasserzeit wegschickte und der es ihnen ermöglichte, vor der Überschwemmung genügend Vorräte einzulagern, um die Bevölkerung ernähren zu können.

Die ägyptische Zahlschrift

Das Zahlensystem des alten Ägyptens ähnelte jenem der Babylonier, da es ebenfalls Zeichen für verschiedene Einheiten gab, die zu größeren Werten kombiniert werden konnten. Aber die alten Ägypter verwendeten ein dezimales Zahlensystem, das um einiges einfacher zu lesen ist.

Unten: Ägyptische Hieroglyphen konnten bestimmte Zahlen darstellen.

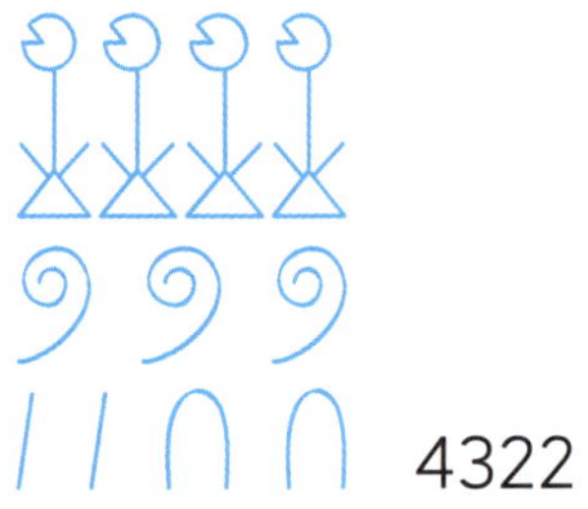

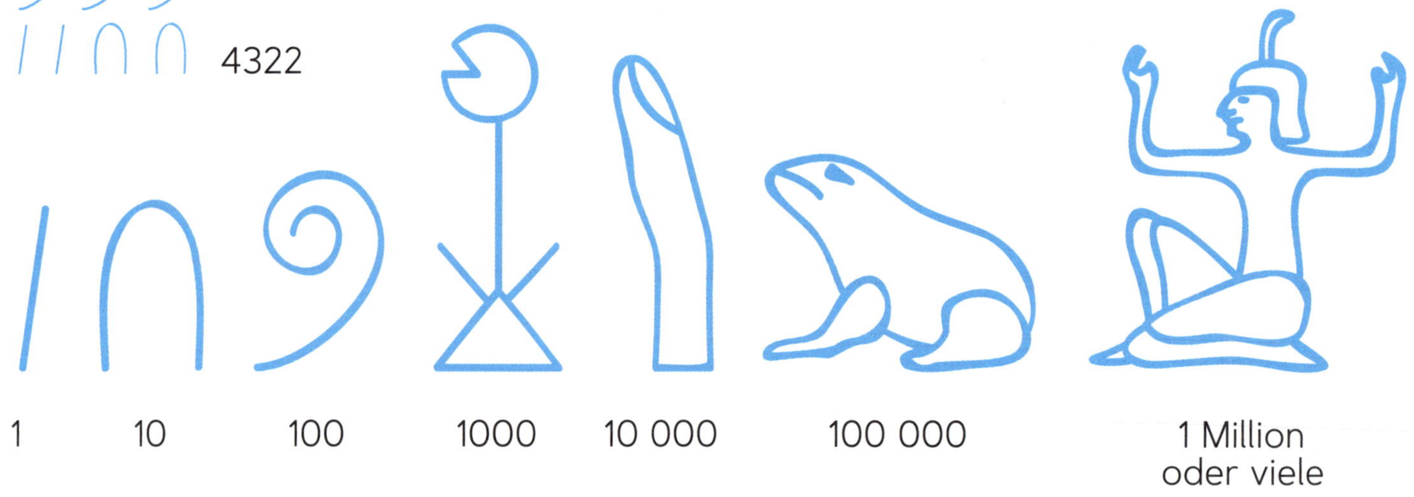

DIE MATHEMATIK DER PYRAMIDEN

Über hundert Pyramiden aus dem alten Ägypten wurden entdeckt und wahrscheinlich gab es viele mehr, die nicht erhalten sind. Die berühmtesten Exemplare sind die drei Pyramiden von Gizeh, die zwischen 2575 und 2465 v. Chr. errichtet wurden. Die größte und älteste von ihnen ist die Cheops-Pyramide, die dem gleichnamigen Pharao gewidmet war und seine jenseitigen Bedürfnisse decken sowie seine Macht und seinen Reichtum symbolisieren sollte. Ursprünglich war sie 146,6 Meter hoch, aber Erosion und der Verlust ihrer originalen weißen Kalksteinverkleidung haben sie auf 138,5 Meter verkürzt. Fast 4000 Jahre lang war sie das größte Bauwerk der Welt – bis zum Bau der Kathedrale von Lincoln in England im Jahr 1311.

Die Konstruktion einer solchen Pyramide erforderte einen enormen logistischen Aufwand und zeugt vom mathematischen Wissen der alten Ägypter. Vielleicht verwendeten sie zum Entwurf des Monuments auch anspruchsvollere mathematische Konzepte, wie viele vermuten, etwa den goldenen Schnitt [S. 176] oder sogar pythagoreische Tripel [S. 60].

Tatsächlich ist die Form einer Pyramide einfach eine gute und relativ leicht umzusetzende Variante, wenn man ein großes, langlebiges Bauwerk errichten möchte. Das schmälert nicht die außerordentliche Leistung der alten Ägypter, die zweifellos über beeindruckende mathematische und architektonische Kenntnisse verfügten. Sämtliche Spekulationen, die den Einfluss von übernatürlichen Kräften oder außerirdischen Wesen bemühen, gehören jedoch ins Reich der Fantasie.

Unten: Die Pyramiden von Gizeh sind imposante Monumente und dienten als Grabstätten für die Herrscher, die sie errichten ließen.

Im alten Ägypten waren die Hieroglyphen nicht die einzige Schrift. Zwar waren sie wichtig, aber auch zeitaufwendig zu zeichnen und wurden meist in Stein gemeißelt, darum entwickelte man eine praktischere, einfachere Schrift: die hieratische Schrift. Zu ihr gehörten auch Zahlzeichen, die für mathematische Zwecke verwendet wurden.

Rechts: Die Zahlzeichen der hieratischen Schrift umfassten einen Bereich von 1–9999.

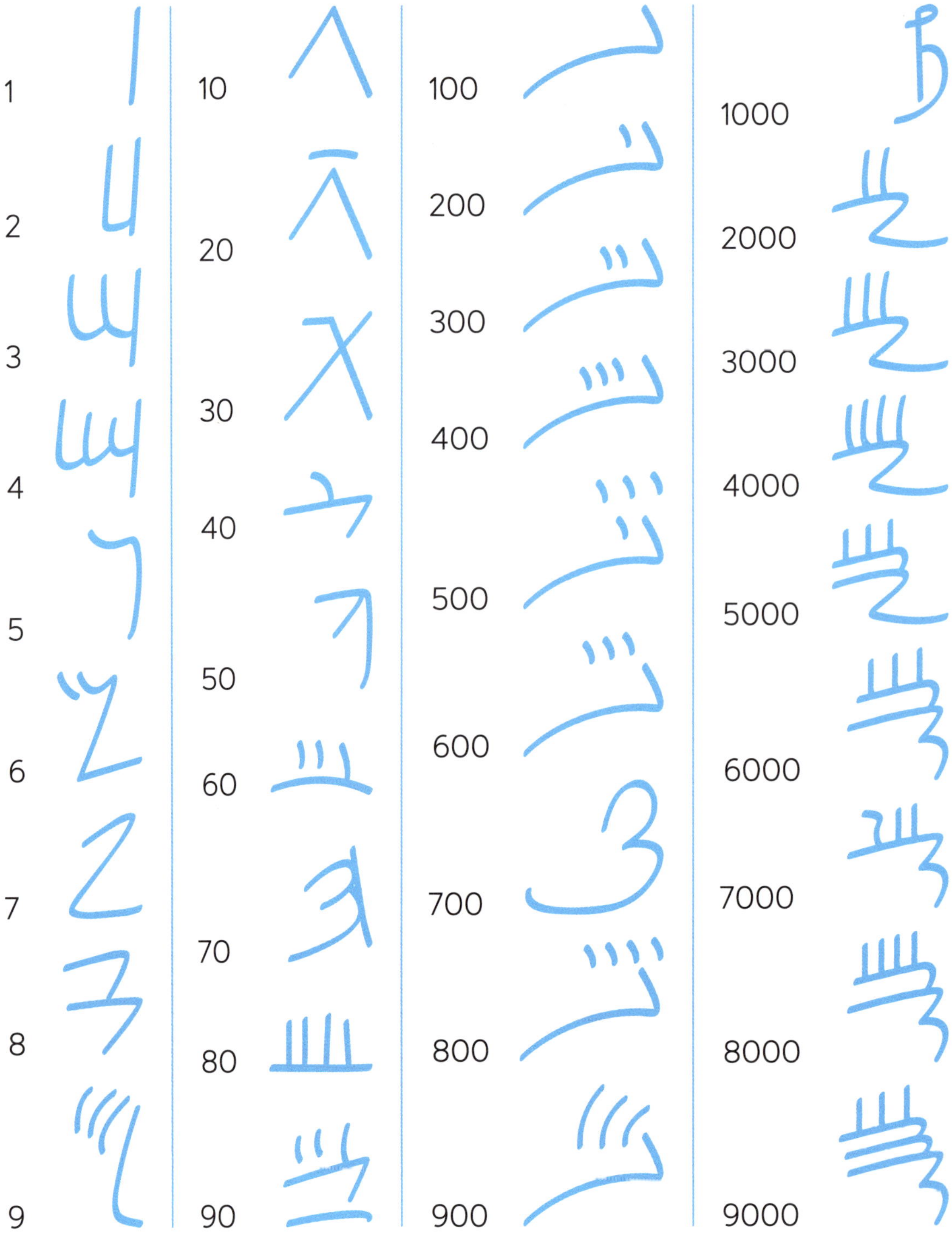

Die königliche Elle

Die Elle war vielleicht die erste Maßeinheit. Ihren Ursprung hatte sie zwar schon bei den Sumerern, aber erst die Ägypter standardisierten die Methode und wandten sie an. Während heutige Maßeinheiten, zum Beispiel der Meter oder das Yard, durch allgemeine physikalische Konstanten definiert werden, mussten die alten Ägypter auf einfachere Maße, die an die Proportionen des menschlichen Körpers angelehnt waren, zurückgreifen.

Da die Hieroglyphe für die Elle einen Unterarm darstellte, scheint es wahrscheinlich, dass sich die Einheit aus diesem Maß entwickelt hatte. Aber die Länge eines Unterarms (wie auch jedes andere Körpermaß) kann sehr unterschiedlich ausfallen, was vermutlich für einige Unstimmigkeiten und Missverständnisse sorgte.

Aus diesem Grund führte man spätestens um 2700 v. Chr. die Königselle ein, die eine standardisierte Version der Elle und der von ihr abgeleiteten Einheiten war. Eine Elle bestand aus sieben Handbreiten und eine Handbreite war wiederum in vier Finger unterteilt. Statt sich auf die anatomischen Variationen menschlicher Unterarme zu verlassen, ließ man einheitliche Ellenstäbe anfertigen und im gesamten Königreich verteilen.

Da es damals noch keine präzisen Werkzeuge gab und sich beim häufigen Reproduzieren auch Fehler einschlichen, waren nicht alle Stäbe exakt gleich lang, sondern konnten bis zu sechs Millimeter voneinander abweichen. Dennoch legten die Ellenstäbe einen Standard fest und sorgten dafür, dass Waren korrekt vermessen werden konnten, bevor sie ausgeliefert wurden. Die Länge einer Königselle wurde mit ungefähr 52,5 Zentimetern definiert – also um einiges länger als der durchschnittliche Unterarm – und die Stäbe waren oft mit Einkerbungen markiert, um sie in kleinere Einheiten zu unterteilen.

Unten: Die Maßeinheiten, die von verschiedenen Körperteilen abgeleitet wurden.

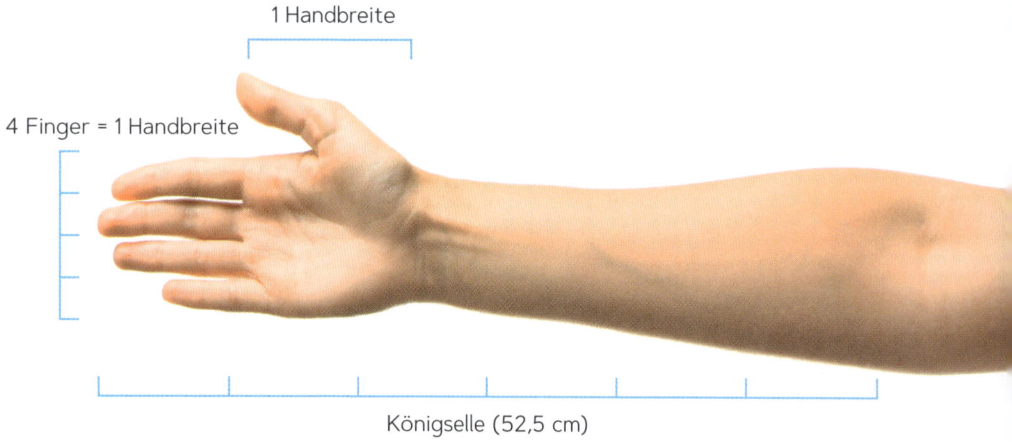

BIBLISCHE MASSEINHEIT

Die Elle war im gesamten Nahen Osten Tausende Jahre lang in Verwendung. Darum wurde sie auch von den verschiedenen israelitischen Stämmen übernommen und angepasst, was dazu führte, dass die Elle auch in der Bibel sowie in späteren abrahamitischen Schriften wie dem Talmud auftauchte. Heute ist die Elle als Maßeinheit wahrscheinlich den meisten Menschen vor allem aus diesen religiösen Texten bekannt.

Rechenaufgaben

Der Nutzen von Mathematik ist gering, wenn nur eine Person sie beherrscht. Darum ist es unerlässlich, mathematisches Wissen innerhalb der eigenen und an die nächste Generation weiterzugeben. Die zahlreichen Schultafeln, die man in babylonischen Ausgrabungsstätten fand, belegen das umfangreiche Lehren und Lernen jener Zeit.

Auch die alten Ägypter bemühten sich, ihr mathematisches Wissen zu verbreiten, denn sie benötigten eine ganze Armee an Schriftgelehrten, Beamten und Aufsehern, damit ihre Zivilisation funktionierte. Aus diesem Grund entwickelten sie eine neue Methode: die mathematische Textaufgabe.

Diese Art der Rechenaufgabe beschreibt eine praxisbezogene Situation, in der etwas berechnet werden muss – etwa die Größe eines Ackers oder die Weizenmenge, die verschiedenen Arbeitern zusteht. Solche Textaufgaben kommen auch heute noch im Matheunterricht zum Einsatz.

Der Papyrus Moskau 4676

Ägyptische Textaufgaben finden sich auf vielen Ausgrabungsstücken, aber eines der interessantesten Beispiele ist der Papyrus Moskau 4676. Dieses 5,5 Meter lange Dokument stammt aus der Zeit zwischen 1800 v. Chr. und 1500 v. Chr. und enthält 25 verschiedene Rechenaufgaben und ihre Lösungen.

Die Mathematik darin ist teils Arithmetik, teils Geometrie, und die gegebenen Szenarien sind lauter Situationen, in denen sich ein Schreiber in seinem Arbeitsalltag wiederfinden könnte. Berechnet werden unter anderem Bauteile für Schiffe, die zu erwartende Leistung einer Gruppe Arbeiter oder die Flächen von Dreiecken – sowie einige komplexere Aufgaben zum Volumen von dreidimensionalen Körpern, deren genaue Deutung jedoch noch umstritten ist.

Unten: Der Papyrus Moskau ist ein altägyptisches Schriftstück, das eine Reihe von mathematischen Textaufgaben enthält.

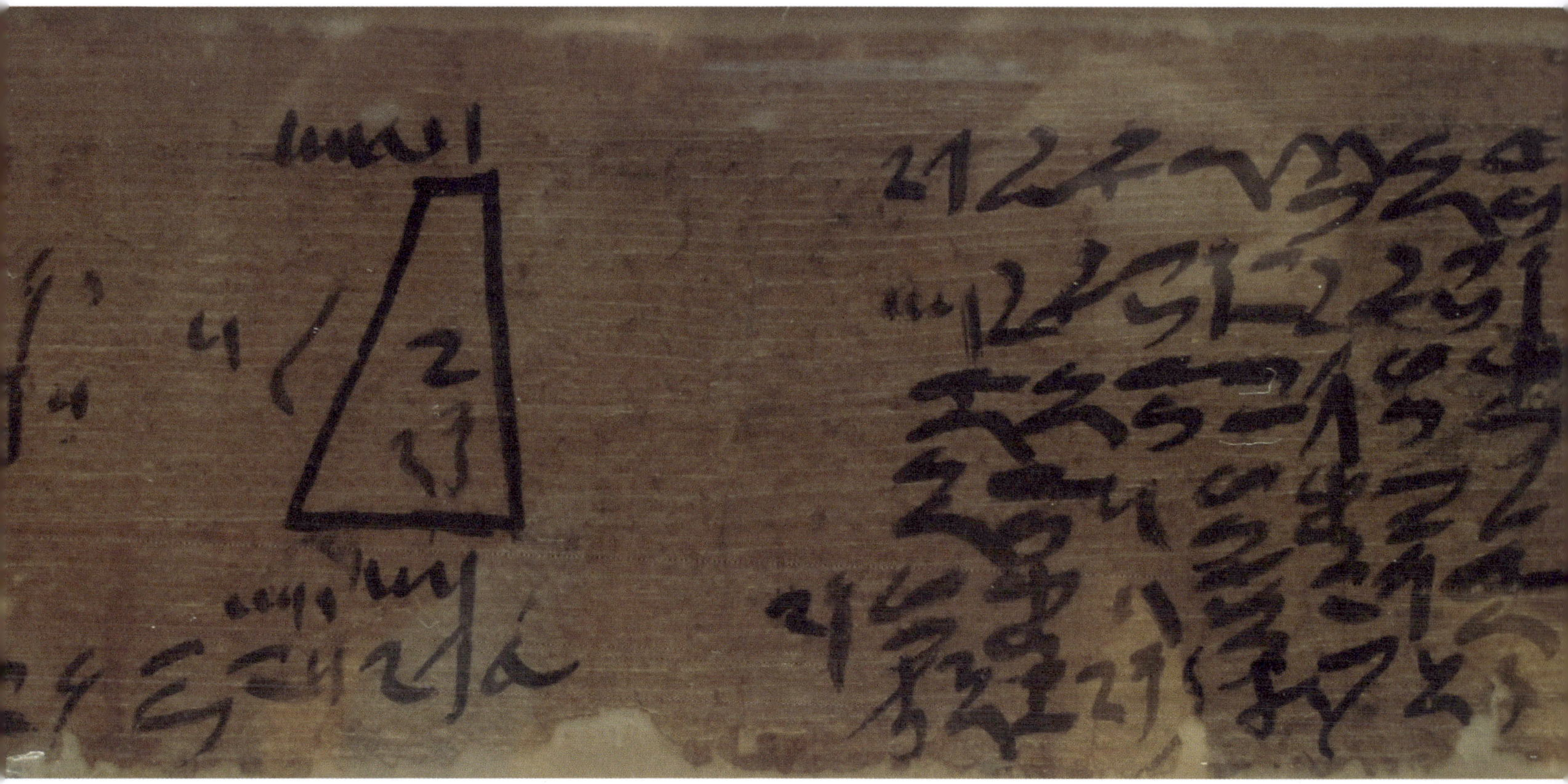

Rechnen mit Bier

In 10 von 25 Textaufgaben soll die Stärke von Bier berechnet werden, die in *Pefsu* gemessen wird. Sie bezeichnet das Verhältnis des Getreides zur Flüssigkeitsmenge, die daraus gebraut werden kann. (Wenn aus einem *Heqat* Getreide ein Krug Bier erzeugt wird, beträgt sein *Pefsu* eins.) Ein höherer *Pefsu*-Wert bedeutet, dass aus der gleichen Menge Getreide mehr Bier herauskommt, das aber schwächer ist.

In *Pefsu* kann auch der Getreideanteil von Brot gemessen werden. In einer der Aufgaben soll man ausrechnen, wie viele Krüge Bier mit einem *Pefsu* von 4 der Hälfte von 100 Laiben Brot mit einem *Pefsu* von 20 entsprechen. (Die Lösung sind 10 Krüge Bier mit einem *Pefsu* von 4).

Links: Das Relief aus dem alten Ägypten (ca. 1500–1300 v. Chr.) zeigt einen Mann, der Bier trinkt.

Unten: Grafische Darstellung der *Pefsu*-Aufgabe. Mithilfe der Berechnung fand man heraus, wie die Getreidevorräte optimal genutzt werden konnten.

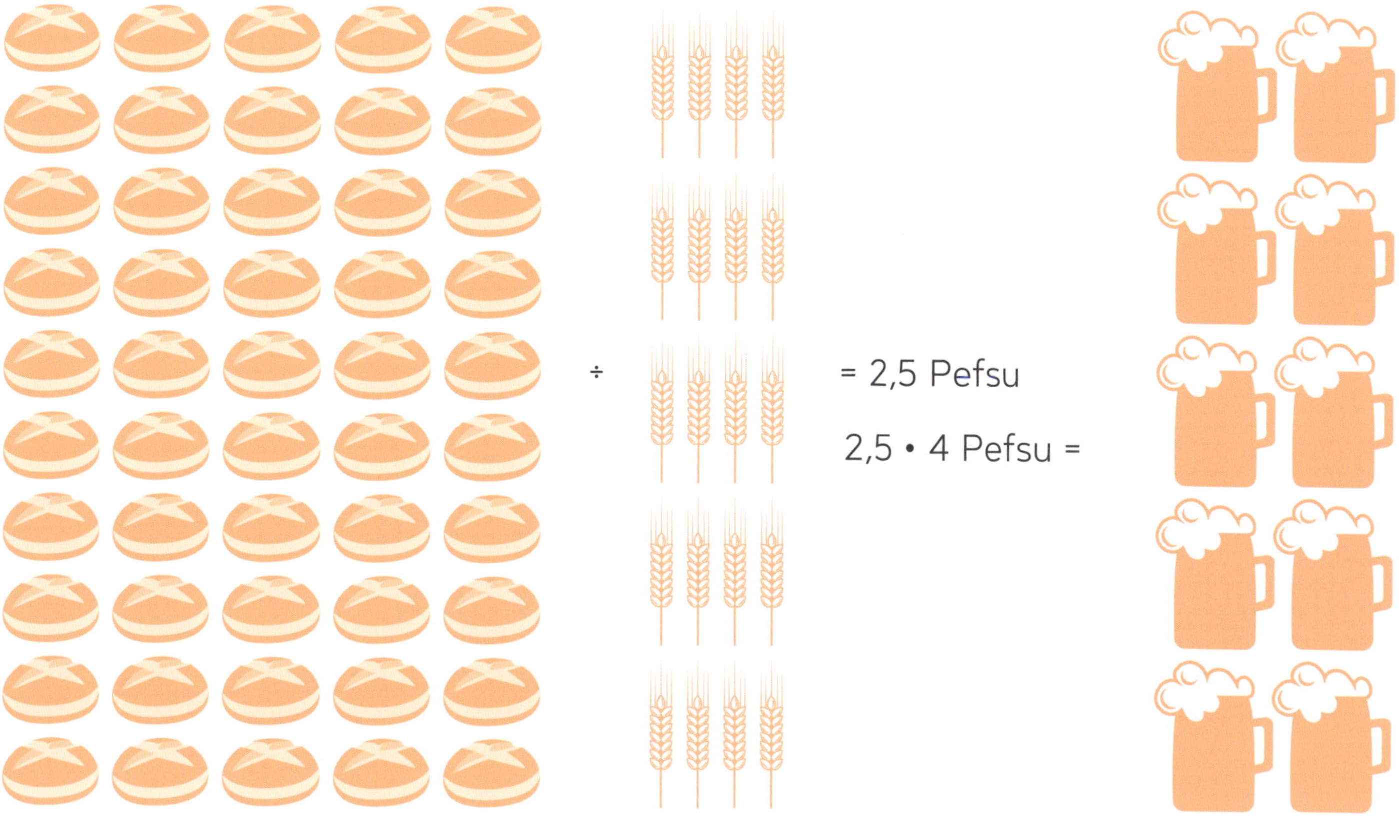

Bruchrechnung

Ein Bruch ist das Zerteilen eines Ganzen – wie die diagrammatische Torte, die in mehrere Stücke geschnitten wird. Schon die Kulturen vor den alten Ägyptern verwendeten Brüche in ihrer Mathematik, etwa die Babylonier in Form der Division, aber die Ägypter besaßen ein spezielles Zeichen, um Zähler und Nenner explizit voneinander zu unterscheiden.

Dieses Zeichen, die Hieroglyphe für den Mund, wurde neben eine Zahl geschrieben, um zu kennzeichnen, dass sie ein Kehrwert des Nenners (also der unteren Zahl eines Bruchs) war. Das heißt, der Wert der so markierten Zahl beträgt eins dividiert durch den Nenner (*Abb. A*).

Die Ägypter entwickelten auch ein System für komplexere Brüche als nur den Kehrwert, indem sie Zähler (also die obere Zahl eines Bruchs) hinzufügten. Das waren spezielle Brüche, die eigene Zeichen hatten (*Abb. B*). Die heutige Schreibweise von Dezimalbrüchen entstand erst um 1600 [S. 194].

Der Papyrus Rhind

Der Papyrus Rhind stammt aus der Zeit um 1550 v. Chr. und wurde in hieratischer Schrift (statt in Hieroglyphen) verfasst. Er besteht aus drei Abschnitten, die einen großen Teil des mathematischen Wissens der alten Ägypter abdecken, von Geometrie bis Arithmetik.

Darin findet sich auch die erste bekannte Darstellung von Brüchen. Einer der wichtigsten Teile davon ist eine Tabelle, die zeigt, wie Brüche der Form $2/n$ (wo „n" ein gegebener Wert ist) als Summe verschiedener Stammbrüche ($1/n$) geschrieben werden, wie etwa $2/3$ als die Kombination $1/2 + 1/6$.

(*Abb. a*)

(*Abb. b*)

Unten: Vorder- und Rückseite des Papyrus Rhind, der im British Museum in London aufbewahrt wird.

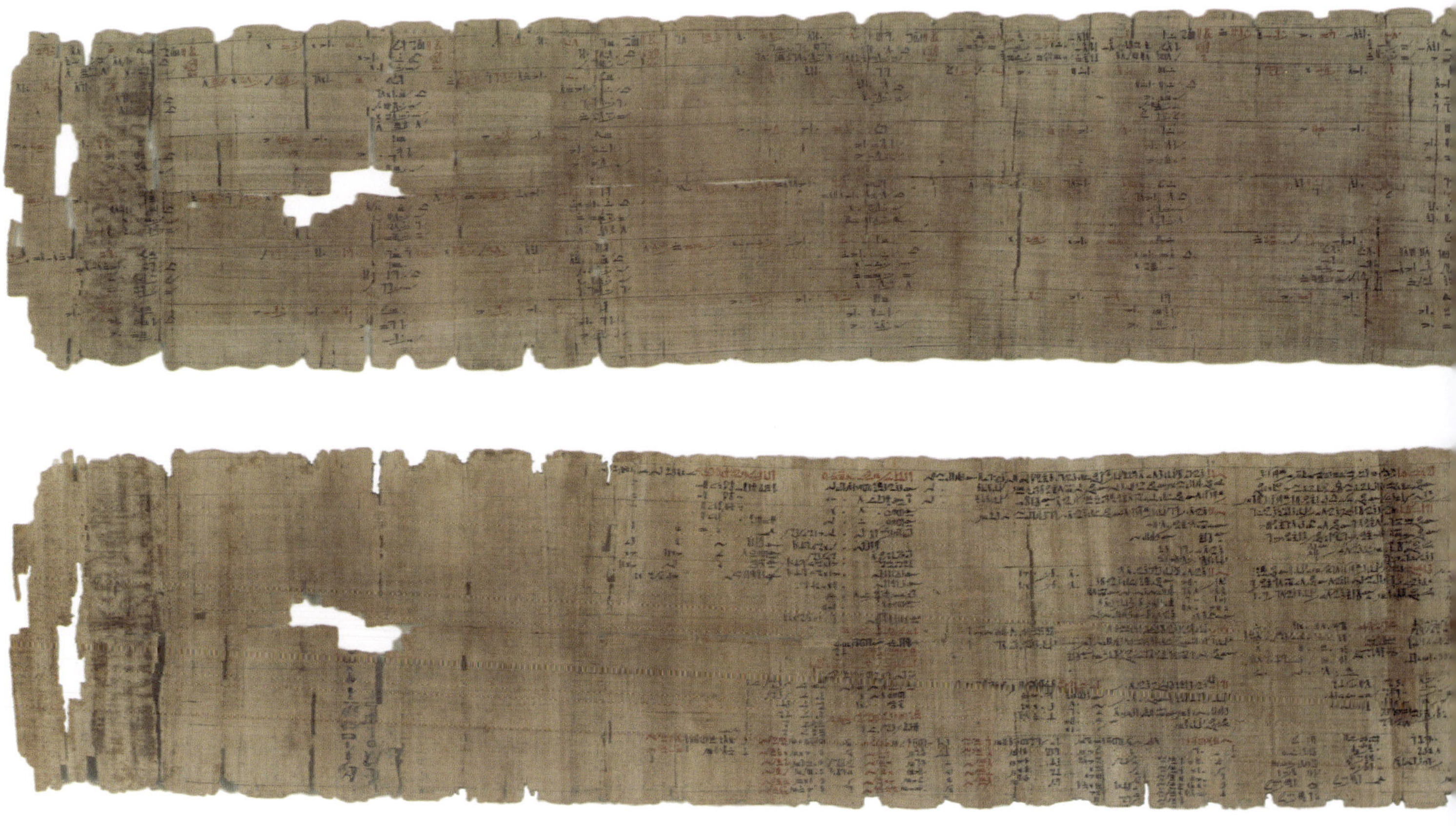

Auf dem Papyrus findet sich unter anderem das Beispiel $\frac{2}{59}$, das sich in die Stammbrüche $\frac{1}{36}$ + $\frac{1}{236}$ + $\frac{1}{531}$ aufteilen lässt, oder $\frac{2}{91}$, das aus $\frac{1}{70}$ + $\frac{1}{130}$ gebildet werden kann.

Die Tabelle im Papyrus Rhind sollte wohl den Lesern dabei helfen, bei ihren komplizierten Summen den Überblick zu bewahren, aber wie diese Berechnungen überhaupt zustande kamen, ist nicht eindeutig geklärt.

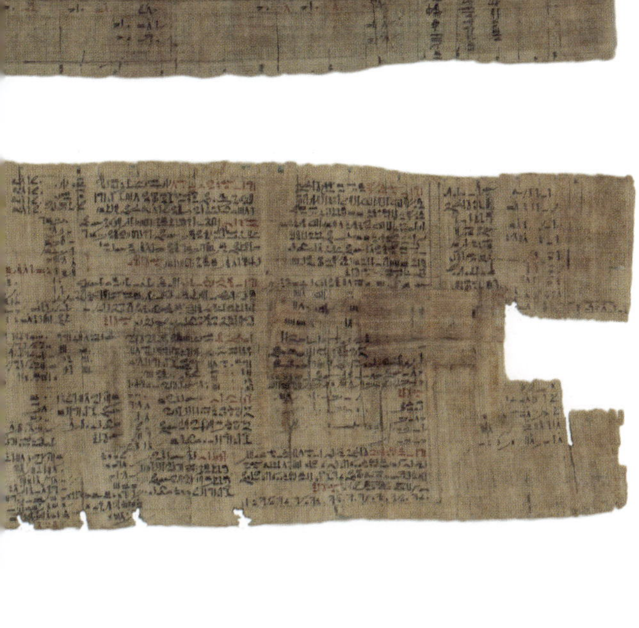

DER ERSTE BEKANNTE MATHEMATIKER

Der Schreiber Ahmose (ca. 1680–1620 v. Chr.) setzte seinen Namen auf den Papyrus Rhind und war damit der erste Mathematiker, der sich in den historischen Aufzeichnungen verewigte. Allerdings weist er im Text darauf hin, dass der Papyrus nicht das Ergebnis seiner eigenen Arbeit ist, sondern von einem rund 500 Jahre alten Dokument abgeschrieben wurde.

Links: Granitstatue des Ahmose (um 1550 v. Chr.), des ersten bekannten Mathematikers der Geschichte.

Quadratische Gleichungen und Gleichungssysteme

Eine quadratische Gleichung ist eine Gleichung, die in der Form $ax^2 + bx + c = 0$ geschrieben wird (oder in diese Form umgestellt werden kann). Hierbei sind a, b und c Zahlen mit einem gegebenen Wert, aber x ist eine unbekannte Zahl.

Eine gängige Methode, diese Gleichungen zu lösen, ist das Faktorisieren (eine algebraische Gleichung wird in Klammern gesetzt, indem man die gemeinsamen Faktoren herausnimmt). Das heißt, die Gleichung wird in zwei Ausdrücke, die ein Gleichungssystem bilden, aufgeteilt, zum Beispiel so:

$$6x^2 + 11x + 3 = (2x + 3)\,(3x + 1)$$

Gleichungssysteme sind Gleichungen, bei denen zwei oder mehr unbekannte Variablen in Form einer gemeinsamen Lösung gefunden werden müssen. Um die Lösung zu ermitteln, müssen alle Variablen gleichzeitig gesucht werden.

Quadratische Gleichungen und Gleichungssysteme werden oft angewandt, wenn Kurven oder mehrere Komponenten gegeben sind. Praktische Anwendung finden sich unter anderem im Bauwesen, in der Astronomie, beim Handel und bei der Landbewirtschaftung. Gleichungen lösen zu können, um unbekannte Variablen zu ermitteln, war eine äußerst nützliche Fähigkeit im alten Ägypten.

Ägyptische Beispiele

Das erste Beispiel einer quadratischen Gleichung findet sich in den Fragmenten des Papyrus Berlin 6619, der auf die Zeit um 2000–1650 v. Chr. datiert wird. Es handelt sich um ein Gleichungssystem aus zwei Gleichungen und mit zwei Unbekannten:

„Die Fläche eines Quadrats von 100 entspricht jener von zwei kleineren Quadraten. Davon hat eines die Länge ½ + ¼ der Länge des anderen.“

Heute würde man die Gleichung wie folgt aufstellen:

$$x^2 + y^2 = 100 \text{ und } x = \frac{3}{4}y$$

Sie kann umgestellt werden zu:

$$\left(\frac{3}{4}y\right)^2 + y^2 = 100$$

Und anschließend als quadratische Gleichung geschrieben werden:

$$\frac{25}{16}y^2 + 0y - 100 = 0$$

Löst man diese Gleichung, erhält man den Wert $y = 8$, den man in die erste Gleichung einsetzen kann, um $x = 6$ zu erhalten. Damit hat man die Längen der beiden Quadrate ermittelt.

In späteren altägyptischen Schriftstücken finden sich andere Gleichungen, die quadratische Lösungen haben können, als Textaufgaben und praxisbezogene Berechnungen. Aber wir wissen nicht, wie gut man solche Gleichungen damals lösen konnte. Wahrscheinlich war der Versuch, quadratische Gleichungen besser zu verstehen, ein Schwerpunkt für die mathematischen Gelehrten jener Zeit, da solches Wissen in vielen Bereichen nützlich gewesen wäre.

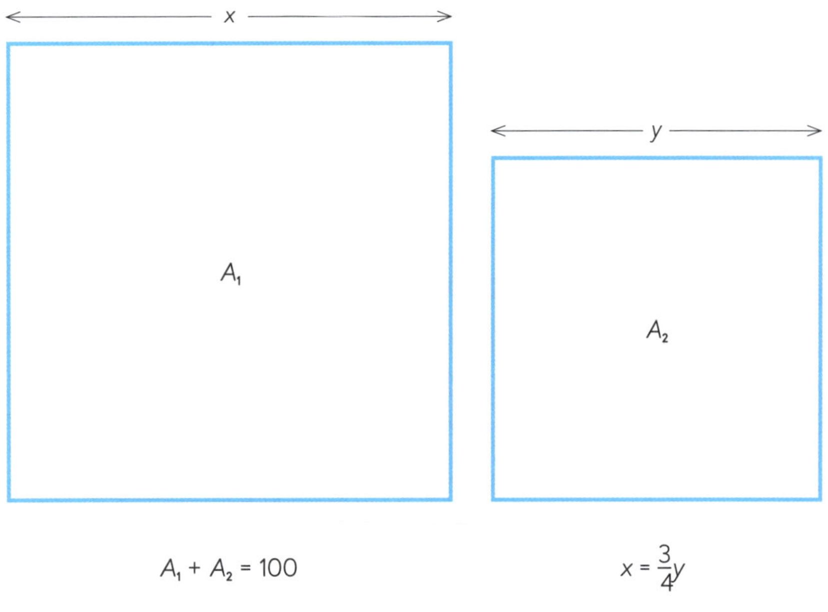

Gegenüber: Reproduzierte Fragmente des Papyrus Berlin 6619. Die Platzierung soll den ursprünglichen Aufbau des Papyrus wiedergeben.

Unten: Grafische Darstellung der Gleichung, die auf dem Papyrus Berlin 6619 steht. Die Größe der beiden Quadrate wird verglichen, damit man die Längen berechnen kann.

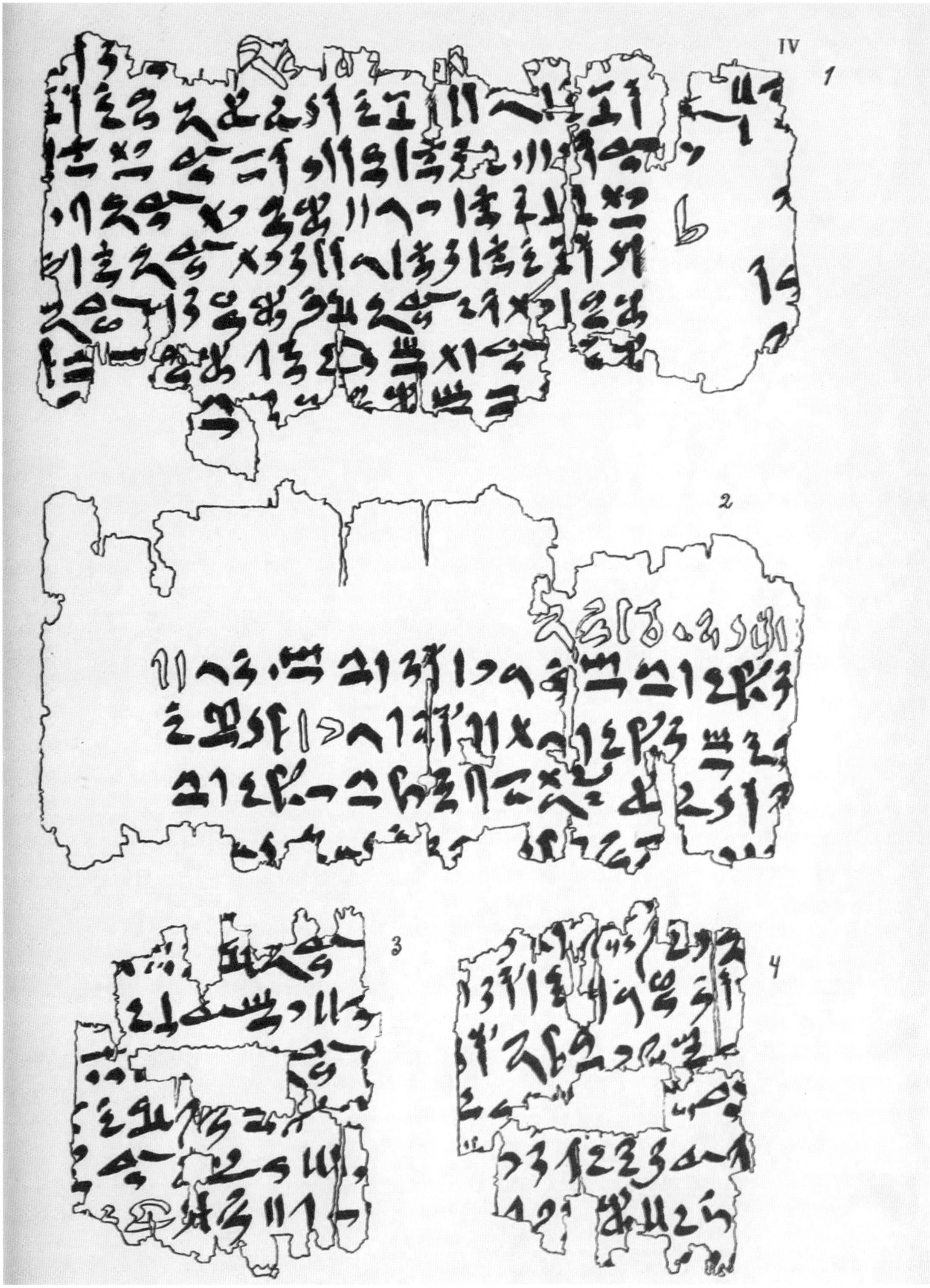
IV
1
2
3
4

Kapitel vier

Mathematik in Griechenland

Wenn wir an die Mathematik der Antike denken, fallen uns wahrscheinlich sofort die alten Griechen ein. In den klassischen und hellenistischen Epochen (ca. 500–31 v. Chr.) florierten die griechischen Stadtstaaten wie Theben, Ephesos und Sparta. In dieser Zeit geschahen in allen nur erdenklichen kulturellen und akademischen Disziplinen bedeutende neue Entwicklungen.

Im Bereich der Mathematik war Athen den anderen griechischen Stadtstaaten haushoch überlegen. Im aufkeimenden politischen System der Demokratie (in dem jedoch nur einige wenige, sehr wohlhabende Männer ein Stimmrecht besaßen) war Bildung ein kostbares Gut. Um ein angesehener Bürger der Stadt zu werden, musste man Kenntnisse in Philosophie, Rhetorik, Politik und Mathematik erwerben.

Es war also nicht nur der Wunsch nach mathematischen Entdeckungen vorhanden, sondern auch die Bildungssysteme und der Wohlstand, um einen solchen Entwicklungssprung zu machen.

Die Mathematik war vielen Griechen der Antike besonders heilig. Da sie ein theoretisches, von der alltäglichen Welt unbelastetes Konstrukt war, galt sie als eine Möglichkeit, göttliche Reinheit zu erreichen. Darum waren die Griechen zwar längst nicht die ersten, die sich mit Mathematik beschäftigten, aber wohl die ersten, die sie um ihrer selbst willen erforschten. Losgelöst von der Notwendigkeit, dass die Mathematik einen unmittelbaren praktischen Nutzen haben musste, konnten sie gewaltige Fortschritte erzielen.

Zahlzeichen in der griechischen Antike

Das alte Griechenland bestand aus mehreren rivalisierenden Stadtstaaten, darum ist es wahrscheinlich kein Wunder, dass es auch viele unterschiedliche Zahlensysteme gab.

Unten: Das Fresko des Renaissance-Malers Raffael aus dem Jahr 1511 trägt den Titel *Die Schule von Athen*. In der Mitte des Bildes sieht man Platon und Aristoteles.

Eines der ersten war das attische System, dessen Zeichen allem Anschein nach die Weiterentwicklung einer Strichliste waren. Später entstand daraus ein alphanumerisches System, bei dem Buchstaben des griechischen Alphabets (und einige zusätzliche Symbole) als Zahlen verwendet wurden. Die ersten neun standen für die Ziffern, die nächsten neun für die Zehner und die letzten neun für die Hunderter. Daraus wurden dann durch Kombination alle weiteren Zahlen zusammengestellt, zum Beispiel die Zahl 542, die φμβ geschrieben wurde.

Links: Aus den attischen Zahlzeichen konnten große Zahlen gebildet werden.

Unten: Die griechischen Buchstaben und die ihnen zugeordneten Zahlen.

Alpha	Beta	Gamma	Delta	Epsilon	Digamma	Zeta	Eta	Theta
Αα	Ββ	Γγ	Δδ	Εε	F	Ζζ	Ηη	Θθ
1	2	3	4	5	6	7	8	9
Iota	Kappa	Lamda	My	Ny	Xi	Omikron	Pi	Kappa
Ιι	Κκ	Λλ	Μμ	Νν	Ξξ	Οο	Ππ	ϟ
10	20	30	40	50	60	70	80	90
Rho	Sigma	Tau	Ypsilon	Phi	Chi	Psi	Omega	Sampi
Ρρ	Σσς	Ττ	Υυ	Φφ	Χχ	Ψψ	Ωω	ϡ
100	200	300	400	500	600	700	800	900

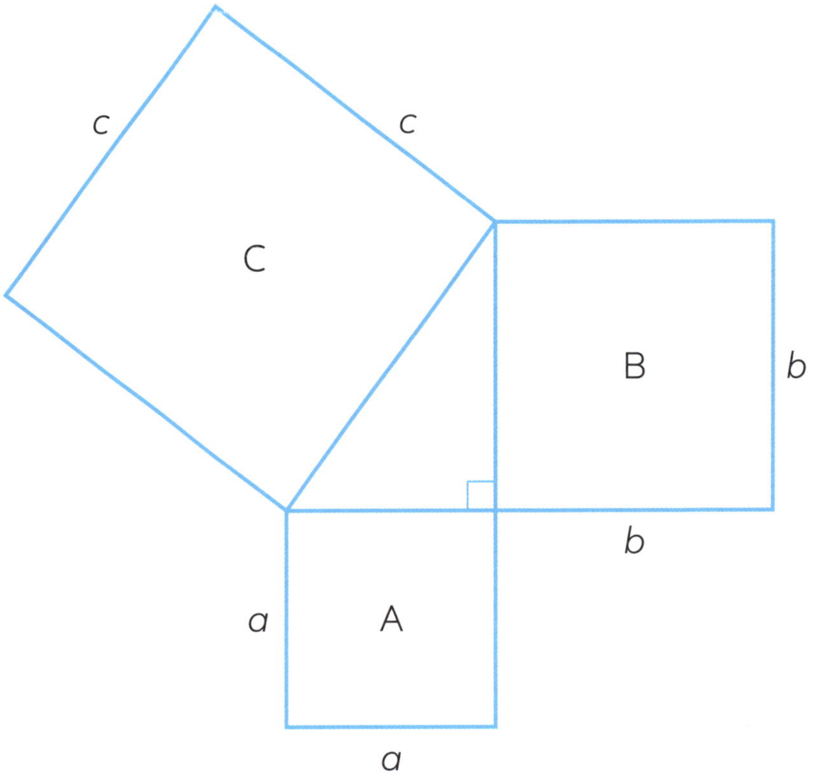

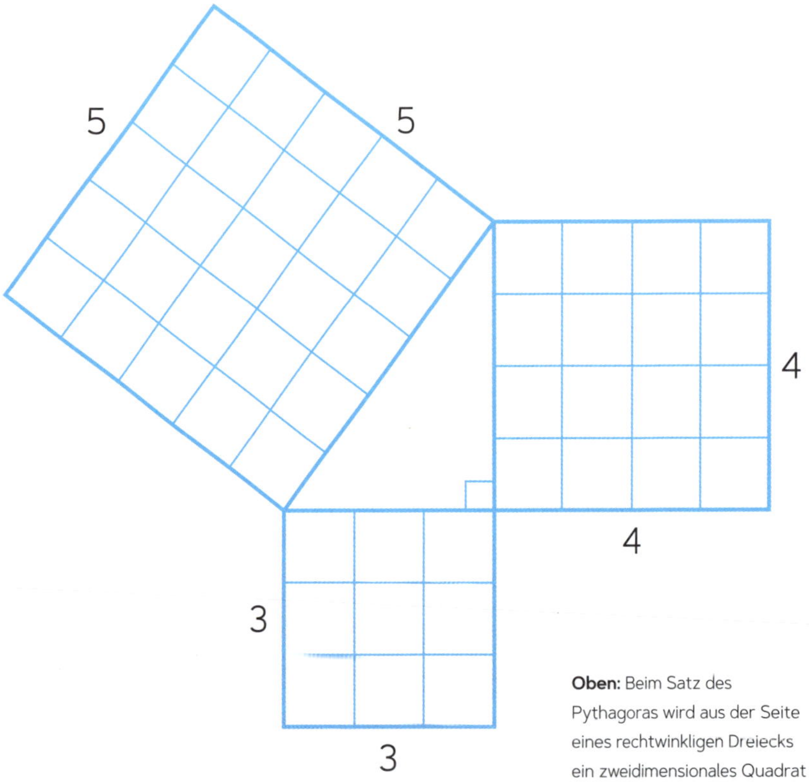

Oben: Beim Satz des Pythagoras wird aus der Seite eines rechtwinkligen Dreiecks ein zweidimensionales Quadrat gebildet. Macht man das mit jeder Seite und vergleicht die Flächen miteinander, sieht man, dass die zwei kleineren Quadrate gleich groß sind wie das dritte Quadrat.

Satz des Pythagoras

Rechtwinklige Dreiecke hatten schon vor langer Zeit das Interesse der Menschen geweckt. Sie waren äußerst praktisch, vor allem bei der Landvermessung und anderen geometrischen Arbeiten.

Die Berechnung der Längen der verschiedenen Seiten war oft recht aufwendig und gehörte zu den wichtigsten mathematischen Fähigkeiten im Altertum. Um das Verfahren zu erleichtern, entwickelte Pythagoras von Samos (ca. 570–495 v. Chr.) einen Satz, den er niederschrieb. Dieser Satz besagt:

$$a^2 + b^2 = c^2$$

Das bedeutet, dass das Quadrat der beiden Seiten, die den rechten Winkel bilden, gleich groß wie das Quadrat der längeren Seite ist. Zur Zeit seiner Entdeckung wurde der Satz des Pythagoras wohl noch geheim gehalten, aber in der späteren Antike war er als eine der berühmtesten mathematischen Gleichungen weit verbreitet.

Umstrittener Ursprung

Obwohl der Satz allgemein Pythagoras zugeschrieben wird, ist es unwahrscheinlich, dass der Grieche ihn tatsächlich als Erstes entdeckte. Schon lange vor seiner Zeit wurden pythagoreische Tripel im Nahen Osten, in China und in Indien verwendet, woraus wir schließen können, dass Pythagoras wohl nur der Erste war, der die Gleichung in einer Form, die der Nachwelt erhalten blieb, aufgeschrieben hatte.

Darüber hinaus ist der Satz zwar aus den Werken der pythagoreischen Schule der Mathematik überliefert, aber man weiß nicht genau, ob es wirklich Pythagoras selbst war, der ihn entdeckte und verschriftlichte.

Pythagoras

Pythagoras von Samos (ca. 570–495 v. Chr.) ist zweifellos einer der berühmtesten und maßgebendsten Mathematiker der griechischen Antike. Seinen Namen kennt fast jeder Grundschüler auf der ganzen Welt und seine Gedanken zur Philosophie beeinflussten fast alle anderen bedeutenden griechischen Gelehrten, die nach ihm kamen.

Wie sein Name verrät, stammt Pythagoras von der Insel Samos, die in der Antike ein Zentrum für Handel, Kultur und Bildung war. Man vermutet, dass er Reisen unternahm und das Wissen und die Ideen anderer in sich aufsog, vor allem in Ägypten und vielleicht in noch ferneren Ländern. Nach seiner Ausbildung soll er nach Griechenland zurückgekehrt sein und bei einigen Koryphäen jener Zeit studiert haben, bevor er eine Schule gründete und seine eigenen Ideen lehrte. Damit erregte er große Aufmerksamkeit. Schließlich zog er in die Stadt Kroton, anscheinend als Protest gegen den tyrannischen Herrscher von Samos.

Zu seinem Tod gibt es viele widersprüchliche Überlieferungen, aber allgemein wird angenommen, dass er bei Unruhen ums Leben kam, nachdem er eine Widerstandsbewegung gegen eine demokratische Verfassung seines heimatlichen Stadtstaats angeführt hatte. Während seiner Zeit als Lehrer behandelte er eine Vielfalt an Themengebieten. Seine Entdeckungen reichten von Musik (die „pythagoreische Stimmung") über Geografie (das Unterteilen der Erde in verschiedene Klimazonen) bis hin zu Astronomie (die Bestimmung des Planeten Venus und der Kugelgestalt der Erde). Darüber hinaus leistete er zahlreiche mathematische Beiträge, wie etwa die Begründung der Proportionentheorie. Die Arbeiten der pythagoreischen Schule bildeten auch die Wissensgrundlage von Philosophen wie Platon oder Aristoteles, die damit versuchten, die Welt zu erklären.

Ähnlich wie bei seinem Satz können wir jedoch auch bei diesen Beispielen keine wirklich bedeutende Entdeckung eindeutig Pythagoras zuschreiben, obwohl er als einer der berühmtesten Mathematiker der Geschichte gilt.

Fast alle Überlieferungen, die uns über ihn bekannt sind, stammen von späteren griechischen Gelehrten, die ihn mehr als literarische und weniger als historische Persönlichkeit betrachten. Er wurde zu einer beliebten Figur in Theaterstücken und Gedichten, wo er abwechselnd die Rolle des Weisen und des gewitzten Narren verkörperte. Erst ein Jahrhundert nach seinem Tod brachte man ihn nach und nach mit vielen der mathematischen Entdeckungen, die heute nach ihm benannt sind, in Verbindung.

Links: Das meiste, was wir heute über Pythagoras wissen, stammt aus Quellen aus dem 4. Jahrhundert.

Begriffslogik

Auf den ersten Blick fragt man sich vielleicht, welche Bedeutung eine Art der Logik in der Geschichte der Mathematik hat. Aber die „Begriffslogik" – die Aristoteles (ca. 384–322 v. Chr.) begründete und darum manchmal auch „aristotelische Logik" genannt wird – ist tatsächlich ein unverzichtbarer Bestandteil jeder Form von Mathematik.

Im Bereich der Logik hat Aristoteles ganze Arbeit geleistet, aber den Kern seines umfassenden Werks bilden einige einfache Konzepte, die so grundlegend sind, dass man sie kaum erwähnen möchte.

Eines der Grundprinzipien ist der Satz vom Widerspruch und vom ausgelassenen Dritten. Er besagt, dass etwas nicht gleichzeitig wahr und falsch sein kann, und damit gilt auch, dass zwei Aussagen, die verschieden sind, nicht gleich sein können. Das kann folgendermaßen interpretiert werden:

$1 = 1$

$1 \neq 2$

Das erscheint so offensichtlich, dass die Gleichung lächerlich wirkt, aber nur ein von Anfang an gut erklärtes Konzept bildet eine solide Grundlage. Die alten Griechen konnten auch noch nicht auf das mathematische Wissen der letzten zwei Jahrtausende zurückgreifen, um diese Grundlagen schon zu haben.

Gegenüber: Ein Porträt des Aristoteles von Girolamo Mocetto aus dem Jahr 1531. Es zeigt den Philosophen in zeitgenössischer Kleidung vor der Kulisse einer zeitgenössischen Stadt. Diese Darstellung soll betonen, dass das Werk des Aristoteles auch für die Gelehrten des 16. Jahrhunderts noch relevant ist.

Unten: Diese grafische Darstellung der Begriffslogik sagt Folgendes aus: Wenn alle Menschen keine Tiere sind und Sokrates ein Mensch ist, dann kann Sokrates kein Tier sein. (Heute werden die Menschen biologisch jedoch den Tieren zugeordnet.)

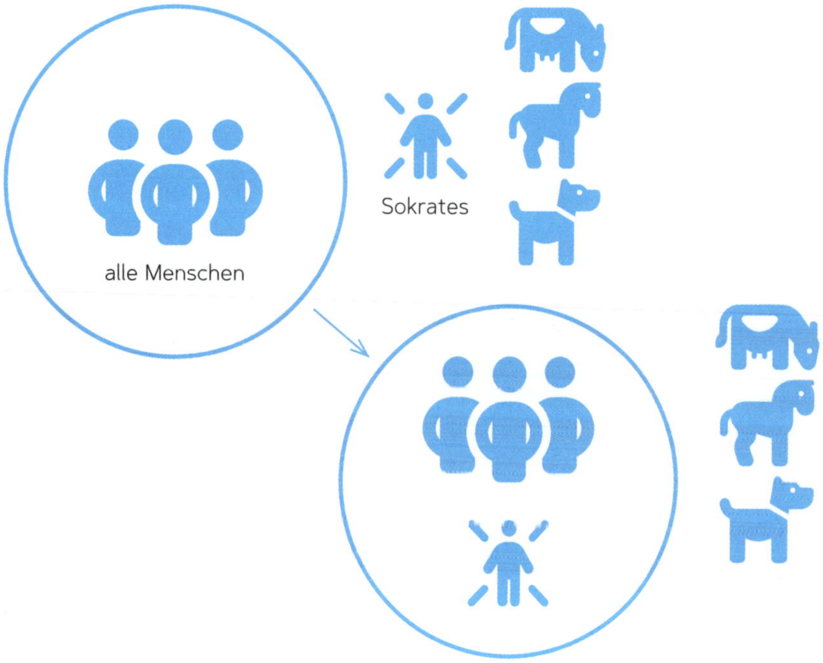

Beispiele für Begriffslogik

In der Begriffslogik verwendet man Begriffe (etwa eine Kategorie oder Darstellung einer Gruppe) und Aussagen (eine Verbindung von Begriffen), aus denen dann Schlüsse gezogen werden.

Das folgende Beispiel macht die zwei berühmten Aussagen:

Alle Menschen sind sterblich.
Sokrates ist ein Mensch.

Aus diesen beiden Aussagen können wir also den folgenden logischen Schluss ziehen:

Sokrates ist sterblich.

In der Mathematik sind solche Aussagen etwas komplizierter und für Nicht-Philosophen schwer zu verstehen, aber man kann damit einige grundlegende Prinzipien festlegen, wie zum Beispiel:

A trifft „auf jedes" B zu, wenn A auf B in jedem Fall immer zutrifft (z. B. alle Linien bestehen aus Punkten, die auf ihnen liegen).

A ist an sich in Bezug auf B, wenn sich „B" in der Kategorie, die das Wesen von A ausmacht, befindet und A zu B gehört (z. B. „gerade" und „ungerade" sind Eigenschaften von Zahlen).

Die Begriffslogik, die von Aristoteles und seinen Nachfolgern entwickelt wurde, bildete schließlich das Fundament, auf dem ein Großteil der späteren philosophischen, wissenschaftlichen und mathematischen Arbeit aufbaute, sowie die Basis für viele grundlegende Annahmen, die wir jedes Mal treffen, wenn wir uns mit irgendeiner Form von Mathematik beschäftigen.

Euklidischer Raum

Die griechischen Mathematiker wollten die Bausteine der Mathematik und damit auch die Welt anhand von Zahlen, Theorien und Berechnungen erklären. Bei ihrer Forschung ging es nicht zuletzt um eine Möglichkeit, den physikalischen Raum, in dem wir uns befinden, zu beschreiben.

Der Mathematiker Euklid (um 300 v. Chr.) beschäftigte sich intensiv mit Geometrie und verfasste unter anderem das berühmte Werk *Elemente*.

Für dieses Buch sammelte er vor allem Unmengen an mathematischem Wissen aus der ganzen bekannten Welt und fasste es zu einem einzelnen, leicht verständlichen Text zusammen. In den 13 Abschnitten dieses in sich geschlossenen Buchs behandelt er eine Vielzahl an Themen, von Division bis Geometrie, und belegt einen Großteil der Inhalte mithilfe der formalen Logik des Aristoteles.

Euklid

Als Verfasser der mathematischen Abhandlung *Elemente* wird Euklid (um 300 v. Chr.) oft als „Vater der Geometrie" bezeichnet. Der Text ist praktisch eine Sammlung fast des gesamten mathematischen Wissens des Altertums und galt als angesehenes, äußerst einflussreiches Lehrbuch. Bis in die moderne Zeit wurde es immer wieder neu aufgelegt und sorgte in der mathematischen Forschung für Diskussionsstoff.

Dennoch ist Euklid selbst eine unbekannte Figur der Geschichte. Allgemein wird angenommen, dass er um 300 v. Chr. als Mathematiker im ägyptischen Alexandria lebte und wirkte, aber alle anderen biografischen Informationen sind wohl reine Spekulation oder literarische Erfindung. Die älteste bedeutende Quelle ist der griechische Philosoph Proklos, der rund 700 Jahre später geboren wurde und beschreibt, wie Euklid mit dem Pharao geistreich witzelt, was komplett erdichtet ist (und damals auch sehr unklug gewesen wäre, wollte man seinen Kopf behalten). Spätere Texte waren noch schlimmer und verwechselten „Euklid von Alexandria" häufig mit „Euklid von Megara", einem Philosophen, der ein Jahrhundert früher gelebt hatte.

Manche glauben auch, dass „Euklid" nicht nur eine Person war, sondern ein Kollektiv oder ein Pseudonym, dem die Arbeit mehrerer Menschen zugeschrieben wurde. Die Tatsache, dass wir die Identität Euklids wohl nie kennen werden, erinnert uns daran, wie schwierig es sein kann, die Geschichte zu erforschen.

Links: Porträt des Euklid, gemalt vom Künstler Jusepe de Ribera zwischen 1630 und 1635.

Euklidische Geometrie

Einer der neuen Beiträge, die Euklid zur Mathematik leistete, war die Auseinandersetzung mit der Form des Raums. Dafür definierte er mehrere Postulate (Annahmen, die als selbstverständlich gelten).

1. Eine gerade Linie kann zwischen zwei beliebigen Punkten gezogen werden.
2. Jede begrenzte gerade Linie kann zu einer unendlichen Geraden verlängert werden.
3. Aus einer Linie, die sich zwischen zwei Punkten befindet, kann man einen Kreis konstruieren, dessen Durchmesser dem Abstand zwischen den beiden Punkten entspricht.
4. Alle rechten Winkel sind gleich.
5. Wenn zwei gerade Linien auf einer Ebene von einer anderen Linie geschnitten werden und die Summe der inneren Winkel (Nachbarwinkel) auf einer Seite kleiner als zwei rechte Winkel ist, treffen die geraden Linien aufeinander, wenn sie auf der Seite der Winkel, die kleiner sind als zwei rechte Winkel, ausreichend verlängert werden.

Das fünfte Postulat, das sogenannte „Parallelenpostulat", ist das interessanteste. Im Grunde besagt es, dass sich zwei Linien, die über eine andere Linie verlaufen, auf der Seite treffen, auf der die Winkelsumme weniger als 180 Grad beträgt. Das bedeutet, dass es auch parallele Linien gibt, bei denen die Winkel auf beiden Seiten genau 180 Grad betragen, sodass sich die Linien nie treffen.

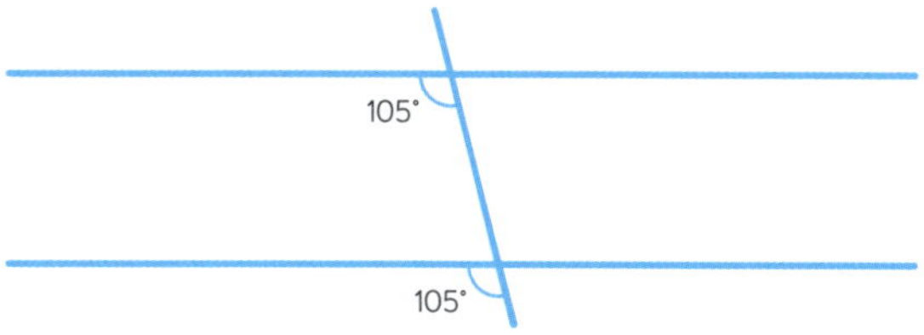

Stufenwinkel: Gleich große Winkel ergeben parallele Linien.

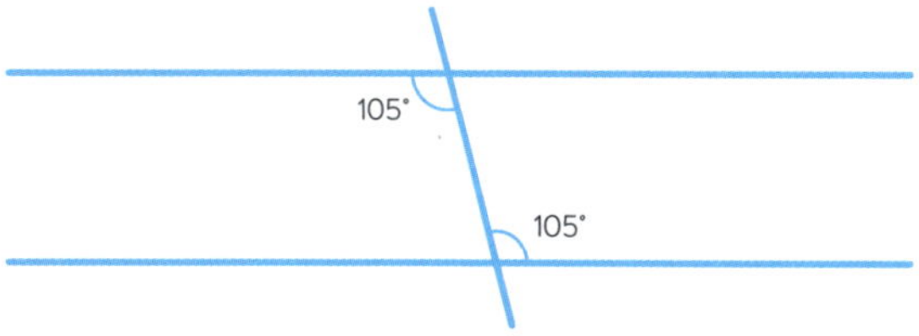

Wechselwinkel: Gleich große Winkel ergeben parallele Linien.

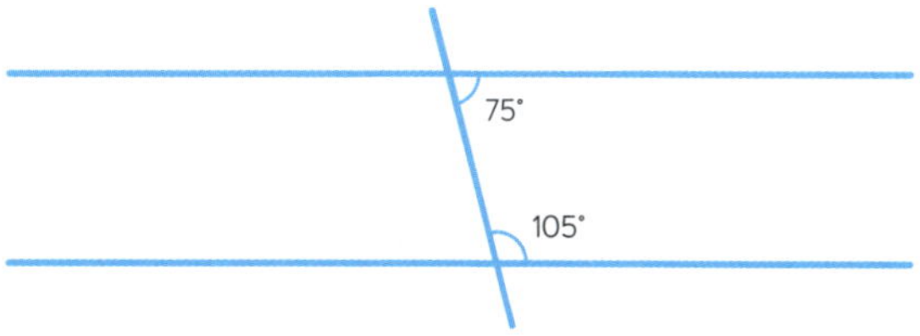

Nachbarwinkel: Beträgt die Summe beider Winkel 180°, bleiben die Linien, wenn man sie verlängert, parallel.

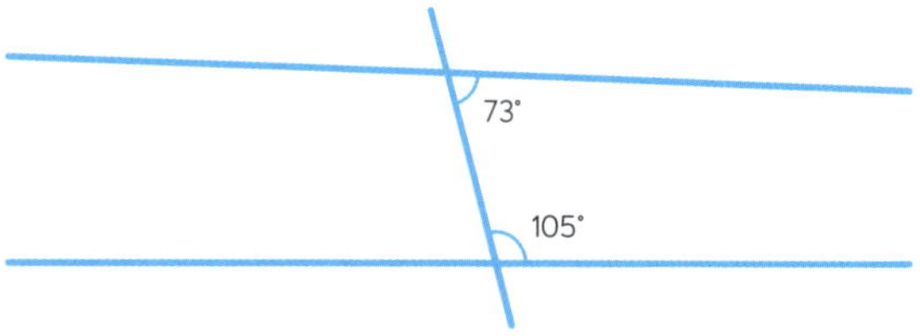

Nachbarwinkel: Beträgt die Summe beider Winkel weniger als 180°, bleiben die Linien, wenn man sie verlängert, nicht parallel.

PRIMZAHLEN

Eine Primzahl ist eine Zahl, die nur durch eins und durch sich selbst in eine ganze Zahl teilbar ist (z. B. ist sieben eine Primzahl, aber zehn ist keine). Wie vieles in seinem Buch *Elemente* hat Euklid die Primzahlen weder erfunden noch entdeckt (sie wurden nämlich bereits zur Zeit der Babylonier verwendet), aber er war wohl der Erste, der die Existenz unendlich vieler Primzahlen bewies.

Mathematische Formeln

Oben: Dieser handkolorierte Holzschnitt stammt aus einem Buch aus dem Jahr 1547 und zeigt Archimedes im Badezuber.

Einer Legende zufolge wurde Archimedes (ca. 287–212 v. Chr.) zum Herrscher von Sizilien geladen, wo man ihn bat, zu bestimmen, ob eine neu angefertigte Krone wohl die korrekte Menge Gold enthielt oder mit Silber versetzt war. Während er über eine mögliche Lösung nachdachte, stieg er in einen überfüllten Badezuber und das Wasser schwappte über.

Das brachte ihn auf die Idee, die Dichte der Krone durch Messung des verdrängten Wassers zu ermitteln. Enthielt sie Silber, wäre sie leichter als eine reine Goldkrone. Diese Eingebung veranlasste ihn, aus dem Zuber zu springen und mit dem Ausruf „Heureka!" nackt nach draußen zu laufen.

Die Geschichte ist vermutlich frei erfunden, aber Archimedes beschäftigte sich wirklich mit Auftrieb und Verdrängung und beschrieb in *Über die schwimmenden Körper* die Prinzipien von Flüssigkeiten und ihre Wechselwirkung mit festen Körpern. Daraus entstand das archimedische Prinzip:

Auf jeden Körper, der sich teilweise oder ganz in einem Fluid befindet, wirkt eine nach oben gerichtete Kraft, die gleich groß ist wie das Gewicht des vom Körper verdrängten Fluids.

Besonders bemerkenswert ist jedoch, dass er auch eine Formel dazu entwickelte. Heute würde man sie folgendermaßen aufschreiben:

$$G_v = G_o - G_a$$

Hierbei ist G_v das Gewicht des verdrängten Wassers, G_o das originale Gewicht des Körpers und G_a das Gewicht des Körpers im Wasser.

Zum ersten Mal in der überlieferten Geschichte war ein physikalisches Gesetz durch eine mathematische Formel ausgedrückt worden. Mit ihrer Hilfe ist es möglich, das Ergebnis für jede beliebige Kombination aus Flüssigkeit und Festkörper zu bestimmen.

Archimedes, der Erfinder

Zu Lebzeiten war Archimedes hauptsächlich als Erfinder und nicht als Mathematiker bekannt. Seine Arbeit zu den unendlichen Reihen [S. 95], seine Beweise zu verschiedenen Geometrien und seine Methoden zur Berechnung des Volumens von Festkörpern wurden größtenteils erst viele Jahrhunderte später wieder aufgegriffen.

Seine berühmteste Erfindung ist die archimedische Schraube, die den Transport von Wasser und anderen Flüssigkeiten ermöglicht. Außerdem half er im Zweiten Punischen Krieg (218–201 v. Chr.) bei der Verteidigung seiner Heimatinsel Sizilien gegen die römische Republik. Er konstruierte bessere Wurfmaschinen, Katapulte und eine ganze Reihe von Brennspiegeln. Leider waren seine Mühen umsonst und die Römer nahmen die Insel ein. Archimedes wurde in seinem Haus getötet, obwohl der Soldat den Befehl hatte, das nicht zu tun.

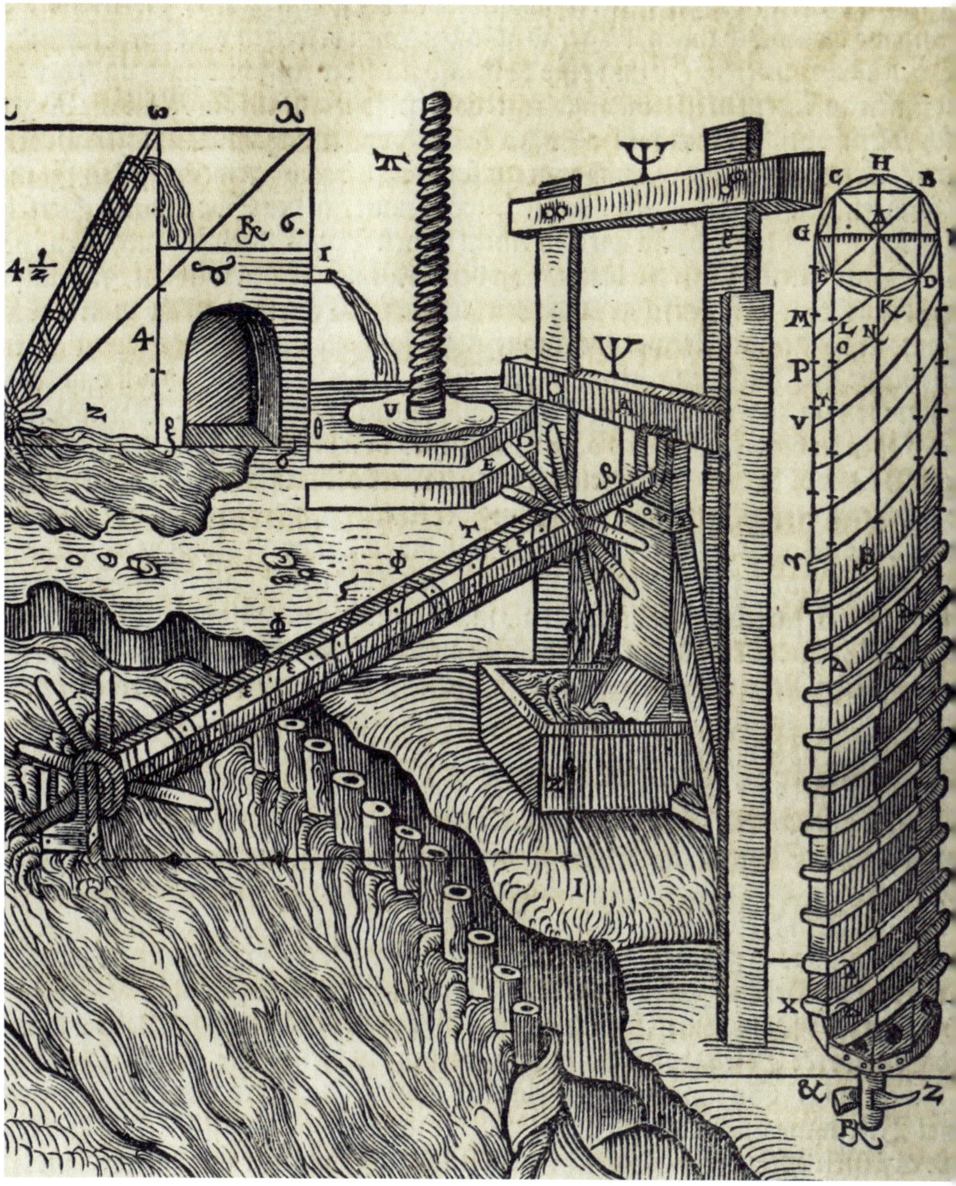

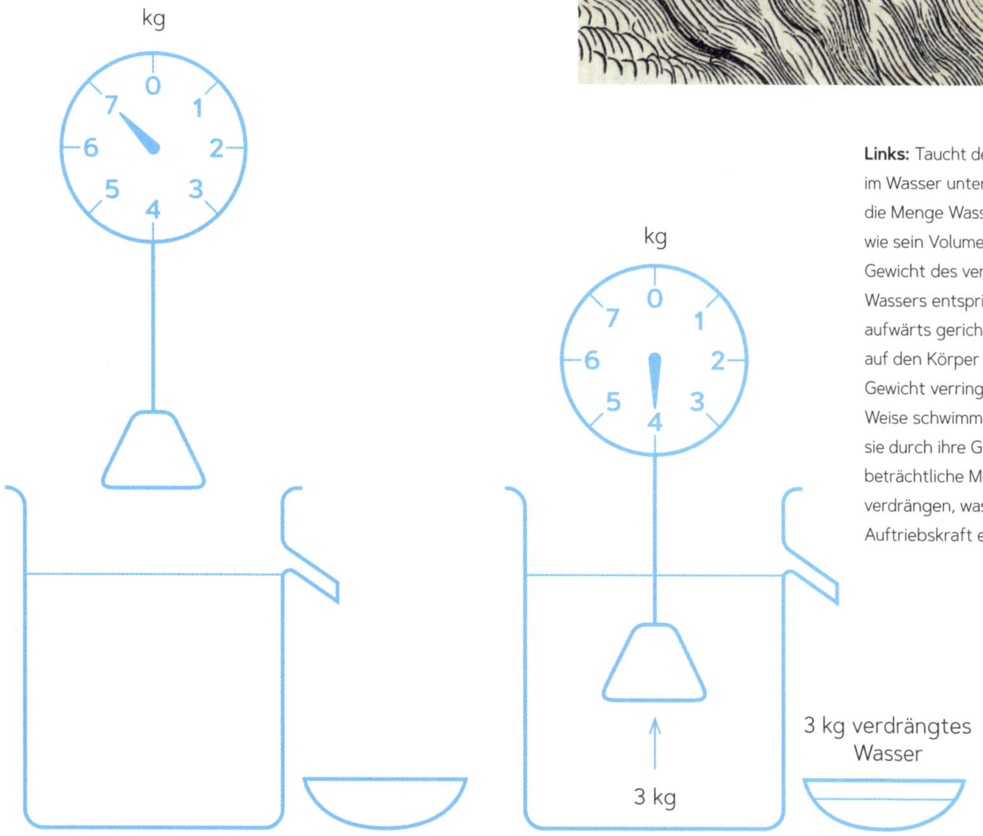

Links: Taucht der Körper ganz im Wasser unter, verdrängt er die Menge Wasser, die so groß wie sein Volumen ist. Das Gewicht des verdrängten Wassers entspricht einer aufwärts gerichteten Kraft, die auf den Körper wirkt und sein Gewicht verringert. Auf diese Weise schwimmen Schiffe, da sie durch ihre Größe eine beträchtliche Menge Wasser verdrängen, was eine starke Auftriebskraft erzeugt.

Oben: Ein Holzschnitt, der eine archimedische Schraube zeigt. Er erschien in einer im Jahr 1548 gedruckten Ausgabe von Vitruvius' *Zehn Bücher über Architektur.*

Eratosthenes

Eratosthenes (ca. 276–194 v. Chr.) war ein griechischer Universalgelehrter, der einige angesehene Positionen innehatte und unter anderem die berühmte Bibliothek von Alexandria leitete. Er forschte erfolgreich in den Bereichen Astronomie, Musik, Dichtung und Technik, aber seinen größten Beitrag leistete er zur Geografie.

Ihm ging es aber nicht nur um die Beschreibung der Erde und ihrer Oberfläche, sondern um eine Möglichkeit, die bekannten Teile der Erde zu einem großen, einheitlicheren Ganzen zusammenzufügen.

Aufgrund seiner Arbeit in der Bibliothek hatte er Zugang zu einem immensen Wissensschatz, der ihm ein umfassendes Bild der ganzen Welt vermittelte. Er beschrieb die Erde als riesige Kugel mit zwei kalten Polen und einem tropischen Äquator, zwischen denen es zwei gemäßigte Zonen gab. Er zeichnete Landkarten und unterteilte sie in verschiedene Herrschaftsgebiete. Diese Form der Karte ist auch heute noch weit verbreitet. Um sein Verständnis zu vertiefen, bediente er sich ausgiebig an der Mathematik, um präzise Berechnungen durchzuführen und seine Theorien zu bestätigen.

Eratosthenes integrierte Mathematik aber nicht nur in die Geografie, sondern auch in die Geschichte, indem er verschiedene Quellen miteinander verglich und anhand von genannten historischen Ereignissen und zeitlichen Rahmen das genaue Datum der Eroberung Trojas zu ermitteln versuchte und dabei auf das Jahr 1183 v. Chr. kam.

DIE BERECHNUNG DES ERDUMFANGS

Die berühmteste Errungenschaft des Eratosthenes war seine Berechnung des Erdumfangs. Zwar ist seine ursprüngliche Arbeit, die seine Methode erklärte, nicht erhalten, aber ein Schriftsteller der römischen Kaiserzeit, Kleomedes (keine bekannten Daten), beschrieb eine vereinfachte Version des Verfahrens. Dafür nutze er die folgenden Informationen:

1. Die Stadt Alexandria liegt direkt nördlich der Stadt Syene, in einer Entfernung von 5000 Stadien. (Die genaue Länge eines Stadions ist unbekannt, wird aber für gewöhnlich als rund 190 Meter angenommen.)

2. Am Tag der Sommersonnenwende steht die Sonne in Syene zu Mittag so hoch am Himmel, dass ein Stab, der senkrecht in der Erde steht, keinen Schatten wirft.

Nimmt man diese Aussagen als wahr an, kann man den Winkel zwischen beiden Orten als $1/50$ eines Kreises ermitteln, indem man in Alexandria am Tag der Sonnenwende die Länge des Mittagsschattens misst. Daraus lässt sich ein Umfang von 250 000 Stadien errechnen. Die Abweichung zum tatsächlichen Erdumfang von 40 075 Kilometern beträgt 10–20 Prozent, was für die damalige Zeit ein bemerkenswertes Ergebnis ist.

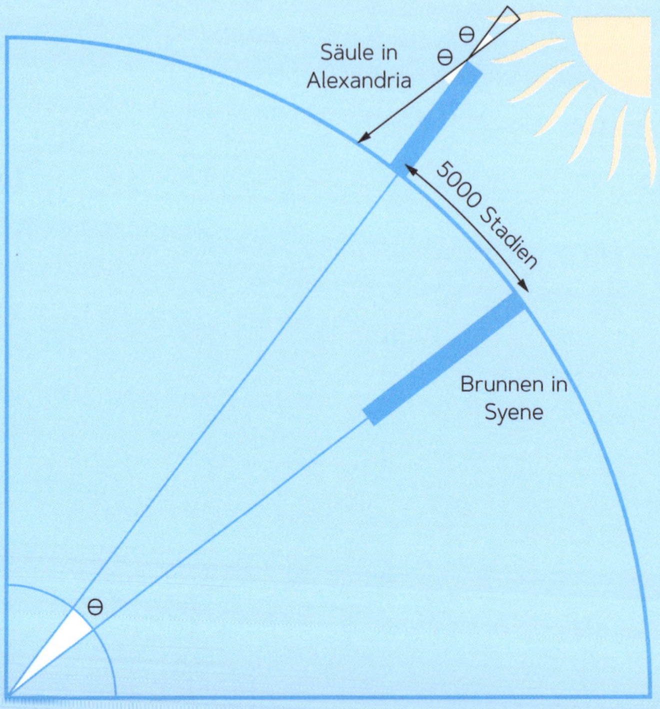

Oben: Eratosthenes erfuhr von einem Brunnen in Syene, in den am Tag der Sommersonnenwende das Sonnenlicht zu Mittag bis auf den Grund schien, ohne Schatten zu werfen. Das gab ihm angeblich die Idee zu seiner berühmten Berechnung des Erdumfangs, die von Kleomedes vereinfacht dargestellt wurde (aus dem Brunnen wurde ein Stab).

Trigonometrie

Die Trigonometrie untersucht die Dreiecke, genauer gesagt, die Beziehungen der Seiten und Winkel von Dreiecken, oft im Verhältnis zu Kreisen. Bereits die Babylonier beschäftigten sich damit, später auch die alten Ägypter, die mit ihrer Hilfe die Bewegung der Sterne am Nachthimmel beobachteten.

Der griechische Mathematiker Hipparchos (ca. 190–120 v. Chr.) formalisierte als Erster das, was man heute als Trigonometrie bezeichnet, in seinem leider verschollenen Werk *Über die Linien in einem Kreis*. Aufgrund seiner Forschung gilt er als Begründer der Trigonometrie und war unter Astronomen hunderte Jahre lang eine einflussreiche Figur.

Winkelfunktionen

In der Trigonometrie gibt es drei wesentliche Winkelfunktionen, die man in einem rechtwinkligen Dreieck folgendermaßen definieren kann:

$$\text{Sinus } \sin A = \frac{\text{Gegenkathete}}{\text{Hypotenuse}} = \frac{g}{h}$$

$$\text{Cosinus } \cos A = \frac{\text{Ankathete}}{\text{Hypotenuse}} = \frac{a}{h}$$

$$\text{Tangens } \tan A = \frac{\text{Gegenkathete}}{\text{Ankathete}} = \frac{g}{a} = \frac{\sin A}{\cos A}$$

Diese Werte stellt man dann in Bezug zu einem Winkel, der sich in einem Kreis mit einem Radius von eins befindet. Der Radius bildet die Seiten eines Rechtecks, das von dem Punkt aus konstruiert wird, an dem die Linie den Kreisrand berührt.

DIE QUADRATUR DES KREISES

Von Anfang an war eines der Hauptziele der Trigonometrie gewesen, nur mit Zirkel und Lineal ein Quadrat, das denselben Flächeninhalt wie ein gegebener Kreis hat, zu konstruieren. Trotz zahlreicher Versuche stellte sich diese Aufgabe als unmöglich heraus (was 1882 bewiesen wurde). Der Begriff „die Quadratur des Kreises" ist seither zu einem geflügelten Wort geworden und bezeichnet eine unlösbare Aufgabe.

Anwendung der Trigonometrie

Mithilfe von Trigonometrie kann man unter anderem die Position von Himmelskörpern ermitteln. Indem man die Winkel und Entfernungen zwischen verschiedenen Sternen bestimmt, kann man auch die Bewegungen anderer Objekte verfolgen, etwa jene des Mondes oder der Planeten, und daraus ihre zukünftigen Bahnen vorhersagen.

Zu diesem Zweck erstellte man häufig trigonometrische Tabellen, in denen die vorberechneten Sinus- oder Cosinuswerte für eine Reihe verschiedener Winkel bereits gegeben waren, sodass man sie nicht jedes Mal aufs Neue berechnen musste. Die Präzision der Kalkulationen hing oft von der Genauigkeit dieser Tabellen ab, darum fanden große Bemühungen statt, die Werte dieser Tabellen zu verbessern.

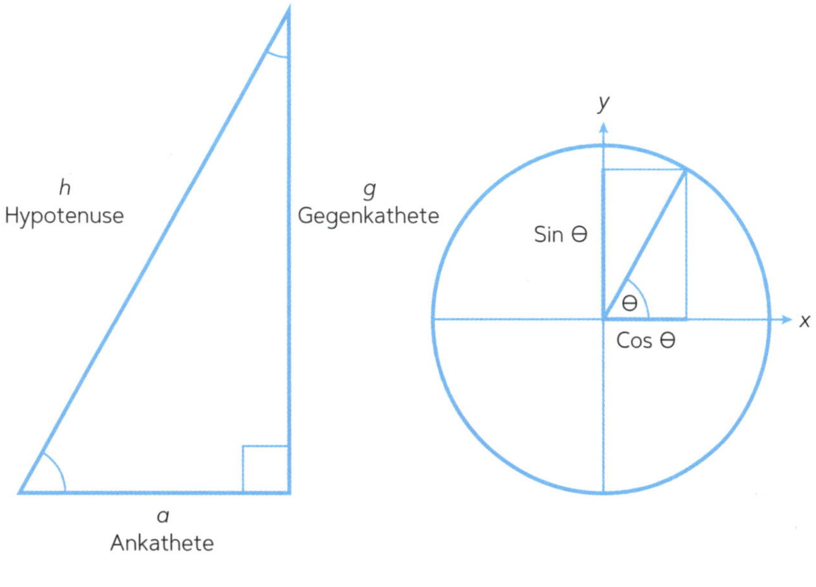

Links: Die trigonomischen Funktionen in einem rechtwinkligen Dreieck und in einem Kreis.

EO DIE CAES DIVI F VICIT IN
SICILIA CENSORINO ET CALVIS COS
G PR C LVDI ROMANI MAGNI COMMIT
H NON F LVDI
A VIII F LVDI
B VII C LVDI
C VI C LVDI
D V C LVDI
E IV C LVDI
F III C LVDI
G PR N LVDI
H EID NP
A XIIX F
B XVII N LVDI ROM IN CIRC
C XVI C LVDI IN CIRC
D XV N LVDI IN CIRC
E XIV C LVDI IN CIRC
E IV C IEIVNIVM CERERIS
F III C LVDI DIVO AVGVSTO ET FORT
REDVCI COMMITT
G PR C LVDI
H NON F LVDI
A VIII F LVDI
B VII C GENIO PVBLIC FAVSTAE
FELICITATI VENERI VICTR
C VI C LVDI
D V MEDNP LVDI
FERIOVI
E IV AVGNP LVDI IN CIRC
FER EX S C
F III FONTNP
FERIAE FONTI
G PR EN
H EIDNP
A F
B C
C C IANO AD TEATHR MARCELLI
D ARMNP
E C
D PR C
H NON
F VIII F
G VII C
H VI C
A V C
B IV C
C III C
D PR C
E E
F XIIX F
G XVII C
H XVI C
A XV C
B XIV C
C XIII C

Kapitel fünf

Griechisch-römische Mathematik

Die römische Republik wurde nach dem Sturz des Königs um 509 v. Chr. gegründet. Anschließend begann man mit der raschen Eroberung der benachbarten Gebiete, sodass Rom um 240 v. Chr. bereits den Großteil des heutigen Italiens in seinem Besitz hatte. Danach verleibte es sich die griechische Halbinsel ein und nach der Zerstörung Korinths im Jahr 146 v. Chr. kapitulierten alle Stadtstaaten. Mit römischer Herrschaft begann der Einfluss der römischen Kultur.

Umgekehrt gelangte auch die Kultur der Griechen zu den Römern, die vieles von der Sprache, Religion und Lebensweise annahmen. Diese Verschmelzung der beiden Kulturen bezeichnete man später als die griechisch-römische Antike, die auch über die räumlichen und zeitlichen Grenzen des römischen Imperiums hinaus einen bedeutenden Einfluss ausübte.

Die Bürger Roms schenkten der Mathematik im Großen und Ganzen kaum Bedeutung. Ein ordentlicher römischer Bürger war zwar gebildet, aber der Schwerpunkt des Wissens lag dabei mehr auf Kriegstaktik, Philosophie und Debattierkunst.

Während die Römer andere Interessen verfolgten, gab es in der Welt jenseits des *Pomeriums* (der Grenze um das eigentliche Stadtgebiet Roms) eine geschäftige Kultur der mathematischen Lehre und Forschung (nicht zuletzt in den griechischen Kolonien, die nun unter römischer Herrschaft standen). Das große Gebiet und die offenen Handelsnetze der Römer sorgten dafür, dass sämtliches Wissen der Griechen zurück in die Ewige Stadt gelangte.

Römische Zahlen

Die römischen Zahlen sind wohl das einzige Zahlensystem des Altertums, das auch heute noch verwendet wird. Obwohl sie sich bereits vor über 2000 Jahren aus der Zahlschrift der Etrusker entwickelten, sieht man sie immer noch auf Uhren, nach Namen oder vor Buchkapiteln.

Die Zahlen werden als Gruppen von Zeichen aneinandergereiht und zusammengezählt, um einen Wert darzustellen. Zum Beispiel würde die Zahl 3256 bei den Römern so aussehen: MMMCCLVI.

Im römischen Zahlensystem einzigartig war die subtraktive Schreibung für Zahlen, die vor einem neuen Zeichen kamen (z. B. 4, 9, 40 usw.). Das heißt, ein Zeichen, das normalerweise vor einem anderen Zeichen steht, etwa I oder V, kann auch nach ihm platziert werden. So kommt es dass VI für 6 steht und IV für 4; MC ist 1100, aber CM ist 900 usw.

Eine weitere Besonderheit der römischen Zahlschrift war, dass sie ein Dezimalsystem für Zahlenwerte und ein Duodezimalsystem mit der Basis 12 für Brüche verwendete. Bei den Münzen wurde demnach ein römisches *As* in 12 *Uncias* unterteilt. Vermutlich sollte dieses System das Rechnen mit den kleineren Münzen vereinfachen.

Rechts: Römische Zahlen.

1	I
5	V
10	X
50	L
100	C
500	D
1000	M

Links: Ein römisches *As*. Auf der Münze ist der Kopf des römischen Kaisers abgebildet (ca. 117–138 v. Chr.).

Oben: Dieses Mosaik im geometrischen Design wurde in einer römischen Villa in Griechenland gefunden und datiert auf das 1. Jh. n. Chr.

Architektur

Die Römer hatten zwar für Mathematik nicht viel übrig, aber für prachtvolle Architektur dafür umso mehr. Sie errichteten einige imposante Bauwerke, vom Palast des Diokletian im kroatischen Split bis zum eindrucksvollen Kolosseum in Rom und natürlich das kilometerlange Aquädukt, von dem man in ganz Europa noch Überreste finden kann.

Diese stattlichen Konstruktionen zeugten von der technischen Raffinesse und politischen Macht Roms. Bei der Auswahl und Ausbildung der besten Ingenieure und Architekten, die man im ganzen Reich finden konnte, wurden keine Kosten und Mühen gescheut. Allen voran war Vitruvius (ca. 75–15 v. Chr.), der anfangs in den römischen Legionen diente, wo er wahrscheinlich den Bau und Einsatz von Ballisten und anderen Kriegsmaschinen leitete.

Um 30 v. Chr. schrieb Vitruvius *De architectura* (*Über die Architektur*), ein Werk über die Abwicklung von Bauprojekten für den damaligen Kaiser. Es besteht aus zehn Büchern, in denen er unter anderem die richtige Wahl der Baumaterialien, verschiedene Arten von öffentlichen und Privatgebäuden sowie den Bau von Maschinen behandelte.

Die architektonischen Details, die in diesem Werk beschrieben werden, sind in der Tat beeindruckend, und Vitruvius selbst empfiehlt im Text, dass der Leser Ahnung von „Zeichnen, Geometrie, Optik, Geschichte, Philosophie, Musik, Theater, Medizin und Recht“ haben sollte, um dem Inhalt auch richtig folgen zu können.

Der Großteil des Werks stützt sich auf ein wissenschaftliches Verständnis von Geometrie und dem Zusammenwirken verschiedener Formen, das gegeben sein muss, um die Stabilität eines Bauwerks zu gewährleisten. Dieses Wissen war unerlässlich, nicht nur für die Konstruktion statisch einwandfreier Gebäude, sondern auch, um sie größer zu machen, als alles, was die antike Welt bisher gesehen hatte.

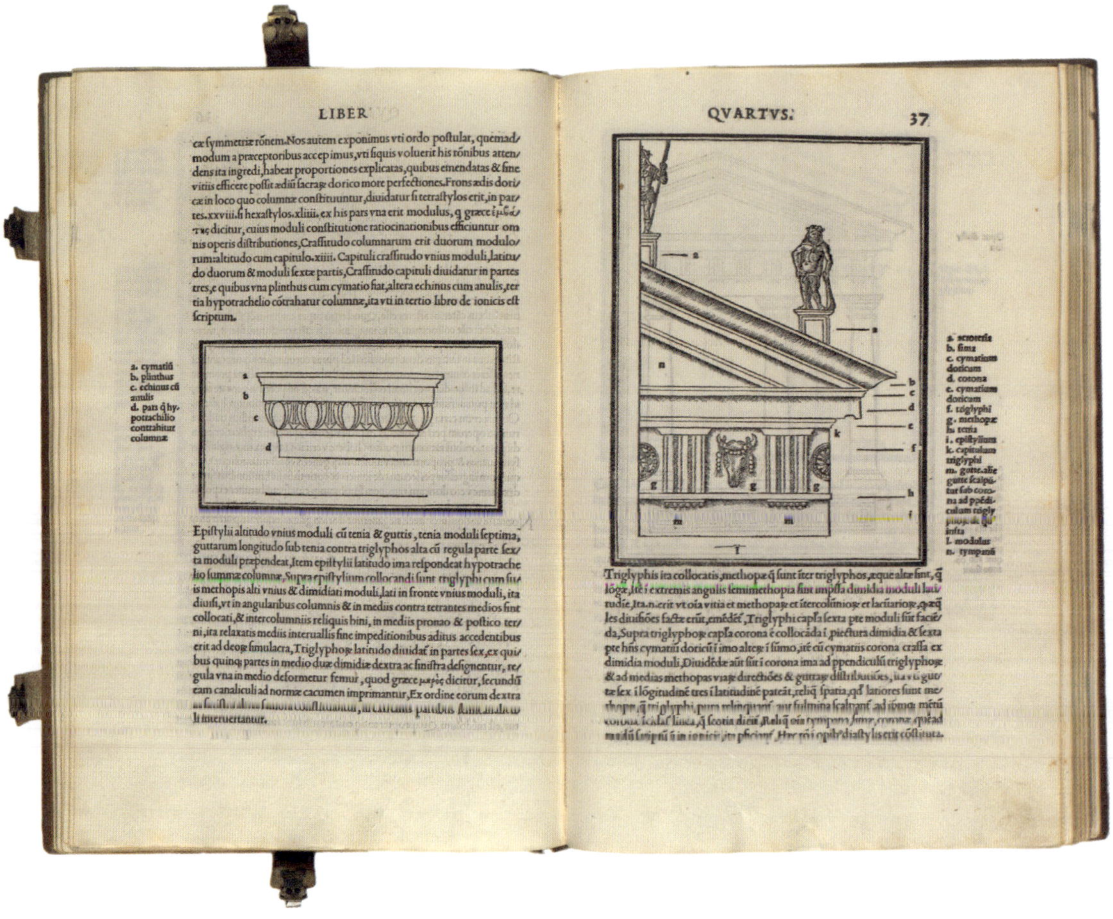

Rechts: Zwei Seiten aus Vitruvius' Werk (Nachdruck aus dem Jahr 1511).

DAS PANTHEON

Eines der Aushängeschilder der römischen Architektur ist die freistehende Kuppel des Pantheon, das zwar erst nach dem Tod Vitruvius' errichtet wurde – aber nach den in seinem Werk dargelegten Prinzipien und Praktiken. Die offene Betonkuppel mit einem Durchmesser von über 43 Metern besteht aus mehreren Kassettenringen, die sich nach oben hin zu einer kreisrunden Öffnung mit einem Durchmesser von 9 Metern verjüngen. Das beeindruckende Gebäude steht auch heute noch, fast 2000 Jahre später.

Unten und rechts: Das Pantheon ist ein ikonisches Zeugnis der architektonischen Fähigkeiten der Römer.

Kalender vnd wegweiser der zeit vnd der land
Jacob Köbell

Julianischer Kalender

Jede Zivilisation verwendete eine Art Kalender. In seiner grundlegendsten, praktischsten Form half er, die optimalen Zeiten für Aussaat und Ernte zu bestimmen, um den größtmöglichen Ertrag zu erhalten.

Die Römer waren keine Ausnahme. Sie stammten aus der sagenumwobenen vorrömischen Zeit und orientierten sich an einem zwölfmonatigen Mondkalender, bei dem jeder Monat 29,5 Tage lang war. Die Monate bestanden darum abwechselnd aus 29 und 30 Tagen. Nach 354 Tagen wich dieses Mondjahr jedoch um 11 Tagen vom Sonnenjahr ab, was ständige Aktualisierungen und Änderungen erforderlich machte, damit der Kalender nicht nutzlos wurde.

Schließlich einigte man sich darauf, alle paar Jahre einen „Schaltmonat" einzufügen. Nur wann das gemacht wurde, geschah oft nach Gutdünken des ranghöchsten Priesters, des *Pontifex maximus*, der seine Aufgabe in der Regel für eigene politische Interessen nutzte (etwa indem er Feiertage ausrufen ließ, um wichtige Abstimmungen im Senat zu verschieben oder sogar ganz ausfallen zu lassen).

Als Julius Caesar (100–44 v. Chr.) im Jahr 45 v. Chr. in seiner Rolle als *Pontifex maximus* seine Macht festigte, führte er eine Kalenderreform durch, damit es in Zukunft keine Unklarheiten mehr gab.

Ein Sonnenkalender

Der julianische Kalender ist ein Sonnenkalender, der den Mond gänzlich ignoriert. Die Länge eines Jahres, also die Zeit z. B. von einer Sommersonnenwende zur nächsten, beträgt darin 365,25 Tage.

Dafür wurde das Jahr in 12 verschieden lange Monate unterteilt, ähnlich wie heute, mit einem zusätzlichen „Schalttag", der alle vier Jahre in Form des 29. Februars hinzugefügt wird.

Dieses Kalendersystem wurde vom Großteil des lateinischen Westens übernommen und blieb bis zur Einführung des gregorianischen Kalenders im Jahr 1582 in Verwendung. Durch die Auslassung des Schalttags in Jahren, die durch 100 teilbar sind, wurde das Jahr auf 365,2425 Tage verkürzt (was der korrekten Länge von 365,2422 Tagen näher kommt).

EIN LEGENDÄRER KALENDER

Der römischen Mythologie zufolge führte der sagenhafte Gründer der Stadt, Romulus, einen zehnmonatigen Kalender ein. Die Monate umfassten vermutlich nur 304 Tage des Jahres und der Rest wurde einfach als „Winter" zusammengefasst. Wann das Kalenderjahr dann wieder begann, entschieden der amtierende König und seine Berater.

Links: Ein dekorativer Druck des julianischen Kalenders aus dem Jahr 1520.

Unten: Eine Darstellung des Julius Caesar aus der Kupferstich-Serie *Die ersten zwölf römischen Kaiser* (ca. 1610–1650).

Ptolemeus
Astronomia

Der Almagest

Von den zahlreichen Texten der griechischen Antike, die das Leben und die Bildung der nachfolgenden Generationen prägten, war kaum einer so einflussreich wie der *Almagest* (um 150 n. Chr.) von Claudius Ptolemäus (ca. 100–170 n. Chr.). Und kaum ein anderer Text ist faktisch so inkorrekt.

Der *Almagest* besteht aus 13 Büchern über die Objekte und Bewegungen am Sternenhimmel. Es beschreibt die Gesetze des Universums sowie die verschiedenen Sterne und Planetenbahnen.

Dieses Werk bündelt das gesamte astronomische Wissen der Antike zu einem einzelnen Kompendium. Der *Almagest* war das, was die *Elemente* für die Mathematik waren [S. 64]. Aus diesem Grund diente er noch hunderte Jahre lang als weit verbreitetes Lehrbuch, das neue Maßstäbe setzte.

Gegenüber: Der handkolorierte Kupferstich aus dem 14. Jahrhundert zeigt Ptolemäus, der von der personifizierten Astronomie geführt wird.

Unten: Zwei Seiten aus dem *Auszug aus dem Almagest* von Regiomontanus aus dem Jahr 1496. Der Text wurde zur berühmtesten Version des *Almagest* in der Renaissance.

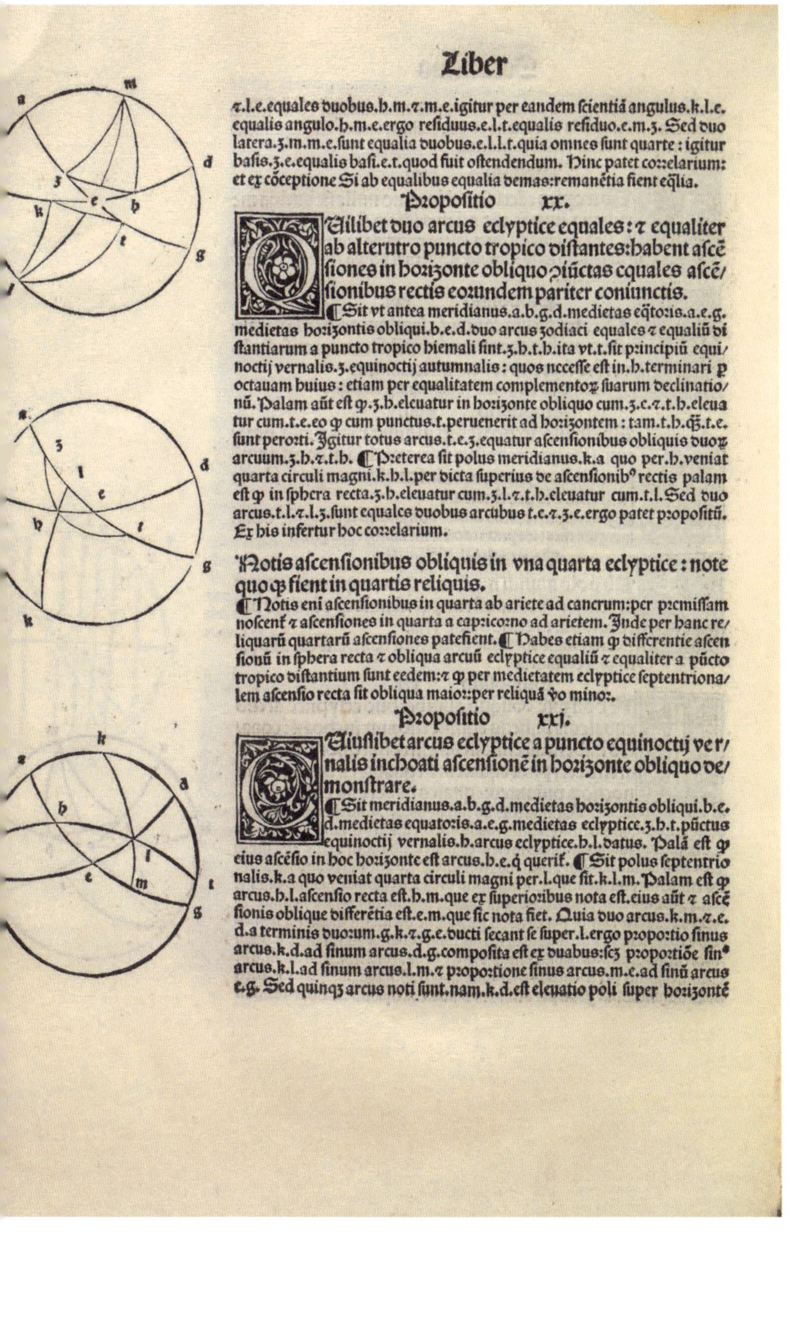

Liber

Propositio xx.

Qualibet duo arcus eclyptice equales: et equaliter ab alterutro puncto tropico distantes: habent ascensiones in horizonte obliquo coniunctas equales ascensionibus rectis eorundem pariter coniunctis.

Notis ascensionibus obliquis in vna quarta eclyptice: note quoque fient in quartis reliquis.

Propositio xxi.

Cuiuslibet arcus eclyptice a puncto equinoctij vernalis inchoati ascensionem in horizonte obliquo demonstrare.

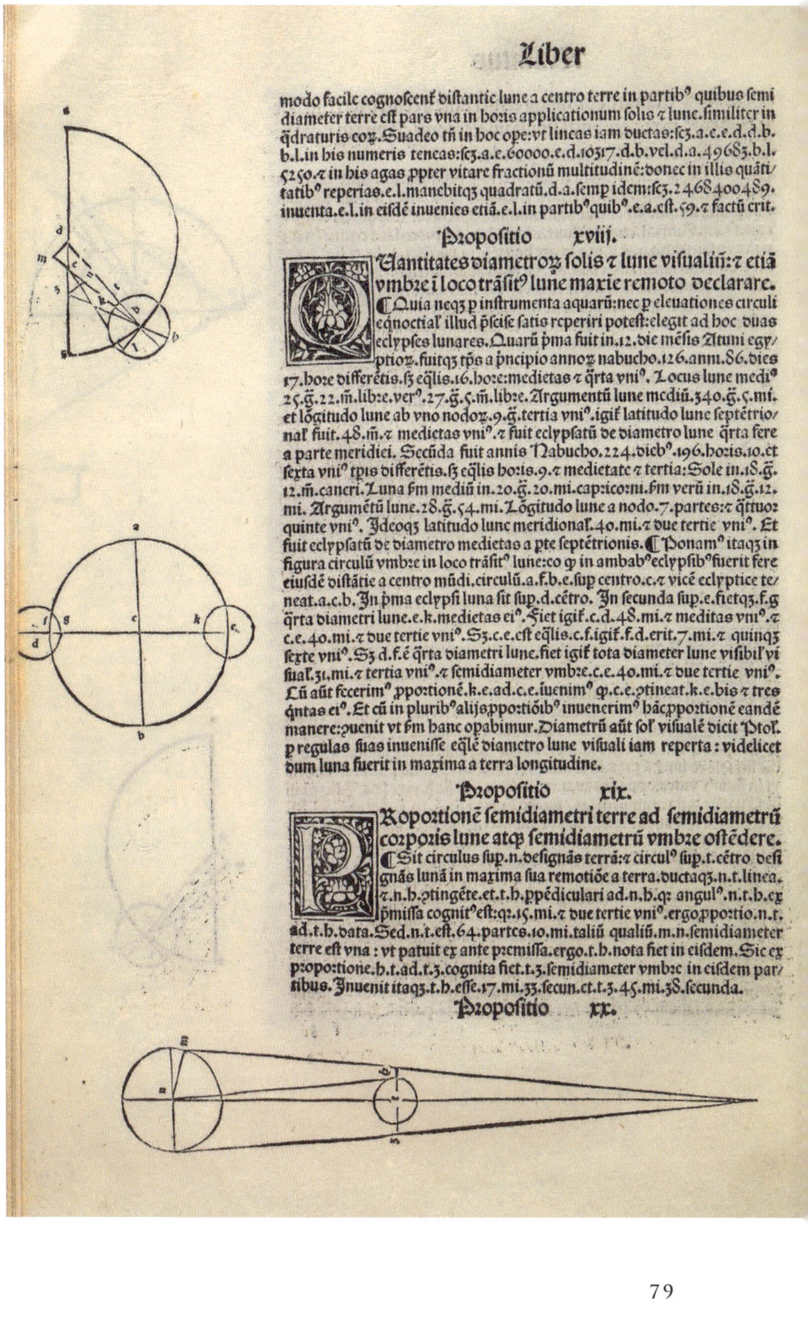

Liber

Propositio xviij.

Quantitates diametrorum solis et lune visualium: et etiam vmbre in loco transitus lune maxime remoto declarare.

Propositio xix.

Proportionem semidiametri terre ad semidiametrum corporis lune atque semidiametrum vmbre ostendere.

Propositio xx.

Das ptolemäische Weltbild

Das erste Buch erklärt den Aufbau des Universums, basierend auf der Arbeit des Aristoteles, und kann zu fünf Grundsätzen zusammengefasst werden.

1. Das Himmelsgewölbe hat eine Kugelform und dreht sich als Kugel um die Erde.
2. Die Erde ist eine Kugel.
3. Die Erde ist der Mittelpunkt des Universums (geozentrisches Weltbild).
4. Die Erde ist im Verhältnis zur Entfernung der Fixsterne sehr klein.
5. Die Erde bewegt sich nicht.

Heute wissen wir, dass diese Annahmen komplett falsch sind. Die Erde bildet nicht den Mittelpunkt des Universums und sie bewegt sich doch – nämlich um die Sonne. Auch die Sonne ist nicht der Mittelpunkt des Universums, denn so etwas gibt es nicht.

Angesichts der begrenzten Informationen, die in der Antike zur Verfügung standen, waren diese Schlüsse jedoch nicht abwegig, sondern intuitiv stimmig. Selbst heute, wenn wir den Himmel beobachten, sieht es scheinbar so aus, als ob die Sonne um die Erde kreiste. Dieses Weltbild teilten viele (aber nicht alle) Zeitgenossen des Ptolemäus.

DER STERNKATALOG

Neben zahlreichen Formeln und Berechnungen, die man in dieser Art von Buch erwartet, enthält der *Almagest* auch einen umfangreichen Katalog der Himmelsobjekte. Diese Liste besteht aus Einträgen zu 1022 Sternen und ihrer Position am Nachthimmel. Zusätzlich finden sich darin auch 48 Sternbilder – erkennbare Muster, die durch die Verbindung mehrerer Sterne entstehen und bei der Orientierung am Himmel helfen. Sie bildeten die Grundlage für viele der Sternbilder, die heute verwendet werden.

Rechts: Das Sternbild Skorpion, dargestellt in einer Ausgabe des *Almagest* aus dem Jahr 1490.

Mathematische Kommentare

In der griechischen Antike begann eine Tradition, Kommentare zu bedeutenden wissenschaftlichen Werken jeder akademischen Disziplin zu verfassen, unter anderem zur Mathematik. Dabei handelt es sich um Reproduktionen eines Originaltextes, der durch Anmerkungen erweitert und erläutert werden soll. Oft versuchte man, zu ergänzen, was der ursprüngliche Verfasser nur angedeutet hatte, und manchmal wurden neue Erkenntnisse, die dem Text zustimmten oder ihm widersprachen, hinzugefügt.

Die Kommentare hatten vor allem zum Ziel, den Lesern zu helfen, schwierige Texte zu verstehen. Viele der wichtigsten Werke, wie etwa der *Almagest* [S. 79], waren nicht als Einführung in ein Thema gedacht und setzten gewisse Vorkenntnisse voraus. Kommentare erleichtern den Einstieg in den Text und verdeutlichen die Aussage der Autoren.

Die Tradition der Kommentare setzte sich weit ins 20. Jahrhundert fort und nicht selten sah man Texte, bei denen die Seiten zur Hälfte aus Hinweisen und Bemerkungen bestand. Mittlerweile kommen solche Kommentierungen nur noch selten vor und wenn, dann meist in Texten von speziellem Interesse oder historischer Bedeutung, wo sie nicht mehr die Funktion einer Lernhilfe erfüllen.

Geschichtsschreibung

Für die Geschichte der Mathematik waren solche Kommentare essenziell, da sie den Erhalt vieler Texte förderten. Oft waren die Kommentare Nachdrucke von jahrhundertealten Werken, die durch die neuen Anmerkungen relevant blieben. Darüber hinaus waren die reproduzierten Bücher dank moderner Verfahren und Materialien haltbarer, sodass sie auch in ferner Zukunft noch leserlich waren. Und je mehr Auflagen von einem Werk in Umlauf gebracht wurden, desto größer war die Wahrscheinlichkeit, dass zumindest ein Exemplar erhalten blieb.

Hypatia

Hypatia (ca. 350–415) war die bedeutendste Mathematikerin der spätrömischen Zeit. Sie verfasste Kommentare zu wichtigen Werken, etwa zu *Konika* von Apollonius (ca. 240–190 v. Chr.), *Arithmetica* von Diophantos (ca. 200–284) und zum *Almagest* [S. 79]. Sie war die erste Frau in der Geschichte der Mathematik und verbrachte einen Großteil ihres Lebens damit, als angesehene Lehrerin in Alexandria Mathematik und Philosophie zu unterrichten, während sie an ihren Kommentaren arbeitete. Tragischerweise fiel sie einer politischen Intrige zum Opfer und wurde 415 von einer christlichen Meute ermordet.

Oben: Bildnis der Hypatia aus dem Fresko *Die Schule von Athen* des Malers Raffael.

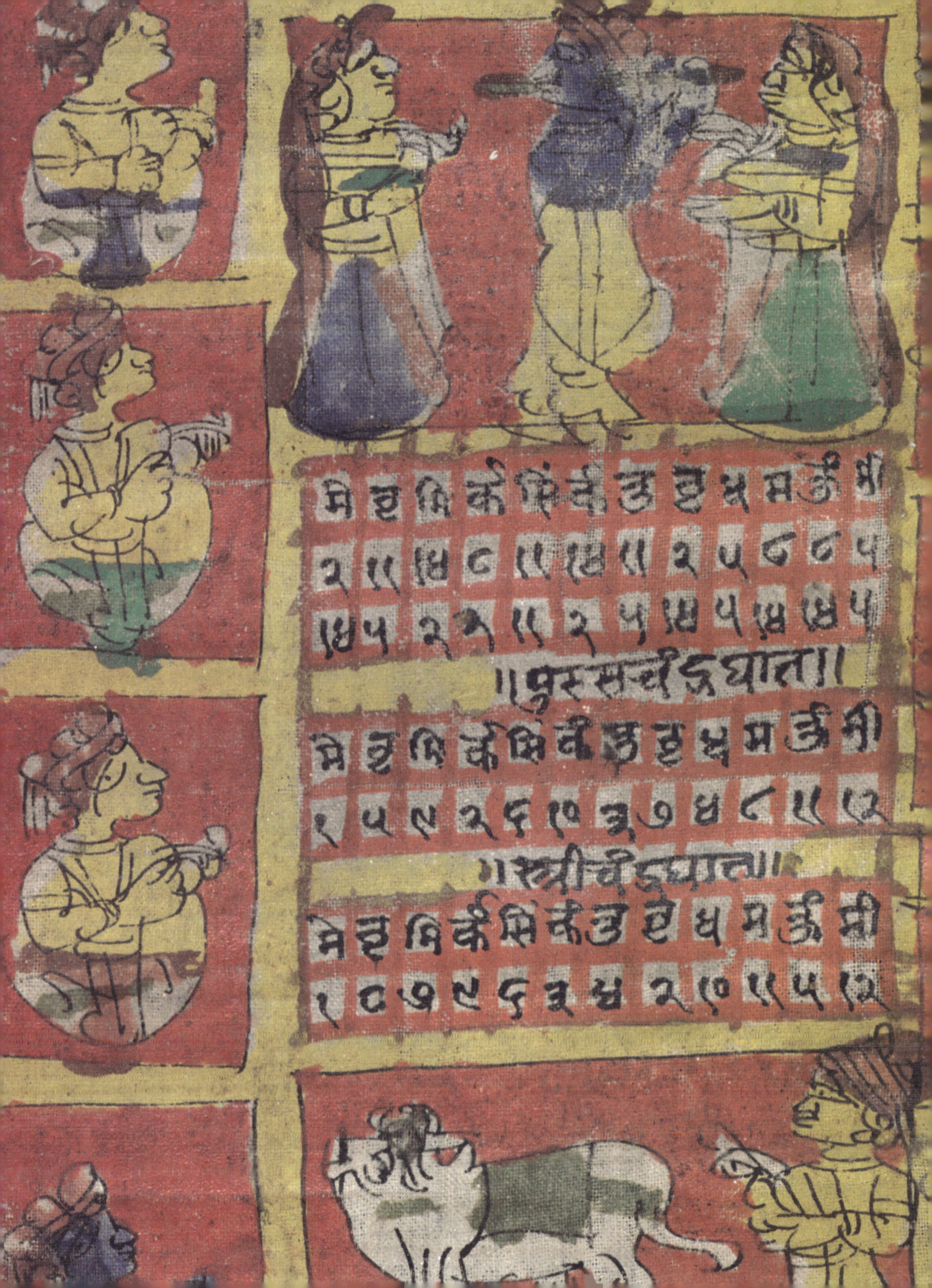
मे वृ मि कर्क सिं कं तु वृ ध म कुं मी
॥पुरसचंद्रघात॥
मे वृ मि कर्क सिं कं तु वृ ध म कुं मी
१ ५ ९ २ ६ १० ३ ७ ४ ८ ११ १२
॥स्त्रीचंद्रघात॥
मे वृ मि कर्क सिं कं तु वृ ध म कुं मी
१ ८ ७ ९ ६ ३ ४ २ १० ११ ५ १२

Kapitel sechs

Mathematik in Indien

Im Laufe der Geschichte wurde der indische Subkontinent von vielen verschiedenen Dynastien und Völkern geprägt. Im Altertum war er ein richtiges Sammelbecken der Kulturen und Ideen, in dem sich islamische, hinduistische und buddhistische Einflüsse vermischten und von arabischen und chinesischen Bräuchen angereichert wurden. Dennoch behielt er seinen eigenen Charakter.

Auch die indische Mathematik war von zahlreichen unterschiedlichen Quellen beeinflusst. Viele der erhaltenen mathematischen Werke sind in Kapitel und Verse aufgeteilt und nicht so strukturiert, wie wir uns heute ein Manuskript vorstellen.

Ein Großteil der mathematischen Beweise, Tabellen und Berechnungen, die vom indischen Subkontinent überliefert sind, ist weitgehend ohne Zusammenhang oder Erläuterungen. Geschrieben wurde in der Regel auf Palmblättern, die dem Klima Indiens nicht lange standhielten, daher wurden viele Werke leider zerstört.

Von den Texten, die noch erhalten sind, wissen wir, dass die Arbeit der indischen Gelehrten die Disziplin der Mathematik wesentlich bereichert hat. Diese Mathematiker leisteten bedeutende Beiträge zur Wissenschaft, von Zahlzeichen über die Null bis hin zu geometrischen Anleitungen. Sie erforschten komplexe Mathematik wie die Zahl Pi oder pythagoreische Tripel schon Jahrhunderte, bevor solche Themen von Mathematikern anderswo auf der Welt nachweislich ergründet wurden.

Indische Zahlzeichen

Alle Zahlschriften haben sich im Laufe der Zeit mit wechselnden Trends und Verwendungszwecken verändert, aber das indische System machte besonders viele Entwicklungen durch. Es gab Dutzende Zahlschriften, die miteinander konkurrierten, unter anderem Tamil, Laṇḍā und viele weitere.

Am weitesten verbreitet waren die Brahmi-Ziffern. Sie bildeten schließlich die Grundlage der indisch-arabischen Zahlen, die heute verwendet werden. Ursprünglich waren sie ein additives Zahlensystem, ähnlich wie das der alten Ägypter, bei dem man Zehner und Einer aus Ziffern von eins bis neun darstellte, während Hunderter und Tausender durch die mehrmalige Wiederholung gleicher Zeichen gebildet wurden.

Zu Beginn des 6. Jahrhunderts entwickelte sich schließlich ein Stellenwertsystem [S. 90], in dem es nur noch neun Ziffern und ein Lückenzeichen für die Null gab.

Brahmi-Ziffern in der alten Schreibweise

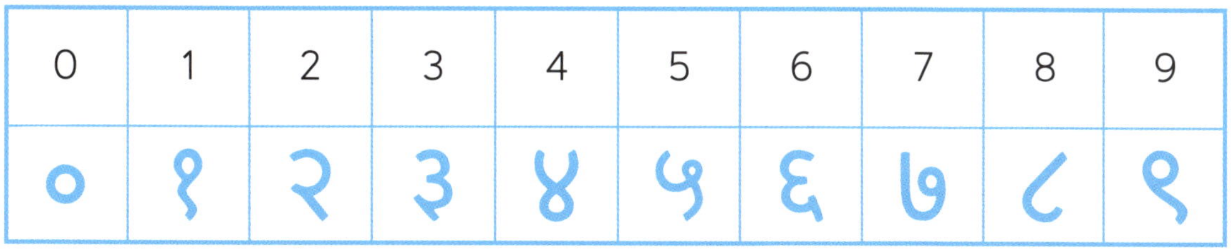

Die indisch-arabischen Ziffern

Baudhayana

Baudhayana (ca. 800–740 v. Chr) war wahrscheinlich ein vedischer Priester, Gelehrter und Philosoph sowie der Verfasser eines der ältesten *Sulbasutras* [S. 86]. Diese alten religiösen Schriften enthielten anspruchsvolle mathematische Anleitungen, unter anderem zur Konstruktion von Altären und Feuerstellen für die zeremonielle Verwendung. Letztere müssen nach präzisen Maßangaben gebaut werden, was erklären würde, warum der Text einen so großen Schwerpunkt auf mathematische Informationen legte. Die Anwendung von Berechnungen für rituelle Zwecke stützt die Theorie, dass Baudhayana ein vedischer Priester war, und seine detaillierten Beschreibungen der Konstruktionen lassen darauf schließen, dass er auch ein Handwerker oder Architekt gewesen sein könnte.

Leider gibt es so gut wie keine belegbaren Informationen über das persönliche Leben des Baudhayana, aber seine komplexen Berechnungen im *Sulbasutra* sichern ihm einen Platz in der Geschichte. Vor allem aber zeigen sie, dass er den Satz des Pythagoras kannte und verstand – beeindruckende 300 Jahre früher als Pythagoras selbst. Das Baudhayana-Sulbasutra enthält außerdem quadratische Gleichungen sowie einige Näherungswerte für π und $\sqrt{2}$. Schade ist nur, dass wir nicht mehr über diesen großen Denker wissen.

Die Sulbasutras

Sutras sind religiöse Texte, die wichtige Lehrsätze oder Botschaften für Anhänger eines Glaubens enthalten. Die *Sulbasutras* entstanden zwischen 1000 und 500 v. Chr. und sind Teil eines größeren Werks, der *Veden* (*Veda* bedeutet „Wissen").

Diese Sutras beschreiben die ordentliche Konstruktion eines rituellen Feueraltars, einer *Vedi*, auf der den hinduistischen Göttern Opfergaben dargebracht wurden. Im Text wird darauf hingewiesen, dass der Altar verschiedene Formen haben kann, um bestimmte Ergebnisse zu erzielen, zum Beispiel:

> ***„Wer sich den Himmel wünscht, baue einen Feueraltar in der Form eines Falken."***

Zusätzlich zur Beschreibung der allgemeinen Gestalt, die der Altar haben sollte, enthielt der Text auch detaillierte mathematische Anweisungen, deren Verständnis zum Bau der *Vedi* erforderlich war.

In ihren verschiedenen Versen streifen die *Sulbasutras* eine ganze Reihe von mathematischen Themen, die im Rest der Welt erst Jahrhunderte später aufgegriffen wurden, unter anderem die Bestimmung von pythagoreischen Tripeln, um die rechtwinkligen Flügel eines Falken zu konstruieren.

Pythagoreische Tripel

In den *Sulbasutras* finden sich zahlreiche Beispiele für pythagoreische Tripel – und beweisen, dass der Satz des Pythagoras [S. 60] auf dem indischen Subkontinent bereits Jahrhunderte vor der Geburt des griechischen Mathematikers, dem er zugeschrieben wird, angewandt wurde. Das Katyayana-Sulbasutra definiert ihn folgendermaßen:

> ***„Die Fläche eines Quadrats, das an die Diagonale eines Rechtecks gezeichnet wird, ist gleich der Flächensumme der Quadrate, die auf seiner Breite und seiner Länge gezeichnet werden."***

Quadratwurzeln

In den *Sulbasutras* findet sich auch die folgende Methode, um einen Näherungswert der Quadratwurzel aus zwei zu ermitteln:

> ***„Das Maß wird um sein Drittel vermehrt und das wieder um sein eigenes Viertel abzüglich des vierunddreißigsten Teils; das ergibt die Diagonale eines Quadrats."***

In heutiger mathematischer Notation geschrieben, sähe das so aus:

$$\sqrt{2} = 1 + \frac{1}{3} + \frac{1}{3 \cdot 4} - \frac{1}{3 \cdot 4 \cdot 34}$$

Der Wert, der herauskommt, ergibt die Wurzel aus zwei auf fünf Dezimalstellen genau (1,41421…).

Das Beeindruckendste daran ist jedoch, dass die indischen Mathematiker jener Zeit (und möglicherweise schon die Jahrhunderte zuvor) bereits über das Verständnis komplexer mathematischer Methoden verfügten und damit solche Berechnungen überhaupt erst durchführen konnten.

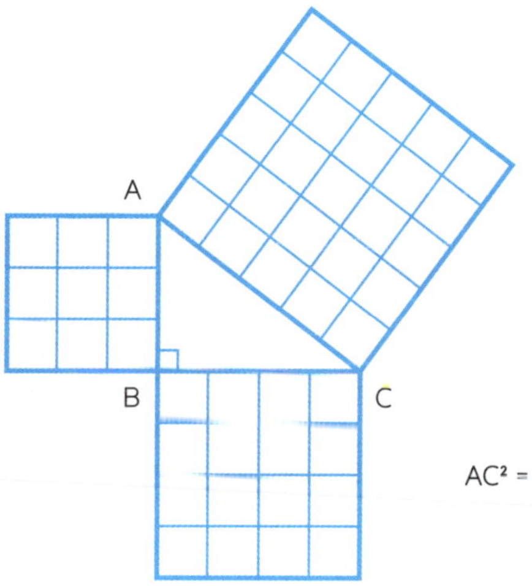

Rechts: Die Verfasser der *Sulbasutras* verstanden den Satz des Pythagoras.

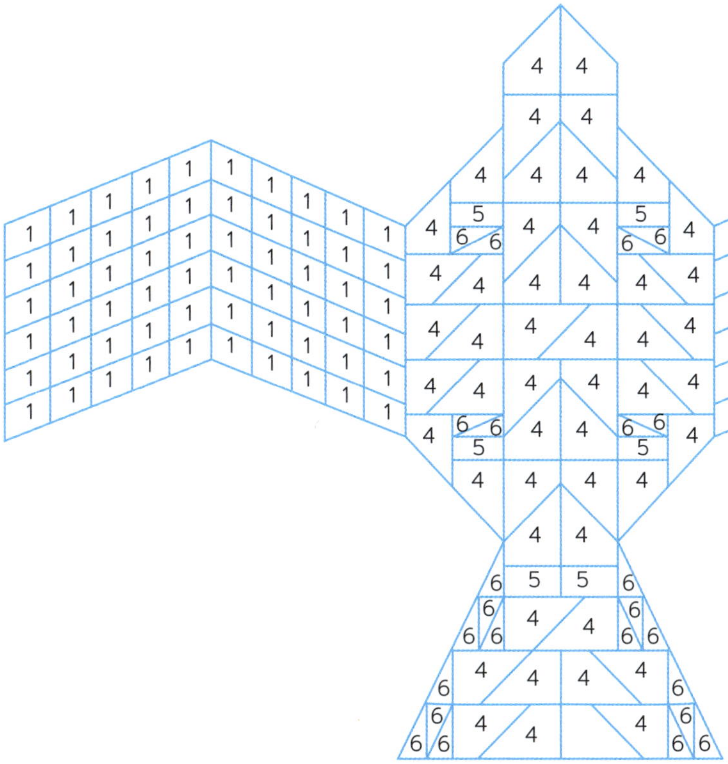

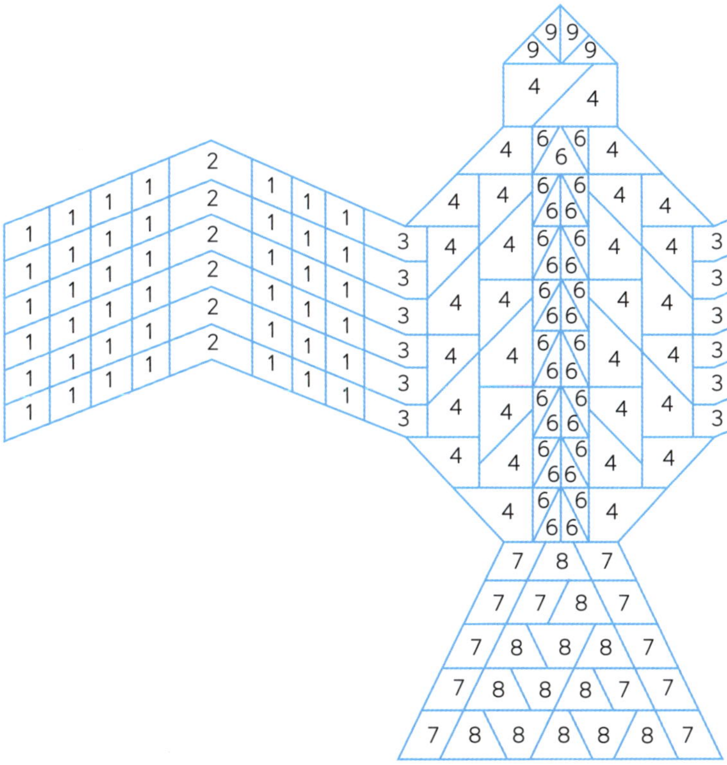

Links: Die *Sulbasutras* enthalten detaillierte Anleitungen zum maßgenauen Bau von Feueraltären, unter anderem in der Form eines Falken.

Der Surya-Siddhanta

Die frühen indischen Gelehrten hatten wie viele andere Zivilisationen jener Zeit ein großes Interesse an den Bewegungen der Himmelskörper. Darum wurde um das Jahr 500 herum zu diesem Thema der *Surya-Siddhanta* (das „Sonnen-Lehrwerk") verfasst.

Der Text besteht aus 14 Kapiteln, die beschreiben, wie man die Bewegung der verschiedenen Gestirne, die Daten der Finsternisse und das Verstreichen der Zeit berechnen konnte.

Weit interessanter ist jedoch, dass das gesamte Werk wie eine traditionelle indische Dichtung aufgebaut ist und sämtliche mathematischen Ideen im Versmaß verfasst wurden. Wahrscheinlich sollte die Reimform beim Einprägen des Inhalts helfen, aber sie ließ auch mehr künstlerische Freiheit zu.

Trotz dieser Eigenheit ist es möglich, den Text in verständlichere Passagen umzusetzen und sogar in Zahlentabellen, die für verschiedene Berechnungen genutzt werden können. Die komplexeste davon ist eine Tabelle von Sinuswerten für einen geteilten Kreis, die möglicherweise als Modell für die Beobachtung des Himmels verwendet wurde.

Die Erdrotation

Bei der Drehung der Erde zeigt ihre Rotationsachse immer auf einen Bereich am Sternenhimmel, der sich nicht zu bewegen scheint. Während der nördliche „Polarstern" (seine genaue Position verändert sich mit der Zeit) unter Seefahrern bereits seit Jahrtausenden bekannt und zur Orientierung genutzt wurde, beschrieben die alten Inder auch ausdrücklich einen zweiten, einen südlichen Polarstern.

Basierend auf ihrer Kenntnis beider Polarsterne konnten sie nicht nur die Erdrotation beschreiben, sondern auch die Neigung der Erdachse berechnen (mithilfe der zuvor erwähnten Sinustabelle) – mit einer Abweichung von weniger als fünf Prozent.

Der hinduistische Kalender

Der *Surya-Siddhanta* definierte die Erde als Fixstern, um den die Sonne und die anderen Planeten ihre Bahnen zogen. Trotz dieser Ansicht wichen die errechneten Umlaufzeiten nur um weniger als 0,1 Prozent (und in den meisten Fällen um weniger als 0,01 Prozent) von den heutigen Werten ab.

Diese Präzision ermöglichte die Entwicklung des traditionellen hinduistischen Kalenders, des *Panchanga*, der auch heute noch in Verwendung ist (hauptsächlich, um religiöse Feiertage festzulegen) und geringfügig genauer war als der julianische Kalender, der erst hunderte Jahre später kam.

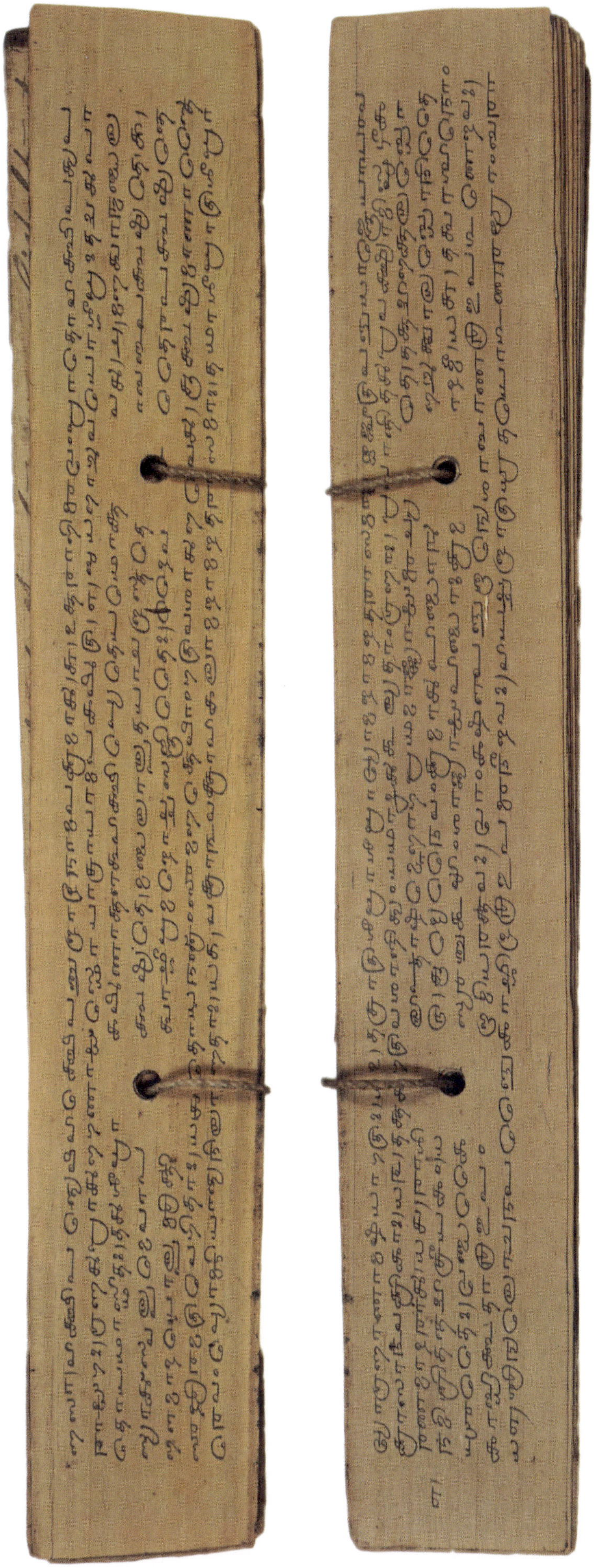

BABYLONISCHE ASTRONOMIE

Nicht nur die alten Inder verfassten ihre mathematischen Texte in dichterischer Form, auch die Babylonier beobachteten die Sterne und Planeten des Nachthimmels und hielten ihre Erkenntnisse in den Schriften *Enuma Anu Enlil* fest. Diese Sammlung von Tontafeln könnte möglicherweise schon um 2300 v. Chr. ihren Ursprung haben. Leider wurde nur ein kleiner Teil dieses kolossalen Werks gefunden und übersetzt, aber es reicht, um zu wissen, dass es sich um einen religiösen Text handelte, in dem man versuchte, die Muster am Sternenhimmel und ihren Einfluss auf die Welt der Menschen zu verstehen.

Links: Palmblattmanuskript aus dem Surya-Siddhanta, verfasst in Grantha-Schrift.

Stellenwertsysteme

Aus der heutigen Mathematik ist das Stellenwertsystem nicht mehr wegzudenken, darum fällt es uns oft schwer, Berechnungen zu verstehen, die auf einem anderen Zahlensystem basieren.

In einem Stellenwertsystem kann jede beliebige Ziffer verschiedene Werte annehmen, je nachdem, an welcher Stelle einer Zahl sie steht. Während zum Beispiel bei den Römern ein „V" immer den Wert 5 besaß, kann das Zeichen „5" in einem Stellenwertsystem abhängig von seiner Position im gesamten Zahlzeichen den Wert 5, 50 oder 500 darstellen.

Ein weiterer Vorteil dieses Systems ist die Möglichkeit, ein Dezimalzeichen zu verwenden, wodurch man auch Bruchzahlen in der Dezimalschreibweise darstellen kann.

Bereits die Babylonier verwendeten eine frühe Art des Stellenwertsystems, das aber im Laufe der verschiedenen Epochen mehrmals neu aufgegriffen wurde und auch wieder aus der Mode kam. Einer der wesentlichen Gründe, dass es nicht ganz verschwand, war die Verwendung des Abakus der Römer und des Suanpan der Chinesen [S. 105]. Die Funktionsweise dieser Rechenbretter erforderte es, dass die Zahlen in unterschiedliche, positionsbezogene Einheiten unterteilt werden mussten.

Aryabhata

Aryabhata (476–550) wurde am Fluss Ganges im heutigen Nordostindien geboren und studierte wahrscheinlich an der Nalanda-Universität in der früheren Stadt Kusumapura, wo er sich zu einem angesehenen Gelehrten entwickelte. Sein genauer Werdegang ist nicht bekannt, aber vermutlich leitete er mehrere akademische Einrichtungen und gründete eine Sternwarte im Sonnentempel in Taregana im indischen Bihar. Er verfasste zahlreiche Schriften, aber da nur wenige davon erhalten sind, stammen die meisten Informationen, die wir dazu haben, aus späteren Kommentaren zu Aryabhatas Werken.

Wie bei vielen Mathematikern des Altertums sind aber die Quellen zu Aryabhata so spärlich, dass nicht einmal der Titel seines bedeutendsten Textes, *Aryabhatiya*, wirklich vom Autor selbst vergeben wurde (falls er ihn überhaupt benannte).

Das *Aryabhatiya* besteht aus 121 Sanskritversen, die auf überwiegend praxisbezogene Weise viele verschiedene mathematische Schwerpunkte behandeln. Es sollte zukünftigen Generationen die Grundlagen der Mathematik vermitteln und war sehr praxisbezogen. Während über den Verfasser kaum Details bekannt sind, deckt das ihm zugeschriebene Werk ein breites Themenspektrum ab. Aryabhatas Beitrag zur Mathematik reicht von der Erweiterung des Stellenwertsystems über die Definition der Winkelfunktionen bis hin zur Bestimmung der Zahl Pi und einer frühen Form der Algebra.

Links: Aryabhatas Werk prägte die wissenschaftliche Arbeit nachfolgender Generationen.

Brahmagupta

Brahmagupta (597–670) stammt aus Gurjaradesa, was im westlichen Teil des heutigen Indiens lag. Er begann seinen Bildungsweg in der Hauptstadt Bhillamala und machte sich schon bald einen Ruf für seine Arbeit als Lehrer und sein großes Interesse an neuen Konzepten.

Im Jahr 628 erschien sein Werk *Brahmasphutasiddhanta* (*Vervollkommnung der Lehre Brahmas)*, das eine Zusammenfassung und Erweiterung der zu jener Zeit in Indien gelehrten Mathematik darstellte. Der Schwerpunkt lag dabei auf der Astronomie, aber der Text beinhaltet auch Algebra, Trigonometrie und andere Teilgebiete der Geometrie.

Das Buch behandelt sehr viel Mathematik, über die noch nie zuvor geschrieben wurde, wie zum Beispiel mehrere Lösungen der quadratischen Gleichung [S. 54], verschiedene Gleichungssysteme, Methoden zur Berechnung von Sinuswerten und andere geometrische Kalkulationen. Aber sein bedeutendster Beitrag war die Einführung der Null als Ziffer und eine Erklärung, wie man mit ihr rechnen konnte. Aus heutiger Sicht kann man nicht mehr sagen, ob alles davon Brahmaguptas eigenes Werk war, aber sein Einfluss auf die Geschichte der Mathematik ist in jedem Fall beträchtlich.

In späteren Jahren zog Brahmagupta nach Zentralindien, wo er seine Arbeit fortsetzte. Im Jahr 665 verfasste er dort das Buch *Khandakhadyaka*, das als Lehrbuch für Schüler konzipiert war. Drei Jahre später verstarb er.

Die Bedeutung seiner Arbeit für die moderne Mathematik kann gar nicht genug betont werden. Er fasste das mathematische und astronomische Wissen seiner Zeit so knapp und präzise zusammen, dass sein Buch zum Standardwerk der folgenden Jahrhunderte gemacht wurde. Die Mathematik, die er entwickelte und verbreitete, hielt schließlich in der islamischen Welt Einzug und wurde dort mit den Erkenntnissen der griechischen Antike verschmolzen. Daraus entstand das Fundament für die heutige Mathematik.

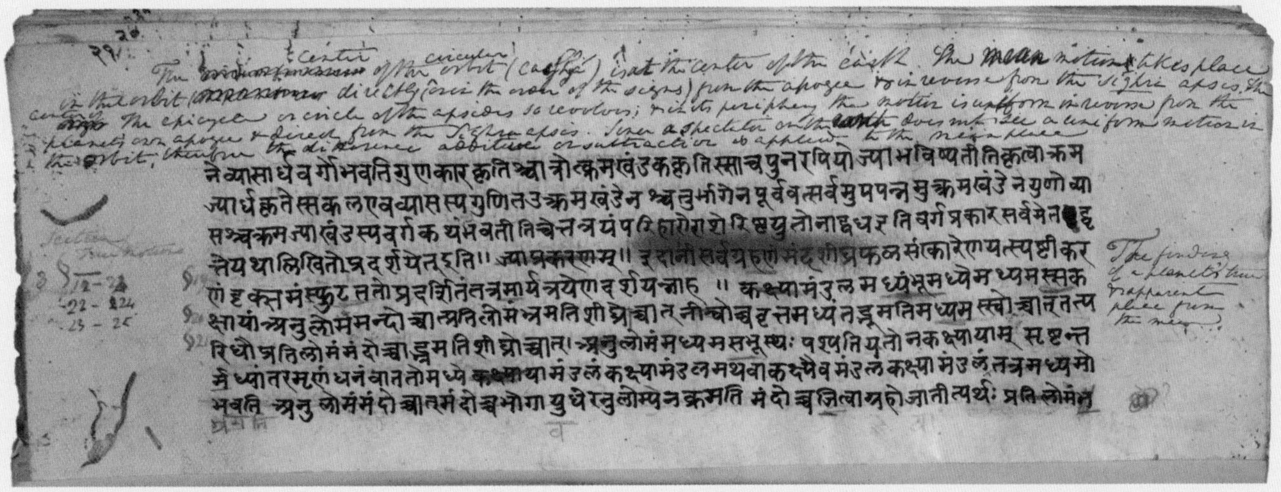

Unten: Auszug aus dem *Brahmasphutasiddhanta*, um 628 n. Chr.

Die Null

Das Konzept der Null war in der Geschichte der Mathematik schon immer eine komplizierte Angelegenheit gewesen. Im Gegensatz zu den Ziffern der alten Römer, Griechen, Ägypter und sogar der Babylonier symbolisiert das Zeichen für Null nicht die Anzahl von etwas, das vorhanden war, sondern etwas, das nicht vorhanden war.

Die Hochkulturen des Altertums besaßen allerdings schon ein Zeichen für „nichts". Die Babylonier (und später die alten Griechen, die diese Methode übernahmen) schrieben zwei schräge Keile zwischen die Ziffern, und die alten Ägypter verwendeten das Zeichen *nfr*, um „nichts" darzustellen.

Diese Symbole waren jedoch keine richtige Null, sondern Lückenfüller, die anzeigten, dass ein Abstand zwischen Ziffern beabsichtigt war oder dass es kein Ergebnis gab. Heute nimmt der Gedanken- oder Bindestrich als Auslassungszeichen in Listen oder Tabellen eine ähnliche Funktion ein

Die Entdeckung der Null

Die Vorstellung, dass das „Nichts" ein Konzept ist, das man erst entdecken muss, mag absonderlich erscheinen, aber in dieser Erkenntnis steckt einiges an mathematischer Arbeit. Viele Mathematiker hatten sich dem Thema angenähert und einige implizierten die Existenz und Verwendung einer Null, aber erst Brahmagupta (597–688) hätte wirklich von sich behaupten können, die Null „entdeckt" zu haben.

Als erstes setzte er die Null als Zahl in arithmetische Gleichungen und multiplizierte, dividierte, addierte und subtrahierte nach einfachen Regeln, die er wie folgt aufstellte:

$1 + 0 = 1$
$1 - 0 = 1$
$1 \cdot 0 = 0$

Diese scheinbar simple Reihe hatte anfangs zwar keine praktische Anwendung, war aber ein mathematischer Durchbruch und sollte in den folgenden Jahrhunderten wegbereitend sein. Brahmagupta machte aber auch Fehler, etwa indem er schrieb:

$0 \div 0 = 0$

Heute würde man das als nicht erfüllbare Gleichung bezeichnen, da man durch Null nicht dividieren kann. Um das zu verstehen, kann man sich die folgende Frage stellen: Wenn man eine gegebene Menge von Kugeln in gleiche große Gruppen aufteilt, wie viele Kugeln würde jede Gruppe enthalten? Würde man zehn Kugeln in fünf Gruppen teilen ($10 \div 5$), erhielte man zwei Kugeln pro Gruppe. Die zehn Kugel in null Gruppen zu teilen, ist jedoch nicht möglich.

Oben: Der Chaturbhuj-Tempel in der Nähe von Gwalior im Norden Indiens.
Hier findet sich die älteste bekannte Inschrift einer Null (um 875 n. Chr.).

Lilavati

Lilavati ist eine arithmetische Abhandlung, die im Jahr 1150 vom indischen Mathematiker Bhaskara II. verfasst wurde. Ziemlich einzigartig daran ist, dass sich der Text in den meisten Abschnitten an ein Mädchen namens Lilavati richtet.

Er behandelt viele mathematische Konzepte, von geometrischen Folgen bis hin zu Trigonometrie, Geometrie und Logik. Im gesamten Werk werden die verschiedenen Ideen erst erklärt und dann durch eine Reihe von Fragen einprägsam wiederholt. Die Aufgaben sind praxisbezogen und man soll Geldbeträge, den Schattenwurf verschiedener Formen oder Stapel von Waren berechnen, zum Beispiel:

„Sagt mir, Freunde, zu welcher Tageszeit füllen [vier] Fontänen, wenn sie gleichzeitig lossprudeln, eine Zisterne, die sie, wenn einzeln geöffnet, in jeweils einem Tag, einem halben Tag, einem Drittel oder einem Sechstel des Tages füllen?"

Das Rätsel wird mithilfe einer Bruchrechnung gelöst. Wenn wir mit dem Sechstel eines Tages beginnen, füllen die Fontänen die Zisterne in umgekehrter Reihenfolge zu $1/1$, $1/2$, $1/3$ und $1/6$.

Addiert man die Brüche, erhält man:

$$\frac{1}{1}+\frac{1}{2}+\frac{1}{3}+\frac{1}{6}=2$$

Das heißt, wenn alle vier Fontänen sprudeln, wäre die Zisterne in einem sechstel Tag zweimal gefüllt. Um sie nur einmal zu füllen, müssen wir das Ergebnis halbieren: nun dauerte es nur $1/12$ eines Tages.

Lilavati war das erste mathematische Werk aus der Feder Bhaskaras II., dem einige weitere, noch bedeutendere Texte folgten. Auch sie wurden wichtige Lehrmittel der folgenden Jahrhunderte.

Unten: Zwei Seiten einer späteren Abschrift der *Lilavati* von Bhaskara II.

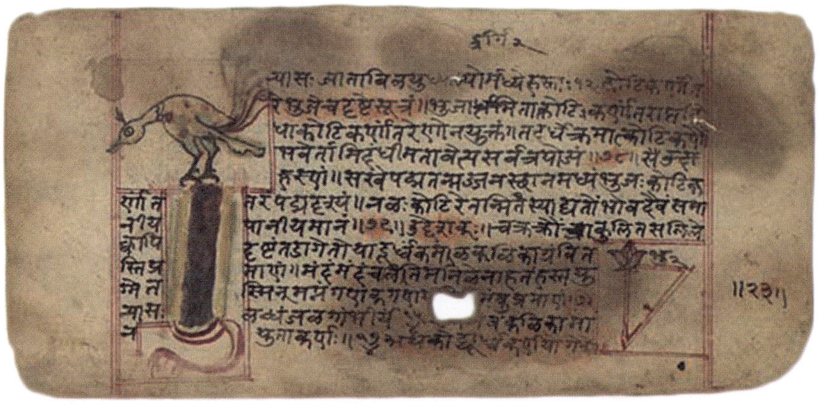

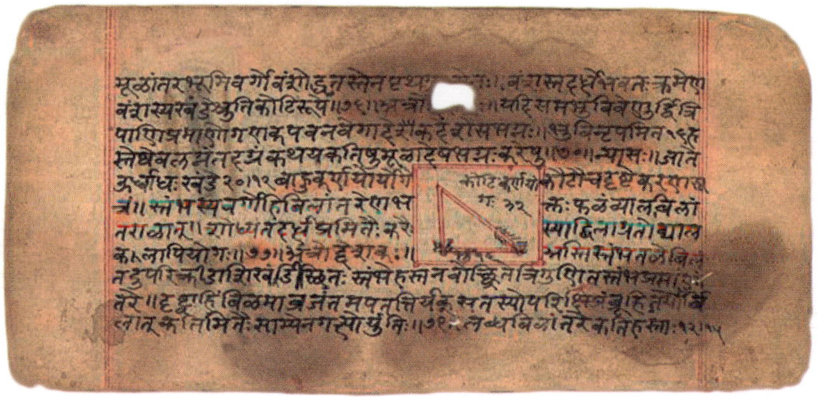

WER WAR LILAVATI?

Die Identität der namensgebenden Person ist nicht eindeutig bekannt, aber der lyrische und lobende Schreibstil (der sie als „hübsches Kind mit scheuen Augen", „versierte Mathematikerin", „bezauberndes Wesen" und Ähnliches bezeichnet) lässt vermuten, dass Lilavati vielleicht die Tochter Bhaskaras II. war.

Spekulationen zufolge wurde das Lehrbuch verfasst, um das Mädchen zu ehren und sie vor einem unerwünschten Schicksal zu bewahren, aber der Text selbst gibt kaum Belege dafür. Viel wahrscheinlicher ist, dass das Werk als Unterrichtsmittel gedacht war.

Kerala-Mathematik

Zu Beginn des zweiten Jahrtausends hatte sich das fruchtbare Zentrum der Mathematik in die islamische Welt verlagert. Indien war nun nicht mehr die Wiege, die ständig mathematische Genies wie Brahmagupta hervorbrachte, was aber nicht heißt, dass die Mathematik dort nun vernachlässigt oder keine wichtige Entdeckung mehr gemacht wurde.

Der Schwerpunkt der Forschung konzentrierte sich nun in der Kerala-Schule für Mathematik und Astronomie (wobei „Schule" hier eine Philosophie bezeichnete, wie bei den alten Griechen, und kein akademisches Gebäude). Sie wurde von Madhava von Sangamagrama (1340–1425) im späten 14. Jahrhundert begründet und blieb bis in die Mitte des 17. Jahrhunderts relevant.

Die Schule führte die Arbeit Aryabhatas fort und strebte danach, das mathematische Fundament der Astronomie zu stärken, indem sie Beweise für verschiedene Lehrsätze und Formeln fand. Besonderes Augenmerk wurde auf die korrekte Berechnung wichtiger theoretischer Werte (wie etwa Pi) gelegt. Diese Prinzipien bildeten die Grundlage der meisten Arbeit, die von den Kerala-Mathematikern geleistet wurde.

In einer Zeitspanne von rund 250 Jahren verfassten über 115 Autoren ungefähr 350 bekannte Werke (und wahrscheinlich noch viele mehr, die nicht erhalten sind).

Die beiden größten Errungenschaften der Schule waren die Entwicklung einer einfachen Methode zur Berechnung der Längengrade des Mondes (d. h. seine Ost-West-Ausrichtung am Himmel) und das Finden von Beweisen für unendliche Reihen.

Eine unendliche Reihe

Bei einer unendlichen Reihe wird immer wieder ein Wert hinzuaddiert und die Summenbildung ins Unendliche fortgesetzt. Die einfachste arithmetische unendliche Reihe sieht folgendermaßen aus:

$$1 + 2 + 3 + 4 + 5 + \ldots = \infty$$

Um astronomische Aufgaben effektiver lösen zu können, versuchte die Kerala-Schule, mithilfe einer frühen Form der vollständigen Induktion [S. 124] Beweise für unendliche Reihen zu finden. Während viele davon kompliziert sind und auf trigonometrischen Prinzipien beruhen, ermöglichten sie es, eine Näherung der Sinus- und Cosinuswerte zu ermitteln:

$$\sin(x) = x - \frac{x^3}{3 \cdot 2 \cdot 1} + \frac{x^5}{5 \cdot 4 \cdot 3 \cdot 2 \cdot 1} - \frac{x^7}{7 \cdot 6 \cdot 5 \cdot 4 \cdot 3 \cdot 2 \cdot 1} + \ldots$$

$$\cos(x) = 1 - \frac{x^2}{2 \cdot 1} + \frac{x^4}{4 \cdot 3 \cdot 2 \cdot 1} - \frac{x^6}{6 \cdot 5 \cdot 4 \cdot 3 \cdot 2 \cdot 1} + \ldots$$

Unter anderem gelang es den Kerala-Mathematikern auch zu beweisen, dass:

$$\frac{1}{1 - x} = 1 + x + x^2 + x^3 + \ldots$$

Das gilt, solange x kleiner als eins ist.

Diese unendlichen Reihen konnten für viele verschiedene Berechnungen angewandt werden, hatten aber kaum einen praktischen Nutzen. Sie bildeten eine Grundlage für die spätere Entwicklung der Infinitesimalrechnung und der höheren Mathematik, aber da das Wissen der Inder damals nicht in den lateinischen Westen gelangte, musste es dort erst von anderen Gelehrten „wiederentdeckt" werden.

KAPITEL SIEBEN

MATHEMATIK IN CHINA

Über weite Strecken der Geschichte war China das technisch und politisch fortschrittlichste Land der Welt – hauptsächlich aufgrund der enormen Bevölkerungszahl und der fruchtbaren Gebiete unter seiner Herrschaft, aber auch, weil man schon früh die Wichtigkeit von Gelehrsamkeit und Bürokratie erkannte.

Die frühen chinesischen Philosophien gipfelten in den Lehren des Konfuzius (ca. 511–479 v. Chr.), die schließlich die Grundlage der chinesischen Gesellschafts- und Regierungsstrukturen bildeten.

Zu den zahlreichen Lehren gehörten die „sechs Künste“, die alle ehrenwerten Chinesen beherrschen sollten. Aus ihnen entwickelte sich ein elementarer Teil des chinesischen Bildungssystems.

- Riten
- Musik
- Bogenschießen
- Reiten
- Kalligrafie
- Mathematik

Wie sehr die frühe indische und chinesische Mathematik einander beeinflussten ist Gegenstand vieler Diskussionen, aber im Laufe der Jahrhunderte kristallisierte sich China als die weitaus stärker intellektuell isolierte Gesellschaft heraus, die großen Wert auf den Schutz der „vier großen Erfindungen“ (Papier, Kompass, Schießpulver und Buchdruck) und der Herstellung von Seide legte. Zusammen mit der chinesischen Kultur, die im Westen oft als exotisch wahrgenommen wurde, bedeutete diese Eigenheit, dass viele mathematische Entdeckungen der Chinesen nie in den Rest der Welt gelangten und erst in jüngerer Zeit auch global anerkannt wurden.

Chinesische Zahlschrift

Das Land China wurde im Laufe der Jahrtausende von zahlreichen Dynastien regiert, darum gab es auch viele verschiedene Zahlensysteme.

Bis ungefähr 500 v. Chr. waren die Rechenstäbchen die vorherrschende Methode, da sie so simpel war. Bei diesem einfachen Zählsystem wurden die aufeinanderfolgenden Zahlen für bessere Lesbarkeit in wechselnden Positionen ausgelegt.

Das moderne chinesische Zahlensystem besteht aus Zeichen für die Ziffern und Zeichen für die Zehnerpotenzen 10, 100, 1000 usw. Die Ziffern werden mit dem Stellenwertsymbol kombiniert, um größere Zahlen darzustellen. Das heißt, die Zahl 324 sieht folgendermaßen aus: 三百二十四.

Im chinesischen Finanzwesen gibt es eine eigene Zahlschrift. Diese Zeichen verwendet man ausschließlich in Dokumenten, die mit Geld und Zahlungen zu tun haben. Sie haben ein charakteristischeres Aussehen und sind schwerer zu fälschen. Heute werden für die meisten Alltagszwecke jedoch die indisch-arabischen Zahlen verwendet.

Rechts: Ein Gemälde des Konfuzius, das zur Zeit der Ming-Dynastie (1368–1644) entstand.

Unten: Zählstriche, die in China verwendet wurden, sowie die modernen chinesischen Zahlen.

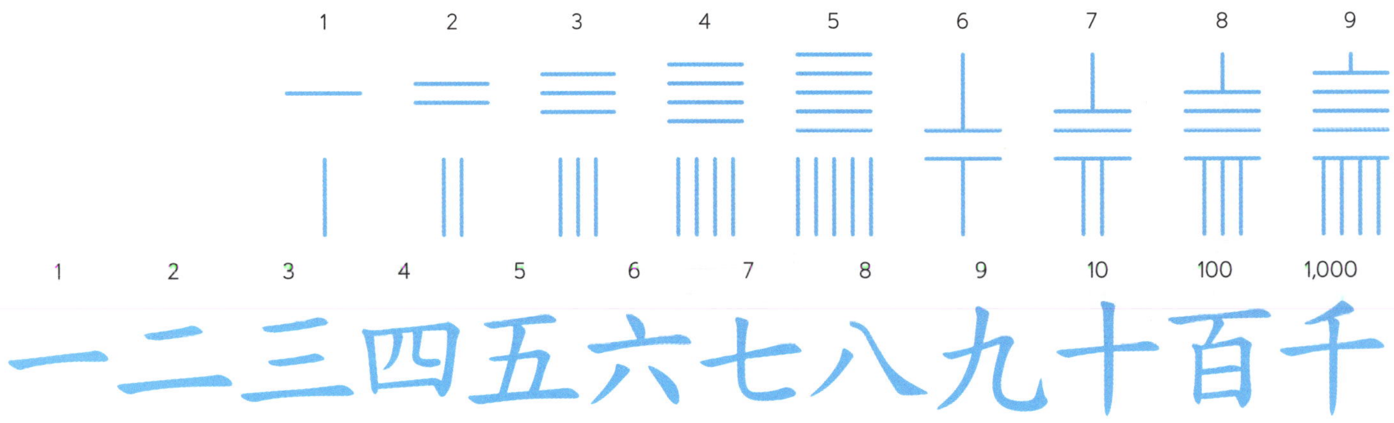

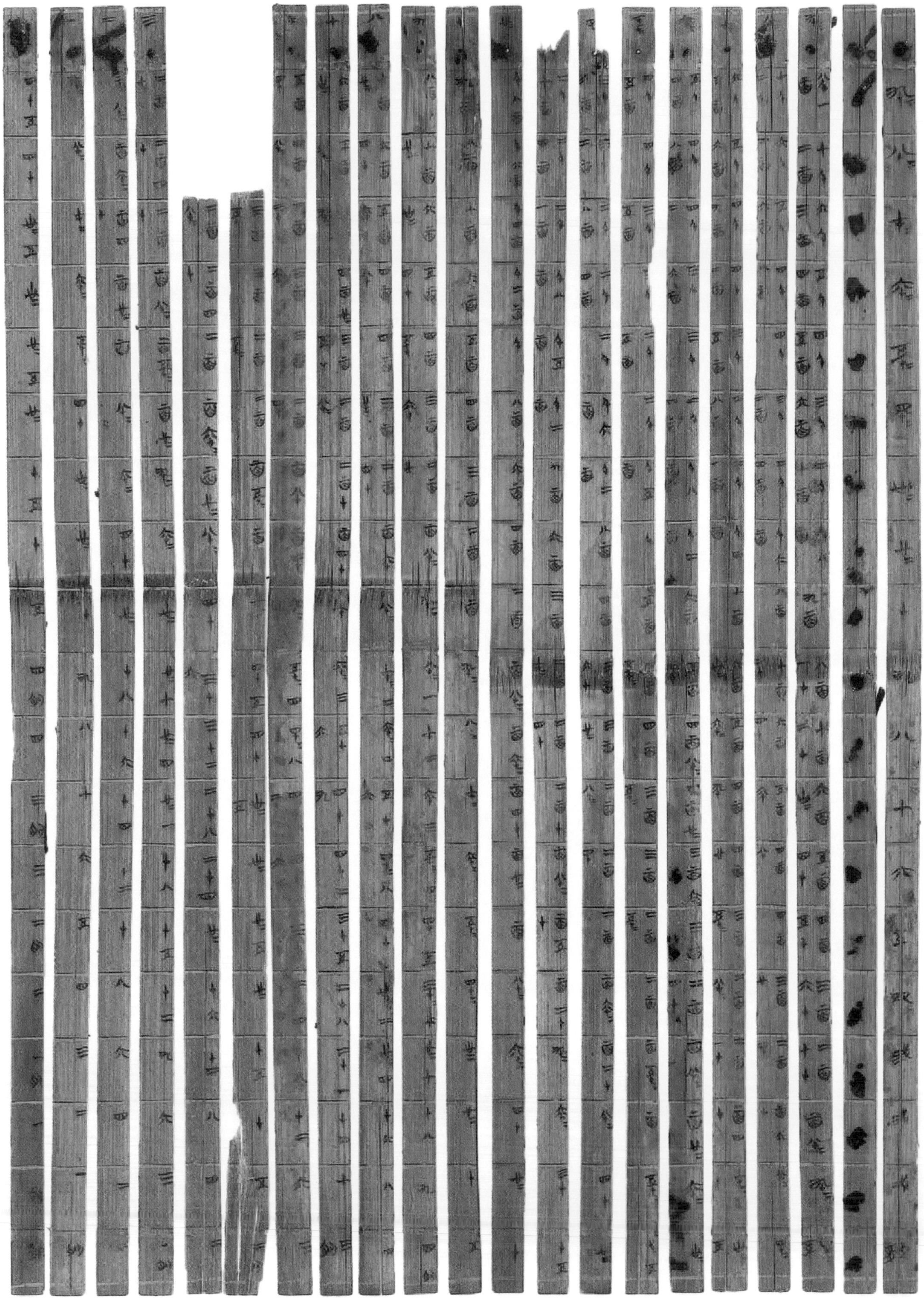

Tsinghua-Bambusstreifen

Die Tsinghua-Bambusstreifen sind eine Sammlung schmaler Schriftstücke aus Bambus, die auf die Zeit der streitenden Reiche (475–221 v. Chr.) datiert wird. Der Text besteht zum größten Teil aus Auszügen aus der klassischen chinesischen Literatur, aber ein Abschnitt enthält das vielleicht älteste Beispiel chinesischer Mathematik.

Legt man 21 der Streifen in die richtige Reihenfolge, bilden sie eine Dezimal-Multiplikationstabelle – das älteste Exemplar auf der Welt. Ähnlich wie die Multiplikationstabellen der Babylonier [S. 38] kann man damit schnelle Berechnungen durchführen, die andernfalls viel Zeit und Aufwand kosten würden.

Im Gegensatz zu einigen der älteren Multiplikationstabellen wird auf den Bambusstreifen ein Dezimalsystem (mit der Basis 10) verwendet und es ist um einiges komplizierter, allerdings kann man auch mehr Kalkulationen damit machen.

Das folgende Beispiel zeigt, wie das funktioniert, wenn man 45 x 12,5 ausrechnen will. Zuerst teilt man die Rechnung in mehrere Elemente auf: (40 + 5) x (10 + 2 + 0,5). Dann werden die Elemente in den zusammengehörigen Reihen und Spalten miteinander multipliziert. In unserem Beispiel erhalten wir dann: 50 + 400 + 10 + 80 + 2,5 + 20 = 562,5.

Mithilfe dieser Tabelle konnte man jede Multiplikation bis 99,5 x 99,5 durchführen, was beweist, dass die chinesischen Gelehrten jener Zeit bereits ein umfassendes und tiefes Verständnis der Mathematik hatten und den Griechen um nichts nachstanden.

Gegenüber: Die erhaltenen Tsinghua-Bambusstreifen.

Rätselhafte Texte

Vor der Erfindung der Papierherstellung (um 200) wurden Texte in China vorwiegend auf Bambusstreifen geschrieben. Die langen, dünnen Streifen wurden erst beschriftet und dann mithilfe von Schnur zu Seiten oder sogar ganzen Büchern zusammengebunden. Zum Lesen konnten die langen Texte dann ausgerollt werden. Aber die meisten dieser Bücher wurden zerstört, vor allem nach dem *fénshū kēngrú,* einer Maßnahme gegen bestimmte Philosophien und Denkweisen, die um 210 v. Chr. in einem gewaltsamen Ereignis gipfelte, bei dem unzählige Bücher verbrannt und fast 500 konfuzianische Gelehrte bei lebendigem Leibe begraben wurden.

½	1	2	3	4	5	6	7	8	9	10	20	30	40	50	60	70	80	90	
•	•	•	•	•	•	•	•	•	•	•	•	•	•	•	•	•	•	•	•
45	90	180	270	360	450	540	630	720	810	900	1800	2700	3600	4500	5400	6300	7200	8100	**90**
40	80	160	240	320	400	480	560	640	720	800	1600	2400	3200	4000	4800	5600	6400	7200	**80**
35	70	140	210	280	350	420	490	560	630	700	1400	2100	2800	3500	4200	4900	5600	6300	**70**
30	60	120	180	240	300	360	420	480	540	600	1200	1800	2400	3000	3600	4200	4800	5400	**60**
25	50	100	150	200	250	300	350	400	450	500	1000	1500	2000	2500	3000	3500	4000	4500	**50**
20	40	80	120	160	200	240	280	320	360	400	800	1200	1600	2000	2400	2800	3200	3600	**40**
15	30	60	90	120	150	180	210	240	270	300	600	900	1200	1500	1800	2100	2400	2700	**30**
10	20	40	60	80	100	120	140	160	180	200	400	600	800	1000	1200	1400	1600	1800	**20**
5	10	20	30	40	50	60	70	80	90	100	200	300	400	500	600	700	800	900	**10**
4½	9	18	27	36	45	54	63	72	81	90	180	270	360	450	540	630	720	810	**9**
4	8	16	24	32	40	48	56	64	72	80	160	240	320	400	480	560	640	720	**8**
3½	7	14	21	28	35	42	49	56	63	70	140	210	280	350	420	490	560	630	**7**
3	6	12	18	24	30	36	42	48	54	60	120	180	240	300	360	420	480	540	**6**
2½	5	10	15	20	25	30	35	40	45	50	100	150	200	250	300	350	400	450	**5**
2	4	8	12	16	20	24	28	32	36	40	80	120	160	200	240	280	320	360	**4**
1½	3	6	9	12	15	18	21	24	27	30	60	90	120	150	180	210	240	270	**3**
1	2	4	6	8	10	12	14	16	18	20	40	60	80	100	120	140	160	180	**2**
½	1	2	3	4	5	6	7	8	9	10	20	30	40	50	60	70	80	90	**1**
¼	½	1	1½	2	2½	3	3½	4	4½	5	10	15	20	25	30	35	40	45	**½**

Links: Diese moderne Tabelle zeigt, wie man mithilfe der Streifen rechnen kann.

Das Lo-Shu-Quadrat

Wie bei vielen Kulturen des Altertums war auch im China der Han-Dynastie (202 v. Chr.–220 n. Chr.) die Mathematik eng mit dem Göttlichen verknüpft. Die Zeichen und Hilfsmittel der Mathematik verwendete man nicht nur in der Astronomie, sondern auch im Feng-Shui, einer mystischen Lehre, die sich mit dem Fluss der Lebensenergie – dem sogenannten *Qi* – in der ganzen Welt beschäftigt.

Wie zu allen Legenden gibt es auch zu den Schriften aus dem Fluss Luo zahlreiche Geschichten, die sich aber alle in einem Punkt einig sind: Eine Schildkröte tauchte auf und auf ihrem Rücken erschienen verschiedene Zeichen. Die Symbole bildeten das *Bagua*-Diagramm, eine Karte der Kräfte des Universums, die eine Basis des Feng-Shui bildet.

Unten: Zeichnung der Lo-Shu-Schildkröte, die der Legende zufolge dem Kaiser erschien und diese Symbole auf ihrem Panzer trug.

Neben den magischen Assoziationen des Diagramms auf dem Schildkrötenpanzer gibt es eine andere interessante Besonderheit: Die Position der Punkte im Diagramm ergeben ein magisches Quadrat (das Beispiel auf der rechten Seite zeigt ein Lo-Shu-Quadrat und ist eine Übersetzung der Punkte auf dem Panzer der Schildkröte).

Was ist ein magisches Quadrat?

In einem magischen Quadrat sind die Reihen, Spalten und Diagonalen so angeordnet, dass die Summe ihrer Felder dieselbe Zahl ergeben. Im Lo-Shu-Quadrat ist diese Zahl 15.

Magische Quadrate sind interessant, haben aber keinen besonderen Nutzen. Allerdings erfordert ihre Konstruktion ein solides mathematisches Verständnis, was für das Wissen der chinesischen Mathematiker spricht. Geht man von den Legenden aus, gab es solche Diagramme schon 2000 v. Chr, und historischen Hinweisen zufolge um 600 v. Chr., aber verlässliche Belege für ihre Verwendung datieren sie auf die Zeit um 80 n. Chr.

Mathematiker aller Epochen waren von den magischen Quadraten fasziniert. Im frühen 11. Jahrhundert kannte man schon Quadrate der Größe neun mal neun, und verschiedene Verfahren zu ihrer Konstruktion wurden gefunden.

Arabische Gelehrte entwickelten die sogenannten „Planetenquadrate", die große Beliebtheit erlangten. Die Summen dieser Quadrate waren bestimmten Himmelskörpern zugeordnet. Selbst in jüngerer Zeit wurden magische Quadrate noch verwendet. So findet sich zum Beispiel an der Fassade der Basilika Sagrada Família in Barcelona ein magisches Quadrat mit der Kantenlänge vier, dessen Summe die Zahl 33 ergibt – das Sterbealter Jesu Christi.

4	9	2
3	5	7
8	1	6

Links: Übertragung der Symbole des Lo-Shu-Quadrats in heutige Zahlen.

Unten: Ein magisches Quadrat an der Fassade der Kirche Sagrada Família in Barcelona.

Oben: Ein neuer handgemachter Suanpan in traditioneller Bauweise zeigt die klassische Anordnung der Perlen.

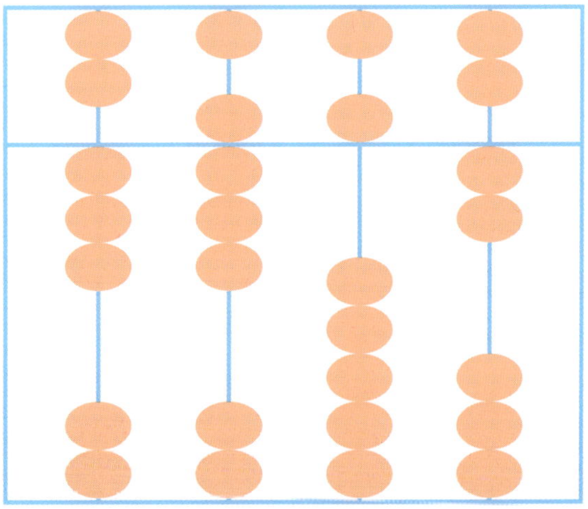

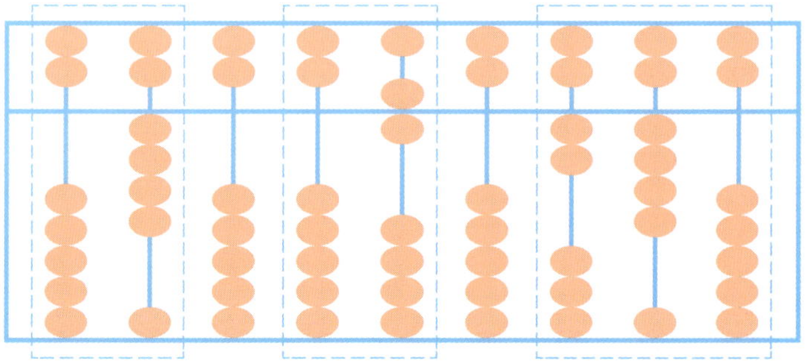

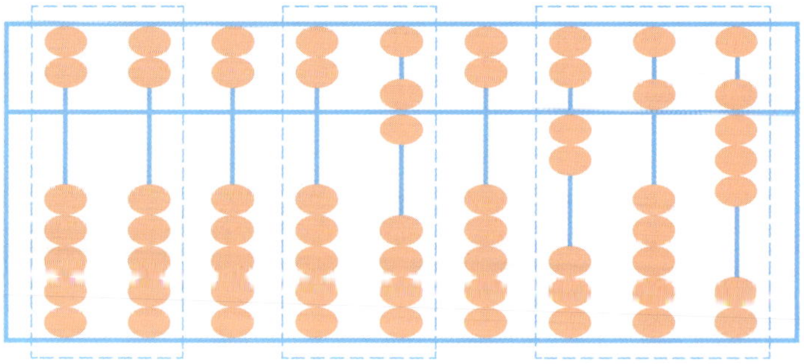

Oben und rechts: Diese Beispiele zeigen die Darstellung verschiedener Zahlen auf einem Suanpan.

Der Suanpan

Der Suanpan ist eine der ältesten Varianten des Abakus, ein Hilfsmittel zum schnelleren Rechnen. Erstmals erwähnt wurde er um das Jahr 190 von Xu Yue (ca. 185–227).

Ein Suanpan kann unterschiedliche Formen haben, aber die meisten besitzen eine Reihe von Stangen, auf denen sieben Perlen stecken und diese sind wiederum in zwei deutlich voneinander abgegrenzte Bereiche von je fünf und zwei Perlen unterteilt.

Bei der einfachsten Variante stellt der Suanpan verschiedene Zahlen durch Addition dar und jeder Reihe ist ein bestimmter Wert zugewiesen: die unteren Perlen symbolisieren die Einer und die oberen die Fünfer. Berührt eine Perle den Querbalken, der die Bereiche unterteilt, gilt sie als „gezählt" und wird zur Zahl gerechnet.

Indem die Perlen auf den jeweiligen Stangen nach oben oder unten geschoben werden, können Zahlen addiert und subtrahiert werden. Diese Methode funktioniert im Prinzip wie das schriftliche Addieren und Subtrahieren, bei dem die Zahlen untereinander geschrieben werden und das auch heute noch in der Schule so gemacht wird.

Man kann mit dem Suanpan sogar multiplizieren, was aber schwieriger ist und auch etwas Kopfrechnen erfordert. Die Bereiche weiter links am Rechenbrett, die man bei der Addition für gewöhnlich seltener verwendet, werden hierbei durch eine Lücke abgetrennt, sodass man in diesem Bereich die Zahl für die Multiplikation zwischenspeichern kann. Im folgenden Beispiel rechnen wir 43 x 6, was auch auf den beiden Diagrammen auf der Seite gegenüber grafisch dargestellt ist.

Zuerst multiplizieren wir 4 x 6 und erhalten 24. Wenn wir das Ergebnis eine Reihe weiter am Suanpan eingeben, wird daraus 40 x 6, was 240 ergibt. Die 40 wird dann weggenommen, um festzuhalten, welche Schritte schon durchgeführt wurden. Dann bleibt noch 3 x 6, was 18 ergibt und was wie zuvor zum Ergebnis hinzuaddiert wird.

Vor dem Suanpan

Der Suanpan war wahrscheinlich eine der ersten Rechenmaschinen, die man auch heute noch kennt, aber das Verfahren war bereits in früheren Zeiten bekannt. Die alten Griechen, Ägypter und sogar die Babylonier verwendeten dieselbe Methode, nur rechneten sie vielleicht, indem sie Steine auf einem Brett auslegten oder Muster in den Erdboden kratzten.

DER ABAKUS

Rechenhilfsmittel wie der Suanpan wurden fast überall auf der Welt irgendwann einmal verwendet, zum Beispiel der *Soroban* in Japan oder der *Stschoty* in Russland.

Im lateinischen Westen ist die bekannteste Rechenmaschine der *Abakus*. Eingeführt und popularisiert wurde er dort von Gerbert von Aurillac (946–1003), dem späteren Papst Silvester II.

Der Abakus unterscheidet sich vom Suanpan dadurch, dass es in jeder Reihe zehn Perlen gibt und keinen eigenen Bereich mit Perlen für die Darstellung der Fünfer.

Rechts: Der russische *Stschoty* ist dem Suanpan sehr ähnlich.

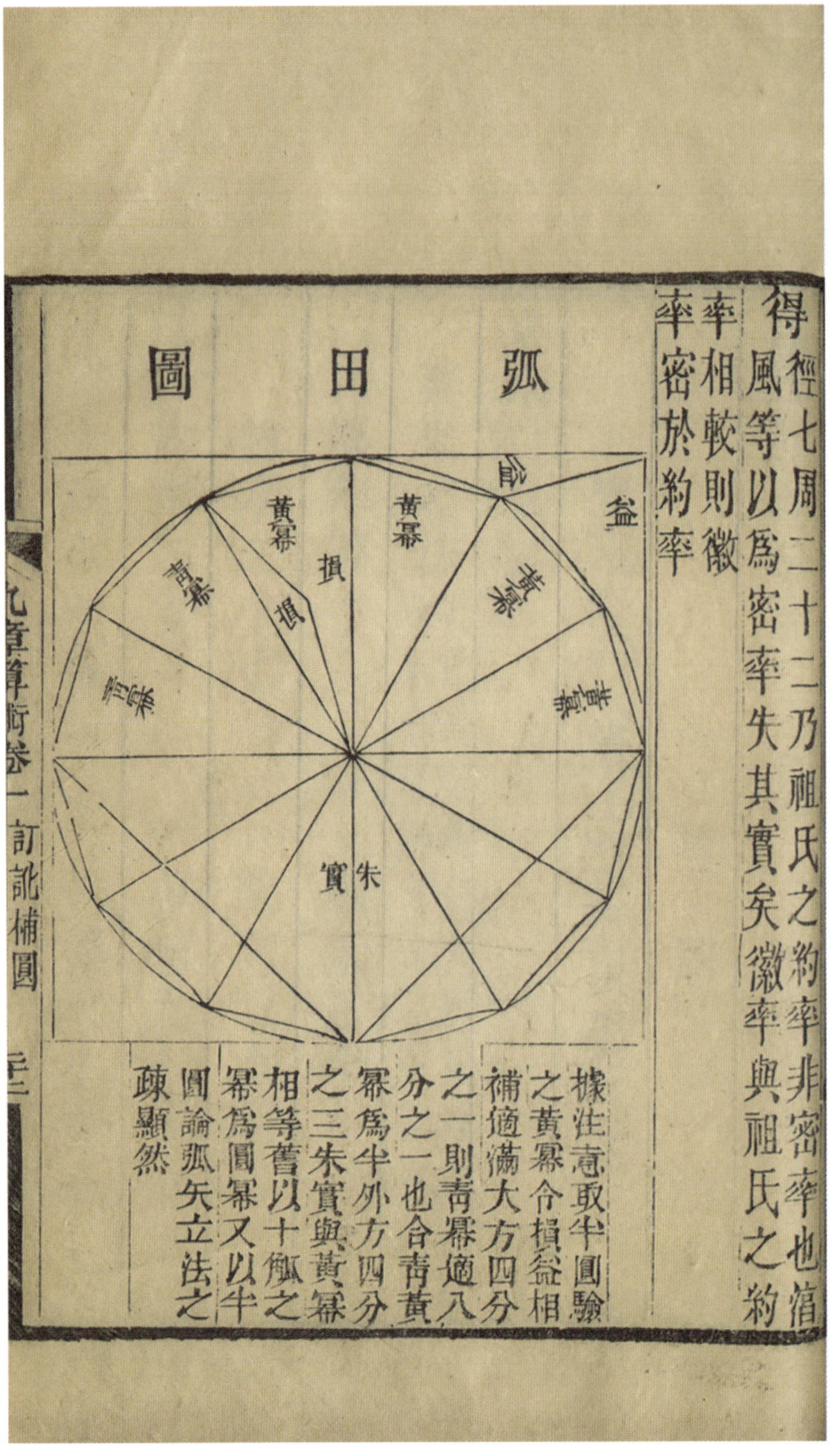

得徑七周二十二乃祖氏之約率非密率也宿
風等以為密率失其實矣徽率與祖氏之約
率相較則徽
率密於約率

弧田圖

益
黃冪
黃冪
青冪
青冪
青冪
青冪
損
損
朱實

據注意取半圓驗
之黃冪合損益相
補適滿大方四分
之一則青冪適八
分之一也合青黃
冪為半外方四分
之三朱實與黃冪
相等舊以十觚之
冪為圓冪又以半
圓論弧矢立法之
疎顯然

九章算術卷一 訂訛補圖 三

Oben: Dieses Dokument aus dem 16. Jahrhundert zeigt das Verfahren, mit dem Pi im Altertum ermittelt wurde.

Pi

Pi (π) ist eine mathematische Konstante, die das Verhältnis des Kreisumfangs (die Länge seines äußeren Rands) zu seinem Durchmesser (die Breite des Kreises) angibt. Dafür gibt es die folgende Formel:

$$U = \pi d$$

Auf den ersten Blick handelt es sich um ein einfaches Konzept, das bereits die ersten Mathematiker der Geschichte kannten und anwandten. Allerdings ist Pi eine irrationale Zahl [S. 121].

Das bedeutet, die Genauigkeit jeder Berechnung, die mit Pi durchgeführt wird, hängt davon ab, wie genau der Näherungswert dieser Kreiszahl bestimmt wurde. Aus diesem Grund waren manche Mathematiker regelrecht besessen von der Suche nach weiteren Nachkommastellen. Fast alle großen Gelehrten der Antike versuchten sich daran, neue und genauere Werte für Pi zu finden.

PI HEUTE

Für die meisten Zwecke genügt es, mit der Näherung von 3,14 zu rechnen. Selbst für präzise wissenschaftliche Kalkulationen sind etwa zehn Nachkommastellen ausreichend (3,1415926535), aber die Faszination dieser Zahl inspiriert Mathematiker, immer weitere Stellen zu berechnen.

Im Jahr 2022 gaben Google-Entwickler bekannt, dass sie mithilfe von Dutzenden Hochleistungscomputern in fast 158 Tagen Rechenzeit 500 Terabytes Daten erzeugten und über 80 Petabytes an Operationen durchführten, um Pi auf sage und schreibe 100 Billionen Nachkommastellen zu berechnen.

Die letzte Stelle ist eine Null.

Zu Chongzhi

Als Zu Chongzhi (429–500) in China geboren wurde, herrschte aufgrund des Niedergangs der Liu-Song-Dynastie (420–479) eine Zeit des Umbruchs. Sein Vater war ein kaiserlicher Beamter und er genoss eine umfassende Bildung in den Bereichen Astronomie und Mathematik, bevor er an verschiedenen Universitäten studierte und für die Regierung tätig war.

Im Laufe seines Lebens arbeitete er als Beamter, Astronom, Mathematiker und Erfinder. Er entwickelte eine neue Art von Booten, führte astronomische Berechnungen durch und verbesserte den kaiserlichen Kalender.

Eine seiner bedeutendste Arbeiten war die recht bescheidene Bestimmung von Pi. Mithilfe einer Kalkulation, die einen Kreis als Form mit 24 576 verschiedenen Seiten definierte, konnte er ermitteln, dass die Zahl Pi zwischen 3,1415926 und 3,1415927 lag, was stimmt. Die Genauigkeit dieser Berechnung wurde rund 800 Jahre lang von keinem anderen übertroffen.

Rechts: Zu Chongzhi zeichnet mit dem Zirkel einen Kreis.

1

1 1

1 2 1

1 3 3 1

1 4 6 4 1

1 5 10 10 5 1

1 6 15 20 15 6 1

1 7 21 35 35 21 7 1

Links: Das Binomialdreieck.

Unten: Das Dreieck von Jia Xian. Später wurde es von Yang Hui dargestellt, der zugab, es von Jia Xian übernommen zu haben.

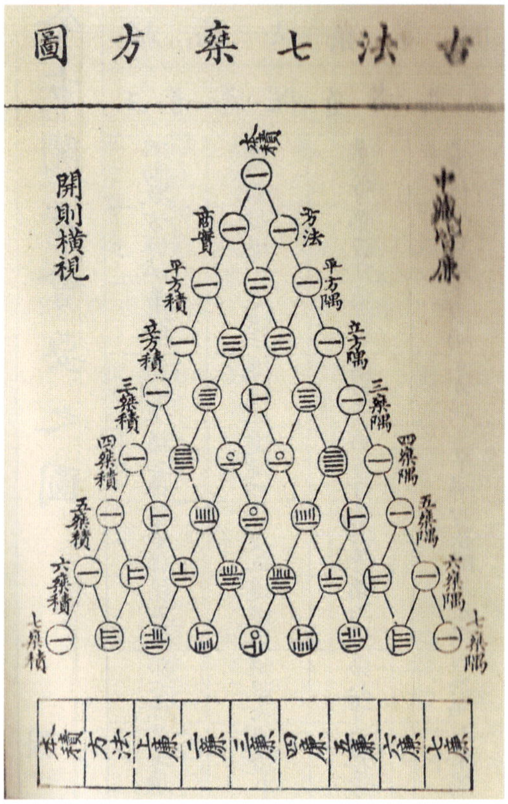

Arithmetische Dreiecke

Ein arithmetisches Dreieck ist ein täuschend einfaches, aber wichtiges Hilfsmittel der Mathematik. An seiner Spitze steht eine Eins und die Zahlen darunter bilden immer die Summe der beiden Zahlen über ihnen. Begonnen wird mit $1 + 0 = 1$ und nach unten hin werden die Werte immer größer.

Der binomische Lehrsatz lässt uns algebraische Formeln der folgenden Art ausmultiplizieren:

$$(x + y)^n$$

Führt man nur kleine Berechnungen durch, ist das recht einfach, aber je größer die Werte von n werden, desto komplizierter wird es. Mit dem binomischen Lehrsatz werden die Elemente, die in Klammer stehen, einzeln ausmultipliziert.

$$(x + y)^3 = (x + y)(x + y)(x + y) = (x^2 + xy + y^2)(x + y) = x^3 + 3x^2y + 3xy^2 + y^3$$

Auf diese Weise wird die Formel in leichter zu berechnende Teile aufgeschlüsselt. Das arithmetische Dreieck macht das Aufstellen von binomischen Formeln sogar noch einfacher, da man sich bloß die Zahlen im Dreieck anschauen muss, statt selber zu rechnen. Indem wir das Dreieck betrachten, erhalten wir zum Beispiel für $(x + y)^7$ Folgendes:

$$x^7 + 7x^6y + 21x^5y^2 + 35x^4y^3 + 35x^3y^4 + 21x^2y^5 + 7xy^6 + y^7$$

In China wurde das arithmetische Dreieck erstmals während der Song-Dynastie von Jia Xian (1010–1070) verwendet. Dieser Gelehrte war ein Eunuch im kaiserlichen Palast, der sich intensiv mit Mathematik beschäftigte und zu Lebzeiten viele Bücher schrieb.

Darunter war auch eine Beschreibung des arithmetischen Dreiecks als Verfahren zur Berechnung von Quadrat- und Kubikwurzeln. Leider ging der Originaltext verloren, aber das Dreieck und das dazugehörige Verfahren wurden später von Yang Hui (ca. 1238–1298) kopiert. In China wird es auch heute noch „Yang-Hui-Dreieck" genannt, obwohl Hui in seinem Buch ausdrücklich erwähnt, die Methode von Jia Xian übernommen zu haben.

AL-KARADSCHIS DREIECK

Elemente des arithmetischen Dreiecks lassen sich in der Mathematik bis in die griechische Antike zurückverfolgen. Aber erst im späten 10. Jahrhundert wurde es als vollständige Beschreibung mit kompletter Formel vom persischen Mathematiker al-Karadschi herausgebracht. Später wurde es von Omar Chayyam (1048–1131) populär gemacht [S. 127] und nach ihm ist es in einem Großteil des Nahen Ostens immer noch benannt. Obwohl al-Karadschi das Dreieck noch vor Yang Hui entwickelte, gibt es keinen stichfesten Beweis, dass es zu seiner Zeit nach China gelangte. Wahrscheinlich wurde die Methode dort unabhängig von al-Karadschi entdeckt.

Spalte 1	Spalte 2	Spalte 3	Spalte 4	Spalte 5
1	1	1	1	1
1	2	3	4	5
	1	3	6	10
		1	4	10
			1	5
				1

Oben: Al-Karadschis Dreieck.

DAS PASCALSCHE DREIECK

In der westlichen Welt ist das arithmetische Dreieck besser bekannt als Pascalsches Dreieck. Benannt wurde es nach Blaise Pascal (1623–1662), aber schon lange vor ihm wurde es von vielen anderen verwendet. Selbst im lateinischen Westen war Pascal nicht der Erste, sondern Jordanus Nemorarius (13. Jahrhundert) und auch andere führten damit Berechnungen durch, etwa Peter Apian (1495–1552) oder Niccolò Tartaglia (1500–1577). Das Dreieck erhielt erst rund 60 Jahre nach Pascals Tod seinen Namen, als sich die Anwendung verbreitete und jene, die es popularisierten, seine Entdeckung Pascal zuschrieben.

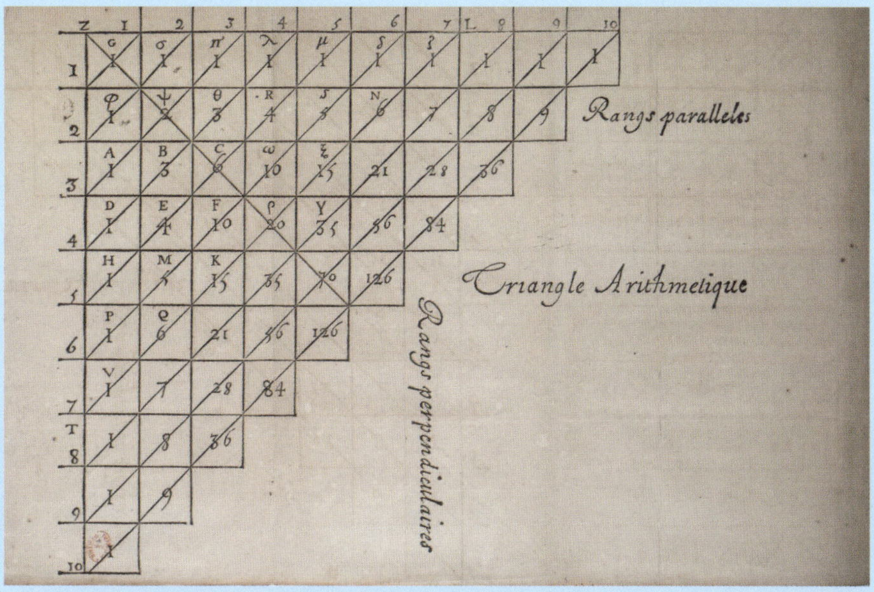

Links: Blaise Pascals *Traité du triangle arithmétique*, das im Jahr 1665 erschien.

Polynome

Ein Polynom ist eine mathematischer Gleichung, die mehrere sogenannte „Terme“ enthält. Es gibt verschiedene Arten von Termen, die im Folgenden mithilfe von Beispielen erklärt sind.

Konstanten: Bekannte, eindeutig definierte Zahlen, zum Beispiel 7, 0,33 oder –6.

Variablen: Symbole, die unbekannte Zahlen darstellen, zum Beispiel x oder n.

Exponenten: Die Anzahl, wie oft eine gegebene Zahl oder ein gegebener Ausdruck mit sich selbst multipliziert wird, zum Beispiel die 3 in 2^3.

Ein Polynom ist ein mathematischer Ausdruck, der aus mehreren verschiedenen Termen besteht (zum Beispiel $7x^3 + 2$). Polynome sind wichtig, da man mit ihnen unterschiedliche mathematische Ausdrücke aufstellen kann, sodass sie leichter zu verstehen und zu berechnen sind.

Li Ye

Li Ye (1192–1279) wurde im heutigen Peking geboren und begann seine berufliche Laufbahn als Beamter im Herzen Chinas. Bei einer Invasion der Mongolen im Jahr 1233 floh er jedoch von dort und ließ alles zurück. Während er in Armut im neu erweiterten Mongolenreich lebte, verfasste er die Schrift *Ce yuan hai jing* (*Meeresspiegel der Kreisberechnung*), in der Polynome zum ersten Mal umfassend verwendet und untersucht wurden.

Diese Sammlung aus Formeln und mathematischen Aufgaben drehte sich um eine einzige Zeichnung, die „Skizze einer kreisförmigen Stadt“ (*siehe rechts*). In den verschiedenen Abschnitten stehen einige Fragen zu den Teilen der Zeichnung, die oft wie von Passanten in der Stadt formuliert sind.

Li Yins mathematische Bekanntheit machte den Enkel von Dschingis Khan und den angehenden Mongolenherrscher Kublai Khan (1215–1294) auf ihn aufmerksam und er wurde als wissenschaftlicher Berater eingestellt. In dieser Zeit schrieb er *Yi gu yan duan* (*Neue Schritte der Berechnung*), das eine Art Leitfaden zu seinem vorhergehenden Buch war und die Leser in dessen komplexe Mathematik einführen sollte.

Tian Yuan Shu

Tian Yuan Shu war ein spezielles Zahlensystem, das polynomische Berechnungen einfacher machte und von Li Ye in seinem gesamten Werk verwendet wurde. Damit wurden die verschiedenen Exponenten und die variable 元 (*yuan*) mithilfe einer tabellarischen Darstellung gezeigt. Das sah zum Beispiel bei $4x^2 + 62x + 83$ folgendermaßen aus:

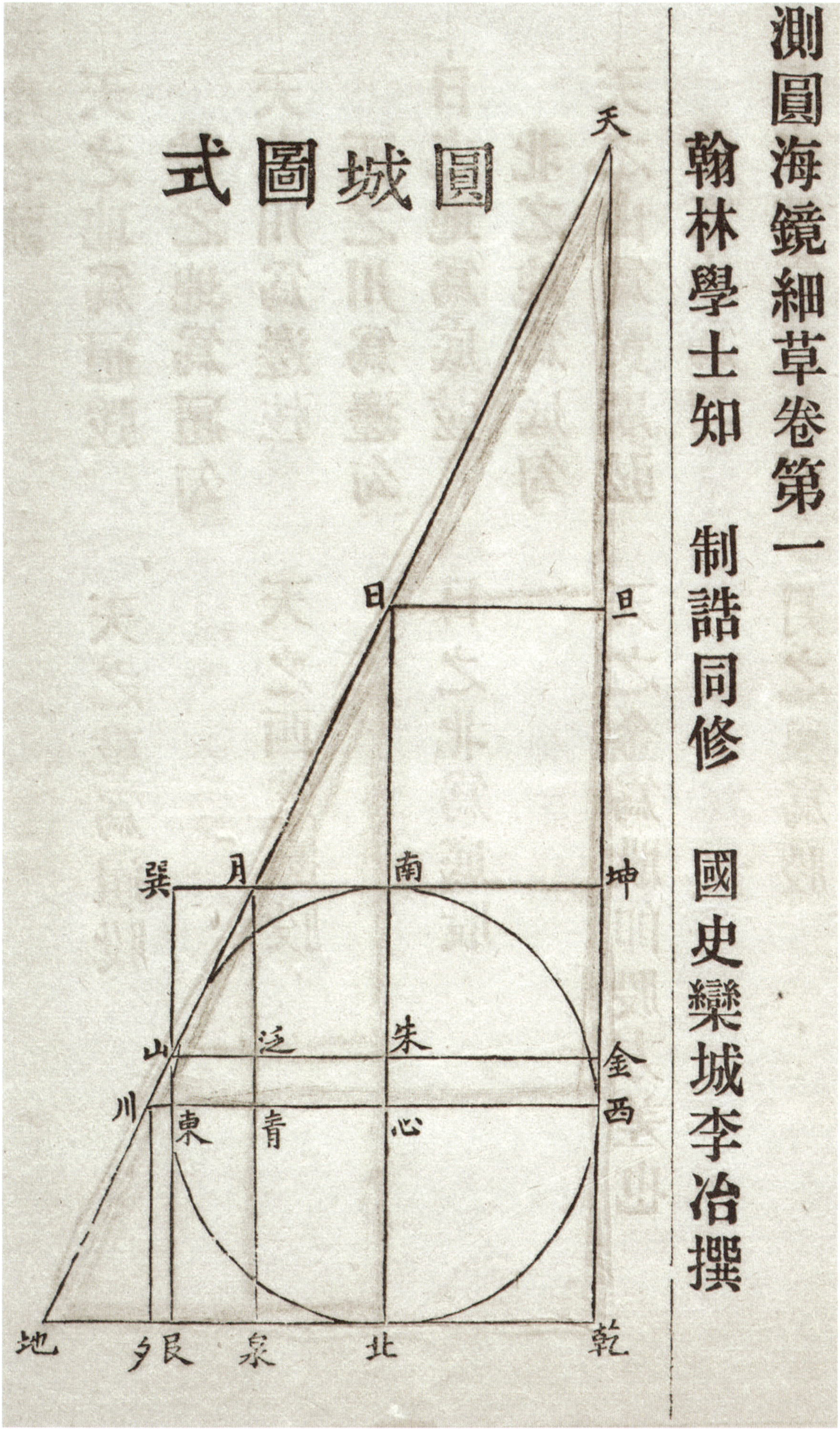

Links: Die „Skizze einer kreisförmigen Stadt" bildete den Schwerpunkt von Li Yes *Ce yuan hai jing*. Das Bild zeigt eine gedruckte Ausgabe aus dem Jahr 1876.

Kapitel acht

Mathematik in der islamischen Welt

Nach dem Tod des Propheten Mohammed im Jahr 632 breiteten sich die „rechtgeleiteten Kalifen" und die Umayyaden auf der Arabischen Halbinsel aus und eroberten ein riesiges Gebiet, das sich über Nordafrika, den Großteil der Iberischen Halbinsel (das heutige Spanien und Portugal) und im Osten bis ins heutige Pakistan und Afghanistan erstreckte. Diese Expansion brachte der islamischen Welt Reichtum und Macht in einem bislang ungekannten Ausmaß und führte in späterer Folge zur sogenannten Blütezeit des Islam.

Während dieser Zeit entwickelte sich eine Kultur der Gelehrsamkeit und Forschung an Stätten wie dem Haus der Weisheit – der großen Bibliothek von Bagdad im heutigen Irak [S. 116]. In fast allen Disziplinen der Philosophie, Naturwissenschaft, Medizin und Künste wurden immense Fortschritte gemacht, aber die Mathematik war für viele ganz besonders interessant. Auch diesmal wegen ihres Nutzens in der Astronomie, aber auch als Methode, um die Grundstruktur der Welt zu untersuchen.

Zuallererst sammelten, verglichen und übersetzten die islamischen Gelehrten die Werke aus anderen Kulturen, vor allem aus dem antiken Griechenland und vom indischen Subkontinent.

Aus ihren intensiven Studien und Debatten entstanden neue Erkenntnisse, die das mathematische Wissen jener Zeit signifikant erweiterten. Die Schriften der Gelehrten aus dem Haus der Wissenschaft (einer alten Akademie der Fatimiden-Dynastie im heutigen Ägypten) und anderer, ähnlicher Einrichtungen blieben noch bis ins 18. Jahrhundert Standardwerke in Schulen und Universitäten auf der ganzen Welt.

Unten: Der Gründer des Hauses der Weisheit, Kalif al-Ma'mun, auf einem Bild (um 1593).

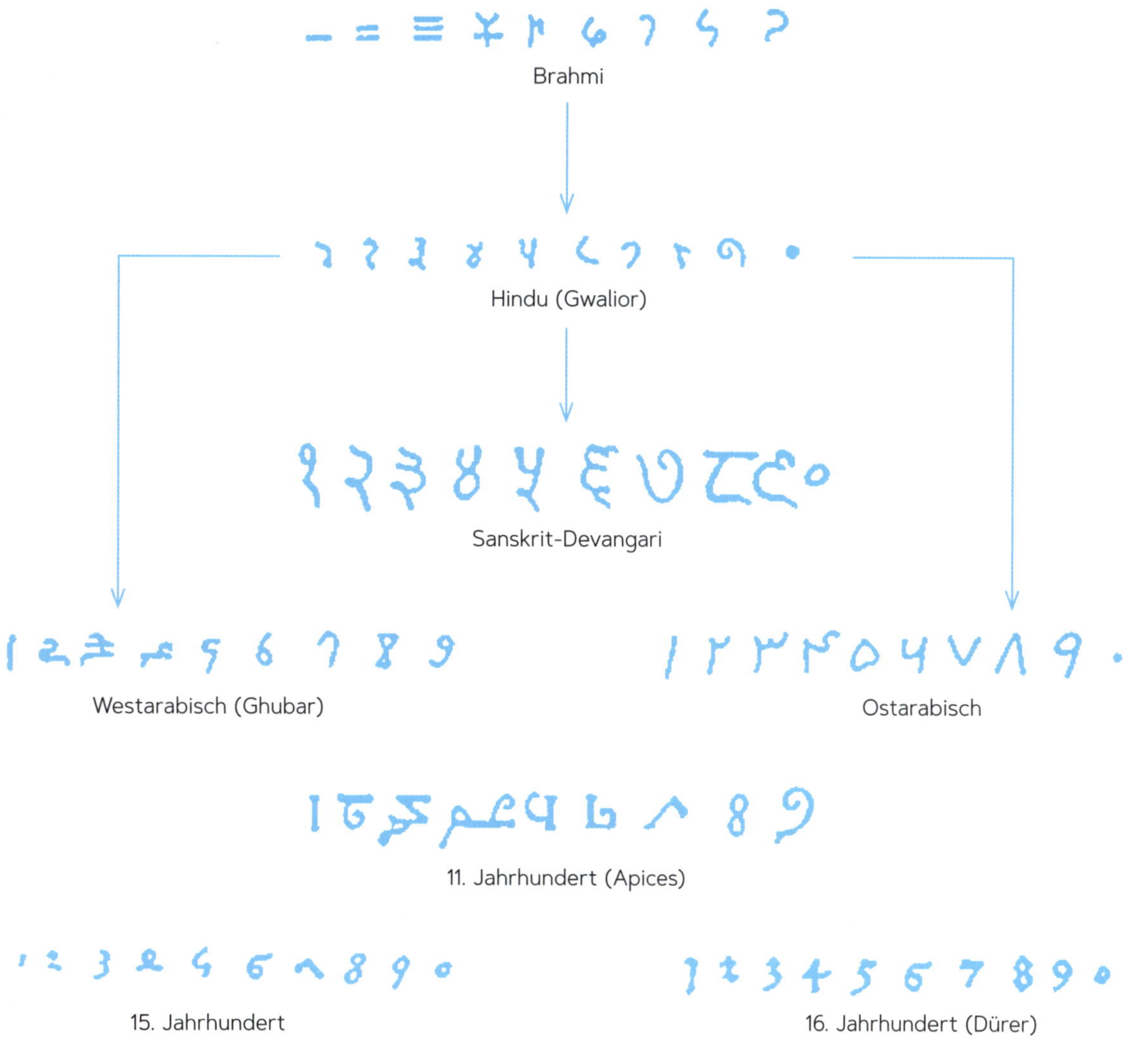

Oben: Die Entwicklung der arabischen Zahlen im Laufe der Jahrhunderte.

In dieser Zeit löste sich die Mathematik von der Astronomie und erblühte zu einer eigenen Disziplin, deren Erforschung sich um ihrer selbst willen lohnte. Sie wurde in verschiedene Interessenschwerpunkte wie Algebra oder Trigonometrie unterteilt und zunehmend für praxisbezogene Anwendungen eingesetzt, zum Beispiel zur Verschlüsselung von Texten.

Die arabischen Zahlen

Die arabische Zahlschrift wurde als Erweiterung des bestehenden indischen Zahlensystems entwickelt. Zwar existierte sie bereits zur Zeit der islamischen Expansion, aber erst als die Bücher al-Chwarizmis (ca. 780–850) um 830 erschienen [S. 118], wurden die Zahlen in größerem Umfang übernommen.

Das indisch-arabische Zahlensystem wurde weiter verbessert und machte Dezimalzeichen und die Null zum neuen Standard in der Mathematik.

In Europa tauchte das Zahlensystem bereits im Jahr 976 auf, erweckte aber kein besonderes Interesse. Doch 1202 erschien der *Liber Abbaci*, das „Rechenbuch" Fibonaccis (ca. 1170–1250) [S. 148], das die Triebfeder für die Einführung der arabischen Zahlen in ganz Italien war. Als der Buchdruck erfunden wurde, war es von Vorteil, wenn es weniger Ziffern gab, für die man eigene Lettern brauchte, was die weitere Verbreitung des neuen Zahlensystems förderte. In der Mitte des 16. Jahrhunderts wurden sie fast überall in Europa verwendet.

Das Haus der Weisheit

Oben: Gelehrte in einer Bibliothek treffen den Protagonisten aus den *Makamen des Hariri*, einer Sammlung von 50 kurzen Geschichten, die der Bildung und Unterhaltung dienen sollten.

Rechts: Die Elefantenuhr des al-Dschazari. Illustration aus dem *Buch des Wissens über ausgeklügelte mechanische Apparate* (Ausgabe von 1315).

Das Haus der Weisheit wurde im späten 8. Jahrhundert als Privatbibliothek gegründet. Dort sammelte man bedeutende Werke aus den Bereichen Recht, Dichtung, Naturwissenschaft, Mathematik sowie jedem anderen intellektuellen Interessensgebiet. Jeder Kalif unterstützte und erweiterte das Haus, das sich schon bald zum größten und nun öffentlichen Wissenszentrum auf der ganzen Welt entwickelte.

Im Inneren häuften sich die Schriften, die aus dem ganzen Kalifat und allen ihm bekannten Kulturen zusammengetragen wurden. Die Texte wurden ins Arabische übersetzt, damit mehr Menschen sie lesen und verstehen konnten. Auf diese Weise vermischten sich die Ideen so unterschiedlicher Persönlichkeiten wie Brahmagupta (597–688) [S. 91] und Aristoteles (348–322 v. Chr.) [S. 62], den die arabischen Gelehrten den „ersten Lehrer" nannten.

Während seiner Blütezeit um 830 rühmte sich das Haus mit wichtigen Mitgliedern wie al-Chwarizmi, der Vater der Algebra [S. 118]; al-Hakim al-Munaddschim (unbekannt–1103), der Astronom der Assassinen; und die Banu-Musa-Brüder (9. Jahrhundert), bekannt unter anderem für ihr „Buch der Erfindungen" *Kitab al-Hiyal* (850).

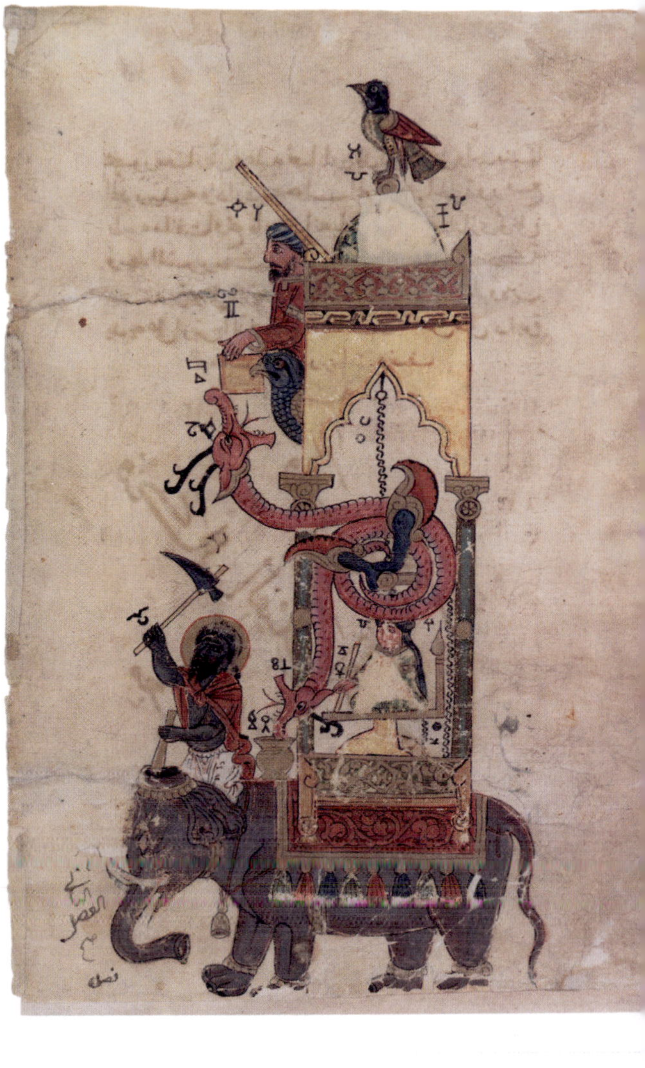

Das goldene Zeitalter des Hauses der Weisheit währte jedoch nicht lange. Der zehnte Kalif der Abbasiden, Abu l-Fadl Dscha'far ibn Muhammad (822–861), der 847 die Macht übernahm, schränkte die Unterstützung der Elite ein und fuhr einen härteren politischen Kurs. Er setzte eine Inquisition ein, um „unislamisches" Gedankengut auszumerzen, unter anderem die Philosophien der Griechen, für die das Haus der Weisheit bekannt war.

Das Ende der Bibliothek kam im Jahr 1258, als ein mongolisches Heer die Stadt Bagdad eroberte, nachdem sich die Abbasiden-Kalife weigerten, weiterhin Tributzahlungen zu leisten. Die Mongolen schlachteten die Stadtbewohner ab und warfen so viele Bücher in den Fluss, dass sich sein Wasser schwarz vor Tinte verfärbt haben soll.

Ein bleibendes Vermächtnis

Trotz der vielen Unruhen bleibt das Haus der Weisheit eine der wichtigsten Stätten des Wissens, nicht nur für die Mathematik, sondern für die Geschichte der Welt. Es bildet das Bindeglied zwischen dem Altertum und der Renaissance, wo man versuchte, es neu zu beleben. Ohne die Übersetzung unzähliger Werke in die arabische Sprache und später wieder ins Lateinische wäre kaum einer dieser alten Texte heute noch erhalten.

Unten: Die Eroberung von Bagdad durch die Mongolen. Das Bild wird um 1430 datiert.

Algebra

Algebra ist das Rechnen mit Variablen statt mit Zahlen in Gleichungen. Auf diese Weise können Terme umgeformt und mathematisch ausgerechnet werden.

Als ganz einfaches Beispiel nehmen wir nun die folgende Gleichung her:

$$2x + 3 = y$$

Je nachdem, welcher Wert für die Variable x eingesetzt wird, kommt ein anderes Ergebnis für y heraus. Man kann auch kompliziertere Gleichungen aufstellen, etwa den Satz des Pythagoras [S. 60]:

$$a^2 = b^2 + c^2$$

Hierbei bezeichnet a die längste Seite eines rechtwinkligen Dreiecks und b und c die kürzeren Seiten.

Diese Form von Gleichungen war schon in den ältesten mathematischen Schriften der Babylonier, Ägypter und Griechen gang und gäbe, aber erst Muhammad ibn Musa al-Chwarizmi (ca. 780–850) sorgte mit seiner Arbeit dafür, dass die Algebra als eigene Disziplin etabliert und studiert wurde.

Um 820 verfasste al-Chwarizmi *al-Kitāb al-Muhtaṣar fī Ḥisāb al-Gabr wa-l-Muqābalah* (*Das kurzgefasste Buch über die Rechenverfahren durch Ergänzen und Ausgleichen*), besser bekannt als *al-Gabr* (woraus schließlich das Wort „Algebra" abgeleitet wurde). In diesem Werk strukturierte und lehrte er die Algebra als etwas, das jeder nutzen konnte, was ihm den Ruf als „Vater der Algebra" einbrachte. Sein Buch war so beliebt, dass es bis ins 16. Jahrhundert auf der ganzen Welt als Unterrichtsmittel verwendet wurde.

Rechts: Eine spätere Ausgabe von al-Chwarizmis *al-Gabr* (übersetzt von Gerhard von Cremona um 1470).

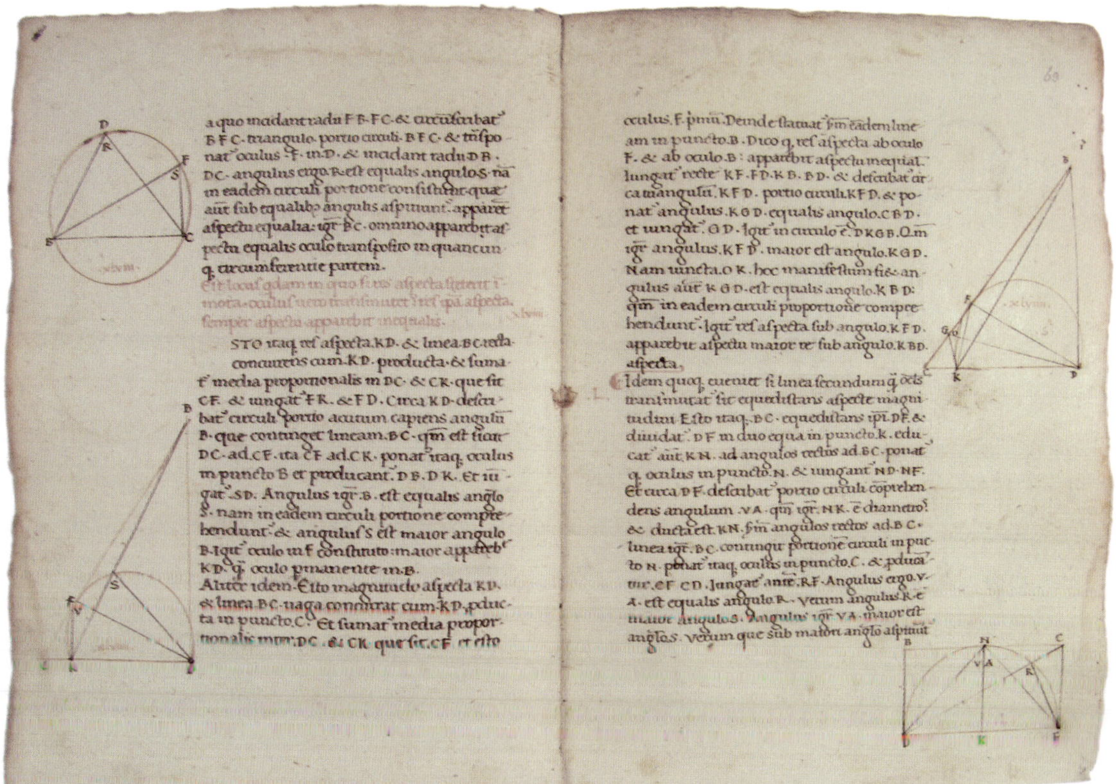

MATHEMATISCHE ZEICHEN

Zwar wird al-Chwarizmi oft als Begründer der modernen Algebra angesehen, aber statt sich in Symbolen auszudrücken, wie es heute gemacht wird, formulierte er seine Gleichungen in ganzen Sätzen. Die Schreibweise mit Zeichen wurde erst in den folgenden Jahrhunderten entwickelt, von Algebraikern wie *Ibn al Banna' al Marrakuschi* (1256–1321), *Abu al-Hasan ibn 'Ali ibn Muhammad ibn 'Ali al-Qalasadi* (1412–1486) und sogar René Descartes (1596–1650).

ALGEBRA HEUTE

Heute gibt es immer noch Menschen, die sich mit der Algebra nicht anfreunden können, dabei ist sie in unserem Leben allgegenwärtig.

Ganz alltägliche Aufgaben, etwa die Berechnung von Steuern, Zeitmanagement oder sogar die Aufteilung von Rezepten in Portionen, werden mithilfe von Algebra gelöst.

Auch als Gegenstand der Forschung hat die Algebra noch Relevanz, wird aber heute vorwiegend zur Untersuchung der Struktur von Gruppen [S. 257] und ähnlichen Konzepten eingesetzt.

Links: Denkmal für al-Chwarizmi vor dem Madrasa-Komplex Matniyaz Divanbegi in Usbekistan.

Kryptografie

Erste Belege für die Verschlüsselung von Nachrichten gibt es bereits aus dem Jahr 1500 v. Chr.: Ein Töpfer notierte sich die Methode für die Herstellung seiner Glasur und verwendete dabei obskure Zeichen, ließ Buchstaben wegfallen und schrieb manche Wörter auf unterschiedliche Weise, um potenzielle Diebe des Rezepts zu verwirren.

Im Laufe der folgenden 2000 Jahre wurden die Verschlüsselungsverfahren verbessert. Mithilfe von Codes und Chiffres verwandelte man Texte in Kauderwelsch, das erst wieder entschlüsselt werden musste, um lesbar zu sein. Man verstand, wie wichtig die Kryptografie für Politik und Kriegsführung war, und beauftragte darum die schlauesten Köpfe, um Texte zu chiffrieren und Codes zu knacken.

Abu Yusuf Ya'qub ibn 'Ishaq as-Sabbah al-Kindi (ca. 801–873) war der Erste, der Mathematik als Hilfsmittel zum Codeknacken hinzuzog. Besser bekannt ist al-Kindi als einer der Begründer der klassischen islamischen Philosophie, aber er war auch ein ideenreicher Universalgelehrter im Haus der Weisheit, der Werke über Meteorologie, Chemie, Medizin, Astronomie und sogar Musik verfasste.

Er schrieb *Risalah fi Istikhraj al-Mu'amma (Abhandlung über die Entzifferung verschlüsselter Nachrichten)* und beschrieb darin genau, wie leicht die meisten Codes jener Zeit mithilfe von Häufigkeitsanalyse geknackt werden konnten.

Damals wurden die meisten Geheimschriften durch eine Kombination aus Vertauschen und Ersetzen von Zeichen erstellt. Die Buchstaben eines verschlüsselten Textes wurden erst durcheinandergeworfen und dann im Alphabet um eine bestimmte Anzahl von Positionen weitergerückt.

Unten: Dieses Bild zeigt al-Kindi, wie er wahrscheinlich am Hof des Kalifen wichtige Schriften entschlüsselte.

al-Kindi knackte Codes

Vertauschte man die Buchstaben, erhielt man z. B:

si-teknc ddkaoln eaclk

Dann verschob man jeden Buchstaben um sieben Positionen im Alphabet:

zpalruj kkrhvsulhj-pr

Nun hat man eine scheinbar unleserliche Buchstabenfolge, die zur Zeit al-Kindis für Rätselraten gesorgt hätte. Aber da in einer Sprache manche Wörter und Buchstaben häufiger vorkommen als andere, kann man aufgrund dieser Wahrscheinlichkeiten bestimmte Schlüsse ziehen, welche es sein könnten.

In der deutschen Sprache kommt beispielsweise das „E" zu rund 17 Prozent vor, auch wenn es nur 4 Prozent der verwendeten Buchstaben ausmacht. Dieses Wissen kann zusammen mit der Häufigkeitsanalyse der in einer verschlüsselten Nachricht verwendeten Buchstaben und etwas Logik dabei helfen, eine chiffrierte Botschaft in einen verständlichen Text umzuformen.

Irrationale Zahlen

Irrationale Zahlen sind reelle Zahlen, die nicht als Brüche ganzer Zahlen ausgedrückt werden können. Wenn sie in der Dezimalschreibweise dargestellt werden, haben sie unendlich viele Nachkommastellen. Im Gegensatz zu rationalen Zahlen, bei denen sich die Ziffern nach dem Komma in regelmäßigen Abständen wiederholen, sind irrationale Zahlen, etwa die Wurzel aus 2 oder π (Pi), nicht periodisch in ihrer Dezimalfolge.

Schon die alten Griechen kannten irrationale Zahlen, die möglicherweise vom Pythagoreer Hippasos (ca. 530–450 v. Chr.) entdeckt wurden. Ihre Existenz wurde damals als Makel an der perfekten Ordnung der Mathematik verachtet und die Gelehrten der Antike waren darüber so aufgebracht, dass sie Hippasos einer fragwürdigen Legende nach als Strafe für sein Sakrileg ertränkten.

Erst während der Blütezeit des Islam popularisierte der ägyptische Mathematiker Abu Kamil Schudscha ibn Aslam ibn Muhammad ibn Schudscha (ca. 850–930), besser bekannt als Abu Kamil, die Verwendung der irrationalen Zahlen als Methode für die Lösung von Rechenaufgaben, sodass sie allmählich akzeptiert wurden.

Heute kommen irrationalen Zahlen in der Mathematik ständig für alle möglichen Anwendungen zum Einsatz und wir können uns kaum vorstellen, dass Zahlen wie $\sqrt{2}$ oder Pi früher einmal nicht als ordentliche Lösungsmöglichkeiten oder als Teil von Gleichungen in Frage kamen. Mit der Entwicklung der Algebra wurden irrationale Zahlen schließlich als algebraische Zeichen und nicht mehr als ganze Zahlen betrachtet, was es um einiges leichter machte, mit ihnen zu rechnen.

Abu Kamil

Abu Kamil (ca. 850–930) gilt oft als der zweitwichtigste islamische Mathematiker und direkter Nachfolger des „Vaters der Algebra“, al-Chwarizmi. In seinem Werk *Kitāb fī al-jabr wa al-muqābala* (*Buch der Algebra*) fasste er die Arbeit seines Vorgängers zusammen und setzte sie nicht nur fort, sondern vertiefte sie noch und entwickelte fast jeden Bereich der Mathematik weiter, von der Geometrie bis zur Lösung praktischer Aufgaben für die alltägliche Anwendung.

Trotz seiner Bedeutung stammen sämtliche Informationen, die wir heute über Abu Kamil besitzen, aus seinen erhaltenen Büchern. Über die Person selbst ist so gut wie nichts bekannt. Sein Text über die Algebra ist zweifellos sein wichtigstes Werk, aber er verfasste auch umfangreiche Betrachtungen zur Geometrie und dem Lösen komplexer Gleichungen, etwa in *Kitāb al-ṭair* (*Buch der Vögel*), in dem lineare Gleichungssysteme mithilfe von Algebra zu lösen waren und die Aufgaben verschiedene Situationen beschrieben, in denen Vögel auf dem Markt gekauft werden mussten.

Wahrscheinlich sollte es uns nicht überraschen, dass wir über den Mann hinter der Mathematik nicht mehr wissen, da generell nicht viele Texte aus jener Zeit erhalten sind. Selbst bei einer so prägenden Persönlichkeit der Mathematik muss man davon ausgehen, dass mindestens ein halbes Dutzend seiner Werke im Laufe der Geschichte verloren gingen.

Elementare Integralrechnung

Die Aufgabe klingt relativ einfach: Wie groß ist die Fläche unter einer Kurve? Doch diese Frage plagte Mathematiker schon seit der Antike und erst die geballte Intelligenz der islamischen Gelehrten brachte zahlreiche Fortschritte in die richtige Richtung, auch wenn sie die Aufgabe noch nicht zufriedenstellend lösen konnten.

Heute wissen wir, dass man die Fläche unter einer Kurve mithilfe der Integralrechnung ermittelt. Das traditionelle Verfahren nennt man „Quadratur", bei der eine komplexe Form in einfachere Formen zerlegt und daraus dann ein Näherungswert berechnet wird. Das bessere Verständnis von Dreiecken und Kreisen, um Integrale zu berechnen, war einer der Hauptgründe, warum die Trigonometrie und Geometrie so gründlich erforscht wurden.

Um ein Beispiel für eine solche Berechnung zu illustrieren, beginnen wir mit einer Kurve (*Abb. a*).

In dem Bereich darunter konstruiert man zwei Dreiecke, deren Fläche man mithilfe einfacher Trigonometrie berechnet. Allerdings wird dabei nicht der gesamte Bereich unter der Kurve erfasst (*Abb. b*).

Man kann die Fläche nun noch mit weiteren Dreiecken in verschiedenen Größen auffüllen, um sich dem korrekten Ergebnis anzunähern, aber wenn man für die Konstruktion nur Zirkel und Lineal zur Verfügung stehen hatte, waren die Möglichkeiten doch recht eingeschränkt (*Abb. c*).

Unten: Die Abbildungen zeigen, wie die Fläche unter einer Kurve unter Zuhilfenahme von Dreiecken annähernd bestimmt werden kann.

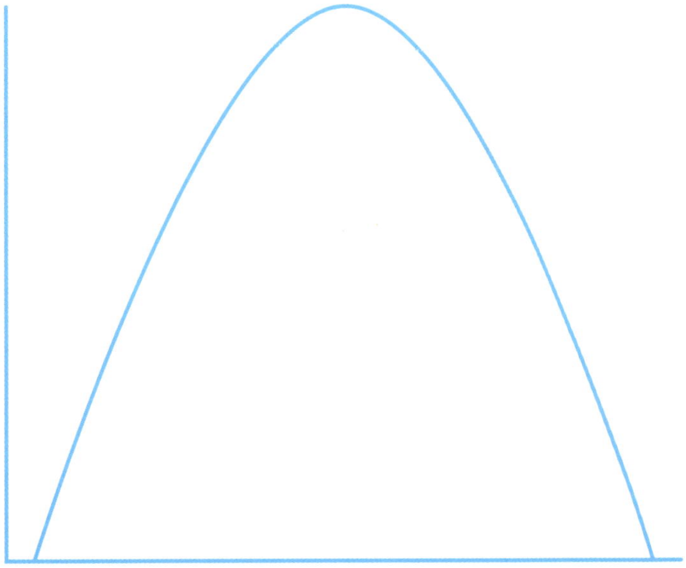

(*Abb. a*)

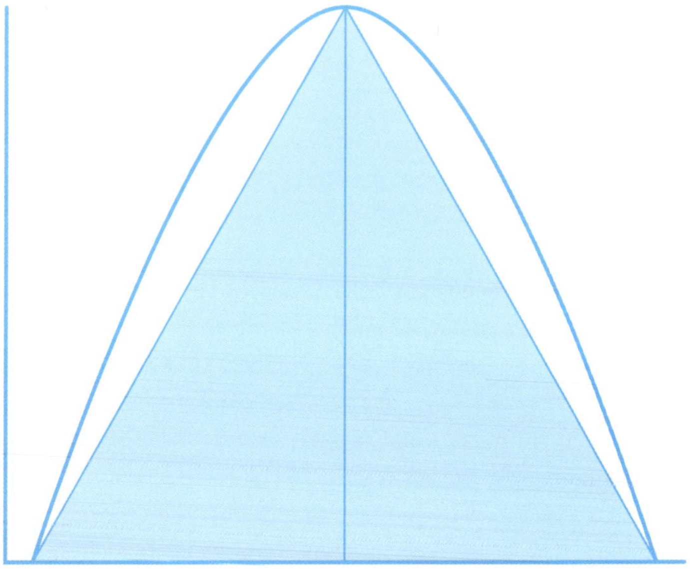

(*Abb. b*)

Mithilfe dieser Methode konnten verschiedene geometrische Figuren berechnet werden, zum Beispiel, dass die Fläche eines Parabelsegments (eine symmetrische Kurve) $\frac{4}{3}$ der Fläche eines einbeschriebenen Dreiecks beträgt (d. h. eines Dreiecks, dessen drei Eckpunkte die Kurve berühren, um die Fläche zu maximieren) (*Abb. d*).

Eine der größten Errungenschaften der islamischen Gelehrten im Bereich der Integralrechnung war die Verwendung von Polynomgleichungen, um die Summen von Integralen bis zu Potenzen höherer Ordnung zu berechnen. Das ermöglichte zum ersten Mal das Integrieren von Paraboloiden (dreidimensionalen Parabeln). So konnte man endlich auch das Volumen von gekrümmten Objekten berechnen.

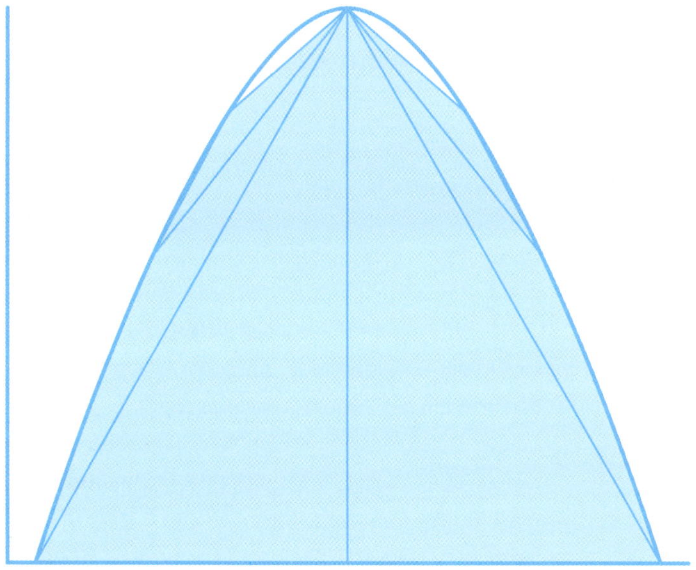

(*Abb. c*)

(*Abb. d*)

Beweis durch Induktion

Wenn eine mathematische Aussage aufgestellt wird, muss sie auf ihre Richtigkeit geprüft werden. Ein mathematischer „Beweis" besteht aus den Verfahren und Gleichungen, mit denen das erzielt wird.

Eine solche Beweismethode ist die vollständige Induktion, bei der eine Aussage in einer abstrakten, algebraischen Form bewiesen wird. Stellt sie sich als mathematisch schlüssig heraus, weiß man, dass sie für jede beliebige Zahl gilt.

Dieses theoretische Konzept kann man sich so vorstellen: Man steigt eine Treppe mit unendlich vielen Stufen hoch. Jede Stufe ist gleich, das heißt, wenn eine Aussage für die Stufen eins, zwei, drei usw. gilt, kann man beweisen, dass sie auch für jede beliebige Zunahme an Stufen gilt, also von Stufe n bis Stufe $n+1$, unabhängig davon, welchen Wert n hat.

In diesem mathematischeren Beispiel können wir nun Folgendes beweisen:

$$1 + 2 + \ldots + n = \frac{n\,(n+1)}{2}$$

Prüfen wir zuerst, ob die Aussage für eine Auswahl verschiedener Werte wahr ist:

$$n = 1 \therefore 1 = \frac{1\,(1+1)}{2} \rightarrow 1 = \frac{1\,(2)}{2} \rightarrow 1 = \frac{2}{2} \rightarrow 1 = 1$$

$$n = 2 \therefore 1 + 2 = \frac{2\,(2+1)}{2} \rightarrow 3 = \frac{2\,(3)}{2} \rightarrow 3 = \frac{6}{2} \rightarrow 3 = 3$$

$$n = 3 \therefore 1 + 2 + 3 = \frac{3\,(3+1)}{2} \rightarrow 6 = \frac{3\,(4)}{2} \rightarrow 6 = \frac{12}{2} \rightarrow 6 = 6$$

$$n = 4 \therefore 1 + 2 + 3 + 4 = \frac{4\,(4+1)}{2} \rightarrow 1 = \frac{4\,(5)}{2} \rightarrow 1 = \frac{20}{2} \rightarrow 10 = 10$$

Diese Berechnungen ergeben, dass die Aussage auf manche Werte von n zutrifft. Nun wollen wir zeigen, dass sie für alle Werte von n gilt. Um das zu tun, können wir beweisen, dass sie auf $n+1$ zutrifft.

Um also „die Stufe zu erhöhen" erweitern wir einfach die linke Seite der ursprünglichen Gleichung durch $n+1$. Und wenn man das auf einer Seite tut, muss man auch die andere Seite damit ergänzen:

$$1 + 2 + \ldots + n + (n+1) = \frac{n\,(n+1)}{2} + (n+1)$$

Die rechte Seite kann dann vereinfacht werden:

$$\frac{n\,(n+1)}{2} + (n+1) = \frac{n\,(n+1) + 2\,(n+1)}{2} = \frac{(n+1)\,(n+2)}{2} = \frac{(n+1)\,((n+1)+1)}{2}$$

Aus dem ursprünglichen Beweis für n haben wir nun den Beweis für $n+1$ abgeleitet:

$$1 + 2 + \ldots + n + (n+1) = \frac{(n+1)\,((n+1)+1)}{2}$$

Und das beweist, dass die Aussage für alle Werte wahr ist.

Verlorener Beweis

Im Laufe der Geschichte hatten schon einige Mathematiker eine Vorstellung von der Beweisführung durch Induktion gehabt, aber die erste richtige Anwendung dieser Methode stammt von Abu Bakr Muhammad ibn al Hasan al-Karadschi (ca. 953–1029). Leider ist sein Originaltext nicht erhalten, aber al-Samaw'al ibn Yahya al-Maghribi (ca. 1130–1180) verweist darauf in seinem Buch *al-Bahir fi'l-jabr* (*Das Strahlen der Algebra*), das um 1150 verfasst wurde.

Darin bewies er mithilfe der vollständigen Induktion den binomischen Lehrsatz [S. 108] bis zur vierten Potenz und erweiterte das alles noch durch eine Tabelle mit Binomialkoeffizienten in Form eines Pascalschen Dreiecks (*Abb. a*).

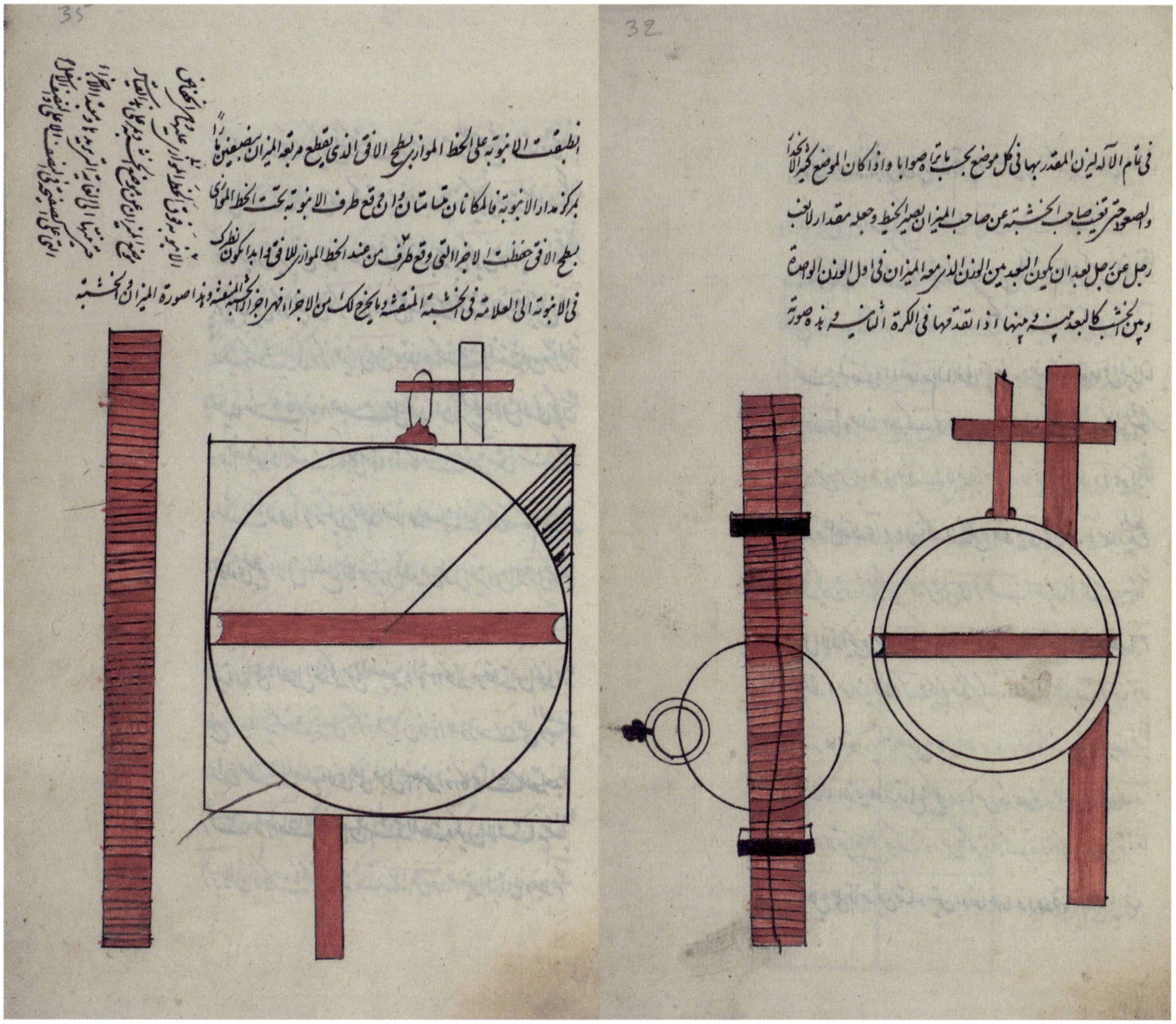

Oben: Diese Ausgabe aus dem 18. Jahrhundert eines erhaltenen Werks al-Karadschis illustriert die Konstruktion von Wasserbauwerken.

x	x^2	x^3	x^4	x^5	x^6	x^7	x^8	x^9	x^{10}	x^{11}	x^{12}
1	1	1	1	1	1	1	1	1	1	1	1
1	2	3	4	5	6	7	8	9	10	11	12
	1	3	6	10	15	21	28	36	45	55	66
		1	4	10	20	35	56	84	120	165	220
			1	5	15	35	70	126	210	330	495
				1	6	21	56	126	252	462	792
					1	7	28	84	210	462	924
						1	8	36	120	330	792
							1	9	45	165	495
								1	10	55	220
									1	11	66
										1	12
											1

(Abb. a)

Kubische Gleichung

Eine kubische Gleichung ist eine Gleichung dritten Grades, quasi die nächste Stufe der quadratischen Gleichung [S. 54]. Sie wird wie folgt aufgestellt:

$$ax^3 + bx^2 + cx + d = 0$$

Die Variablen *a*, *b*, *c* und *d* sind Zahlen; *x* ist unbekannt und wird gesucht.

Diese Art von Gleichung tauchte häufig auf, wenn es darum ging, das Volumen von Gegenständen oder zu versteuernden Waren wie Getreide oder Wein zu bestimmen oder die Mengen von Baumaterialien zu berechnen.

Tabellen von Kubikwurzeln wurden bereits in vielen Kulturen auf der ganzen Welt zusammengestellt. Mehreren chinesischen Mathematikern war es sogar gelungen, das Ergebnis verschiedener kubischer Gleichungen herauszufinden. Aber erst Ghiyath al-Din Abu al-Fath ʿUmar ibn Ibrahim Nisaburi (ca. 1048–1131), besser bekannt als Omar Chayyam, entdeckte ein Verfahren, mit dem man jede beliebige kubische Gleichung lösen konnte.

Dazu wurden die verschiedenen Typen einer kubischen Gleichung aufgeschrieben (d. h. $x^3 + bx^2 = d$ oder $x^3 + bx^2 + d = cx$) und dann ermittelte man eine Möglichkeit, sie aufzulösen. Für gewöhnlich geschah das mithilfe einer geometrischen Funktion, etwa dem Schnitt eines Kreises und einer bestimmten Kurve.

Rechts: Seiten aus Omar Chayyams Schrift zur geometrischen Lösung kubischer Gleichungen.

Omar Chayyam

Omar Chayyam (ca. 1048–1131) wurde im neu gegründeten, aufstrebenden Seldschukenreich geboren. Er stammte aus Nischapur, einer bedeutenden, geschäftigen Stadt, die voller Möglichkeiten steckte. Als man sein Talent für das Lernen entdeckte, wurde er schnell in die gebildetsten Kreise der Gesellschaft eingeführt, wo er als Schüler einiger der größten Gelehrten seiner Zeit aufgenommen wurde.

Er führte ein fürstliches Leben an den Höfen der großen Adeligen und leitete wissenschaftliche Untersuchungen, während er mit einer politischen Wende und neidischen Gelehrtenkollegen konfrontiert war.

Chayyam beschäftigte sich eingehend mit der Arbeit des Euklid [S. 64], vor allem mit den Parallelen. Nebenbei schrieb er an einem Werk über geometrische Algebra und wagte sich als Erster in die nichteuklidische Geometrie vor [S. 264].

Er widmete sich auch praktischeren Tätigkeiten, zum Beispiel baute und nutzte er ein Observatorium, um die astronomischen Tabellen seiner Vorgänger zu überarbeiten und die Grundlage für den Dschalali-Kalender zu entwickeln. Dieser Kalender ist noch präziser als der gregorianische Kalender (der noch heute verwendet wird), obwohl er bereits 500 Jahre zuvor entstand. Darüber hinaus hatte sich Chayyam auch als Dichter und Philosoph einen Ruf gemacht.

Diese Ideen beeinflussten seine Arbeit und verliehen ihm vielleicht eine offenere Sichtweise auf die Mathematik. Vor allem ermutigte er seine Kollegen, die verschiedenen Bereiche der Mathematik als untrennbar miteinander verbunden zu betrachten, auch wenn sie damals noch als separate Forschungsdisziplinen behandelt wurden.

Oben: Ein späteres Bildnis des Omar Chayyam, der als persischer Dichter, Philosoph und Astronom in die Geschichte einging.

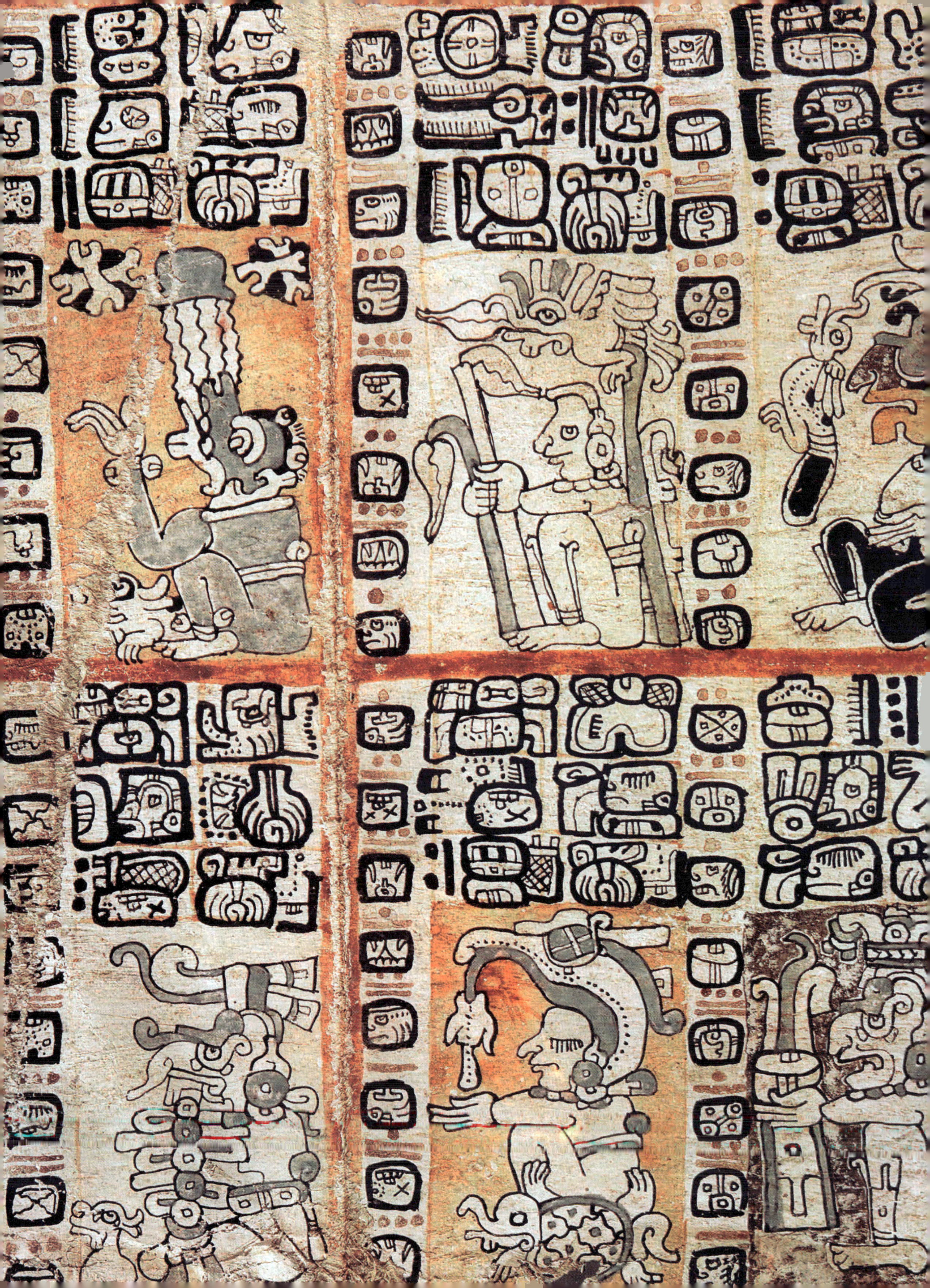

Kapitel neun

Mathematik in Amerika vor Kolumbus

Für die indigenen Gruppen Amerikas ist die Mathematik schon genauso lange ein Teil ihres Lebens wie für die Bevölkerung Eurasiens und Afrikas. Die zahlreichen Stämme und Kulturen gaben ihr Wissen jedoch größtenteils mündlich und nicht schriftlich weiter, darum wissen wir nur sehr wenig über ihre mathematischen Verfahren. Während der Kolonialzeit wurde vieles zerstört und nur in den Ruinen von Zivilisationen wie den Maya oder den Inka finden wir Spuren von ihrer einstigen Größe.

Gegenüber: Die letzte Seite des Pariser Codex beschreibt die Zahlen der Maya und ihre mystischen Assoziationen.

Viele der Stämme Nordamerikas lebten als Jäger und Sammler. Vielleicht fehlte ihnen dadurch die Notwendigkeit, die Mathematik auf eine Art und Weise zu entwickeln und zu verbreiten, wie es anderswo der Fall war. Die meisten mathematischen Fundstücke waren daher Zählstäbe [S. 24].

In manchen Gebieten, hauptsächlich in Süd- und Mittelamerika, wurden die Menschen sesshaft. Aus ihren Dörfern entstanden schließlich erst kleine, dann große Städte. Dort blühte die Mathematik auf, völlig unabhängig vom Rest der Welt, und diente denselben Zwecken wie überall – Handel, Landvermessung, Besteuerung, Astronomie und Architektur.

Die Ziffern der Maya

Die Maya entwickelten eine Zahlschrift, die als Basis die Zahl 20 verwendete. Bei ihren Ziffern standen Punkte für Einer und Striche für Fünfer (*Abb. a*), womit einfache Additionen und Subtraktionen recht einfach durchzuführen waren.

Um größere Zahlen zu bilden, wurden Ziffern übereinandergestellt, etwa zwei, um Zwanziger darzustellen. So konnte man Zahlen bis zu 400 bilden (*Abb. b*). Schrieb man noch eine dritte Ziffer darüber, war das Zählen bis 8000 möglich, und durch die Hinzunahme weiterer Ziffern konnte man sogar noch höhere Zahlen bilden.

Faszinierend war auch, dass die Maya ein Zeichen für die Null besaßen. Ursprünglich stand es nur als variabler Platzhalter, der nach und nach auch in Berechnungen einbezogen wurde – möglicherweise schon bevor die Null woanders auf der Welt an Bedeutung gewann.

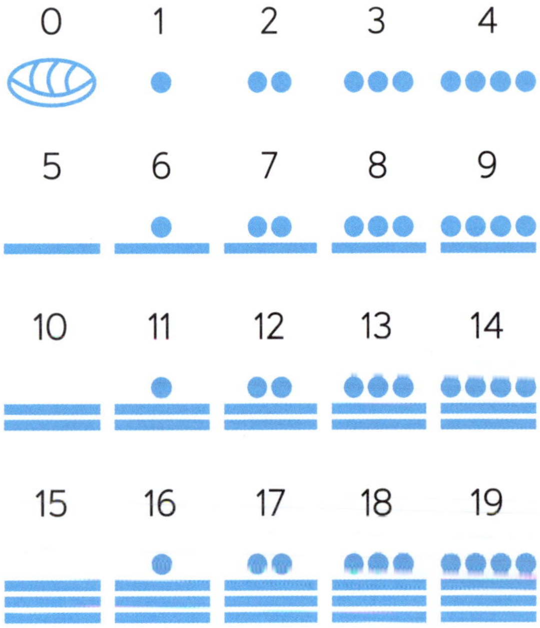

(*Abb. a*)

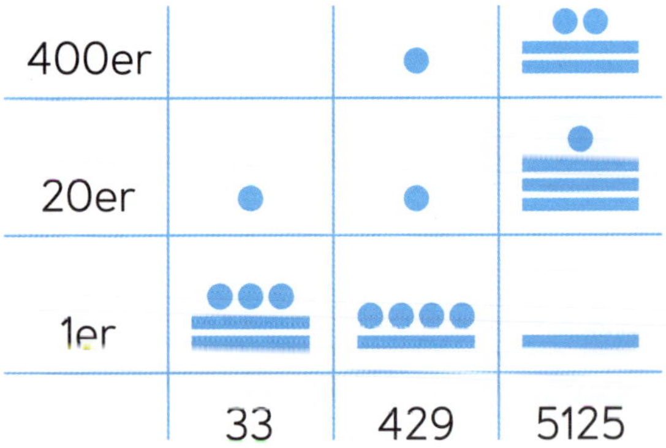

(*Abb. b*)

Rechts: Aus den Ziffern der Maya lassen sich auf einfache Weise größere Zahlen bilden.

Die Ruinen der Anasazi

Das Stammesland der Pueblo-Kultur erstreckte sich weit über die USA und umfasste Teile der heutigen Bundesstaaten Utah, Arizona, New Mexico und Colorado. Um 900–1300 bauten Pueblo-Indianer in Felswände und Schluchten riesige Gemeinschaftsgebäude, die als Wohn- und Arbeitsstätten dienten.

Ihr mathematisches Wissen ist uns nicht überliefert, aber einige Fundstücke aus diesen steinernen Städten zeugen von einem bemerkenswerten Verständnis vieler geometrischer Figuren, die an jene der minoischen Griechen, der Xindian-Kultur Chinas und der indischen Kupferzeit erinnern.

Diese geometrischen Muster zierten oft Töpfe und Krüge, die wahrscheinlich für zeremonielle Zwecke verwendet wurden. Aber die Anasazi, die auch Ancestral Puebloans genannt werden, waren nicht nur versierte Töpfer, sie schufen auch eine beeindruckende Anzahl von anspruchsvollen Höhlenbildern. Sie ritzten ihre Motive in den Stein oder malten darauf verschiedene Formen, Tiere und Menschen.

Rechts: Dieser Vorratskrug der Anasazi ist mit einem kunstvollen geometrischen Muster verziert. Er wurde im Nordosten Arizonas gefunden und datiert auf ca. 875–1130.

Dreidimensionale Bilder

Das Felsbild „Holy Ghost" im Horseshoe Canyon in Utah entstand zwischen 400 und 1100 n. Chr. Es wird dem Barrier-Canyon-Stil der Felsbildkunst zugeordnet und befindet sich auf dem Grund einer Schlucht an einer Stelle, die von der Sonne nicht ausgebleicht wird. Das Bild zeigt die Umrisse von Menschen und eine stärker ausgearbeitete Gestalt, die vermutlich eine Art Gottheit darstellt.

Das bemerkenswerteste Detail an diesem Bild ist der eindeutige Versuch, einen räumlichen Effekt zu erzeugen. Die dunkleren Figuren sind um den sogenannten „heiligen Geist" versammelt, was die Szene dreidimensional wirken lässt. In der westlichen Kunst tauchen solche perspektivischen Darstellungen erst im 15. Jahrhundert auf.

Unten: Der „Holy Ghost" ist wohl das bekannteste der Felsbilder, die man in der Grand Gallery im Horseshoe Canyon sehen kann.

Die Maya-Codices

Die meisten Bücher aus der präkolumbischen Kultur der Maya wurden im 16. Jahrhundert von katholischen Priestern verbrannt. Nur vier bekannte Exemplare sind noch erhalten: der *Mexiko-Maya-Codex* (1000–1100), der *Pariser Codex* (1250–1450), der *Madrider Codex* (1250–1450) und der *Dresdner Codex* (1200–1250).

Dabei handelt es sich um Bilderhandschriften, die das religiöse Leben der Maya darstellen, unter anderem ihre Zeremonien und Rituale für das Beschwören von Regen oder die richtige Durchführung eines Menschenopfers. Die Texte beschreiben auch das Wirken und die Launen einiger Götter und wie man sie am besten zufriedenstellen kann.

Überall in den Codices finden sich auch Zahlen, die für alle möglichen Zwecke verwendet wurden, etwa zum Zählen oder für Berechnungen.

Der Dresdner Codex

Die ersten 23 Seiten des *Dresdner Codex* bilden einen liturgischen Kalender für 260 Tage, der getrennt vom 364-tägigen Jahreskalender geführt wurde. Letzterer wird aber später im Text ebenfalls behandelt.

Die Maya glaubten, dass die Planeten eng mit bestimmten Göttern verknüpft waren, darum war es wichtig, die Bewegungen der Himmelskörper zu beobachten und ihre Bedeutung für die Lebenden zu verstehen. Jeder Teil des Kalenders enthält eine Reihe von Zahlen, aus denen man das richtige Datum errechnen musste.

Der Kalender zeigt außerdem an, ob der Tag unter einem positiven oder negativen Vorzeichen steht und um welches es sich handeln könnte, etwa *kimil* (Tod) oder *tun* (ein Edelstein, der wahrscheinlich Reichtum symbolisierte).

Unten: Erhaltene Fragmente des Pariser Codex. Das Buch wurde im 19. Jahrhundert von einem mexikanischen Forscher an die französische Nationalbibliothek in Paris geschickt. Seine Bedeutung wurde damals aber noch nicht erkannt und erst viele Jahre später fand man es in einem Stapel anderer Dokumente wieder.

Links: Die Seiten 6–9 des Dresdner Codex. Über der Darstellung der jeweiligen Götter befinden sich einige Berechnungen, die voraussagen, ob der Tag unter einem günstigen Stern steht.

Die Quipus der Inka

Das präkolumbische Amerika war von der anderen Hälfte der Welt ziemlich abgeschnitten, wodurch sich die Mathematik dort unabhängig von äußeren Einflüssen entwickeln konnte. Am deutlichsten sieht man das an den Quipus der Inka.

Das Quipu ist eine Knotenschrift, mit der man auch Zahlen wiedergeben konnte. Die Knoten wurden in eine Reihe von Schnüren geknüpft und diese wiederum an einen Stock oder eine weitere Schnur, sodass man sie auch leicht zusammenlegen und mitnehmen konnte.

Der Ursprung der Quipus ist nicht bekannt, aber in der zweiten Hälfte des ersten Jahrtausends waren sie weit verbreitet und einige Belege deuten darauf hin, dass sie bereits 2000 v. Chr. verwendet wurden. Jedenfalls waren sie ein unverzichtbares Hilfsmittel im Verwaltungsapparat des Königreichs von Cusco (1197–1438) und seinem Nachfolger, dem Inkareich (1438–1572).

Jede Schnur auf einem Quipu stand für die Ziffer eines Dezimalsystem, die auf verschiedene Arten dargestellt werden konnte. In der einfachsten Variante symbolisiert eine Gruppe von einzelnen Knoten die Zahlenmenge, die an einer gegebenen Dezimalstelle steht. Um weitere Stellen hinzuzufügen, knüpft man ein Stück weiter unten eine weitere Gruppe Knoten in die Schnur.

Um größere Ziffern abzubilden, wurde häufig ein einzelner langer Knoten verwendet. Die Menge der Schlingen, aus denen er bestand, gab die Zahl wieder. Bei manchen Quipus wurde das Ende einer Zahl auch durch einen Schlaufenknoten markiert.

Unten: Ein beeindruckendes Exemplar eines Quipu, auf dem vermutlich wichtige Informationen aufgezeichnet wurden.

Hüter der Quipus

Der Umgang mit den Quipus war eigenen Knotenschriftkundigen (*quipucamayocs*) vorbehalten. Diese Spezialisten waren imstande, die Knoten rasch zu knüpfen und zu lösen und mit den Schnüren Berechnungen durchzuführen. Sie arbeiteten als Datensammler und Buchhalter, die wichtige Informationen über Ernteerträge, Grundstückswerte oder Steuern berechnen und speichern konnten, um sie den zentralen Autoritäten zukommen zu lassen.

KNOTENSCHRIFTEN IN ANDEREN LÄNDERN

Auch in den Kulturen Ostasiens, etwa in Japan und China, wurde Buchhaltung in Form von geknüpften Knoten geführt. Allerdings wurde sie in den ersten Jahrhunderten des ersten Jahrtausends durch die Verbreitung der geschriebenen Sprachen verdrängt.

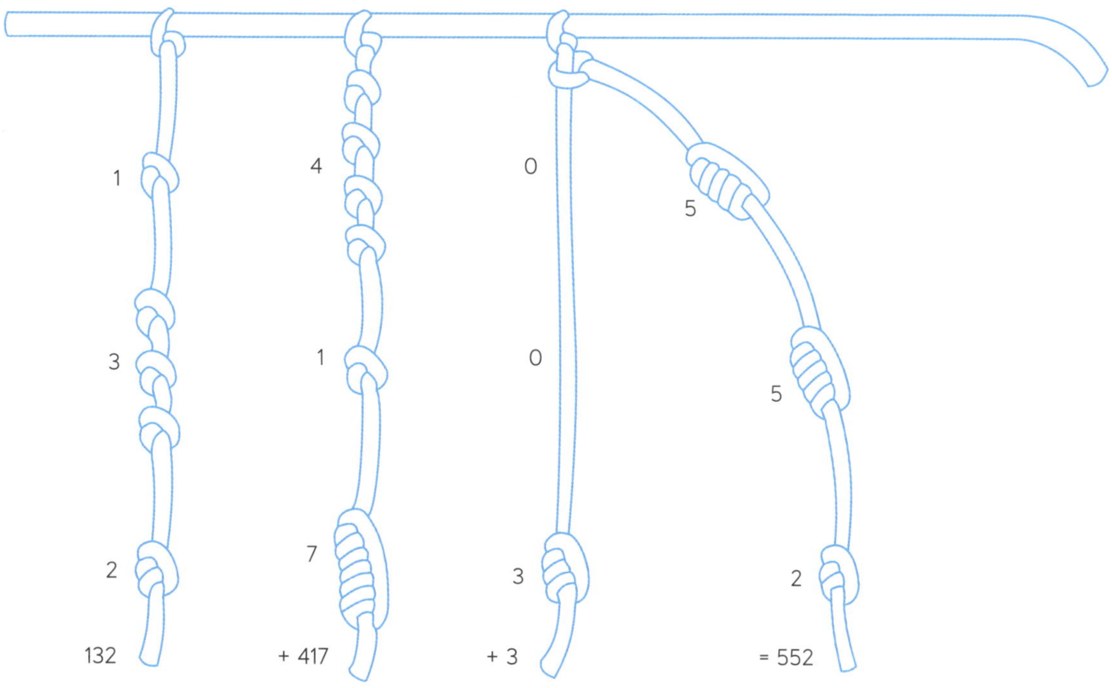

Oben links: Zeichnung aus *Die erste neue Chronik und gute Regierung* von Felipe Guaman Poma de Ayala, um 1615. In diesem Werk dokumentierte der Autor seine Zeit in Südamerika.

Links: Auch große Zahlen können auf einem Quipu vermerkt und wieder von ihm abgelesen werden.

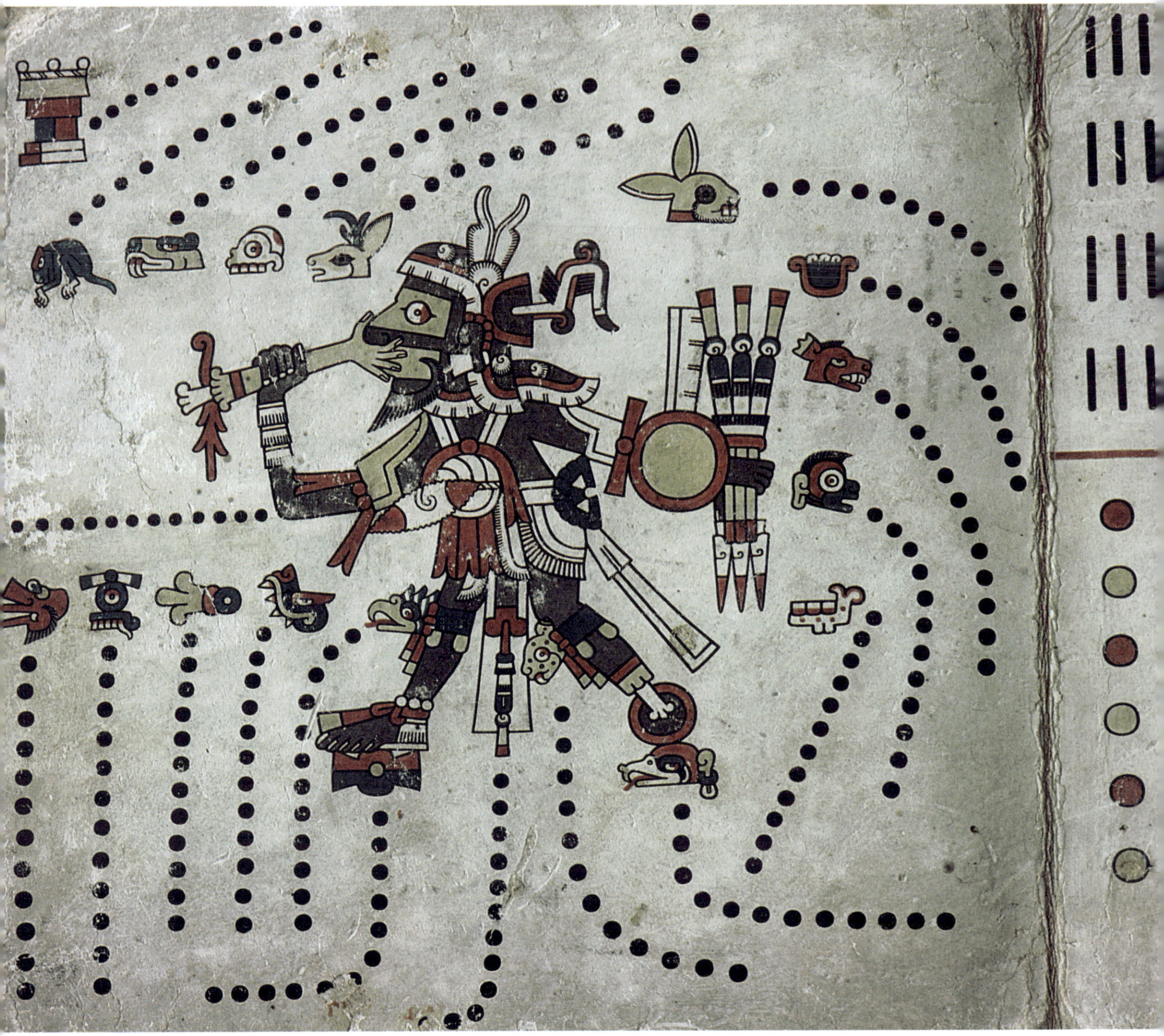

Der Azteken-Kalender

Oben: Dieses Bild aus dem Codex Fejérváry-Mayer zeigt den Gott Tezcatlipoca, umgeben von Daten, die seine Macht in einer bestimmten religiösen Zeit angeben.

Die Azteken herrschten von etwa 1300–1521 v. Chr. über ein großes Reich im Gebiet des heutigen Mexiko. Diese ethnisch vielgestaltige Gruppe ist vor allem für ihr rituelles Ballspiel *tlachtli* und ihre Menschenopfer bekannt. In ihrer Kultur war aber auch ein Verständnis der Astronomie hoch angesehen.

Die Azteken respektierten die intellektuellen Errungenschaften der Maya und gingen auf Expeditionen, um nach dem Untergang der Maya-Zivilisation einige ihre Handschriften und Artefakte zu sammeln. Von den Maya übernahmen sie auch die Grundstruktur des Kalenders, an dem sie dann ihre religiösen Aktivitäten orientierten.

Das Jahr war in 18 Monate zu je 20 Tage unterteilt. Zusätzlich gab es fünf Schalttage, um die tatsächliche Länge des Sonnenjahres zu erreichen. Jedem der Monate war ein Tier, ein Konzept oder ein Gegenstand zugeordnet. Oft standen diese Assoziationen mit den religiösen Festen und Bräuchen jener Zeit in Verbindung.

Der Stein der Sonne

Die wohl eindrucksvollste Variante eines aztekischen Kalenders ist der Stein der Sonne, der vermutlich aus dem frühen 16. Jahrhundert stammt. Diese Skulptur aus Basalt hat einen Durchmesser von 3,6 Metern und ist über 24 Tonnen schwer.

In der Mitte der dicken Scheibe befindet sich ein Gesicht, von dem angenommen wird, dass es sich um den Sonnengott *Tonatiuh* handelt. Es stellt die Gegenwart der Menschheit dar. Rundherum befinden sich Informationen über vergangene Zeitalter, unter anderem wie lange sie dauerten und wie sie angeblich endeten – etwa *Nahui Quiahuitl*, wo ein Feuerregen die Zivilisation zerstörte und alle überlebenden Menschen in Truthähne verwandelt wurden.

Auf dem ersten Ring stehen die Zeichen für die Tage und Monate. Der zweite Ring ist dem Anschein nach eine dekorative Darstellung der Sonnenstrahlen, die in alle Himmelsrichtungen zeigen, und auf dem dritten Ring sind zwei große, feuerspeiende Schlangen abgebildet. Umgeben ist der Kalender von einer Reihe von Punkten, die möglicherweise für die Sterne am Nachthimmel stehen.

Der Sonnenstein ist kein funktionierender Kalender, sondern eine symbolische Darstellung der Herrschaft der Azteken und ein Denkmal für ihren Platz in der Geschichte und im gesamten Kosmos.

Links: Relief des aztekischen Steins der Sonne, der im Nationalmuseum für Anthropologie in Mexiko-Stadt ausgestellt ist.

Kapitel zehn

Mathematik im Mittelalter

Das europäische Mittelalter (ca. 500–1500) war nicht gerade eine Epoche der mathematischen Forschung und Erkenntnisse – der frühe Abschnitt dieser Zeit wird nicht umsonst auch das „dunkle Zeitalter" genannt. Nach dem Untergang des Römischen Reichs waren der lateinische Westen und der angehende byzantinische Osten mehr damit beschäftigt, sich um die Reste zu streiten und altem Ruhm hinterherzujagen, als sich stärker in Geometrie und Algebra zu vertiefen.

Gegenüber: Das Bild aus *De Numeris, Codex Alcobacense* datiert auf die Zeit um 800 und zeigt, wie man mit den Fingern von 1 bis 20 000 zählen kann.

Ein Großteil der wissenschaftlichen Arbeit, die noch stattfand, konzentrierte sich auf die Belange der Kirche, denn Bildung war in dieser Zeit neben den Reichen und Mächtigen fast nur den Mönchen und Priestern vorbehalten.

Das heißt jedoch nicht, dass Mathematik im Mittelalter keine Rolle mehr spielte. Im Gegenteil, die komplexe, dynamische Gesellschaft nutzte sie zum Handeln, bei der Landvermessung und – ganz wichtig – bei der Erhebung von Steuern.

Die Ziffern der Zisterzienser

Da der lateinische Westen aus ehemaligen römischen Provinzen und Klientelstaaten bestand, wurden für mathematische Zwecke fast ausschließlich römische Ziffern verwendet. Aber das Rechnen mit ihnen ist langsam und umständlich, da sie einfach nicht dafür gemacht sind. Kein Wunder, dass man damals versuchte, eigene, bessere Zahlensysteme zu erfinden.

Eines der interessantesten waren die sogenannten „Mönchsziffern" (*Abb. a*), die irgendwann im 13. Jahrhundert vom Zisterzienserorden entwickelt wurden. Das Grundprinzip der Ziffern ist eine gerade Linie, die in Viertel unterteilt ist. Der Bereich rechts oben steht für die Einer, der links oben für die Zehner, der rechts unten für die Hunderter und der links unten für die Tausender. Größere Zahlen konnten durch Hinzufügen weiterer, kleinerer Symbole rund um die Ziffer ausgedrückt werden.

Mit etwas Übung werden die Vorteile dieses Systems schon bald deutlich. Es ist bedeutend leichter, Zahlen auf diese Weise zu lesen und zu schreiben. Allerdings ist das Rechnen damit nicht einfach und das Dividieren ist praktisch unmöglich. Aufgrund dieser Beschränkungen wurden die Zeichen schließlich durch die arabischen Zahlen ersetzt. Nur einige Steuerbeamte in Flandern verwendeten die Mönchsziffern noch bis ins 18. Jahrhundert.

Unten: Diese grafische Darstellung zeigt, wie man aus den Ziffern der Zisterzienser einfach und schnell größere Zahlen bilden konnte.

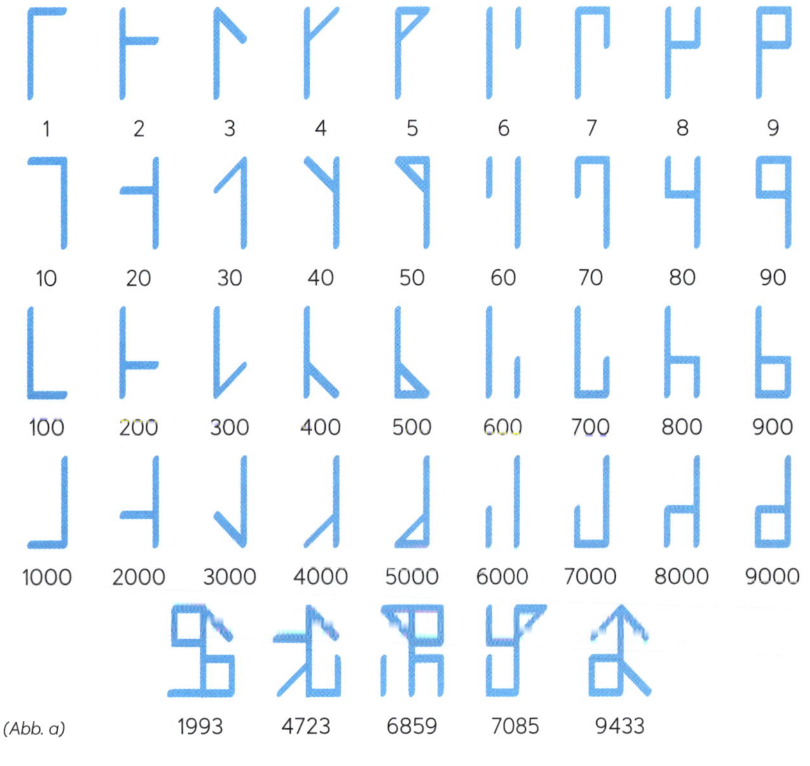

(*Abb. a*)

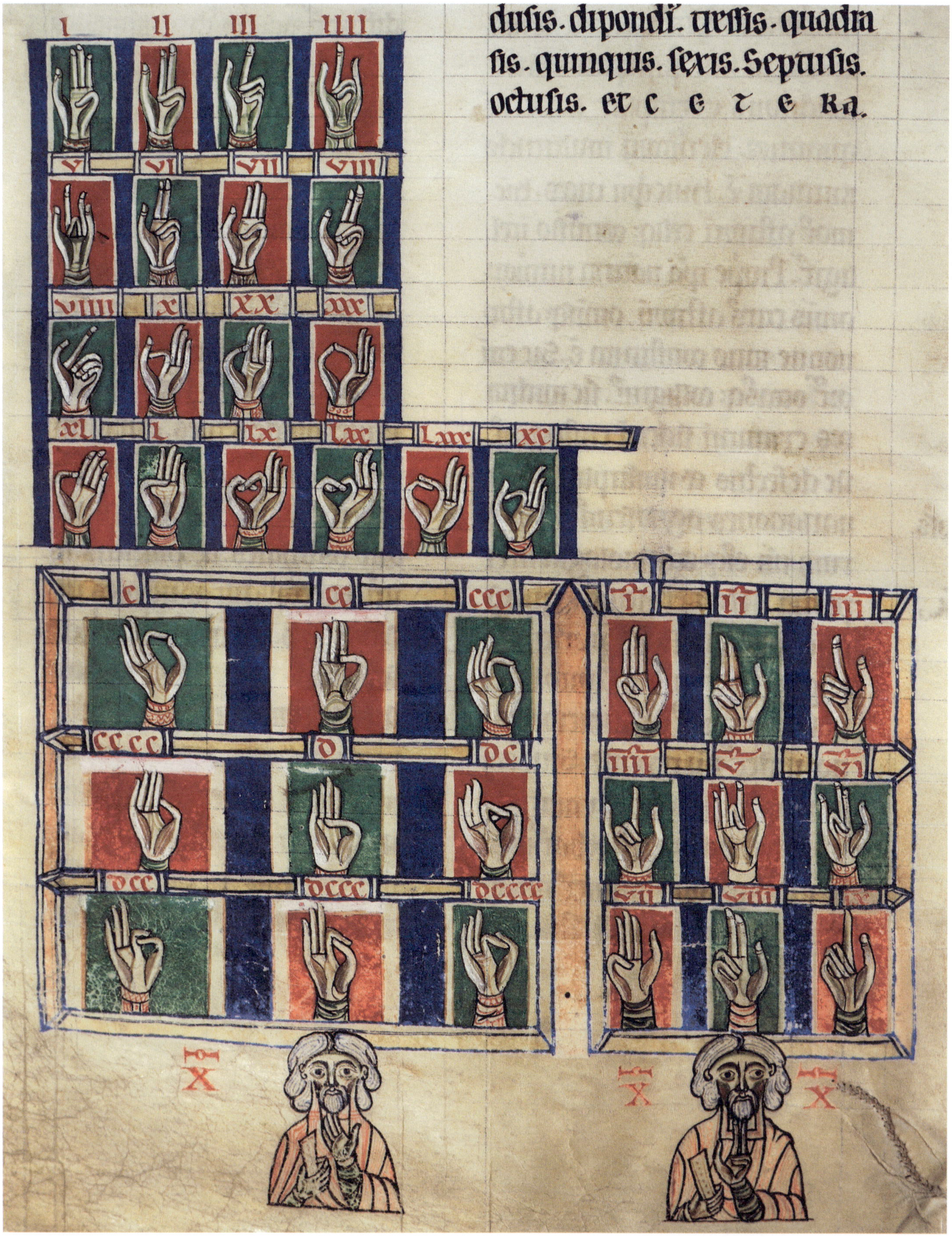
dusis. dipondi. tressis. quadra
sis. quinquis. sexis. Septusis.
octusis. et c e t e ra.

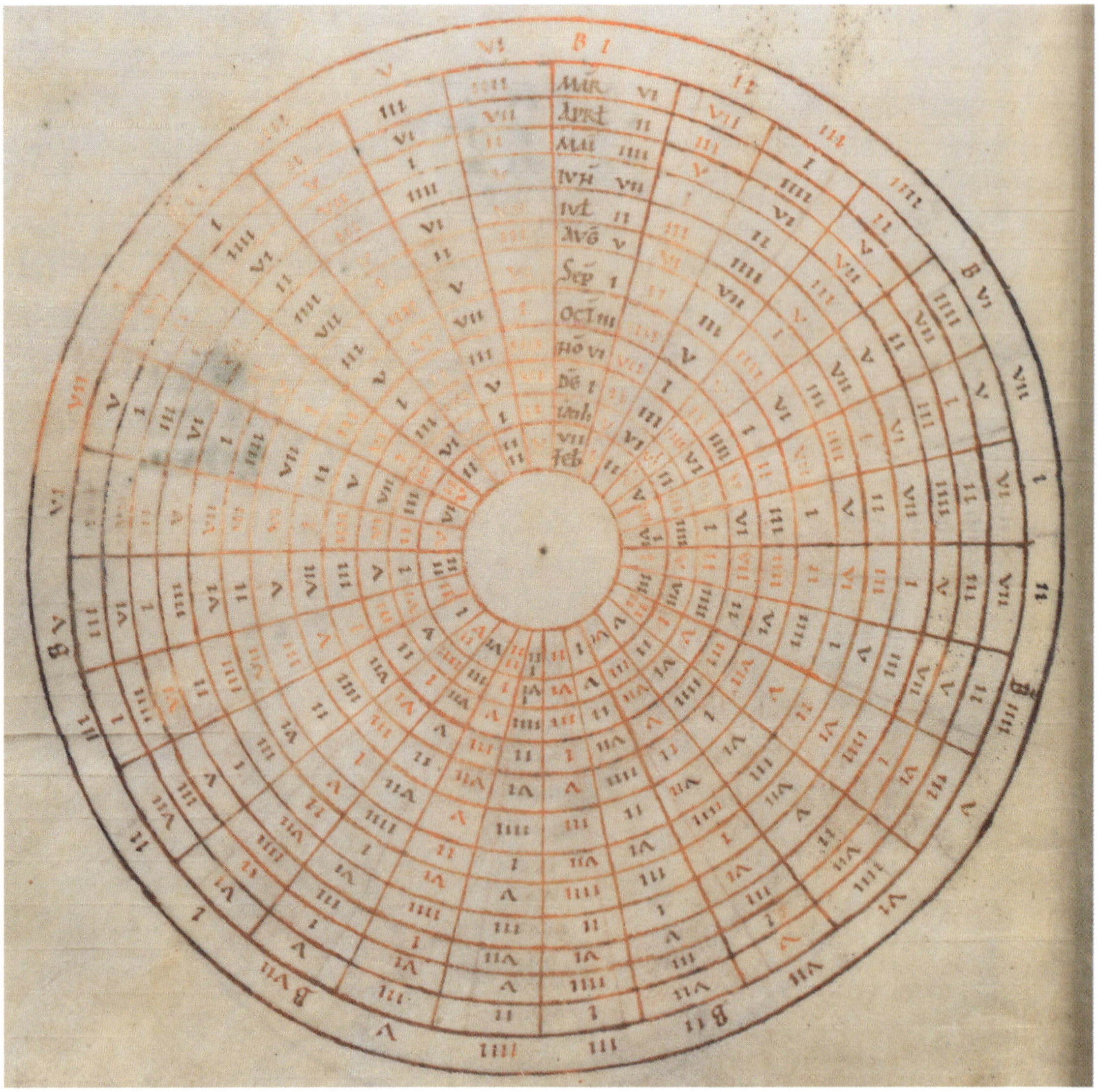

Rechts: Diese Zeichnung aus dem 11. Jahrhundert half bei der Berechnung von Mondzyklen, auf deren Basis das Osterdatum bestimmt werden konnte.

Komputistik

Obwohl das Interesse an der Mathematik im Mittelalter nachließ, verlor die Astronomie nicht an Bedeutung. Man brauchte sie nämlich, um das richtige Datum der kirchlichen Feiertage zu ermitteln. Am schwierigsten, aber auch am wichtigsten war die Bestimmung von Ostern.

Ostern ist ein beweglicher Feiertag ohne festes Datum. Definiert ist der Tag als der erste Sonntag, der nach dem ersten Vollmond nach der Frühlingstagundnachtgleiche (um den 21. März) kommt. Um den korrekten Tag zu ermitteln, muss man das Sonnen- und das Mondjahr richtig berechnen können.

Die mathematische Berechnung des Osterdatums nannte man *Computus* und wurde im Mittelalter von speziellen Gelehrten, sogenannten Komputisten mit verschiedenen Methoden betrieben.

Zur Komputistik gehörte die Erstellung umfangreicher Tabellen der Sonnen- und Mondzyklen (Sonnen- und Mondzirkel), mit denen gerechnet wurde. Damals gab es zwar schon den Abakus, aber der mathematische Teil wurde vorwiegend von Hand durchgeführt. Man entwickelte eine komplexe Form des Fingerrechnens, die diese Arbeit erleichterte.

Montag beginnt am Samstag

Die meisten Probleme bei der Osterrechnung entstanden, weil die Kalender jener Zeit nicht perfekt auf den Umlauf der Erde um die Sonne abgestimmt waren. Zwar setzte man oft „Schalttage“ und andere Änderungen ein, aber dennoch stimmten die Kalendertage der Äquinoktien irgendwann nicht mehr mit den tatsächlichen Tagundnachtgleichen überein.

Der Julianische Kalender wurde im Jahr 45 v. Chr. von Julius Caesar (100–44 v. Chr.) eingeführt [S. 77]. Er legte die Länge eines Jahres mit

365,25 Tagen fest, aber im späten 16. Jahrhundert wich er schon um 12,5 Tage ab. Papst Gregor XIII. (1502–1585) ersetzte ihn durch den neuen „gregorianischen“ Kalender, der ein Jahr mit 365,2422 Tagen definierte. Diese Reform verschob das aktuelle Datum über Nacht um 10 Tage.

Dieser Kalender wird heute noch verwendet, auch wenn er nicht perfekt ist und alle 3030 Jahre um ungefähr einen Tag abweicht. In der modernen Zeit gab es zahlreiche Versuche, den Kalender zu reformieren und kleine Veränderungen vorzunehmen, sodass er zehn- oder vielleicht sogar hunderttausende Jahre lang nicht mehr als einen Tag abweicht, aber bis jetzt war noch keiner von ihnen erfolgreich.

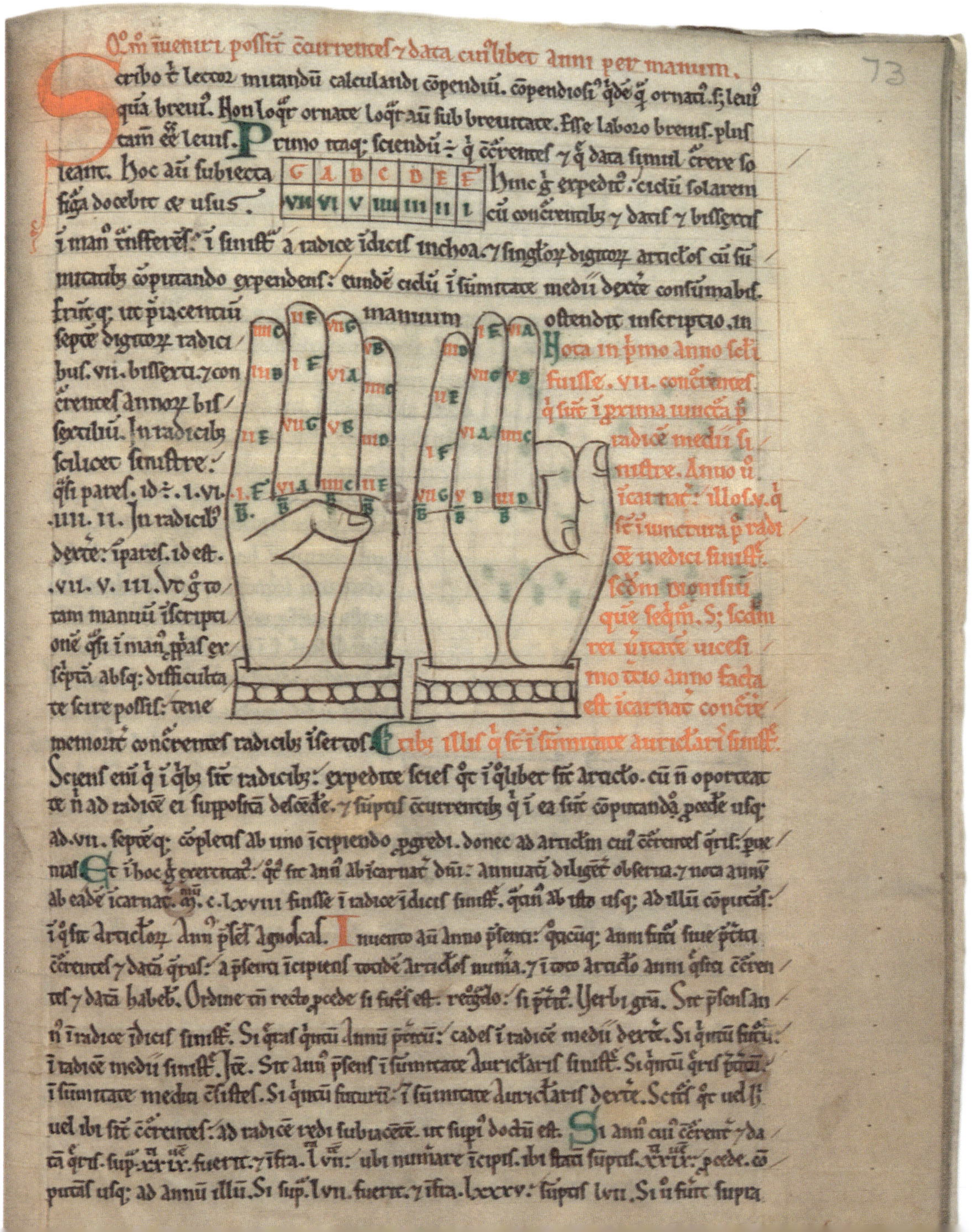

Links: Diese Zeichnung aus dem 11. oder 12. Jahrhundert beschreibt eine Methode des Fingerrechnens speziell für den Computus.

Rätsel für Karl den Großen

Karl der Große (747–814) gehört zweifellos zu den ersten bedeutenden Herrschern der nachrömischen Zeit. Er gründete das Karolingerreich, das sich im Westen von Teilen der Iberischen Halbinsel über ganz Europa bis zu Vasallenstaaten im Gebiet der heutigen Länder Ungarn, Slowakei und Tschechien erstreckte. Es reichte sogar bis nach Rom.

Karl der Große präsentierte sich selbst als die Wiederbelebung der römischen Macht und brüstete sich mit seiner militärischen Stärke, seinem politischen Einfluss, seinem scharfen Verstand und der gepriesenen Bildung seiner Gesellschaft.

Aus diesem Grund lud er den brillanten Gelehrten Alkuin von York (735–804) als Lehrer und Berater an seinen Hof ein. Alkuin unterrichtete die Kinder Karls des Großen und den König selbst und brachte ihnen von den freien Künsten bis hin zu christlichen Dogmen alles damals Wichtige bei.

Im Jahr 796 verließ Alkuin den Hof, um das Kloster Marmoutier in der Nähe der französischen Stadt Tours zu leiten. Er blieb mit dem König in Kontakt und die beiden unterhielten einen regen Briefwechsel zu allen möglichen Themen, unter anderem auch zur Mathematik.

Unten: Dieses Gemälde aus dem Petersdom in Rom zeigt die Kaiserkrönung Karls des Großen (um 800).

Den Geist der Jugend schärfen

Im Jahr 800 sandte Alkuin einen Brief an Karl den Großen, vielleicht als Weihnachtsgeschenk, und legte ihm ein kleines Büchlein bei. Es trug den Titel *Propositiones ad acuendos iuvenes* (*Aufgaben zur Schärfung des Verstandes der Jugend)* und enthielt 56 mathematische Aufgaben, die eindeutig zum reinen Rätselvergnügen gestellt worden waren.

Darin versteckte sich eine wichtige Lektion, denn die Aufgaben richteten sich nicht an Schüler, die Mathematik lernen oder praxisbezogene Zahlenprobleme lösen sollten, sondern dienten der puren Freude am Rechnen und bewiesen, dass Mathematik auch Spaß machen konnte. Die Aufgaben zeugen von einem tiefen Verständnis der Mathematik, das über ihre praktische Anwendung hinausging, und sind das erste Beispiel für mathematische Rätsel in der Geschichte.

Eines der Rätsel zum Selberlösen

1. Ein Mann spazierte die Straße entlang und sah andere Männer, die auf ihn zukamen. Er sprach sie an: „Oh, wenn es doch nur so viele [mehr] von euch gäbe, wie ihr [jetzt] seid; und dann die Hälfte von der Hälfte davon [noch dazu]; und dann die Hälfte dieser Menge [noch dazu] und noch einmal eine Hälfte dieser Hälfte. Dann würdet ihr zusammen mit mir 100 [Männer] zählen.“ Wie viele Männer sah der Mann auf der Straße?

Die Lösung zu dieser Aufgabe steht rechts unten auf der nächsten Seite, aber versuchen Sie zuerst, das Rätsel selbst zu lösen.

Links: Dieses Gemälde des Heiligen Alkuin hängt in der Nationalgalerie von London und datiert auf die Zeit um 1500.

Lösung: 36.

Fibonacci

Der Mann, den wir heute als Fibonacci (ca. 1170–1250) kennen, wurde zu Lebzeiten nie so genannt. Er wurde um 1170 in Pisa geboren und Leonardo Bonacci getauft. Erst 1838 erhielt er vom Historiker Guglielmo Libri den berühmten Namen.

Fibonaccis Vater war ein italienischer Kaufmann, der den Handelsposten in der Stadt Bejaia im heutigen Algerien leitete. Damals war sie ein wichtiges islamisches Zentrum, wo der junge Fibonacci in der arabischen Mathematik unterrichtet wurde.

Auf seinen späteren Reisen durch den Mittelmeerraum erkannte Fibonacci die Vorteile, die das indisch-arabische Zahlensystem für den Handel hatte. Daraufhin unternahm er den ersten ernsthaften Versuch, die Zahlen im lateinischen Westen zu etablieren, in Form seines Meisterwerks *Liber Abbaci* (*Das Buch der Rechenkunst*) im Jahr 1202.

Nachdem er sich wieder in Pisa niedergelassen hatte, verfasste Fibonacci noch andere mathematische Schriften, unter anderem *Practica geometriae* (*Praxis der Geometrie*) im Jahr 1220 und *Liber quadratorum* (*Buch der Quadratzahlen*) im Jahr 1225. Es wird angenommen, dass er noch viel mehr Bücher schrieb, aber sie sind nicht erhalten.

Gegen Ende seines Lebens wurde Fibonacci in seiner Heimat für seine Verdienste ausgezeichnet und mit einem großzügigen Gehalt für seine buchhalterische Arbeit bedacht. Er starb im Jahr 1250.

Rechts: Getauft Leonardo Bonacci, bekannt als Fibonacci.

Die Fibonacci-Folge

Die Fibonacci-Zahlen, für die Leonardo Bonacci weltberühmt wurde, finden sich in der indischen Mathematik bereits vor dem Beginn der christlichen Zeitrechnung. Doch erst der *Liber Abbaci* machte sie auch in der westlichen Welt bekannt. Bei der Fibonacci-Folge ist jede Zahl die Summe der beiden Zahlen, die ihr vorangehen:

1, 1, 2, 3, 5, 8, 13, 21, 34, 55....

Liber Abbaci

Im Text stellt Fibonacci den *Modus Indorum* vor und beschreibt diese „Methode der Inder" als eine Möglichkeit der Dokumentation und Buchführung, mit der man mathematische Aufgaben schneller und einfacher lösen konnte.

Er konzentrierte sich ganz bewusst auf die praktischen Vorteile des Systems, um potenziell interessierte Kaufleute dafür zu begeistern. Der gesamte zweite Teil des Buchs besteht aus hilfreichen Beispielen, etwa der Umrechnung von Währungen oder dem Berechnen von Schuldzinsen.

Die letzten Kapitel des Werks beinhalten eine deutlich abstraktere, theoretischere Mathematik. Hier finden sich verschiedene Ableitungen von irrationalen Zahlen, Beweise für die euklidische Geometrie [S. 65] sowie vollkommene Zahlen.

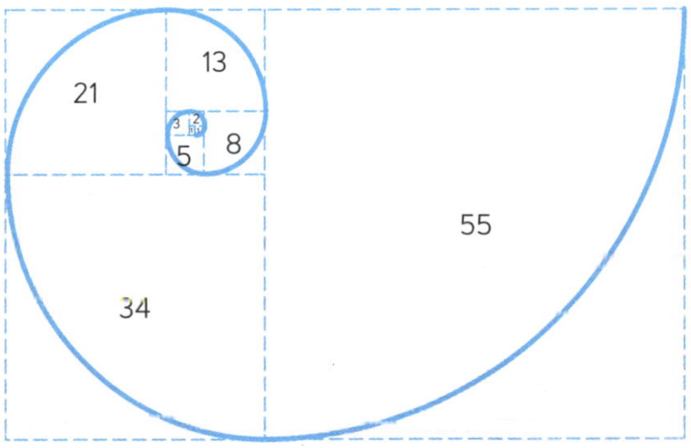

Oben: Die Seiten der Quadrate dieser Fibonacci-Spirale sind aufeinanderfolgende Fibonacci-Zahlen. Die Kreisbogen verlaufen durch die gegenüberliegenden Eckpunkte.

Links: In seinem *Liber Abbaci* beschreibt Fibonacci die Fibonacci-Folge, praktische Buchhaltung und abstrakte mathematische Theorie.

Die Oxford Calculators

Die Oxford Calculators waren eine Gruppe von Männern, die meisten von ihnen Absolventen des Merton College in Oxford. Sie arbeiteten an der Anwendung von Berechnungen auf verschiedenen Gebieten, die noch nie mit mathematischer Genauigkeit untersucht worden waren, etwa Wärme oder Licht.

Das Themenspektrum war breit gefächert und beinhaltete Wärme, Farbe, Kraft, Dichte und die Eigenschaften des Lichts. Wichtig war, dass die Themen ausschließlich mit Mathematik und unter strenger Einhaltung der Logik behandelt wurden. Experimente waren hier nicht erwünscht.

In ihrer Arbeit machten die Oxforder Kalkulatoren einige wichtige Unterscheidungen zwischen den verschiedenen Bereichen der Mathematik und betonten die Ideen des Archimedes (ca.. 287–212 v. Chr.) [S. 66], der die Mathematik als Möglichkeit, die beobachtbare Welt zu erklären, betrachtet hatte.

Unten: Richard von Wallingford, Mathematiker und Zeitgenosse der Oxford Calculators.

Die Merton-Regel

Einer der wichtigsten Beiträge der Oxford Calculators war der Satz der mittleren Geschwindigkeit, auch Merton-Regel genannt. Sie kann folgendermaßen formuliert werden:

Ein gleichförmig beschleunigter Körper legt in einer gegebenen Zeit dieselbe Entfernung zurück wie ein Körper, der sich mit einer konstanten Geschwindigkeit, die dem Mittelwert der Geschwindigkeit während dieser Zeit entspricht, bewegt.

Die Köpfe der Kalkulatoren

Eine ganze Reihe intellektueller Größen waren zu verschiedenen Zeiten Vertreter der Oxford Calculators, unter anderem John Dumbleton (ca. 1310–1349), Thomas Bradwardine (ca. 1300–1349) und William von Heytesbury (ca. 1313–1373), die allesamt wichtige akademische, politische und geistliche Positionen besetzten.

Das vielleicht bekannteste Mitglied der Gruppe war Richard Swineshead (fl. ca. 1340–1354), der im Jahr 1350 den *Liber calculationum* (*Buch der Rechnungen*) verfasste und damit die Methoden und Ergebnisse der Kalkulatoren prägnant zusammenfasste.

Rechts: Eine frühe Druckfassung der *Liber calculationum* mit zusätzlichen Randnotizen und Diagrammen.

PENES QVID HABEANT INTENSIO ET
remissio qualitatis

Rechts: Diese Darstellung des Nikolaus von Oresme ziert die erste Seite eines seiner Bücher (ca. 1400–1420).

Grafische Darstellung

Das Diagramm ist ein äußerst nützliches Hilfsmittel in der Mathematik und kann vielseitig eingesetzt werden. Der Unterschied zwischen einem Diagramm und einer Illustration mag gering erscheinen, aber ihre Funktion ist eine ganz andere. Nikolaus von Oresme (1325–1382) war die erste Person in der Geschichte, die ein Diagramm auf bedeutsame Weise einsetzte, um eine mathematische Aufgabe zu lösen.

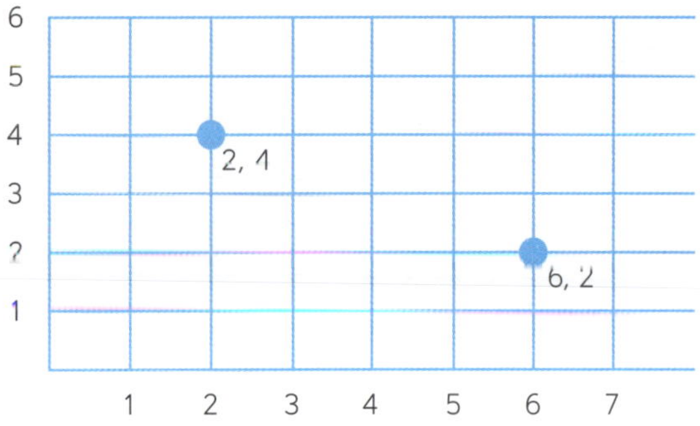

Rechts: Dieses Punktdiagramm veranschaulicht das kartesische Koordinatensystem.

Das kartesische Koordinatensystem wurde erst 1637 von René Descartes (1596–1650) entwickelt, also rund 250 Jahre nach Oresmes Tod, aber wir verwenden es hier, um Oresmes Arbeit verständlicher darzustellen.

Ein zweidimensionales kartesisches Koordinatensystem besteht aus zwei Linien, die orthogonal zueinander stehen (d. h., sie schneiden sich im rechten Winkel). Die horizontale Linie nennt man „x-Achse“ und die vertikale Linie „y-Achse“. Die beiden Achsen sind in gleichmäßige Abstände unterteilt und diese werden fortlaufend nummeriert. Jeder Schnittpunkt dieser Abschnitte kann nun durch einen Koordinatenwert aus zwei Zahlen bestimmt werden.

Oresme verwendete eine frühe Form des Koordinatensystems, das Längen- und Breitengrade aufwies, ähnlich wie auf einer Landkarte, und darauf geometrische Figuren konstruierte. Zwei wichtige

Fortschritte unterschieden seine Methode vom einfachen Zeichnen von Formen. Zuerst erweiterte er das ursprüngliche Konzept, um mehr als nur die zwei Dimensionen grafisch abbilden zu können. Zusätzlich bedachte er, dass die Achsen nicht nur den physikalischen Raum, sondern auch andere funktionale Variablen darstellen konnten.

In seinem Buch *De configurationibus* (*Über die Konfigurationen,* um 1360) erörtert Oresme, was man seiner Ansicht nach alles in Form von Diagrammen wiedergeben kann, zum Beispiel Temperatur und Geschwindigkeit. Einige dieser Diagramme nimmt er als Ausgangspunkt, um etwas auszurechnen, etwa die benötigte Kraft für das Werfen eines Speers, und mithilfe eines Säulendiagramms bestimmte er auf eine Art das Integral einer Kurve.

Ein wichtiges Anliegen Oresmes war das Verhältnis der Werte und wie man es auf mathematisch korrekte, aber intuitiv verständliche Weise auf einem Diagramm darstellen konnte.

Beweis der Merton-Regel

Oresme war ein Zeitgenosse der Oxford Calculators, die von seinem frühen Werk beeinflusst waren. Umgekehrt fand die Arbeit der Kalkulatoren ihren Weg zu Oresme, der mithilfe seiner Diagramme die Merton-Regel bewies. Zu diesem Zweck konstruierte er ein Trapez, dessen Fläche der zurückgelegten Entfernung entsprach.

Links: Dieser Nachdruck einer Seite aus einer Ausgabe von Oresmes Werk aus dem Jahr 1482 zeigt den Beweis für die Merton-Regel.

Teil zwei:

Einfluss der Renaissance

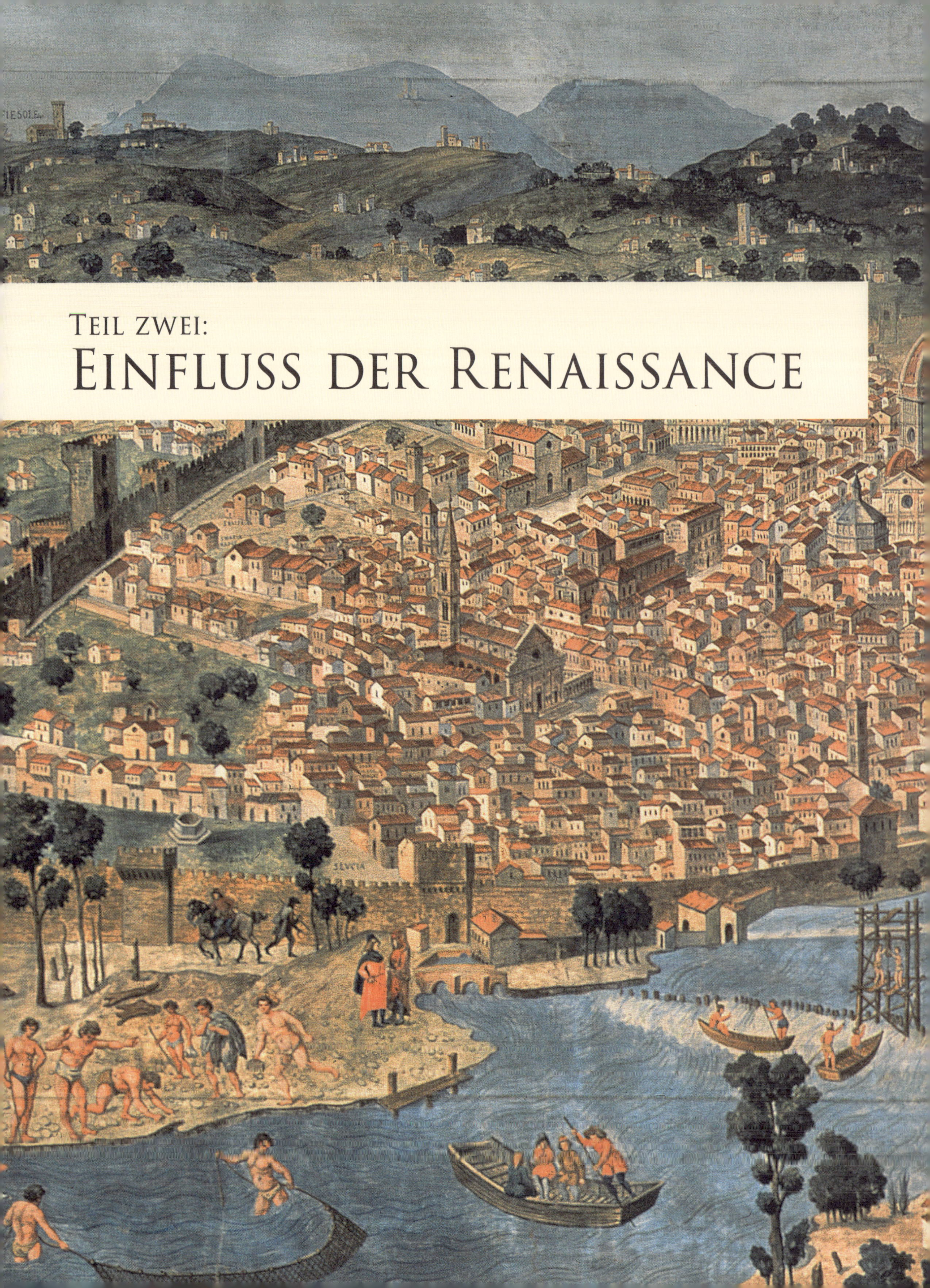

FIORENZA

Die Renaissance war ein kultureller Umbruch, eine neue Art des Denkens und Seins, die den lateinischen Westen im Sturm eroberte und Europa bis in die Neuzeit hinein zum dominierenden Mittelpunkt des gesellschaftlichen und wissenschaftlichen Fortschritts machte.

Ihren Ausgangspunkt hatte die Blütezeit der Renaissance zu Beginn des 15. Jahrhunderts in dem damals unabhängigen Stadtstaat Florenz und über seine Grenzen hinaus. In ihrem Kern vereinte die Renaissance mehrere wichtige Strömungen: die Rückbesinnung auf die griechische Antike, den Humanismus und den Forscherdrang.

Im Jahr 1453 wurde die byzantinische Hauptstadt Konstantinopel (das heutige Istanbul) von einem Heer des Osmanischen Reichs erobert. Aufgrund der Unruhen wanderten viele orthodoxe Gelehrte aus und ließen sich in den verhältnismäßig sicheren Stadtstaaten Italiens nieder. Dieser Migrantenstrom trug dazu bei, ein Interesse an den Meisterwerken der griechischen Antike zu wecken und man riss sich regelrecht darum, sämtliche Schriften, die aus der arabischen Welt mitgebracht wurden, zu übersetzen.

Der Humanismus war eine philosophische Weltanschauung, die den Schwerpunkt auf den Menschen und seine Rolle und Rechte in der Gesellschaft legte. Er lehrte die Förderung von Freiheit, Selbstbestimmung und einer persönlichen Moralvorstellung. Mit der damals vorherrschenden christlichen Denkweise war er durchaus kompatibel, aber er konzentrierte sich auch auf die Wechselbeziehungen der Menschen mit der beobachtbaren Welt (im Gegensatz zur geistigen) und argumentierte, dass der Fortschritt ein moralisches Gebot sei.

Auch das wissenschaftliche Forschen war von großer Wichtigkeit. Während des Mittelalters hielt man mit dogmatischem Eifer an vielen Klassikern der Antike fest, etwa an den Werken des Hippokrates oder am astronomischen Kompendium *Almagest*, das Ptolemäus im 2. Jahrhundert verfasst hatte. Damals hielten viele Menschen es nicht für ihre Aufgabe, neue Erkenntnisse zu gewinnen, was bedeutete, dass der Fortschritt oft nur zäh dahinschlich.

Diese drei zentralen Faktoren vereinten sich zu einem Fundament, auf dem die Künste und Wissenschaften gedeihen konnten, und die Gelehrten waren ganz erpicht, auf der Grundlage der griechischen Texte neue Entdeckungen zu machen.

Einen solchen Nährboden für Bildung gab es nicht zum ersten Mal in der Geschichte, sondern bereits früher, etwa im Byzantinischen Reich, im Frankenreich, in den arabischen Kalifaten, in der Song-Dynastie und im Reich von Ghana. Was diesmal anders und vielleicht ausschlaggebend war: die Erfindung der Gutenberg-Druckerpresse um 1450. Sie war zwar nicht das erste Druckverfahren, aber sie verbreitete sich rasch in ganz Europa, sodass die Zahl der gedruckten Bücher exponentiell anstieg.

Links: Dieses Gemälde aus dem Jahr 1863 zeigt Johannes Gutenberg, der in seiner Werkstatt eine frisch gedruckte Buchseite begutachtet.

Kapitel elf

Mathematik im 15. Jahrhundert

Zeittafel – 15. Jahrhundert

um 1400

DAS WISSEN DER ANTIKE

Jordanus Nemorarius

Unzählige Werke aus der griechischen Antike werden in Europa wiederentdeckt und in verschiedene Sprachen übersetzt.

1431

Jeanne d'Arc wird auf dem Scheiterhaufen verbrannt.

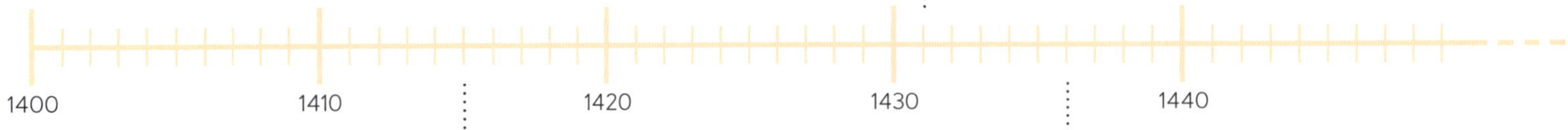

ca. 1415–1492

PERSPEKTIVE IN DER MALEREI

Piero della Francesca

Piero della Francesca übernimmt den neuen Malstil, bei dem unter anderem die Zentralperspektive zum Einsatz kommt, und schreibt eine Abhandlung darüber, um die Methode einem breiteren Publikum vorzustellen.

ca. 1436–1476

SYMBOLISCHE ALGEBRA

Regiomontanus

Statt weiterhin lange mathematische Prosa zu verfassen, fängt Regiomontanus als einer der Ersten an, seine Berechnungen in abgekürzter Form zu schreiben.

1452–1519

DER UNIVERSALGELEHRTE

Leonardo da Vinci

Leonardo da Vinci entwickelt sich zu einem der berühmtesten und beliebtesten Universalgenies seiner Zeit und verkörpert den Geist der Renaissance wie kein anderer.

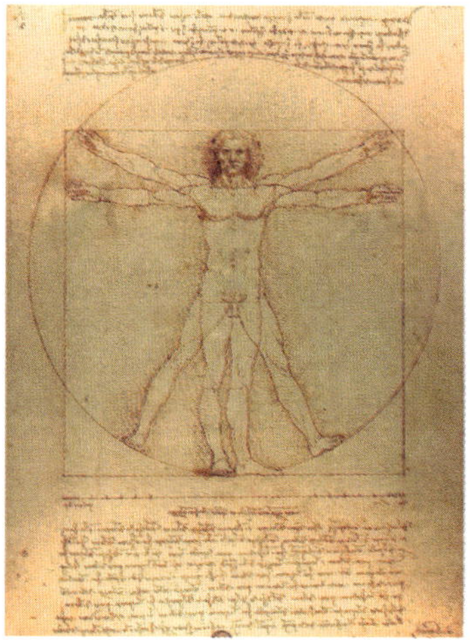

1453

Eroberung von Konstantinopel

1455

Die Gutenberg-Bibel ist das erste gedruckte Buch.

1462

Ivan III. der Große von Russland schüttelt die mongolische Herrschaft ab und vertreibt die Mongolen aus Europa.

1450 · 1460 · 1470 · 1480 · 1490 · 1500

ca. 1477–1517

BUCHFÜHRUNG

Luca Pacioli

Auf der Suche nach einer Möglichkeit, den Handelsverkehr zu verbessern, entwickelt der bekannte Mathematiker die doppelte Buchführung, um einen besseren Überblick über ein- und ausgehende Zahlungen zu erhalten.

1492

Christoph Kolumbus erreicht den amerikanischen Kontinent.

1492

Die Spanier erobern die gesamte Iberische Halbinsel von den Nasriden zurück.

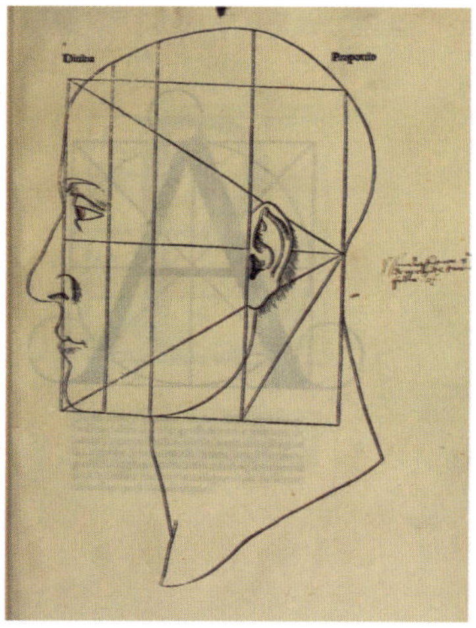

1498

DER GOLDENE SCHNITT

Luca Pacioli

Pacioli schreibt ein Buch über die Vorteile einer mathematischen Konstanten, von der er glaubt, dass sie ein göttliches Naturgesetz ist.

Das 15. Jahrhundert bereitete den Weg für die grundlegenden Veränderungen der folgenden Jahrhunderte. In dieser Zeit wurde auch die Landkarte der Welt neu gezeichnet: Die russischen Fürsten unterwarfen sich dem ersten Zaren, Ivan III. der Große (1462–1505), der sich von der Mongolenherrschaft befreite; die Spanier vollzogen 1492 die Reconquista der Iberischen Halbinsel und der Untergang der Nasriden bedeutete das Ende der islamischen Dynastien in Europa. Schließlich erweiterte die Entdeckung Amerikas durch Christoph Kolumbus (1451–1506) das Weltbild der Europäer um einen neuen Kontinent.

Oben: Das Aquarell zeigt den iranischen Timuridenfürst im Kreise seiner Bediensteten (ca. 1425–1450).

Im 15. Jahrhundert begann in Florenz unter der Schirmherrschaft der Medici-Familie die Blütezeit der Renaissance. Von dort aus verbreiteten sich die zentralen Ideen, also die Rückbesinnung auf die Antike, der Humanismus und der Forschergeist, auf die anderen italienischen Stadtstaaten, unter anderem nach Pisa, Genua und Siena.

Als Europa das Mittelalter langsam hinter sich ließ, befanden sich andere Teile der Welt bereits in einem goldenen Zeitalter. In der chinesischen Ming-Dynastie (1368–1644) entstand eindrucksvolle Kunst und Literatur. Im Sultanat von Delhi (1206–1526), im Vijayanagara-Reich (1336–1646) und in anderen indischen Königreichen florierten Poesie und prächtige Architektur. Und das Aztekenreich (1428–1521), das sich nach seiner Gründung enorm ausdehnte, entwickelte eine einzigartige Kultur.

Selbstverständlich wurde die Mathematik auf der ganzen Welt vorangebracht. Mathematiker wie Vatasseri Parameshvara Nambudiri (1360–1455), Mirza Muhammad Tariq ibn Schahruch, besser bekannt als Ulugh Beg (1394–1449), und Luong The Vinh (1441–1496) entwickelten weiterhin mathematische Methoden und verbreiteten ihr Wissen.

Links: Ein Porträt aus dem Jahr 1519 zeigt einen Mann, von dem angenommen wird, dass es sich um Christoph Kolumbus handelt.

Oben: Benozzo Gozzolis *Zug der Heiligen Drei Könige* (1459) illustriert die Reise der drei Weisen aus dem Morgenland nach Bethlehem. Als einer der Weisen ist Lorenzo de' Medici dargestellt.

larmee du grant turc par meer
la barque garnal
le porte des marchans
le porte cristinople
S. Sophie
le palays de legere
le porte saint gin
les fossez de la cite
la barque du turc par meer
montaignes de grece
grece
lasagar bassa albanie qui avoit la charge de grece

Das Wissen der Antike

Im Mittelalter, das der Renaissance vorausging, gerieten die Schriften der Antike in Vergessenheit. Aus dem Untergang des Römischen Reichs im Jahr 473 gingen mehrere Nachfolger hervor. Sie wetteiferten um die Vorherrschaft und versuchten, das zerrüttete Reich auf unterschiedliche Weise wieder zu vereinen oder die Herrschaft über ihr eigenes Gebiet zu erlangen. Während sie sich gegenseitig bekriegten und neue Reiche aufbauten, war das Interesse an mathematischem Fortschritt sehr gering und die Werke der alten Griechen gingen im lateinischen Westen zusammen mit anderem Wissen allmählich verloren.

Die erste Welle antiker Schriften, die wieder in westliche Hände gelangten, erfolgte nach der Rückeroberung der Iberischen Halbinsel durch die Christen. Islamische Städte wie Almería oder Sevilla wurden geplündert und dabei auch riesige Bibliotheken voller Bücher, die mit dem Wissen aus der Blütezeit des Islam und danach gefüllt waren und nun endlich übersetzt wurden. Ungefähr zur gleichen Zeit fielen Europäer während des Vierten Kreuzzugs (1202–1204) in die christliche Stadt Konstantinopel ein. Die byzantinische Hauptstadt war der griechischen Tradition enger verbunden gewesen, darum fand sich dort reiche Beute in Form weiterer Bücher.

Im Westen brachte man diesen Werken oft Misstrauen oder gar blanken Spott entgegen, da sie von nichtchristlichen „Heiden“ verfasst worden waren. Aus diesem Grund wurden Kommentare veröffentlicht und Gebote erlassen, um genau festzulegen, welche Teile der antiken Schriften zulässig waren und wie viel heidnisches Material in einem Text enthalten sein durfte. Manche Bücher wurden auch komplett verboten.

Trotz dieser Beschränkungen von oberster Stelle konnte man nicht verhindern, dass viele Wissenshungrige die Originaltexte ausfindig machten. Allmählich veränderte sich die Haltung dazu und ein kultureller Wandel geschah. Nachdem die Intellektuellen des lateinischen Westens diese Werke für sich „wiederentdeckt“ hatten, wollten sie unbedingt mehr davon lesen. Sie kauften auch Bücher in anderen Sprachen und ließen sie übersetzen, was die aufkeimende Renaissance zusätzlich anfachte.

Gegenüber: Das Bild aus dem Jahr 1455 zeigt die Eroberung Konstantinopels im Jahr 1453.

Jordanus Nemorarius

Jordanus Nemorarius (13. Jahrhundert) war ein bemerkenswert produktiver Übersetzer, der Texte aus der Antike zusammenstellte und bearbeitete. Er schrieb und publizierte seine Bücher irgendwann im 13. Jahrhundert, aber erst im 15. Jahrhundert erlangten sie eine gewisse Bekanntheit und wurden in großer Auflage nachgedruckt. Darum ist über den Autor selbst heute fast nichts bekannt.

Er verfasste mehrere Werke, in denen er mathematische Konzepte von griechischen und arabischen Gelehrten aufgriff, unter anderem *Liber philotegni* und *Algorismi*, in denen er sich jeweils mit Geometrie und Algebra beschäftigte.

Links: Das Harley-Manuskript 625 (ca. 1350–1569), das in der British Library verwahrt wird, enthält eine Ausgabe von Nemorarius' *De triangulis*.

Perspektivisch malen

Oben: Masaccios *Der Zinsgroschen* ist ein Beispiel für den charakteristischen Stil der Florentiner Renaissance, unter anderem die perspektivische, realistische Darstellung.

Eine der optisch auffälligsten Neuerungen der Renaissance war die Einführung der Perspektive in der Malerei. Der Unterschied zwischen der flächigen Darstellung in der Kunst des Altertums und Mittelalters zur realistischen Perspektive der Renaissance ist bemerkenswert.

Das Konzept der Perspektive war in der früheren Malerei nicht gänzlich unbekannt gewesen, aber erst zur Zeit der Renaissance wurde nachweislich zum ersten Mal die Zentralperspektive eingesetzt. Bei dieser Methode wird mithilfe von Fluchtlinien auf einer zweidimensionalen Fläche der Eindruck von räumlicher Tiefe erzeugt. Diese Art der Perspektive wird auch heute noch am häufigsten verwendet. Filippo Brunelleschi (1377–1446) führte zwischen 1415 und 1420 umfangreiche Experimente zum Erzeugen von Perspektive durch. Seine ersten Gemälde zeigten eine Kirche in Florenz, aber sie sind nicht mehr erhalten.

Ein Zeitgenosse Brunelleschis war der ebenfalls florentinische Künstler Tommaso di Ser Giovanni di Simone, besser bekannt als Masaccio (1401–1428). Masaccio setzte diese perspektivischen Techniken ein und schuf damit einige absolute Meisterwerke, unter anderem *Der Zinsgroschen* (1425), *Dreifaltigkeit* (1425–1427) oder *Wochenstube einer vornehmen Florentinerin* (1427–1428). Diese Bilder definierten den „Florentiner Stil“, der die Grundlage für zukünftige perspektivische Arbeiten bildete.

Piero della Francesca

Das perspektivische Malen war von Anfang an eine mathematische Methode, die den Künstlern so einiges an geometrischem Wissen abverlangte. Solche Kenntnisse müssen natürlich unterrichtet und weitergegeben werden. Einer der Ersten, die das taten, war Piero della Francesca (1415–1491), ein weiterer Maler aus Florenz, der die neue Technik der Zentralperspektive rasch übernahm.

Er schuf zahlreiche Kunstwerke, unter anderem *Idealstadt* (1470), *Madonna mit Kind und Heiligen* (1472) sowie den Freskenzyklus *Die Legende vom wahren Kreuz* (1452–1466), der oft als sein Meisterwerk angesehen wird. Aber sein vielleicht größter Beitrag zur Geschichte waren seine Bücher über die Theorie der Geometrie.

Piero della Francesca hatte ein großes Interesse an der Mathematik und verfasste vermutlich in der Zeit zwischen 1480 und 1490 drei Werke, die heute noch erhalten sind: *De quinque corporibus regularibus* (*Über die fünf regelmäßigen Körper*), *Trattato d'Abaco* (*Rechenhandbuch*) und *Über die Perspektive in der Malerei*.

Letzteres konzentriert sich, wie der Titel bereits verrät, am meisten auf die Kunst. In drei Teilen untersucht es wie man Gesichter realistisch malt, eine geometrisch korrekte Perspektive erzeugt und die Wirkung der Perspektive durch Farben noch verstärkt.

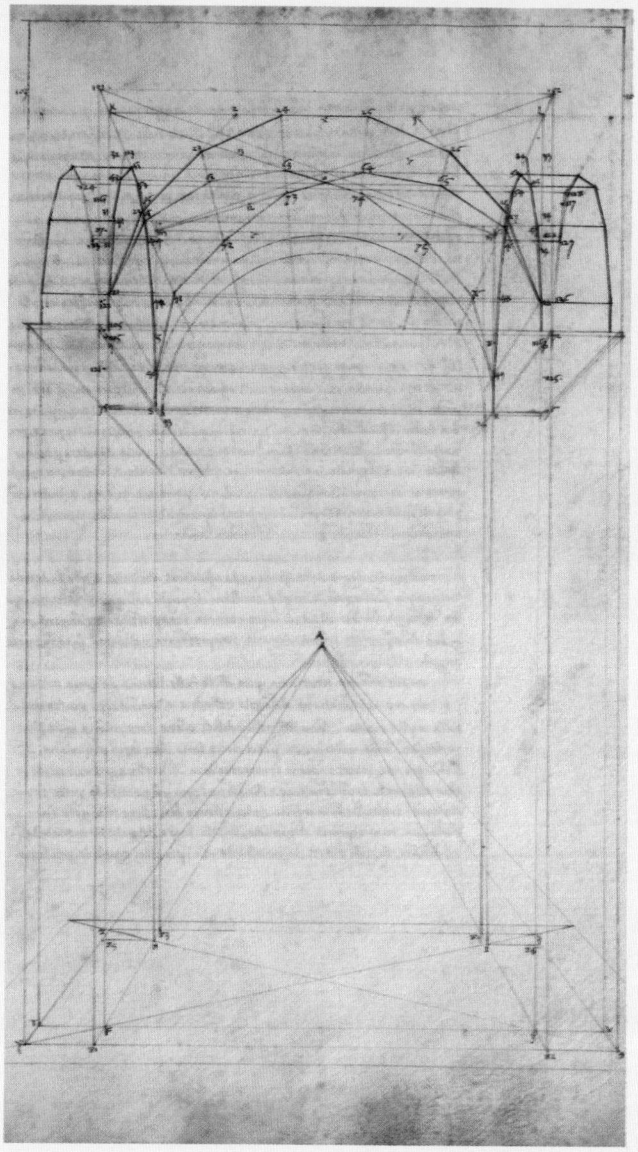

Ganz oben: *Idealstadt* von Piero della Francesca.

Oben: Diese Skizze von einem Gang mit Kreuzgewölbe aus Piero della Francescas *Über die Perspektive in der Malerei* illustriert den Einsatz der Zentralperspektive.

ANIM VS
Circulus articus
Polus zodiaci
Tropicus
Cancri
Zodiacus
Equinoctialis
Tropicus
Capricorni
Polus
Antarticus
mundi
MEVS
IOHANES DE MONTE

Symbolische Algebra

Johannes Müller von Königsberg (1436–1476), später bekannt als Regiomontanus, war ein Mathematiker und Astronom, geboren in einem Teil des Heiligen Römischen Reichs, der heute zu Deutschland gehört. Er war ein gebildeter junger Mann und im Jahr 1460 besuchte Kardinal Basilius Bessarion (1403–1472) die Stadt, in der Regiomontanus lebte.

Bessarion hatte kürzlich eine Übersetzung von Ptolemäus' *Almagest* [S. 79] ins Lateinische gelesen und fand sie schlecht geschrieben und fehlerhaft, darum beauftragte er den Mathematiker, eine bessere Version zu produzieren.

Regiomontanus erweiterte die Mathematikbücher auch um eigene Beiträge zu verschiedensten Themen, wie etwa Arithmetik, Algebra und Trigonometrie. Darunter befand sich auch seine wichtigste Erfindung: Er war einer der Ersten, die eine symbolische Form der Algebra verwendeten.

Abgekürzt rechnen

Bei dieser Art der Algebra werden Teile einer Gleichung symbolisch dargestellt. Zuvor wurden algebraische Ausdrücke (wie auch die meisten Gleichungen) als reine Textaufgaben aufgeschrieben, oft als praxisnahe Situationen, um das Rechenproblem zu illustrieren, zum Beispiel so:

Wenn ein Mann von seinem Haus aus 13 Meilen nordwärts läuft und dann weitere 5 Meilen, bevor er 7 Meilen südwärts läuft, wie viele Meilen müsste er laufen, um wieder zu seinem Haus zu gelangen?

Mithilfe der symbolischen Algebra, konnte man diesen Satz auf das Wesentliche zusammenkürzen. Regiomontanus hätte ihn vielleicht so ausgedrückt:

13 et 5 min 7

(„Et" ist lateinisch für „und", und „min" steht für „minus" – das lateinische Wort für „weniger".)

Die Vorteile dieser Methode sind offensichtlich, da man Gleichungen stark verkürzen kann, was sie leichter lesbar und verständlich macht, sofern man mit dieser Schreibweise bereits vertraut ist.

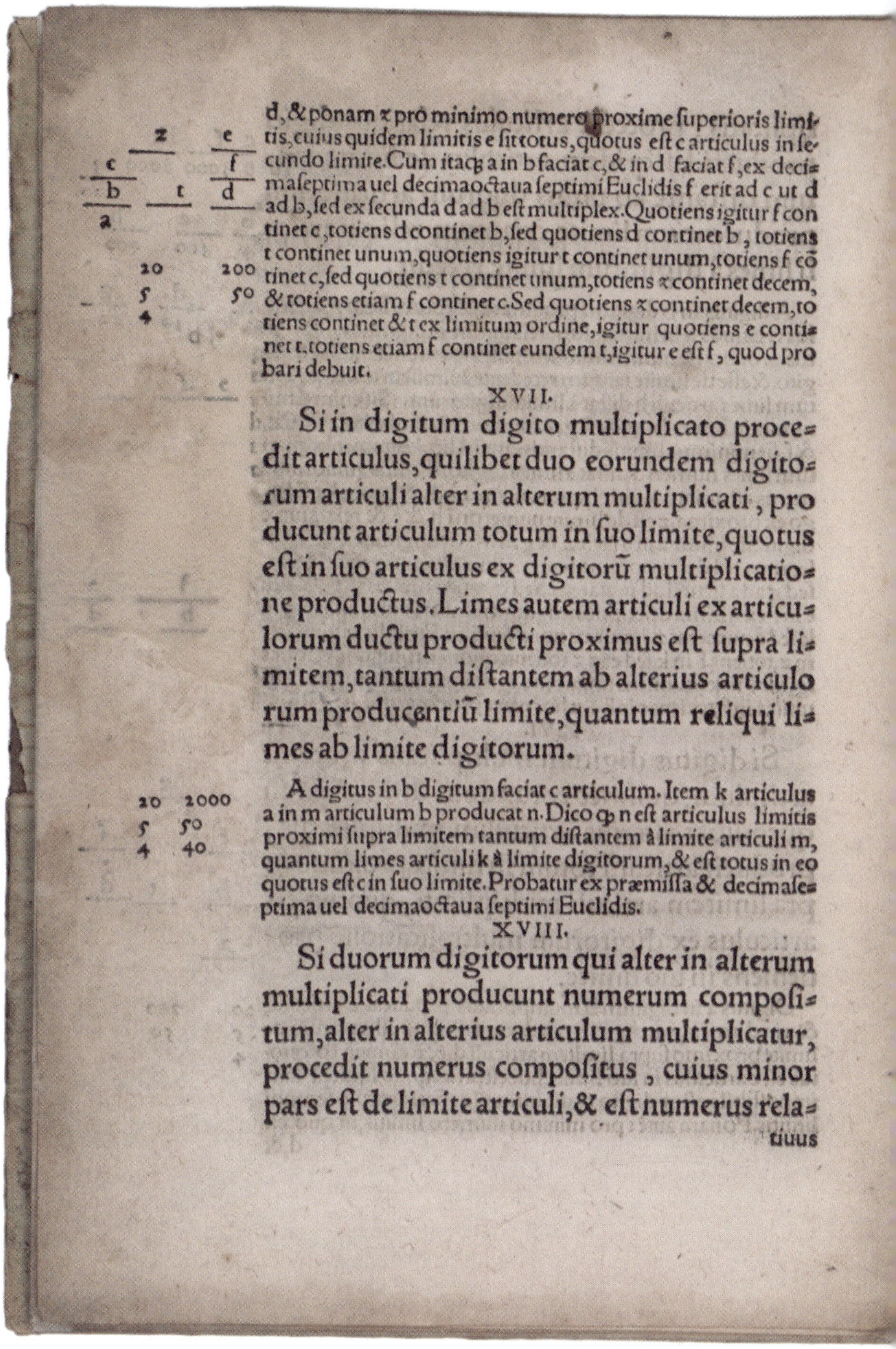
d, & pōnam z pro minimo numero proxime ſuperioris limitis, cuius quidem limitis e ſit totus, quotus eſt c articulus in ſecundo limite. Cum itaq; a in b faciat c, & in d faciat f, ex decimaſeptima uel decimaoctaua ſeptimi Euclidis f erit ad c ut d ad b, ſed ex ſecunda d ad b eſt multiplex. Quotiens igitur f continet c, totiens d continet b, ſed quotiens d continet b, totiens t continet unum, quotiens igitur t continet unum, totiens f cōtinet c, ſed quotiens t continet unum, totiens z continet decem, & totiens etiam f continet c. Sed quotiens z continet decem, totiens continet & t ex limitum ordine, igitur quotiens e continet t, totiens etiam f continet eundem t, igitur e eſt f, quod probari debuit.

XVII.

Si in digitum digito multiplicato procedit articulus, quilibet duo eorundem digitorum articuli alter in alterum multiplicati, producunt articulum totum in ſuo limite, quotus eſt in ſuo articulus ex digitorū multiplicatione productus. Limes autem articuli ex articulorum ductu producti proximus eſt ſupra limitem, tantum diſtantem ab alterius articulorum producentiū limite, quantum reliqui limes ab limite digitorum.

A digitus in b digitum faciat c articulum. Item k articulus a in m articulum b producat n. Dico q; n eſt articulus limitis proximi ſupra limitem tantum diſtantem à limite articuli m, quantum limes articuli k à limite digitorum, & eſt totus in eo quotus eſt c in ſuo limite. Probatur ex præmiſſa & decimaſeptima uel decimaoctaua ſeptimi Euclidis.

XVIII.

Si duorum digitorum qui alter in alterum multiplicati producunt numerum compoſitum, alter in alterius articulum multiplicatur, procedit numerus compoſitus, cuius minor pars eſt de limite articuli, & eſt numerus relatiuus

Oben: Seite 10 des *Algorithmus Demonstratus* aus dem Jahr 1543.

Gegenüber: Das Bild zeigt Ptolemäus und Regiomontanus, die sich über Astronomie unterhalten. Es erschien im *Auszug aus dem Almagest* in der Ausgabe aus dem Jahr 1496.

Buchführung

Oben: Fünfhundert Jahre Buchhaltung: ein Porträt von Luca Pacioli.

Nach dem Untergang des Römischen Reichs kam der Handelsverkehr in einem großen Teil der westlichen Welt zum Erliegen. Im 11. und 12. Jahrhundert gab es in ganz Europa wieder einen steten Anstieg kaufmännischer Aktivitäten und im späten 13. Jahrhundert herrschte auf den Marktplätzen der französischen Champagne ein reges geschäftliches Treiben, das Kaufleute aus der ganzen Welt anzog.

Diese Neubelebung des Handels war es, die den italienischen Stadtstaaten ihren Ruf als Umschlagplätze für den Warenverkehr einbrachte. Luca Pacioli (1447–1517), ein Mathematiker und Mönch aus Florenz, erhielt eine kaufmännische Ausbildung und arbeitete als Mathematiklehrer, der mehrere hoch angesehene Lehrbücher verfasste, wie etwa *Tractatus mathematicus ad discipulos perusinos* (*Mathematische Abhandlung für die Studenten von Perugia*), *De viribus quantitatis* (*Von der Macht der Menge*) und *Summa de arithmetica, geometria, proportioni et proportionalita* (*Übersicht über die arithmetische Geometrie, Proportionen und Proportionalität*). Zusätzlich übersetzte er mehrere Schriften der Mathematik aus der Antike, unter anderem Euklids *Elemente*.

Doppelte Buchführung

Pacioli führte die doppelte Buchführung ein, eine revolutionäre Methode, bei der die Geschäftsvorgänge in zwei Spalten erfasst werden: eine für Soll und eine für Haben.

Würde man zum Beispiel Bärenpelze zum Stückpreis von 1 Florentiner (*f*) anbieten und 10 Stück davon verkaufen, schriebe man einen Vermerk ins Verkaufsbuch (auf die Soll-Seite), dass man Pelze im Wert von 10f verkauft habe, und einen ins Kassenbuch (die Haben-Seite), dass ein Zahlungseingang von 10f hinzugekommen sei.

Dieses im Grunde einfache Konzept bewirkte einen großen Unterschied in der Genauigkeit der Buchführung, da es die Bilanzierung ermöglicht, also die Gegenüberstellung von Soll und Haben, die sich immer im Gleichgewicht befinden sollten. Dank dieser Methode konnte man viel komplexere Geschäftsvorgänge als zuvor durchführen, was sich finanziell auch lohnte. Gleichzeitig wurde es leichter, potenzielle Fehler zu erkennen.

Paciolis Werk beinhaltete auch eine schrittweise Verbesserung der Arbeit Regiomontanus'. Die zuvor verwendeten lateinischen Begriffe wurden von ihm durch einzelne Buchstaben ersetzt: $\bar{p}$ für plus und $\bar{m}$ für minus. Diese Schreibweise entwickelte sich in weiten Teilen Südeuropas schnell zum Standard.

Unten: Zwei Seiten aus Paciolis *Summa de arithmetica, geometria, proportioni et proportionalita.*

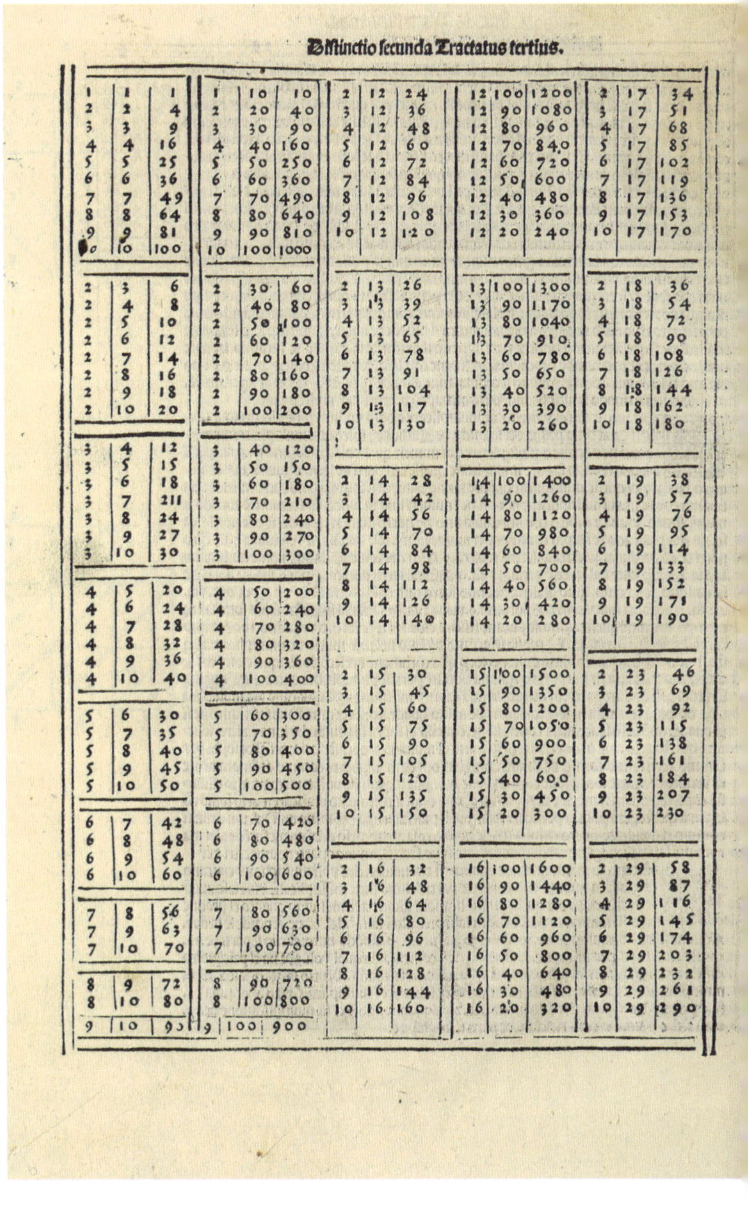

Der Universalgelehrte

Die Bezeichnung „Universalgenie“ ist rückblickend für viele der großen Denker der Renaissance passend. Ein Universalgelehrter ist ein vorbildlicher Mensch, der außergewöhnliche Kenntnisse und Fähigkeiten auf verschiedenen Gebieten besitzt.

Von einem Universalgelehrten wurde erwartet, dass er Ahnung von Philosophie, Poesie, Politik, bildende Künste, Musik und natürlich Mathematik hatte. Dieses idealisierte Bild des Genies der Renaissance wird in der Zeichnung *Der vitruvianische Mensch* (ca. 1490) des Universalgelehrten Leonardo da Vinci perfekt veranschaulicht. Das Bild verknüpft Kunst mit Mathematik: Es basiert auf den Proportionen, die Vitruvius beschrieben hatte [S. 74].

Rechts: Das Bild *Sechs toskanische Dichter* (um 1544) von Giorgio Vasari illustriert den humanistischen Schwerpunkt der Renaissance.

Gegenüber: Leonardo da Vincis Zeichnung des vitruvianischen Menschen.

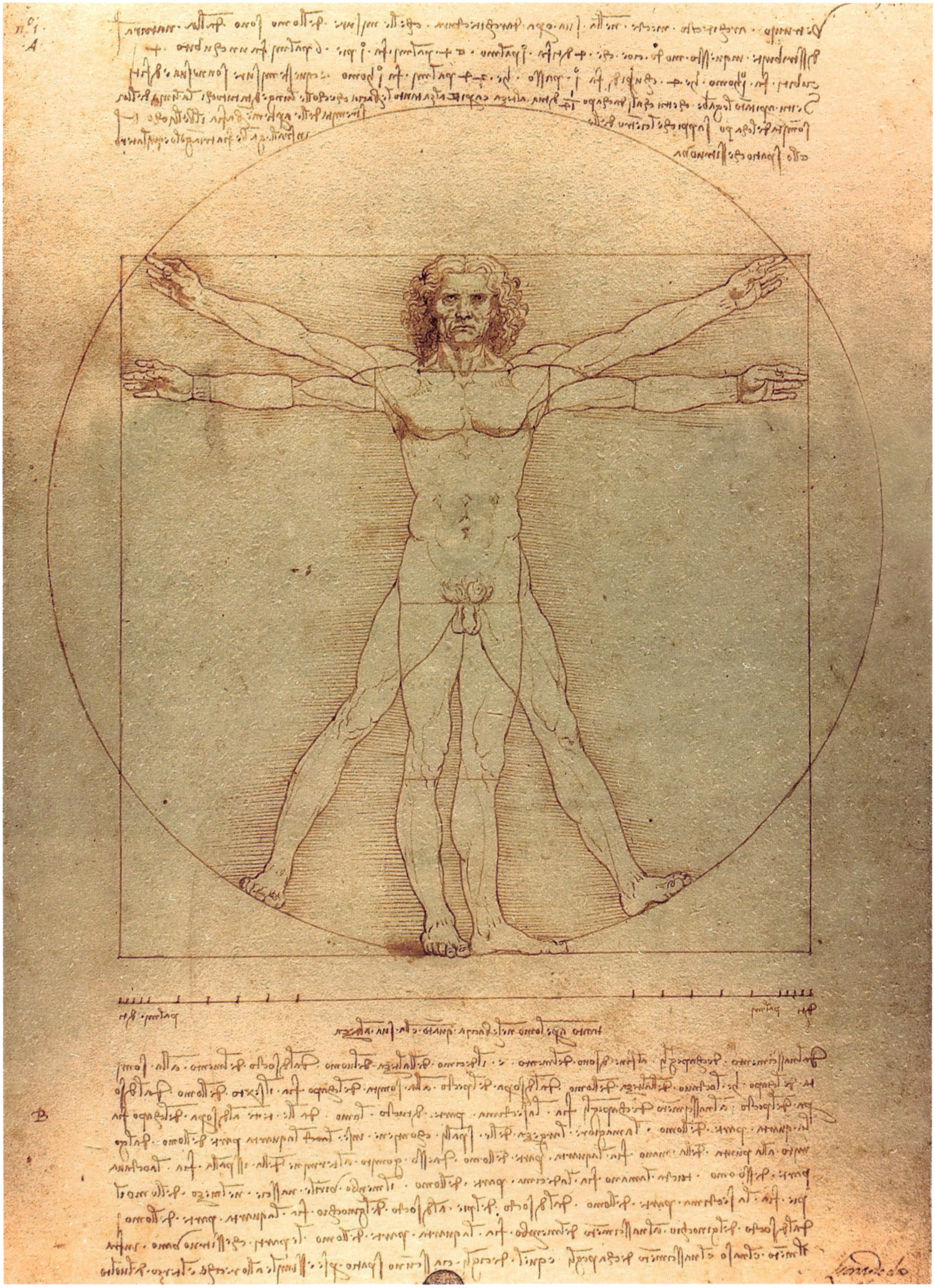

Leonardo da Vinci

Leonardo da Vinci (1452–1519) ist der Inbegriff des Universalgelehrten der Renaissance. Er wurde in Florenz als Sohn eines wohlhabenden Notars geboren und schien sich nie allzu lange auf eine bestimmte Disziplin festlegen zu wollen.

Er war ein angesehener Maler und finanzierte sich mit seinen Bildern den Lebensunterhalt. Berühmt ist er für Meisterwerke wie *Mona Lisa* (1503), *Dame mit dem Hermelin* (1489) oder *Das letzte Abendmahl* (ca. 1495–1498). Aber sein Talent beschränkte sich nicht nur auf die Malerei. Im Laufe seines Lebens fertigte er über 13 000 Seiten mit Notizen und Zeichnungen an, unter anderem zu den Fachgebieten Mathematik, Astronomie, Kartografie, Biologie, Anatomie, Technik, Kunst, Architektur und zu anderen Wissenschaften.

Einige dieser Notizen, etwa seine anatomischen Studien des menschlichen Körpers, wurden zu Leonardos Lebzeiten veröffentlicht und verbreitet, aber viele mehr blieben jahrhundertelang verborgen und in seinen Schriften verschlüsselt. Unter diesen Dokumenten finden sich Dutzende Entwürfe für Erfindungen, wie etwa Handkurbeln, Flaschenzüge, Panzer, Musikinstrumente und sogar Fluggeräte – von denen aber nicht bekannt ist, dass sie zu Lebzeiten gebaut wurden.

In der Mathematik leistete Leonardo keinen nennenswerten eigenen Beitrag, aber er war ein begeisterter Schüler, der von Luca Pacioli lernte und für dessen Bücher zahlreiche Illustrationen erstellte. Auch die Pläne für seine Erfindungen zeugen von seinem mathematischen Wissen, etwa in Form von geometrischen Figuren oder in den zahlreichen biologischen Zeichnungen, die unglaublich lebensecht aussehen.

In der Neuzeit machten es sich viele zur Aufgabe, die fantasievollen Erfindungen, die Leonardo da Vinci in seinen Notizen beschrieben hatte, nachzubauen. Sie sind nicht perfekt, funktionieren aber erstaunlich gut. Zwar wurden Bauwerke zur Zeit Leonardos bereits nach mathematischen Prinzipien errichtet, aber vieles wurde immer noch durch Versuch und Irrtum gelöst. Um solche ungewöhnlichen und neuartigen Konstruktionen wie jene da Vincis zu entwerfen, die auch noch funktionierten, gehörten also schon bemerkenswerte mathematische Kenntnisse.

Oben rechts: Ein Selbstporträt von Leonardo da Vinci.

Rechts: *Dame mit dem Hermelin* (1489) von Leonardo da Vinci.

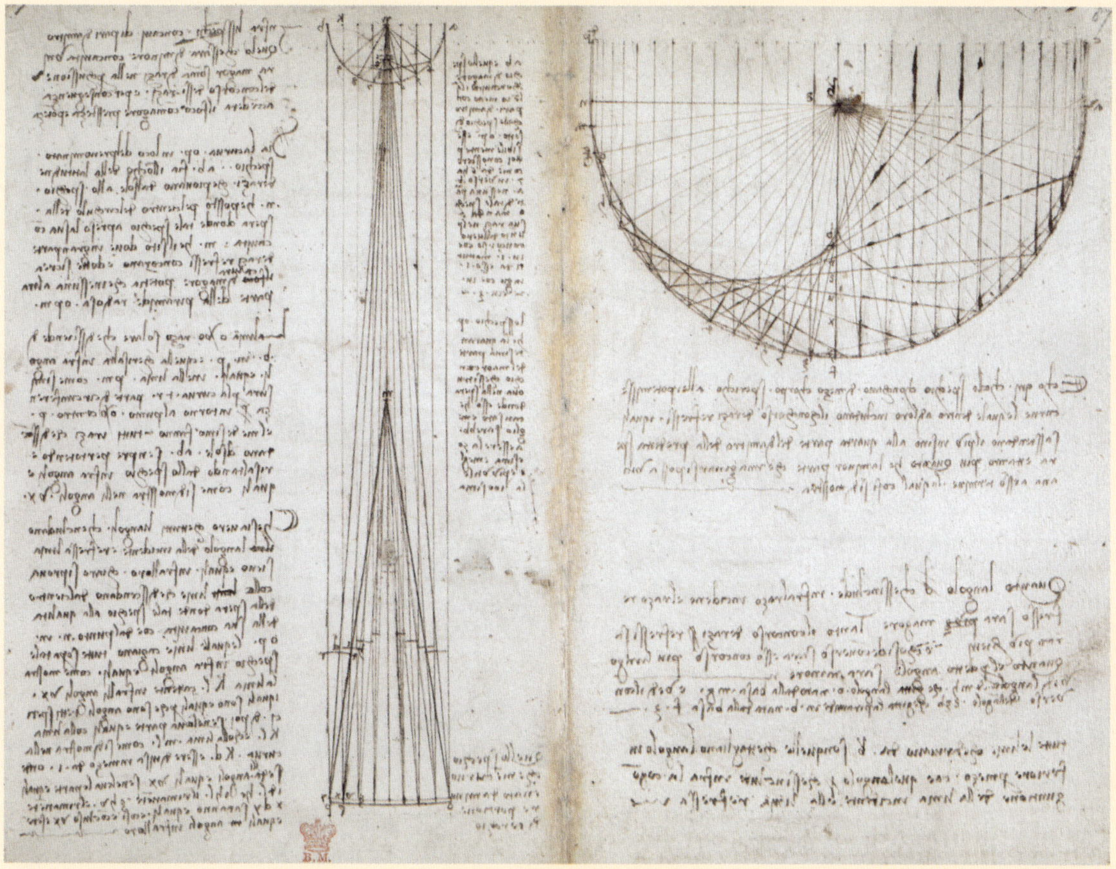

Links: Skizzen aus da Vincis *Codex Arundel* zeigen, wie Hohlspiegel das Licht reflektieren.

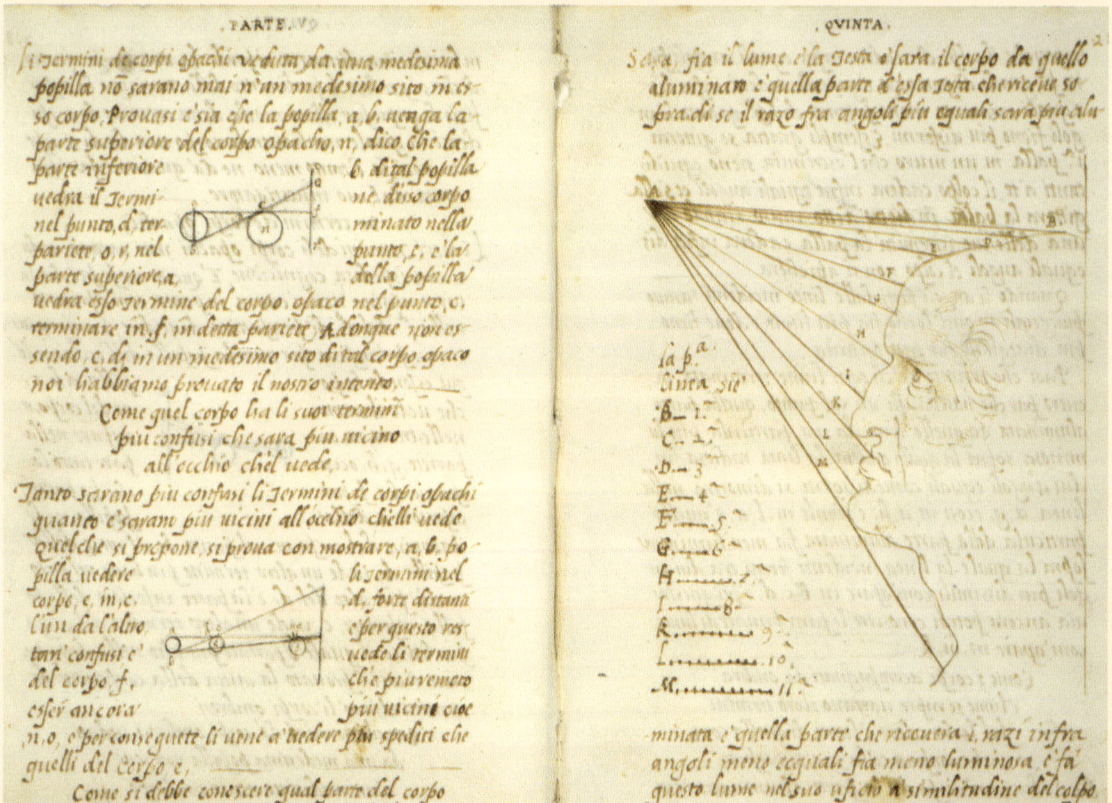

Links: Leonardo da Vinci ist bekannt für seine genauen anatomischen Zeichnungen. Sein außergewöhnliches Verständnis vom menschlichen Körper erlangte er unter anderem durch das Zuschauen bei der Sektion von Leichen.

Der Goldene Schnitt

Der Goldene Schnitt ist ein fester Bestandteil vieler mathematischer und pseudomathematischer Konzepte und wurde spätestens seit dem Jahr 500 v. Chr. erforscht. Teilt man eine Strecke in zwei Teile, *a* und *b*, und *a* ist länger als *b*, dann ist der Goldene Schnitt, wenn sich die Teilstrecke $a + b$ zur längeren Teilstrecke *a* gleich verhält wie die längere Teilstrecke *a* zur kürzeren *b*. Mathematisch ausgedrückt:

$$\frac{a}{b} = \frac{a + b}{a}$$

Alle Werte, die dieses Kriterium erfüllen, ergeben als Lösung ein Verhältnis von φ (Phi) zwischen ihnen. Phi ist eine irrationale Zahl, die mit ihren ersten zehn Nachkommastellen so aussieht: 1,6180339887.

Das Verhältnis kann durch eine Kombination zweier Rechtecke ausgedrückt werden, die man oft als „goldenes Rechteck" bezeichnet. Die Rechtecke können dann immer wieder durch dasselbe Verhältnis unterteilt werden und durch ihre Eckpunkte kann eine Kurve, die sogenannte goldene Spirale, gezogen werden. Diese mathematisch interessante Zahl taucht öfter in verschiedenen geometrischen Berechnungen auf. Auch die Fibonacci-Zahlenfolge [S. 148] basiert auf dem Prinzip des Goldenen Schnitts.

Mathematische Kunst

In der Renaissance entstand in Mathematikerkreisen ein regelrechter Kult um den Goldenen Schnitt, ausgelöst durch das Buch *Divina proportione* (*Die göttliche Proportion*) von Luca Pacioli (ca. 1477–1517) [S. 170]. Es erschien im Jahr 1498 und wurde von Leonardo da Vinci meisterhaft illustriert. Ein Großteil des Inhalts ist eine Reproduktion der Werke anderer Autoren, etwa Vitruvius [S. 74].

Der erste Abschnitt des Buchs beschreibt hauptsächlich den Goldenen Schnitt als Zahl von größter religiöser Bedeutung. Pacioli zufolge stand der Goldene Schnitt mit Gott, dem heiligen Geist und der Grundstruktur des Universums in Verbindung.

Diese Idee fand großen Anklang und der Goldene Schnitt wurde zum Sinnbild von Ästhetik und Göttlichkeit. Künstler und Architekten integrierten ihn in ihre Arbeit, Wissenschaftler suchten ihn in der Natur, und bald diente er als Grundlage für eine frühe Form der Numerologie, von der man glaubte, dass sie die Zukunft voraussagen könne.

Trotz des Rummels ist und bleibt der Goldene Schnitt nur eine weitere, wenn auch faszinierende, mathematische Zahl unter vielen.

Gegenüber: Die Proportionen der Spirale auf diesen Bildern entsprechen dem Goldenen Schnitt.

Unten: Der Goldene Schnitt kann mit immer kleiner werdenden Rechtecken, die auf seiner Formel basieren, dargestellt werden. Die Kurven, die durch die gegenüberliegenden Eckpunkte gezeichnet wird, sind Viertelkreise.

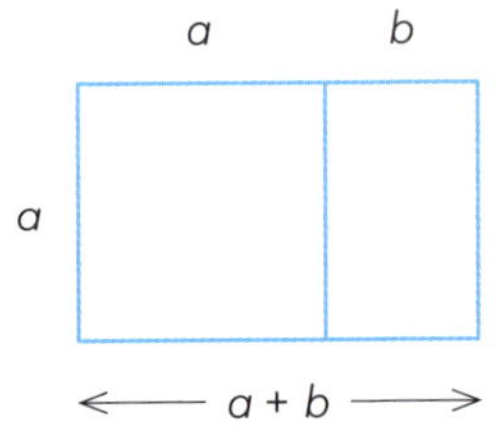

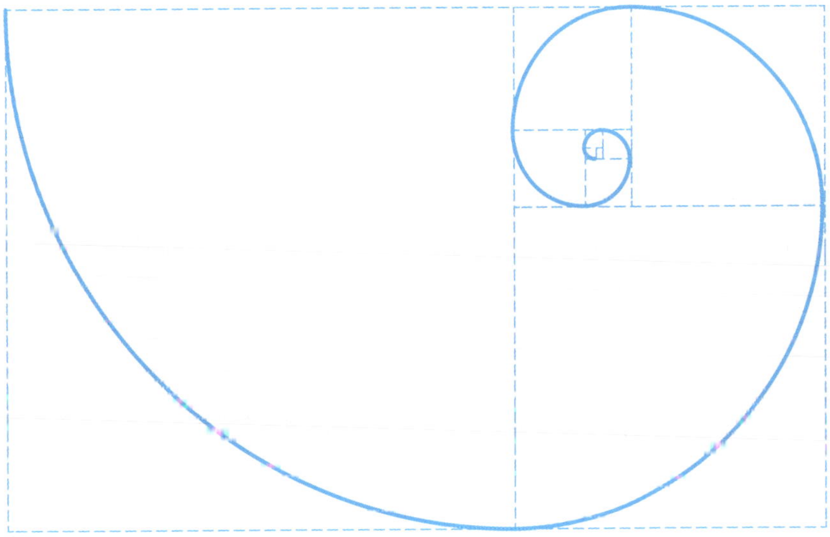

GEORGIVS.PRINCEPS.AN
HALDIVS.ASTANICE.CO.
IOANNES.A.LASCO.POLO.
NVS.OBYT.1509.
GVLIELNVS.FARELLVS
1565.
LICHT
IS.OP.DEN
KANDELAER
GESTEL
DYMVS.VAN.PRAAG.BLOEI
T.IAER.1415.EN.IS.VER:
RANT.1416.
RICVS.ZVINGLIVS.SWIT:
E.MARTINVS.LVTERVS.BLOEI.
DE.INT.IAER.1540.OVERLEDE
1546.
F.IOANNES.OECOLAMPADIVS.
G.MARTINVS.BVCERVS.BLOEI.
DE.1550.OVERLEDE.1551.SY.BENN
SYN.OPGEGRAVE.VERBRAT.
H.IOANNES.CALVINVS.ICARDE.
I.PHILIPPVS.MELANCHTON.
BLOEIDE.1560.EN.IS.DOE.OOCK
OVERLEDEN.
K.PETRVS.MARTYER.BLOEIDE
L.IOANNES
BLOEID
M.MATTIA

KAPITEL ZWÖLF

MATHEMATIK IM 16. JAHRHUNDERT

Zeittafel – 16. Jahrhundert

1490–1500

Ungefähr in dieser Zeit erreicht die Renaissance ihren Höhepunkt, die Hochrenaissance, die einen Boom an kulturellen und intellektuellen Errungenschaften mit sich bringt.

1530

In Wittenberg öffnet die erste Mädchenschule ihre Pforten.

1543

HELIOZENTRIK

Nikolaus Kopernikus

Kopernikus veröffentlicht seine Schrift, in der er mathematisch einwandfrei beweist, dass sich die Erde um die Sonne bewegt.

1517

Martin Luthers 95 Thesen werden öffentlich gemacht.

1522

Ferdinand Magellan umsegelt als erster Mensch die Welt.

1535

CARDANISCHE FORMELN

Niccolò Tartaglia

Tartaglia wird zu einem mathematischen Duell herausgefordert und findet eine Lösung für eine Gleichung, an der Gelehrte seit Jahrtausenden rätselten.

1543

Beginn der englischen Reformation.

1572

IMAGINÄRE ZAHLEN
Gerolamo Cardano

Um scheinbar unlösbare Gleichungen zu lösen, ist Cardano gezwungen, eine ganz neue Zahlenmenge zu erfinden.

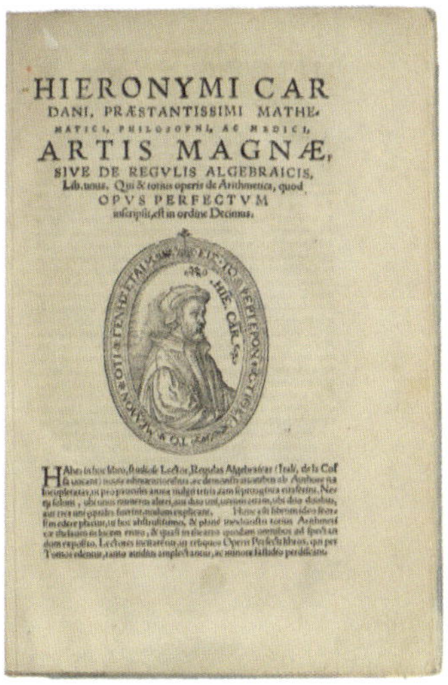

1585

DEZIMALSTELLEN
Simon Stevin

Um Zahlen genauer darstellen zu können, versucht Stevin erstmalig, mit Dezimalzahlen zu rechnen (wenn auch letzten Endes ohne Erfolg).

1582

Papst Gregor XIII. führt den gregorianischen Kalender ein.

1588

Die Spanische Armada wird von England besiegt.

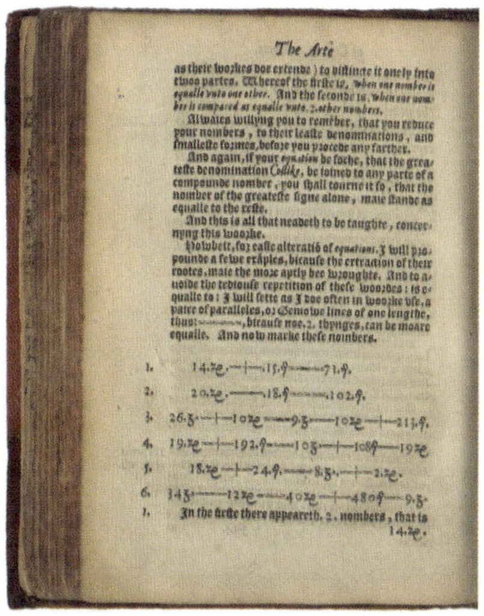

1557

GLEICHHEITSZEICHEN
Robert Recorde

In der weitschweifigen, unauffälligen Schrift *Der Wetzstein des Scharfsinns* entwirft ein Mathematiker zum ersten Mal das Gleichheitszeichen als eine Abkürzung.

1589

REVOLUTION DER WISSENSCHAFT
Galileo Galilei

Mithilfe von bahnbrechender Mathematik untersucht Galileo die Bewegung von Objekten und beginnt die Tradition, Wissenschaft in Formeln und durch Experimente auszudrücken.

1591

BUCHSTABEN ALS VARIABLEN
François Viète

Viète begründete die algebraische Weise, Teile einer Gleichung durch Buchstaben darzustellen. Heute ist diese Schreibweise fast überall in der Mathematik gang und gäbe.

Was im 15. Jahrhundert begann, hatte im 16. Jahrhundert weitreichende Folgen. Dazu gehört nicht zuletzt der nachlassende Einfluss der katholischen Kirche in Europa. Im Jahr 1517 veröffentlicht Martin Luther (1483–1546) seine 95 Thesen, in denen er die Maßlosigkeit der päpstlichen Herrschaft anprangerte. Sie kennzeichneten den Beginn der Reformation und des Protestantismus. Unter der Herrschaft Heinrichs VIII. (1491–1547) war England nur eines von 30 Ländern, die sich in diesem Jahrhundert vom Vatikan abwandten. Im Zuge dessen fing man allmählich an, das Dogma von der Weisheit der Antike anzuzweifeln.

Während dieser Zeit veränderte sich die Landkarte erneut, als die Europäer mit der Kolonisierung Amerikas begannen und sämtliche Großreiche, die dort vor ihrer Ankunft existierten, auslöschten. Darunter fällt auch der Völkermord vieler indigener Stämme. In Europa gingen unterdessen die Kriege und Machtkämpfe weiter (und gipfelten 1588 in der Niederlage der Spanischen Armada vor der Küste Englands). Kein Wunder, dass das europäische Interesse, einträgliches Land auf anderen Kontinenten zu besiedeln, allmählich immer stärker wurde.

In der Mathematik wurde die Arbeit, die in Florenz begonnen hatte, fortgesetzt. Bis zur Mitte des Jahrhunderts waren die neuen Ideen fast in ganz Europa angekommen, wodurch die jeweiligen Staaten ihre eigene Mini-Renaissance erlebten.

Mit dem wachsenden Wohlstand der Händlerklasse wurden auch immer mehr Menschen des Rechnens kundig. Zusätzlich legte die Reformationsbewegung einen großen Schwerpunkt auf das Lernen weltlicher Themen und akzeptierte regelmäßig auch Frauen. In Wittenberg wurde 1530 sogar eine Mädchenschule eröffnet.

Die Mathematik spielte im 16. Jahrhundert noch eine weitere wichtige Rolle, denn sie bildete die Grundlage für die aufkeimende Revolution der Wissenschaft, die in den kommenden Jahrhunderten zu rasanten Fortschritten und neuen Technologien führte und bis heute anhält.

Unten: Bildnis des Martin Luther von Lucas Cranach, gemalt 1526.

Links: So zeichneten europäische Kartografen 1570 die Landkarte des amerikanischen Kontinents.

Unten: Gemälde der Spanischen Armada, die 1588 im Ärmelkanal auftaucht (um 1600).

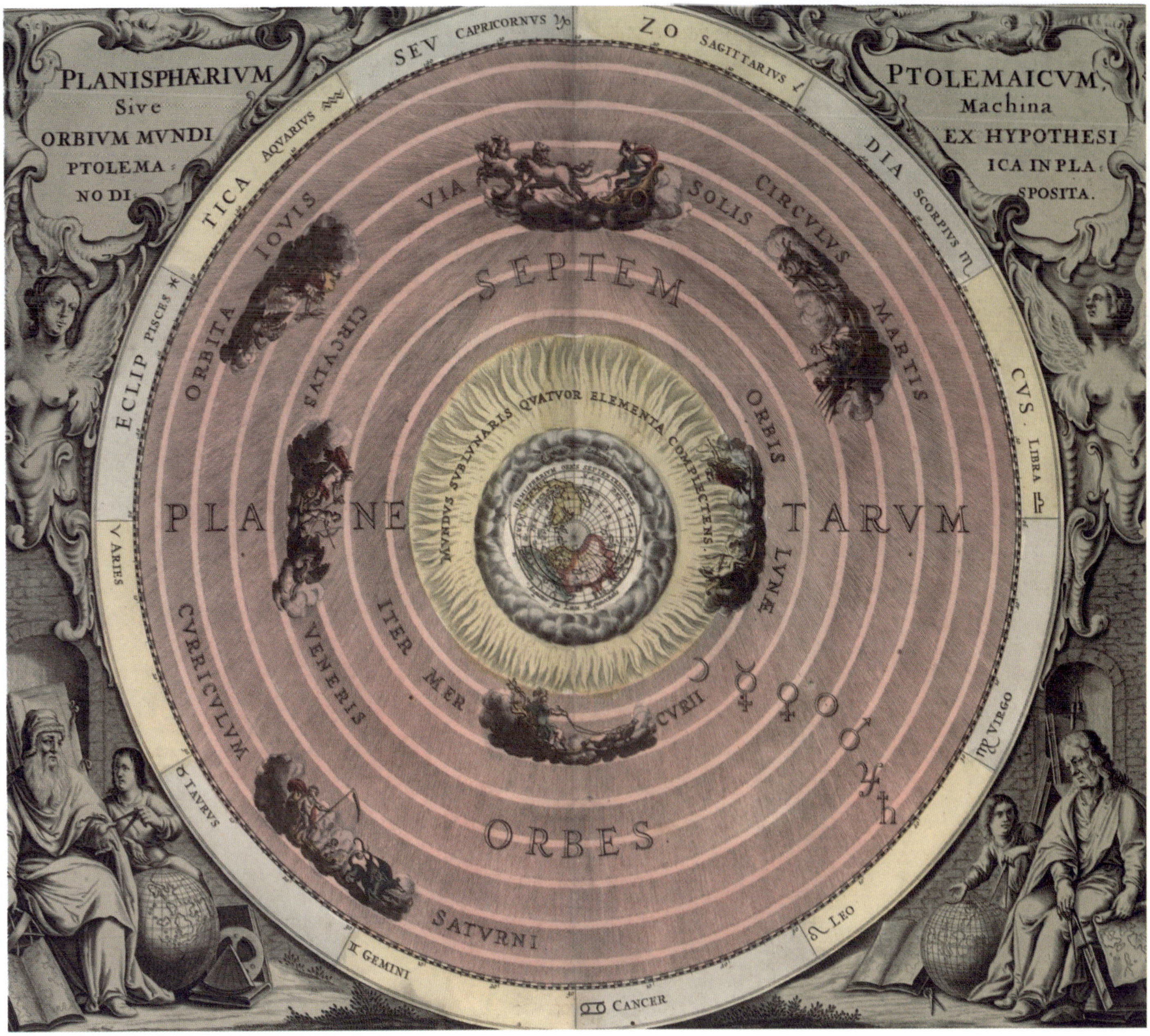

Heliozentrik

Oben: Die Position der Sonne und Planeten im ptolemäischen Weltbild. Einige sinnbildliche Details zeugen von einer Mischung aus christlicher und griechischer Mythologie.

Seit dem 2. Jahrhundert galt es weithin als Tatsache, dass sich das Universum um die Erde bewegte, wie es Ptolemäus in seinem *Almagest* [S. 79] beschrieben hatte. Dieses vermeintliche Wissen hielt sich bis nach dem Mittelalter, da es eng mit der katholischen Doktrin verknüpft war. Aber nicht jeder war von seiner Richtigkeit überzeugt.

Rückläufiger Mars

Eine Beobachtung, die man mit dem ptolemäischen System nicht begründen konnte, war die Rückläufigkeit des Mars: Ungefähr alle zwei Jahre sieht es so aus, als veränderte der Mars seine Bahn und bewegte sich in die entgegengesetzte Richtung als sonst über den Sternenhimmel, wobei er eine S-Form oder einen ganzen Ring bildet.

Um dieses seltsame Phänomen zu erklären, wurden verschiedene geozentrische Modelle erstellt, aber keines brachte ein zufriedenstellendes Ergebnis. Schließlich bewies Nikolaus Kopernikus [S. 186], dass die Erde und andere Planeten um die Sonne kreisten.

Die scheinbare Rückläufigkeit entsteht, da sich die Erde und der Mars um die Sonne bewegen, aber die Bahn der Erde etwas kürzer ist als jene des Mars. Wenn sie ihn „überholt", sieht es so aus, als ob der Mars nun rückwärts über den Himmel zöge.

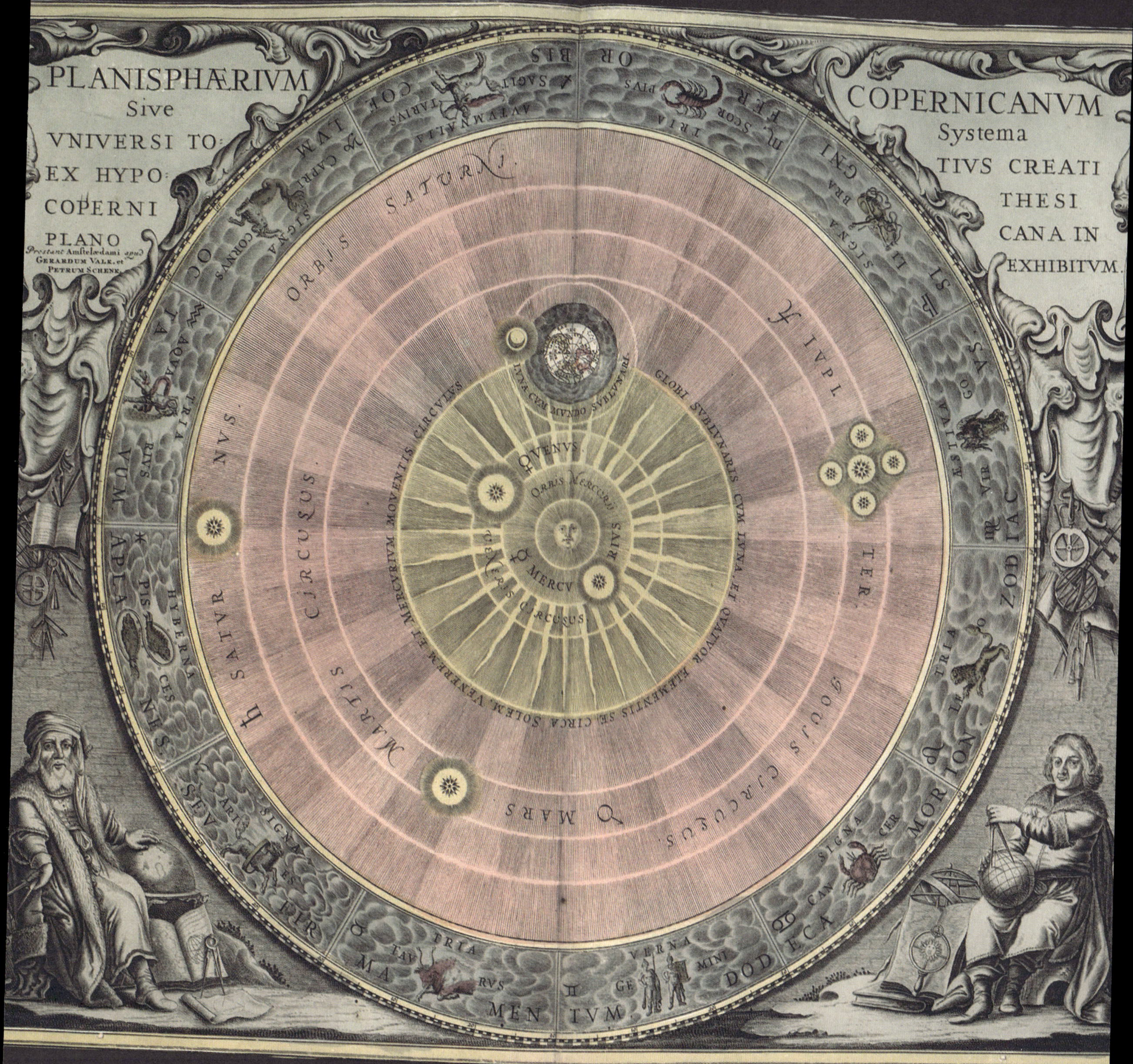

Oben: Eine dekorative Darstellung des Universums, wie Kopernikus es beschreibt. Auch die damals neu entdeckten Jupitermonde sind darauf

Nikolaus Kopernikus

Nikolaus Kopernikus (1473–1543) wurde im heutigen Polen in eine wohlhabende und bedeutende Familie geboren. Dort erhielt er unter der Obhut seines Onkels eine umfangreiche Bildung und studierte an vier Universitäten.

Er war ein unglaublich talentierter Universalgelehrter, der fünf Sprachen fließend beherrschte und als Arzt, Domherr, Politiker, Ökonom, Übersetzer und Mathematiker tätig war. Man ernannte ihn zum Kanoniker im Ermland (ein Gebiet im Norden Polens), wo er schließlich als Administrator für den preußischen Staat diplomatische und fiskalische Aufgaben übernahm. Aus dieser Arbeit entstand seine „Quantitätstheorie des Geldes“, die besagt, dass die Geldmenge, die sich in einer Volkswirtschaft im Umlauf befindet, die Preise der Waren beeinflusst. Diese Schrift machte ihn unter seinen Zeitgenossen berühmt.

Neben seinen vielen anderen Aktivitäten widmete sich Kopernikus auch der Astronomie, eigentlich mehr als Hobby. Er stellte detaillierte Beobachtungen und Berechnungen der Sterne und Planeten an und zog daraus den Schluss, dass sich nicht das Universum um die Erde drehte, sondern die Erde und alle anderen Himmelskörper um die Sonne.

Zwar hatten auch andere vor ihm bereits diese Idee gehabt, aber Kopernikus war der erste, der die Heliozentrik mit harten mathematischen Fakten bewies, und zwar in seinem Buch aus dem Jahr 1543, *De revolutionibus orbium coelestium* (*Über die Umlaufbahnen der Himmelskörper*).

Die schwierigen Berechnungen und komplexen Gleichungen, die zum Verständnis des Inhalts erforderlich sind, waren wohl der Grund für die anfangs verhaltenen Reaktionen auf das Buch. Im Laufe der Zeit – und entgegen aller Widerstände einiger Theologen, die das Werk als ketzerisch verurteilten – erkannten und würdigten immer mehr Leser das mathematische Wissen, das ihm zugrunde lag. Die Berechnungen stellten sich als unwiderlegbar heraus und stürzten schließlich das anderthalb Jahrtausende alte Dogma vom geozentrischen Weltbild.

Ganz links: Die Reihenfolge der Himmelskörper, die um die Sonne kreisten, dargestellt von Kopernikus in *De revolutionibus orbium coelestium.*

Links: Diese Bronzestatue des Kopernikus wurde 1853 im polnischen Torun aufgestellt.

Das Gleichheitszeichen

Robert Recorde (1512–1558), ein Arzt, Ökonom und Mathematiker, veröffentlichte 1557 ein Werk mit dem ellenlangen Titel *The whetstone of witte, whiche is the seconde parte of Arithmetike: containyng thextraction of Rootes: The Coßike practise, with the rule of Equation: and the woorkes of Surde Nombers*, besser bekannt unter seinem Kurztitel *The Whetstone of Witte* (*Der Wetzstein des Scharfsinns*).

Das Buch selbst war nicht gerade ein Erfolg, aber darin fand sich etwas Besonderes: die erste Verwendung des Gleichheitszeichens. In all den vorhergehenden Jahrhunderten gab es in der Mathematik noch kein Symbol „=“. Im Altertum wurden Berechnungen meist als lange Sätze mit einem separaten Ergebnis formuliert. Vergleichbare Vorläufer des „Ist-gleich-Zeichens“ waren zwar schon aufgetaucht, etwa Diophantos' Abkürzung oder das Symbol, das die islamischen Gelehrten verwendeten, und mit der Einführung der symbolischen Algebra [S. 169] kam das lateinische Wort „aequalis“ in Gebrauch und wurde oft durch „æ“ oder „œ“ ausgedrückt. Aber erst Recorde brachte uns das heutige „=“.

Plus- und Minuszeichen

Die modernen Plus- und Minuszeichen entwickelten sich aus den lateinischen Begriffen dafür. Das „+“ war eine gängige Abkürzung des Wortes „et“, das „und“ bedeutet, ähnlich wie das „&“, das ebenfalls noch verwendet wird. Das Zeichen „–“ wurde zuerst als „m̄“ dargestellt, eine Abkürzung des Wortes „minus“, bei der irgendwann der Buchstabe wegfiel.

Die Plus- und Minuszeichen wurden bereits vom deutschen Mathematiker Johannes Widmann (geb. 1460) eingesetzt, aber nur, um Ein- und Ausgänge von Geld in der Buchführung festzuhalten. In der Mathematik wurden die Symbole erstmals von Henricus Grammateus (1495–1526) in seinem Werk *Ayn new kunstlich Buech* (1518), das ebenfalls die Buchführung zum Thema hatte, aber die Symbole wurden darin in Rechnungen verwendet.

Recorde war der erste Engländer, der sie nutzte, belegt durch *Wetzstein des Scharfsinns,* was gemeinhin als das Werk gilt, in dem die Zeichen eingeführt und durch das sie populär gemacht wurden.

Rechts: Dieses Bild aus *Ayn new kunstlich Buech* aus dem Jahr 1518 zeigt walisische Kaufleute bei der Anwendung der neuen italienischen Methode der Buchführung.

Gegenüber: Eine Seite aus der Einleitung von *Der Wetzstein des Scharfsinns,* wo erstmals das Gleichheitszeichen vorgestellt wird.

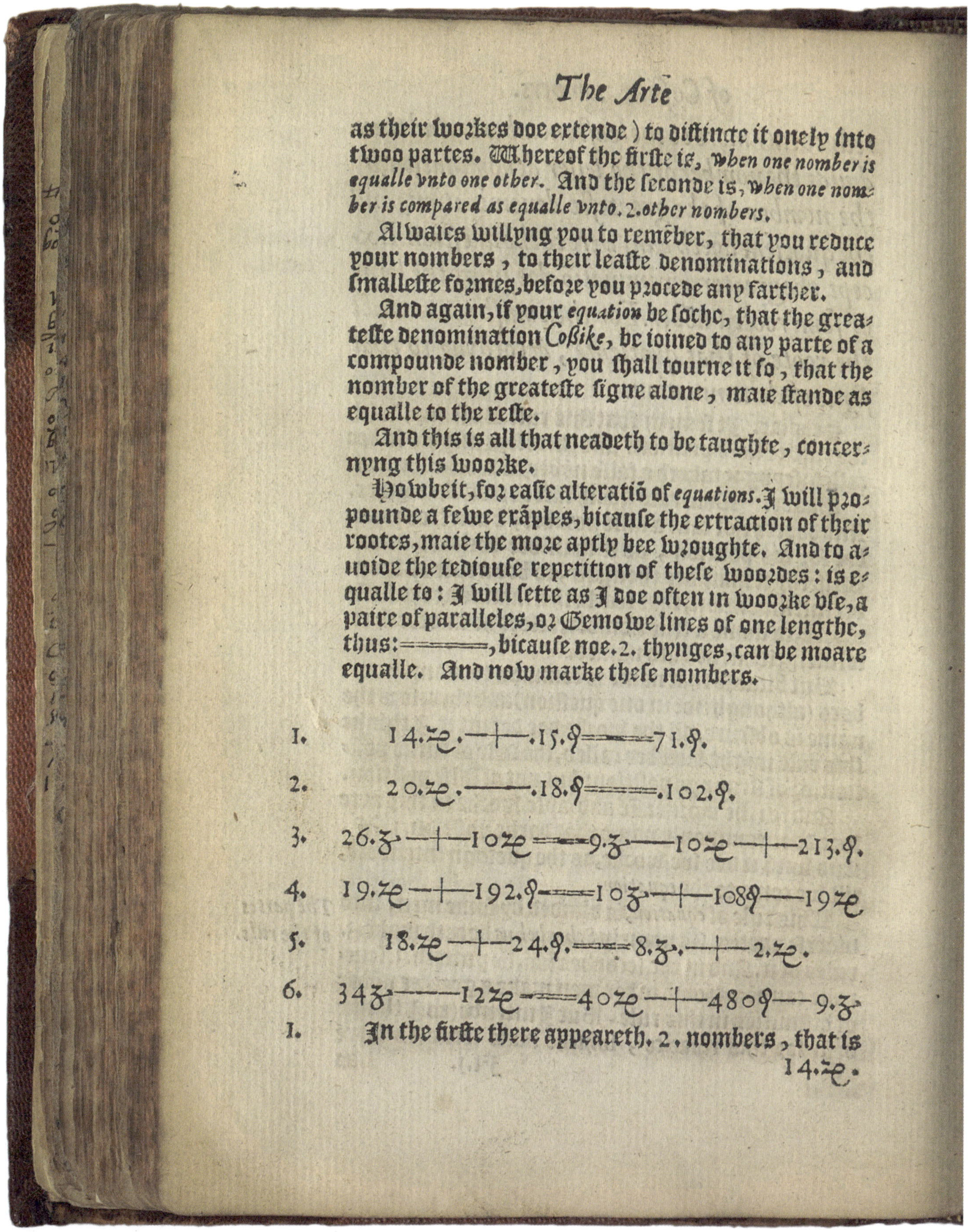

The Arte

as their workes doe extende) to distincte it onely into twoo partes. Whereof the firste is, *when one nomber is equalle vnto one other*. And the seconde is, *when one nomber is compared as equalle vnto .2. other nombers.*

Alwaies willyng you to remẽber, that you reduce your nombers, to their leaste denominations, and smalleste formes, before you procede any farther.

And again, if your *equation* be soche, that the greateste denomination *Coßike*, be ioined to any parte of a compounde nomber, you shall tourne it so, that the nomber of the greateste signe alone, maie stande as equalle to the reste.

And this is all that neadeth to be taughte, concernyng this woorke.

Howbeit, for easie alteratiõ of *equations*. I will propounde a fewe exãples, bicause the extraction of their rootes, maie the more aptly bee wroughte. And to auoide the tediouse repetition of these woordes: is equalle to: I will sette as I doe often in woorke vse, a paire of paralleles, or Gemowe lines of one lengthe, thus: =====, bicause noe .2. thynges, can be moare equalle. And now marke these nombers.

1. 14.ze. + .15.ϱ ===== 71.ϱ.
2. 20.ze. − .18.ϱ ===== .102.ϱ.
3. 26.ʒ + 10ze ===== 9.ʒ − 10ze + 213.ϱ.
4. 19.ze + 192.ϱ ===== 10ʒ + 108ϱ − 19ze
5. 18.ze + 24.ϱ. ===== 8.ʒ. + 2.ze.
6. 34ʒ − 12ze ===== 40ze + 480ϱ − 9.ʒ

1. In the firste there appeareth. 2. nombers, that is 14.ze.

Cardanische Formeln

Lange galt die Suche nach der Lösung für kubische Gleichungen als heiliger Gral der Mathematik. Solche Gleichungen dritten Grades haben die Form:

$$ax^3 + bx^2 + cx + d = 0$$

Omar Chayyam (ca. 1048–1131) hatte bereits einige Arten dieser Gleichung gelöst [S. 127], aber im 16. Jahrhundert glaubten viele Mathematiker, auch Luca Pacioli [S. 170], dass es keine allgemein gültige Lösungsformel dafür gäbe.

Im Jahr 1535 fand Niccolò Tartaglia (1500–1557) die Lösungsformel für die reduzierte Form der kubischen Gleichung, also für jede, bei der das Glied x^2 entfällt. Die Methode dafür war eine komplizierte geometrische Konstruktion aus mehreren Würfeln. Die Gleichung dafür formulierte er als Rätsel:

Unten: Kupferstich von Niccolò Tartaglia, der hörte, dass eine Gleichung seit Jahrhunderten nicht zu lösen war, was er als Herausforderung betrachtete.

Wenn der Kubus mit den Gesuchten daneben
Gleich einer allein stehenden Zahl ist,
Finde zwei andere als Differenz in dieser.
Dann gewöhne es dir an,
Dass ihr Produkt stets genau dem Drittel
des Kubus der Gesuchten entspricht.
Dann ist das Ergebnis
Ihrer ordentlich subtrahierten Kubikwurzeln
Gleich deiner Hauptsache.

Im zweiten dieser Fälle,
Wenn der Kubus allein steht,
Machst du es auf die andere Weise:
Aus der Zahl machst du zwei Teile,
So, dass ihr Produkt
Den Kubus des Drittels
der Anzahl der Gesuchten ergebe.
Von diesen zwei Teilen addierst du dann
Nach üblichem Verfahren ihre Kubikwurzeln
Und diese Summe ist deine Lösung.

Dann löst du die dritte deiner Berechnungen
So wie die zweite,
denn bei genauer Betrachtung erkennst du,
Dass sie ihrer Natur nach quasi verwandt sind.

Der große Durchbruch gelang schließlich Gerolamo Cardano (1501–1576), der Tartaglia drängte, ihm die Lösung für die reduzierte kubische Gleichung zu verraten. Tartaglia verpflichtete ihn zur Geheimhaltung, aber Cardano fand später heraus, wie man jede Gleichung dritten Grades in ihre reduzierte Form bringen konnte, wodurch man nun sämtliche kubischen Gleichungen lösen konnte.

Cardano veröffentlichte den Lösungsweg 1545 in seinem Buch *Artis Magnae* (*Die hohe Kunst*), für das er großes Lob erhielt. Tartaglia war, wie zu erwarten, wutentbrannt und ergriff jede Gelegenheit, seinen Nachfolger zu beschimpfen. Ungeachtet dessen gelangte die Formel für die kubischen Gleichungen erstmals in die Öffentlichkeit und wurde von fast allen westlichen Mathematikern übernommen.

$$x = \sqrt[3]{\left(\frac{-b^3}{27a^3} + \frac{bc}{6a^2} + \frac{d}{2a}\right) + \sqrt{\left(\frac{-b^3}{27a^3} + \frac{bc}{6a^2} + \frac{d}{2a}\right)^2 + \left(\frac{c}{3a} - \frac{b^2}{9a^2}\right)^3}}$$

$$+ \sqrt[3]{\left(\frac{-b^3}{27a^3} + \frac{bc}{6a^2} + \frac{d}{2a}\right) + \sqrt{\left(\frac{-b^3}{27a^3} + \frac{bc}{6a^2} + \frac{d}{2a}\right)^2 + \left(\frac{c}{3a} - \frac{b^2}{9a^2}\right)^3}} - \frac{b}{3a}$$

Links: Dieser Kupferstich zeigt Gerolamo Cardano, einen Schüler Tartaglias, der aus der Entdeckung seines Lehrers eine allgemeine Formel für die Lösung aller kubischen Gleichungen ableitete.

Imaginäre Zahlen

In seinem Buch *Artis Magnae* [S. 191] bemerkte Gerolamo Cardano, dass bei seiner Lösungsformel für die kubischen Gleichungen gelegentlich ein ungewöhnliches Ergebnis herauskam.

Das kann man zum Beispiel an dieser relativ einfach aussehenden kubischen Gleichung illustrieren:

$$x^3 + 4x - 9 = 0$$

Wendet man nun die kubische Formel [S. 190] darauf an, entdeckt man, dass in der Rechnung $\sqrt{-28}$ steckt – die Quadratwurzel einer negativen Zahl. In der Geometrie gibt es schließlich keine Wurzel einer negativen Zahl.

Cardano war mit den negativen Wurzeln nicht gerade glücklich, konnte sie aber auch nicht auflösen. Also unternahm er den mutigen Schritt und verwendete sie ganz normal in seinen Gleichungen, wie in der Algebra. Später entstand daraus die Formulierung mit dem Buchstaben „i" für $\sqrt{-1}$. Auf diese Weise konnte Cardano weiterrechnen, wo viele andere kapitulieren mussten.

Trotz dieser revolutionären Idee war Cardano immer noch nicht zufrieden. Er beschrieb seinen Lösungsweg sogar als eine Art mentale Folter, der zu einem komplett nutzlosen Ergebnis führte.

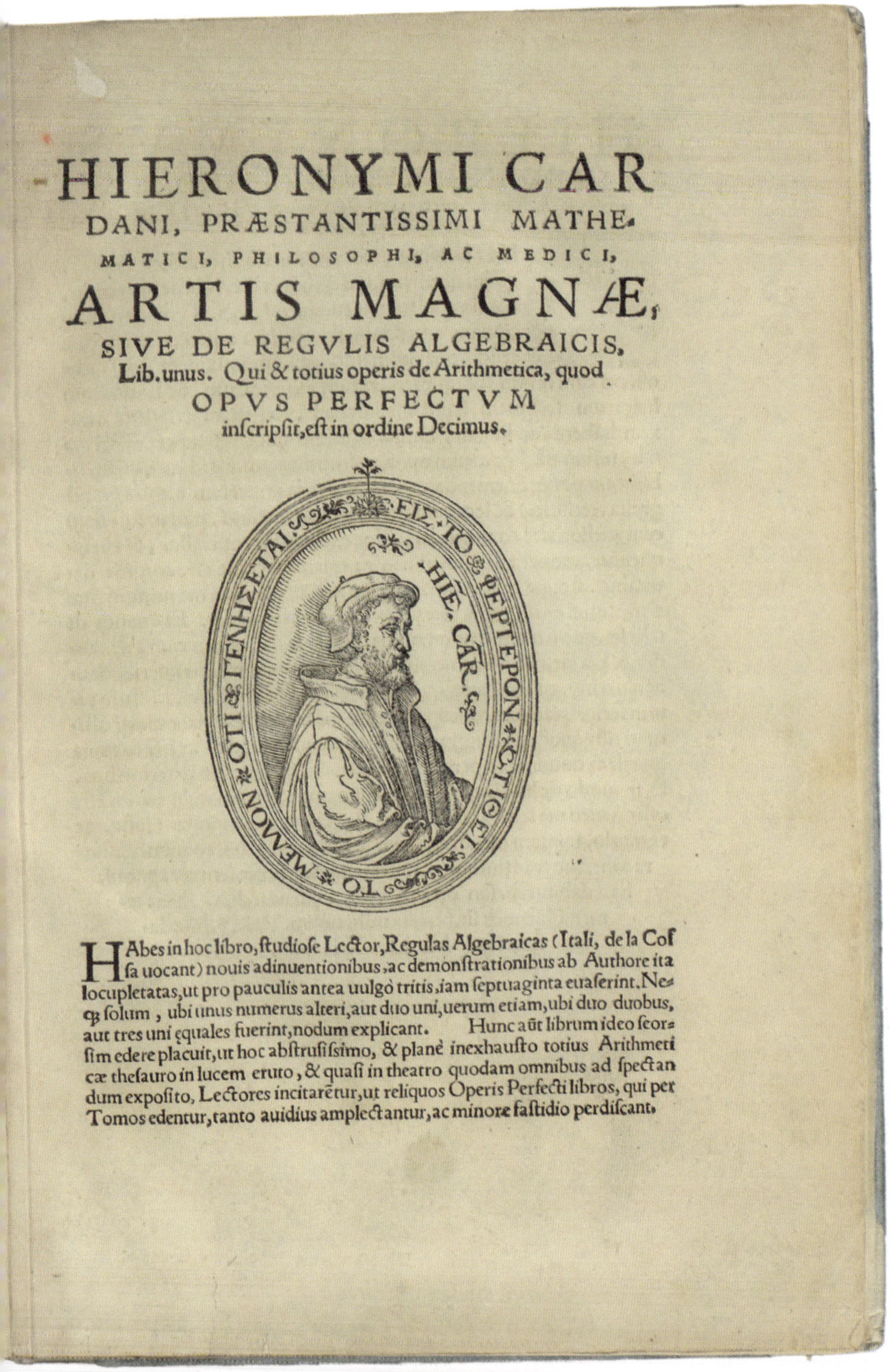

HIERONYMI CAR
DANI, PRÆSTANTISSIMI MATHE-
MATICI, PHILOSOPHI, AC MEDICI,
ARTIS MAGNÆ,
SIVE DE REGVLIS ALGEBRAICIS,
Lib. unus. Qui & totius operis de Arithmetica, quod
OPVS PERFECTVM
inscripsit, est in ordine Decimus.

HAbes in hoc libro, studiose Lector, Regulas Algebraicas (Itali, de la Cosa uocant) nouis adinuentionibus, ac demonstrationibus ab Authore ita locupletatas, ut pro pauculis antea uulgò tritis, iam septuaginta euaserint. Neque solum, ubi unus numerus alteri, aut duo uni, uerum etiam, ubi duo duobus, aut tres uni æquales fuerint, nodum explicant. Hunc aũt librum ideo seorsim edere placuit, ut hoc abstrusissimo, & planè inexhausto totius Arithmeticæ thesauro in lucem eruto, & quasi in theatro quodam omnibus ad spectandum exposito, Lectores incitarentur, ut reliquos Operis Perfecti libros, qui per Tomos edentur, tanto auidius amplectantur, ac minore fastidio perdiscant.

Oben: Gerolamo Cardanos *Artis Magnae* konfrontierte ihn mit einer negativen Quadratwurzel, von der er sich jedoch nicht vom Rechnen abbringen ließ

Rafael Bombelli

Andere Mathematiker waren von den negativen Quadratwurzeln nicht ganz so schockiert wie Cardano. Manche von ihnen machten sich selber an die Arbeit mit ihnen und im Jahr 1572 veröffentlichte Rafael Bombelli (1525–1572) sein Buch *Algebra*.

Es war eines der ersten umfangreichen Werke über das Rechnen mit negativen Zahlen, das im lateinischen Westen erschienen war, und es enthielt Gleichungen wie diese:

„Minus 5 mal minus 6 ergibt plus 30"
d. h. $-5 \cdot -6 = 30$

Diese Bereitschaft, mit negativen Zahlen zu rechnen, schloss auch ihre Wurzeln ein. Bombelli entwickelte die Schreibweise von negativen Zahlen als eine spezielle Form von Zahlen, die durch $x\sqrt{-1}$ dargestellt werden können, wobei x eine natürliche Zahl ist.

Im vorherigen Beispiel würde $x\sqrt{-28}$ zu $\sqrt{28}\sqrt{-1}$ werden. Dieser scheinbar simple Zusatz war eine revolutionäre Neuerung, da sich die Teile mit $\sqrt{-1}$ gegenseitig aufhoben, sodass eine Lösung herauskam.

Später wurden Zahlen, die den Term $\sqrt{-1}$ enthielten, als „imaginäre Zahlen„ bezeichnet. Enthalten die Zahlen reelle und imaginäre Komponenten, spricht man von „komplexen Zahlen".

Diese imaginären Zahlen haben nichts mit den geometrischen Anfängen der Algebra zu tun. In der realen Welt gibt es keine Entsprechung dieses mathematischen Konstrukts, was zu ihrem Namen führte.

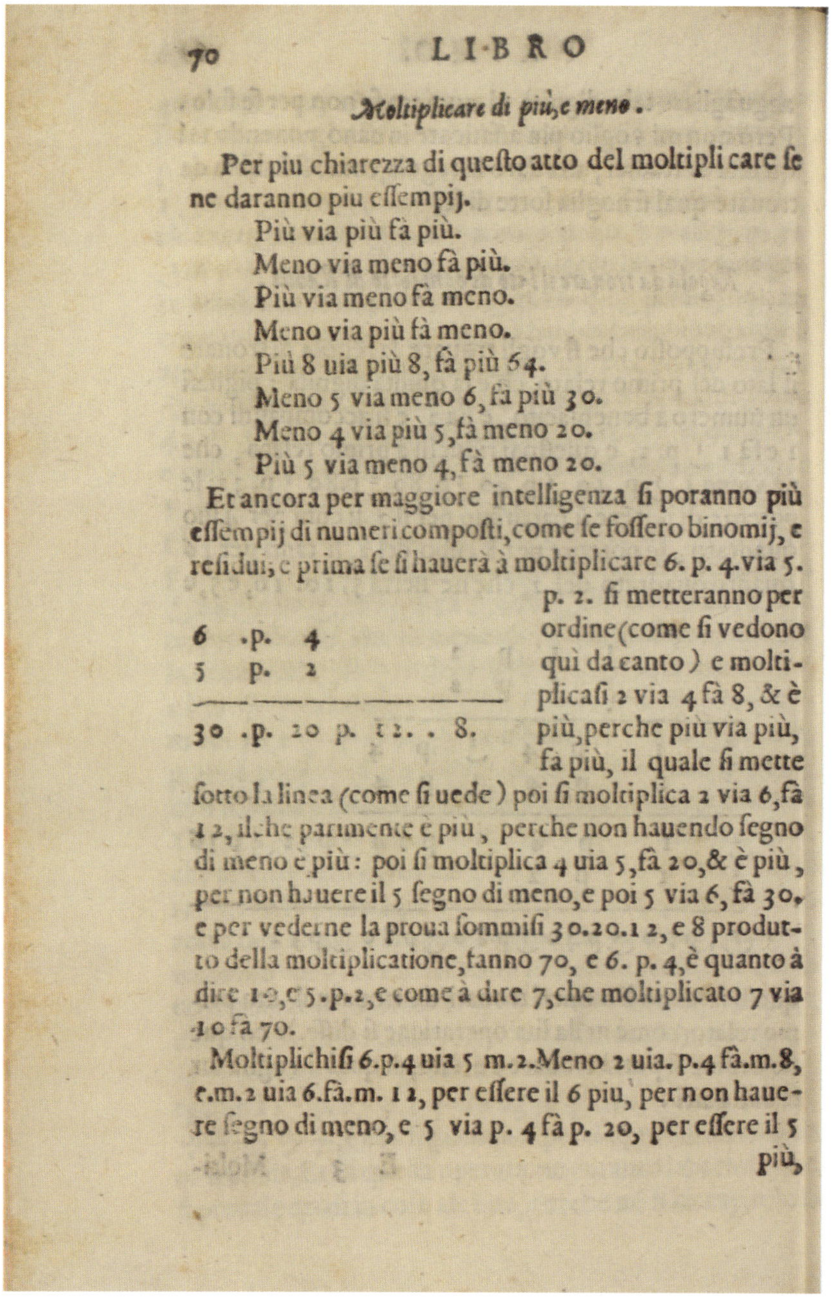

70 LIBRO

Moltiplicare di più, e meno.

Per piu chiarezza di questo atto del moltipli care se ne daranno piu essempij.

Più via più fà più.
Meno via meno fà più.
Più via meno fà meno.
Meno via più fà meno.
Più 8 uia più 8, fà più 64.
Meno 5 via meno 6, fà più 30.
Meno 4 via più 5, fà meno 20.
Più 5 via meno 4, fà meno 20.

Et ancora per maggiore intelligenza si poranno più essempij di numeri composti, come se fossero binomij, e residui; e prima se si hauerà à moltiplicare 6. p. 4. via 5. p. 2. si metteranno per ordine (come si vedono qui da canto) e moltiplicasi 2 via 4 fà 8, & è più, perche più via più, fa più, il quale si mette sotto la linea (come si uede) poi si moltiplica 2 via 6, fà 12, il che parimente è più, perche non hauendo segno di meno è più: poi si moltiplica 4 uia 5, fà 20, & è più, per non hauere il 5 segno di meno, e poi 5 via 6, fà 30, e per vederne la proua sommisi 30. 20. 12, e 8 produtto della moltiplicatione, fanno 70, e 6. p. 4, è quanto à dire 10, e 5. p. 2, e come à dire 7, che moltiplicato 7 via 10 fà 70.

6 .p. 4
5 p. 2
30 .p. 20 p. 12 . . 8.

Moltiplichisi 6. p. 4 uia 5 m. 2. Meno 2 uia. p. 4 fà. m. 8, e. m. 2 uia 6. fà. m. 12, per essere il 6 più, per non hauere segno di meno, e 5 via p. 4 fà p. 20, per essere il 5 più,

Oben: Eine Seite aus Rafael Bombellis *Algebra*. In seinem Buch erklärt er, wie man die neue Schreibweise verwendet.

Dezimalstellen

Möchte man eine Zahl, die keine ganze Zahl ist, darstellen, hat man zwei wesentliche Möglichkeiten. Eine davon ist, sie als Bruch mit Zähler und Nenner zu schreiben, also als Division, deren Ergebnis die nicht ganze Zahl ist.

Ein Großteil der europäischen Mathematik des 16. Jahrhunderts war durch solche Brüche ausgedrückt. Aber eine nicht ganze Zahl kann man auch als Dezimalzahl mit Nachkommastellen schreiben:

z. B. 1,5 oder 1,375.

In der indischen und islamischen Welt war diese Schreibweise schon länger in Gebrauch, aber in die mittlerweile einflussreiche europäische Mathematik war sie bisher noch kaum vorgedrungen.

Unten: Simon Stevin war ein weit gereister und gebildeter Mann, der viel von sich hielt.

Simon Stevin

Simon Stevin (1548–1620) war ein flämischer Mathematiker, der sich einen Namen machte, indem er nützliche mathematische Ideen aufgriff und populär machte. Er half bei der Einführung der doppelten Buchführung [S. 171] in der niederländischen Republik und in Frankreich, und er verwendete wieder die Lösung für die quadratische Formel, die von Brahmagupta [S. 91] entdeckt worden war.

Im Jahr 1585 veröffentlichte er das Büchlein *De Thiende* (*Das Zehntel*), in dem er das Konzept der Dezimalzahlen vorstellte und erklärte. Unter anderem beschrieb er auch, wie man damit alle Arten von Berechnungen, die in der Mathematik vorkamen, durchführen konnte.

Stevin war außerordentlich stolz auf seine Erfindung und glaubte fest, dass sie die Welt verändern würde. Trotz seiner Beharrlichkeit setzte sich die von ihm entwickelte Form der Dezimalschreibweise nicht durch. Stevin verwendete eingekreiste Zahlen, um die Nachkommastellen (d. h. die Zehntel, Hundertstel, Tausendstel usw.) zu kennzeichnen. Eine Dezimalzahl schrieb er also folgendermaßen:

941,304 als 941⓪3①0②4③

Man sieht auf den ersten Blick, wie umständlich diese Schreibweise ist, weswegen sie zu Stevins Zeit auch kaum Beachtung fand. Allerdings legte sie den Grundstein für die Verwendung eines Dezimalsystems und animierte andere Mathematiker, mit verschiedenen Schreibweisen zu experimentieren.

BARTHOLOMÄUS PITISCUS UND DER DEZIMALPUNKT

Manchen Quellen zufolge war der deutsche Mathematiker Bartholomäus Pitiscus (1561–1613) der Erste, der Dezimalpunkte verwendete – im Jahr 1608, in der zweiten Auflage seines Buchs über die Trigonometrie. Andere wiederum argumentieren, dass es sich dabei nicht um echte Dezimalpunkte handele, sondern nur um Zeichen, die Zahlen gruppierten.

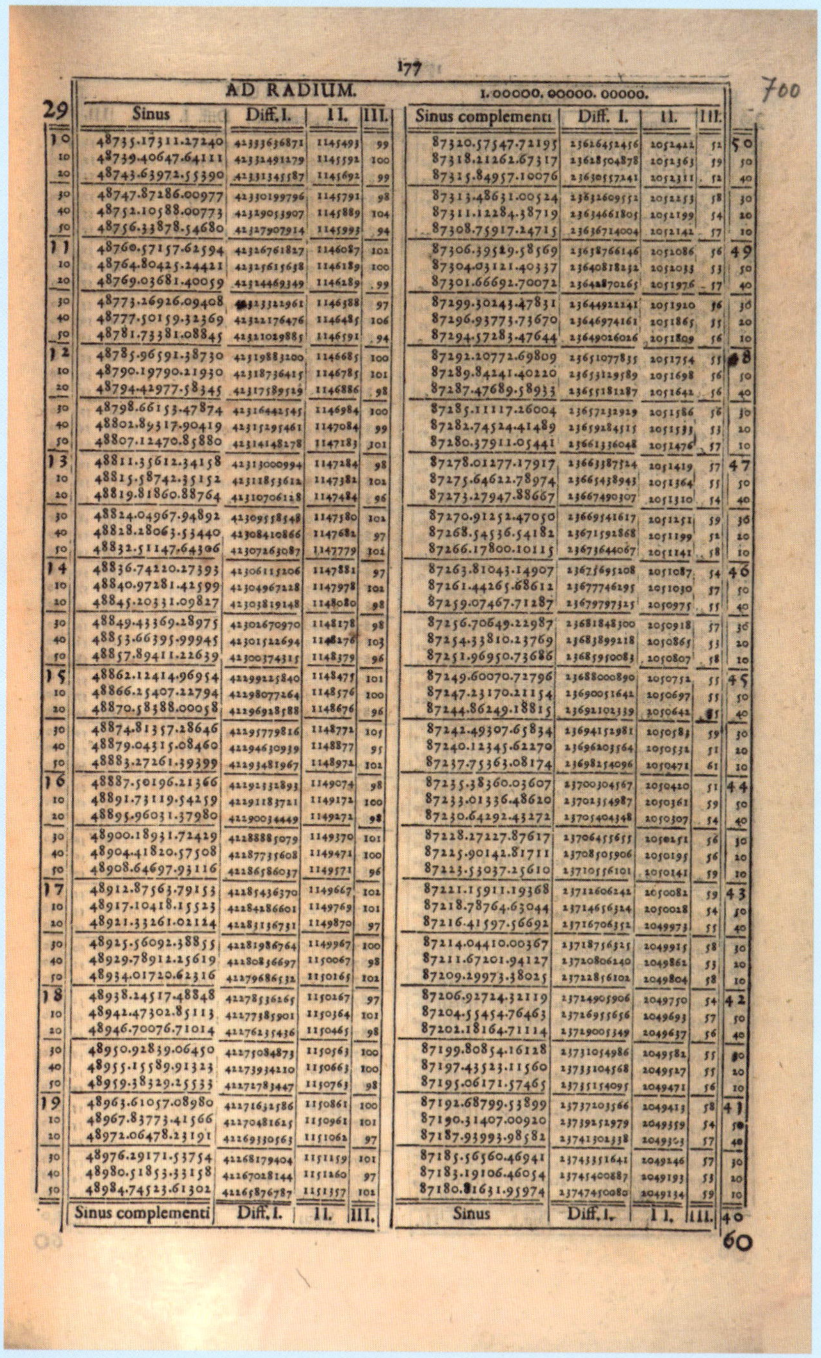

177

29 AD RADIUM. 1.00000.00000.00000.

700

	Sinus	Diff. I.	II.	III.	Sinus complementi	Diff. I.	II.	III.	
10	48735.17311.27240	42333636871	1145493	99	87320.57547.72195	23626452456	2052422	52	50
10	48739.40647.64111	42332491279	1145592	100	87318.21262.67317	23628504878	2052363	59	50
20	48743.63972.55390	42331345587	1145692	99	87315.84957.10076	23630557241	2052311	52	40
30	48747.87286.00977	42330199796	1145791	98	87313.48631.00524	23632609552	2052253	58	30
40	48752.10588.00773	42329053907	1145889	104	87311.12284.38719	23634661805	2052199	54	20
50	48756.33878.54680	42327907914	1145993	94	87308.75917.24715	23636714004	2052142	57	10
11	48760.57157.62594	42326761827	1146087	102	87306.39529.58569	23638766146	2052086	56	49
10	48764.80425.24421	42325615638	1146189	100	87304.03121.40337	23640818232	2052033	53	50
20	48769.03681.40059	42324469349	1146289	99	87301.66692.70072	23642870265	2051976	57	40
30	48773.26926.09408	42323322961	1146388	97	87299.30243.47831	23644922241	2051920	56	30
40	48777.50159.32369	42322176476	1146485	106	87296.93773.73670	23646974161	2051865	55	20
50	48781.73381.08845	42321029885	1146591	94	87294.57283.47644	23649026026	2051809	56	10
12	48785.96591.38730	42319883200	1146685	100	87292.20772.69809	23651077835	2051754	55	48
10	48790.19790.21930	42318736415	1146785	101	87289.84241.40220	23653129589	2051698	56	50
20	48794.42977.58345	42317589529	1146886	98	87287.47689.58933	23655181287	2051642	56	40
30	48798.66153.47874	42316442545	1146984	100	87285.11117.26004	23657232929	2051586	56	30
40	48802.89317.90419	42315295461	1147084	99	87282.74524.41489	23659284515	2051533	53	20
50	48807.12470.85880	42314148278	1147183	101	87280.37911.05441	23661336048	2051476	57	10
13	48811.35612.34158	42313000994	1147284	98	87278.01277.17917	23663387524	2051419	57	47
10	48815.58742.35152	42311853612	1147382	102	87275.64622.78974	23665438943	2051364	55	50
20	48819.81860.88764	42310706128	1147484	96	87273.27947.88667	23667490307	2051310	54	40
30	48824.04967.94892	42309558548	1147580	102	87270.91252.47050	23669541617	2051251	59	30
40	48828.28063.53440	42308410866	1147682	97	87268.54536.54182	23671592868	2051199	52	20
50	48832.51147.64306	42307263087	1147779	102	87266.17800.10115	23673644067	2051141	58	10
14	48836.74220.27393	42306115206	1147881	97	87263.81043.14907	23675695208	2051087	54	46
10	48840.97281.42599	42304967228	1147978	102	87261.44265.68612	23677746295	2051030	57	50
20	48845.20331.09827	42303819148	1148080	98	87259.07467.71287	23679797325	2050975	55	40
30	48849.43369.28975	42302670970	1148178	98	87256.70649.22987	23681848300	2050918	57	30
40	48853.66395.99945	42301522694	1148276	103	87254.33810.23769	23683899218	2050865	53	20
50	48857.89411.22639	42300374315	1148379	96	87251.96950.73686	23685950083	2050807	58	10
15	48862.12414.96954	42299225840	1148475	101	87249.60070.72796	23688000890	2050752	55	45
10	48866.25407.22794	42298077264	1148576	100	87247.23170.21154	23690051642	2050697	55	50
20	48870.58388.00058	42296928588	1148676	96	87244.86249.18815	23692102339	2050642	55	40
30	48874.81357.28646	42295779816	1148772	105	87242.49307.65834	23694152981	2050583	59	30
40	48879.04315.08460	42294630939	1148877	95	87240.12345.62270	23696203564	2050532	51	20
50	48883.27261.39399	42293481967	1148972	102	87237.75363.08174	23698254096	2050471	61	10
16	48887.50196.21366	42292332893	1149074	98	87235.38360.03607	23700304567	2050420	51	44
10	48891.73119.54259	42291183721	1149172	100	87233.01336.48620	23702354987	2050361	59	50
20	48895.96031.37980	42290034449	1149272	98	87230.64292.43272	23705404348	2050307	54	40
30	48900.18931.72429	42288885079	1149370	101	87228.27227.87617	23706455655	2050251	56	30
40	48904.41820.57508	42287735608	1149471	100	87225.90142.81711	23708505906	2050195	56	20
50	48908.64697.93116	42286586037	1149571	96	87223.53037.25610	23710556101	2050141	59	10
17	48912.87563.79153	42285436370	1149667	102	87221.15911.19368	23712606242	2050082	59	43
10	48917.10418.15523	42284286601	1149769	101	87218.78764.63044	23714656324	2050028	54	50
20	48921.33261.02124	42283136731	1149870	97	87216.41597.56692	23716706352	2049973	55	40
30	48925.56092.38855	42281986764	1149967	100	87214.04410.00367	23718756325	2049915	58	30
40	48929.78912.25619	42280836697	1150067	98	87211.67201.94127	23720806240	2049862	53	20
50	48934.01720.62316	42279686532	1150165	102	87209.29973.38025	23722856102	2049804	58	10
18	48938.24517.48848	42278536265	1150267	97	87206.92724.32119	23724905906	2049750	54	42
10	48942.47302.85113	42277385901	1150364	101	87204.55454.76463	23726955656	2049693	57	50
20	48946.70076.71014	42276235436	1150465	98	87202.18164.71114	23729005349	2049637	56	40
30	48950.92839.06450	42275084873	1150563	100	87199.80854.16128	23731054986	2049582	55	30
40	48955.15589.91323	42273934210	1150663	100	87197.43523.11560	23733104568	2049527	55	20
50	48959.38329.25533	42272783447	1150763	98	87195.06171.57465	23735154095	2049471	56	10
19	48963.61057.08980	42271632586	1150861	100	87192.68799.53899	23737203566	2049413	58	41
10	48967.83773.41566	42270481625	1150961	101	87190.31407.00920	23739252979	2049359	54	50
20	48972.06478.23191	42269330563	1151062	97	87187.93993.98582	23741302338	2049303	57	40
30	48976.29171.53754	42268179404	1151159	101	87185.56560.46941	23743351641	2049246	57	30
40	48980.51853.33158	42267028144	1151260	97	87183.19106.46054	23745400887	2049193	53	20
50	48984.74523.61302	42265876787	1151357	102	87180.81631.95974	23747450080	2049134	59	10
	Sinus complementi	Diff. I.	II.	III.	Sinus	Diff. I.	II.	III.	40

60

Oben: Diese Tabelle aus *Thesaurus Mathematicus* (Ausgabe aus dem Jahr 1613) enthält möglicherweise Dezimalpunkte.

Buchstaben als Variablen

François Viète (1540–1603) war ein Mathematiker aus Frankreich, der im Laufe seiner glanzvollen Karriere mit vielen großen Namen aus Religion und Politik zu tun hatte.

Einer seiner Interessenschwerpunkte war die algebraische Geometrie. Seine Arbeit basierte auf den Werken seiner Vorgänger wie Gerolamo Cardano und Niccolò Tartaglia [S. 190], die kubische Gleichungen mithilfe von komplexen Berechnungen zur Multiplikation von Würfeln lösten. Viète konstruierte mit Zirkel und Lineal die zu den algebraischen Ausdrücken gehörenden Formen, um auf diese Weise Gleichungen zu lösen.

Diese neue Art von Algebra wurde zunehmend kompliziert. Um dem gegenzusteuern, stellte Viète in seinem Buch aus dem Jahr 1591 *In artem analyticem isagoge* (*Einführung in die analytischen Künste*), eine neue Rechenart vor: symbolische Algebra [S 169], aber mit Buchstaben als Variablen.

Diese Methode sorgte dafür, dass die zuvor umständlich formulierten, langen Gleichungen bedeutend kürzer und verständlicher wurden.

Bis heute werden Figuren und Kurven noch oft mithilfe von algebraischen Gleichungen konstruiert.

Codeknacker

Zu Viètes Lebzeiten wurde Frankreich in einen Machtkampf zwischen Katholiken und Protestanten verwickelt. Dieser Konflikt gipfelte im achten Hugenottenkrieg (1585–1589). In dieser Zeit wurde Viète vom französischen König Heinrich III. beauftragt, die militärischen Botschaften der katholischen Spanier zu entschlüsseln. Nachdem Heinrich III. im

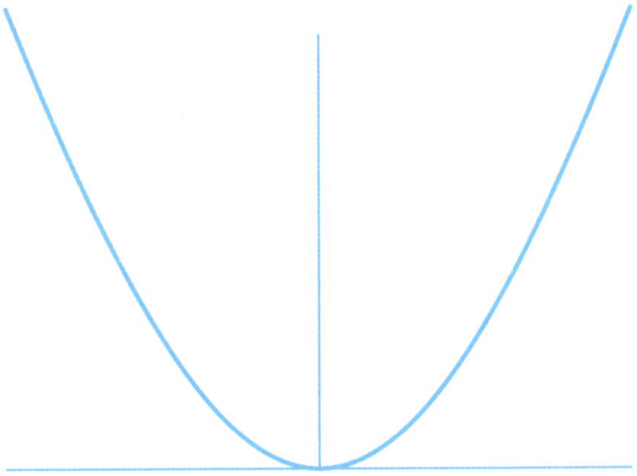

$y = x^2 + x + c$

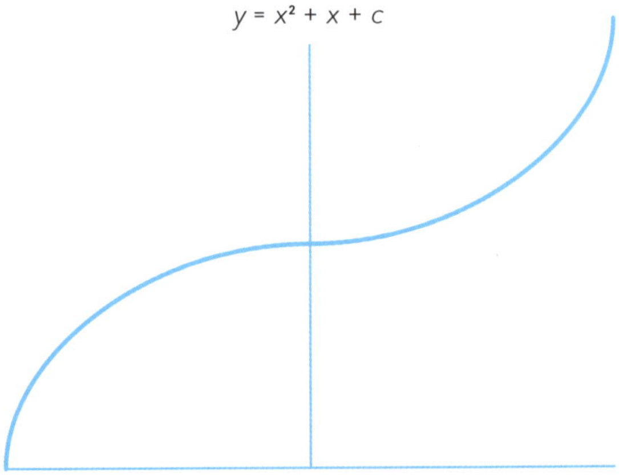

$y = x^3 + x^2 + x + c$

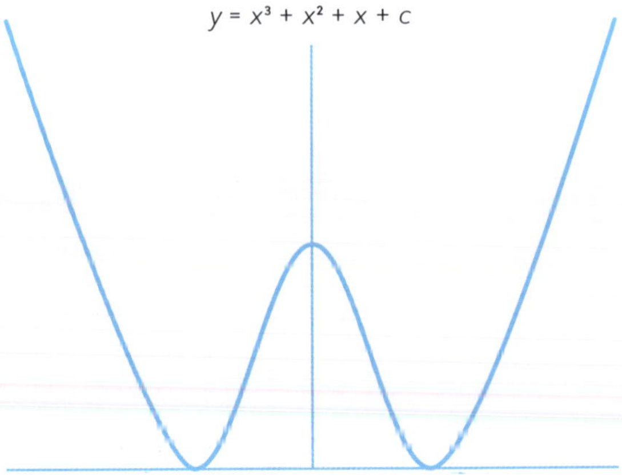

$y = x^4 + x^3 + x^2 + x + c$

Rechts: Einige Beispiele für Polynome. Ihre Formen stellen grafisch dar, wie sich die Ergebnisse einer Gleichung ändern, wenn unterschiedliche Werte eingesetzt werden.

Jahr 1589 ermordet wurde, folgte ihm Heinrich IV. (mit dem er nicht verwandt war) auf den Thron und Viète setzte für den neuen König seine Arbeit als Codeknacker fort.

Mithilfe seiner mathematischen Fähigkeiten gelang es ihm, die Chiffre der Spanier zu entschlüsseln. Der neue König konnte nun sämtliche abgefangene Korrespondenz lesen, was dazu beitrug, dass er den Krieg gewann.

Oben: Dieses Bild zeigt die Festnahme von Katholiken während der Herrschaft Heinrichs III. im achten Hugenottenkrieg.

Links: Porträt Heinrichs III. von Frankreich, König von Polen und Großfürst von Litauen.

Revolution der Wissenschaft

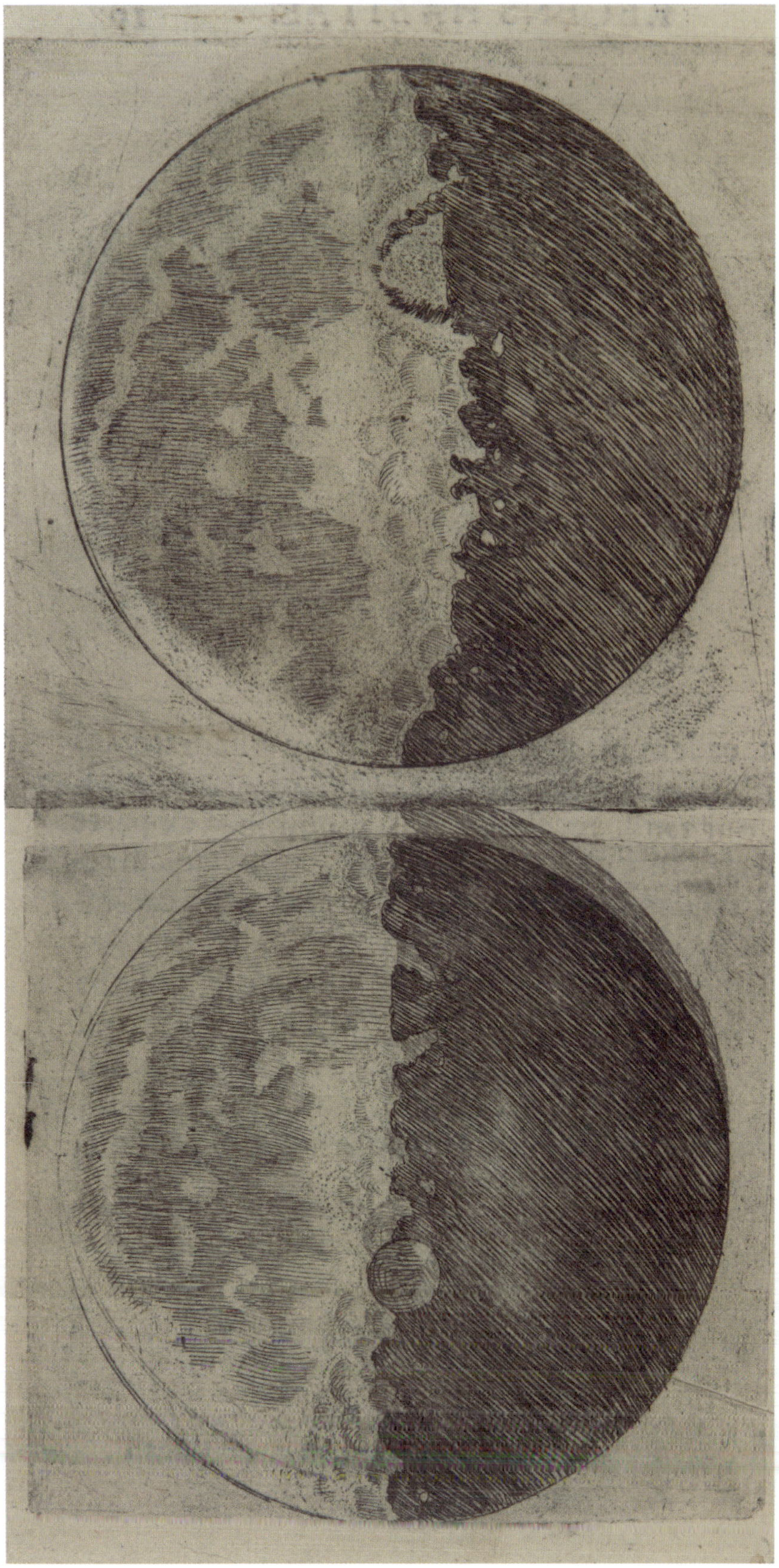

Nikolaus Kopernikus [S. 86] zögerte anfangs, seine Arbeit über die Position der Erde im Universum zu publizieren, da er darin ein ganz neues Weltbild postulierte. Erst kurz vor seinem Tod veröffentlichte er das Werk und setzte damit eine Revolution in Gang. Von diesem Zeitpunkt an galt das Wissen der Gelehrten aus dem Altertum nicht mehr als unantastbar. Zwar hatte es immer noch eine gewisse Bedeutung, aber es war nicht mehr der höchste Maßstab, um die Welt zu erklären.

Gegen Ende des 16. Jahrhunderts veränderte sich dadurch die Art und Weise, wie Wissenschaft betrieben wurde, und die Mathematik wurde zum wichtigsten Werkzeug für die Erforschung physikalischer Phänomene.

Der wissenschaftliche Erkenntnisprozess verschmolz immer mehr mit den Methoden des schlussfolgernden Denkens, des Durchführens von Experimenten und des mathematischen Begründens. Wissenschaftler bedienten sich nun regelmäßig der Mathematik, um den Ausgang ihrer Experimente schon vorhersagen zu können, bevor sie gemacht wurden, um Erkenntnisse zu gewinnen. Ihre Ergebnisse verglichen sie miteinander, um ihre mathematischen Modelle der beobachtbaren Welt immer weiter zu verbessern.

Links: Diese Zeichnungen der Mondphasen fertigte Galileo um das Jahr 1610 herum an.

Galileo

Die Revolution der Wissenschaft wurde von Kopernikus angestoßen, aber ihr Aushängeschild war Galileo Galilei (1564–1642). Bereits 1589 verfasste er erste mathematische Texte, etwa in *De Motu Antiquiora* (*Über die alten Schriften zur Bewegung)*, worin er Experimente zu fallenden und schwimmenden Körpern analysierte und insbesondere darauf hinwies, dass Aristoteles mit mehreren Einschätzungen falsch gelegen hatte (unter anderem damit, dass Frauen weniger Zähne hätten als Männer und dass Aale sich nicht fortpflanzten).

Außerdem war Galileo einer der Ersten, der Zugang zum ganz neu erfundenen Teleskop hatte. Damit konnte er die Oberfläche des Mondes sehen und er entdeckte Sterne am Himmel, die dem freien Auge verborgen blieben. Er erkannte auch die vier größten Jupitermonde, was bestätigte, dass sich nicht alle Himmelskörper um die Erde bewegten.

Galileo folgte dem Vorbild Kopernikus' und belegte seine Experimente immer mit stichfesten mathematischen Beweisen, sodass seine Theorien nicht grundlos verworfen werden konnten. Selbst als ihn die katholische Kirche für seine ketzerischen Ansichten verurteilte, glaubten ihm viele aufgrund seiner belegten Versuche und mathematischen Beweisführung. Es war nur eine Frage der Zeit, bis sich seine Erkenntnisse über die ganze Welt verbreiteten.

Links: Erweiterte Version eines Porträts Galileos aus dem Jahr 1635.

Kapitel dreizehn

Mathematik im 17. Jahrhundert

Zeittafel – 17. Jahrhundert

1633

Galileo wird vom Vatikan wegen Ketzerei verurteilt.

1614

LOGARITHMEN

John Napier

Der Mathematiker und Erfinder John Napier entwickelt eine Methode für den einfacheren Umgang mit sehr großen oder kleinen Zahlen.

1637

KARTESISCHE KOORDINATEN

René Descartes

Der berühmte Philosoph arbeitet an einem Koordinatensystem, an dem sich heute die ganze Welt orientiert.

1605

Ein Sprengstoff-Anschlag auf das englische Parlament wird vereitelt („Gunpowder Plot").

1607

In Nordamerika wird Jamestown, die erste europäische Kolonie, gegründet.

1618

Beginn des Dreißigjährigen Kriegs, in dem protestantische und katholische Mächte gegeneinander kämpften.

1637

GROSSER FERMATSCHER SATZ

Pierre de Fermat

Eine Randnotiz, die Fermat in einem Buch hinterlässt, ist der Anstoß für eine Lösungssuche, die Jahrhunderte dauert.

1674

WASAN

Seki Takakazu

Im isolierten Japan entsteht eine ganz neue Art von Mathematik, *Wasan* genannt.

1666

Großer Brand von London.

1689

In England regelt die Bill of Rights die Rechte des Parlaments.

1655

UNENDLICHKEIT

John Wallis

Wallis stellt sich die größtmögliche Zahl vor und setzt sie sogar in Gleichungen ein.

1683

Jakob Bernoulli

Bei der Berechnung von Zinsen entwickelte Bernoulli das Verständnis für eine fundamentale Konstante in der Mathematik.

1650 1660 1670 1680 1690 1700

1654

WAHRSCHEINLICHKEIT

Blaise Pascal

In einem Briefwechsel unter Freunden begründet Pascal ein Teilgebiet der Mathematik, das Glücksspieler fasziniert.

1684

ANALYSIS

Leibniz und Newton

Zwei Genies entwickeln unabhängig voneinander eine neue Methode der Mathematik, die bis heute ein Fundament der modernen Wissenschaft bildet.

1672

RECHENMASCHINEN

Dank der Erfindung von mechanischen Geräten, die automatisch rechnen konnten, kann enorm viel Arbeitszeit eingespart werden.

1692

Die Hexenprozesse von Salem finden statt.

Im 17. Jahrhundert war die Renaissance abgeschlossen, aber der Forschergeist und der Erkenntnisgewinn aus dieser Zeit wirkten weiterhin nach und führten zu einem Boom der mathematischen Entdeckungen. Fast jedes Fachgebiet der Wissenschaft wurde mit intellektuellem Eifer weiterentwickelt – während in Europa wegen religiöser und politischer Differenzen ein Krieg ausbrach.

Bisher war die Mathematik eine eher einsame Angelegenheit gewesen, bei der Einzelpersonen Entdeckungen machten, diese aufschrieben und Bücher veröffentlichten, um ihr Wissen mit anderen zu teilen. Nun jedoch führten die großen Denker der Zeit angeregte Briefwechsel miteinander und bildeten das sogenannte „unsichtbare Collegium".

Während die mathematische Forschung immer noch in erster Linie aus praktischer Notwendigkeit betrieben wurde, war es mittlerweile auch akzeptiert, abstraktere Themen zu ergründen. Damit tauchten die Gelehrten bei ihrer Suche nach Lösungen immer tiefer in die Mathematik selbst ein.

Zu den wichtigsten Entwicklungen dieser Zeit gehörten die Mathematik im dreidimensionalen Raum, außerdem die Arbeit mit großen Zahlen mithilfe von Konstanten und Logarithmen und sogar die Vorstellung von unendlich großen Zahlen.

Die Weiterentwicklung anderer Bereiche der Mathematik in dieser Epoche ermöglichte die Entstehung eines ganz besonders einflussreichen Teilgebiets: Die vielleicht wichtigste mathematische Entdeckung des 17. Jahrhunderts war die Infinitesimalrechnung. Diese oft umstrittene Methode bildete schon bald das Fundament der Analysis, auf dem fast alle weitere Mathematik aufbaute.

Die praktische Anwendbarkeit des theoretischen Wissens wurde aber nicht völlig ignoriert. Im 17. Jahrhundert entstanden die ersten Maschinen, die Berechnungen durchführten, und die den Buchhaltern einige der monotonsten Aufgaben abnahmen. Aus dem Leben gegriffene Beobachtungen führten auch zur Erfindung von mathematischen Konstrukten wie der Wahrscheinlichkeitsrechnung, deren Entwicklung nur zum Teil vom Wunsch, mehr Glück im Spiel zu haben, angetrieben wurde.

Rechts: Das neue Zeitalter der Briefwechsel brachte die großen Denker zusammen. In diesem Schreiben an Henry Oldenburg vom 26. Juni 1669 erklärt Christiaan Huygens sein Lösungsverfahren für das Alhazensche Problem.

13

Paris le 26 Juin 1669

Hugens.

Chr 97

Problema Alhaseni.

Dato speculo cavo aut convexo, itemque oculo et puncto rei visae, invenire punctum reflexionis.

Esto speculum ex sphaera quae centrum habeat A punctum, oculus vero sit in B, et punctum visibile in C, planumque ductum per A, B, C. faciat in sphaera circulum Dd, in quo invenienda sint reflexionis puncta.

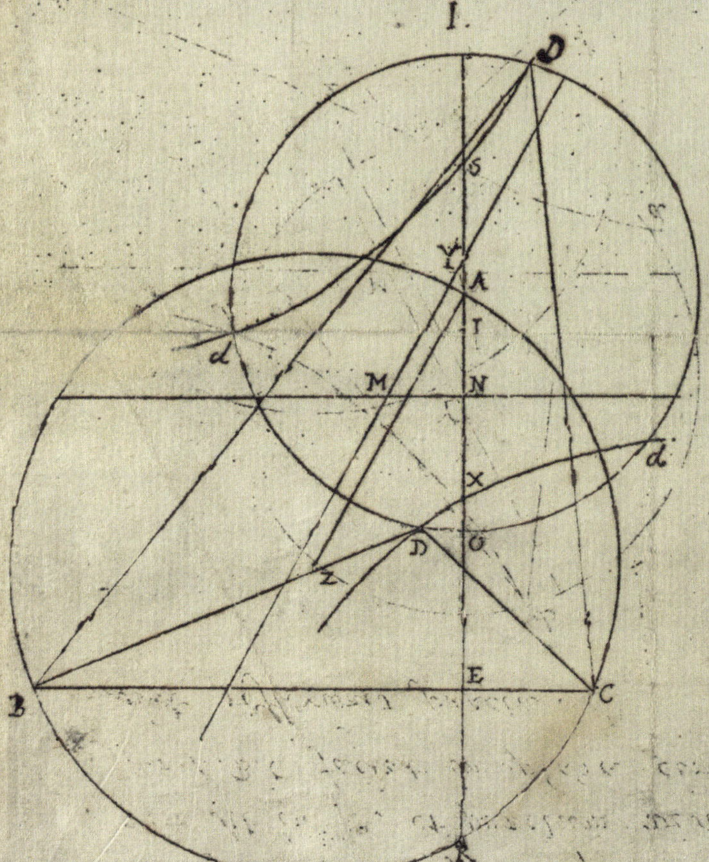

Per tria puncta A, B, C describatur circuli circumferentia, cujus sit centrum Z; Occurrat autem ei producta AE productae BC in R, et sit duabus RA, OA tertia proportionalis NA, ducaturque NM, parallela BC, altera asymptoton. Rursus sint proportionales EA, ½ AO, AI, et sumta IY aequali IN, ducatur YM parallela AZ, quae erit altera asymptotos. denique sumtis IX, IS quae singula possint dimidium quadratum AO, una cum quadrato AI, erunt puncta X et S in hyperbola aut sectionibus oppositis Dd, ad inventas asymptotos describendis, quarum intersectiones cum circumferentia DO, ostendent puncta reflexionis quaesita. Constructio haec in omni casu, quo problema solidum est, locum habet, praeterquam in uno ubi non hyperbola sed parabola describenda est, cum nimirum circumferentia per puncta A,B,C. descripta tangit rectam AE

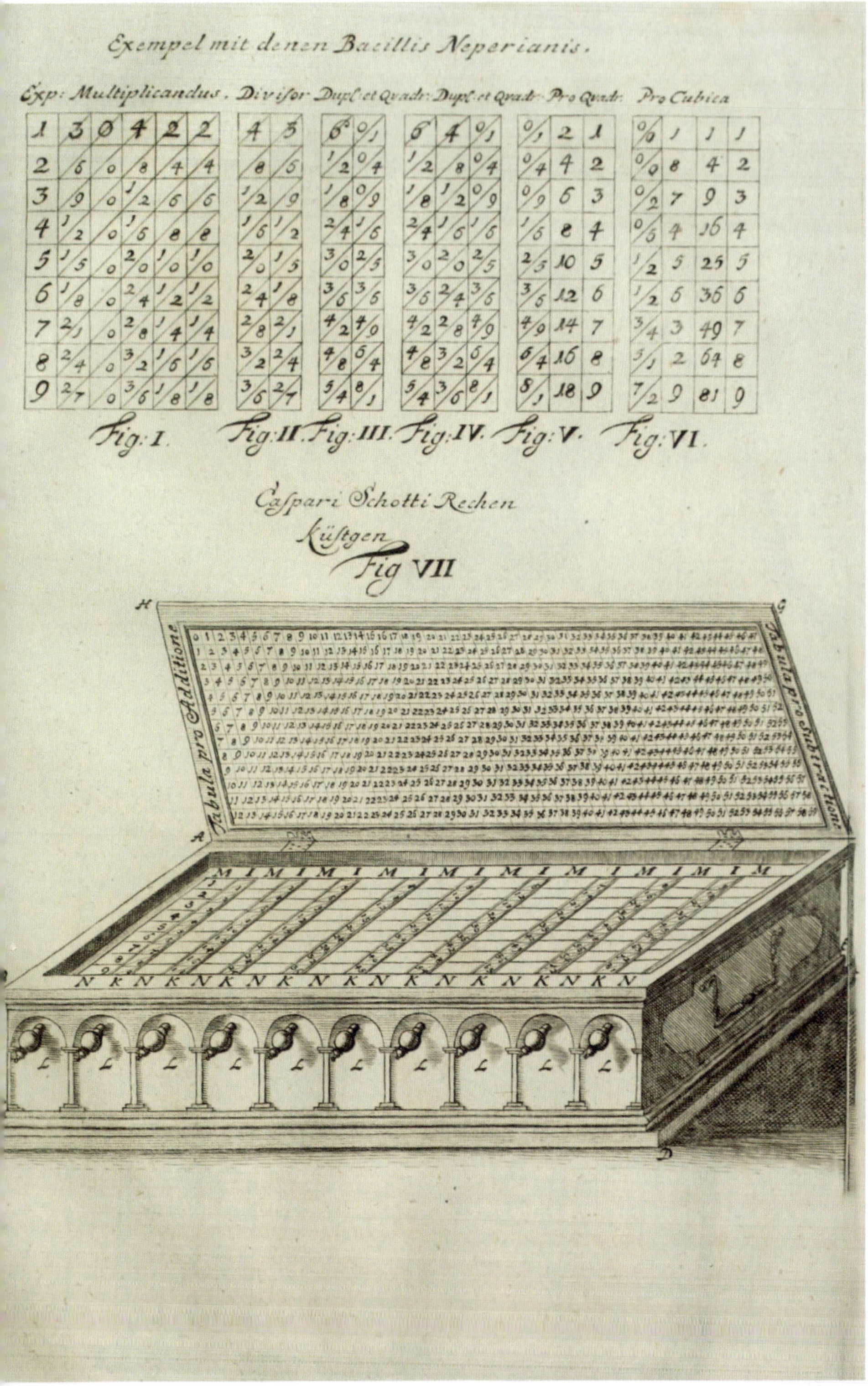

Oben: Dieser Kupferstich der Napierschen Rechenstäbchen (aus: *Theatrum Arithmetico Geometricum*) zeigt, wie man mit ihnen viel schneller multiplizierte und dividierte, als es die meisten von Hand konnten.

Logarithmen

Einer der mathematischen Meilensteine des frühen 17. Jahrhunderts war die erste Beschreibung von Logarithmen durch John Napier. An der Berechnung dieser Tabellen arbeitete er fast zwei Jahrzehnte.

Ein Logarithmus ist ein Hilfsmittel, um große und kleine Zahlen zu vereinfachen. Als Beispiel dient die folgende Gleichung:

$$b^p = x$$

Hier sind b und p reelle, positive, ganze Zahlen. Man kann die Gleichung so umformulieren:

$$\log_b x = p$$

Damit wird gesucht, mit welcher Potenz (p) man die Basiszahl (b) multiplizieren muss, damit das Ergebnis x herauskommt. Hat man es also mit einer sehr großen oder sehr kleinen Zahl zu tun, kann die Anwendung eines Logarithmus das Rechnen erleichtern, zum Beispiel so:

$$\log_{10} 10\,000\,000 = 7$$
$$\log_{10} 0{,}0000001 = -7$$

Das ist nicht nur aus Gründen der Zeitersparnis sehr nützlich, sondern auch, weil man mithilfe von Logarithmen selbst große Zahlen miteinander multiplizieren kann, und zwar mit dieser Gleichung:

$$\log_b xy = \log_b x + \log_b y$$

Damit konnte man sogenannte Logarithmentafeln erstellen und nutzen. Ähnlich wie die Sinustafeln, die es bereits in der Trigonometrie gab, füllten diese Tabellen ganze Bücher mit den Berechnungen und Ergebnissen zu Tausenden der häufiger vorkommenden Logarithmen. Auf diese Weise mussten sie nicht jedes Mal mühsam neu berechnet werden.

John Napier

John Napier (1550–1617) war ein Mathematiker und Landbesitzer aus Edinburgh in Schottland. Bekannt ist er vor allem, weil er der Erste war, der Logarithmen beschrieb, und zwar im Jahr 1614 in seinem Buch *Mirifici Logarithmorum Canonis Descriptio* (*Beschreibung des wunderbaren Kanons der Logarithmen*). In der ersten Ausgabe wurde seine Methode jedoch noch nicht verraten; erst nach Napiers Tod veröffentlichte sein Sohn 1619 das Werk *Mirifici Logarithmorum Canonis Constructio* (*Konstruktion des wunderbaren Kanons der Logarithmen*), das erklärte, wie Napier die Berechnungen durchgeführt hatte. Zu dieser verspäteten Enthüllung kam es nur, weil Napier unter der unbegründeten Angst litt, dass die anderen Mathematiker jener Zeit seine neue Methode verspotten würden.

Oben: Die Napierschen Stäbchen waren eine manuelle Rechenhilfe.

NAPIERSCHE RECHENSTÄBCHEN

Um seine unzähligen Berechnungen leichter durchführen zu können, erfand Napier eine Rechenhilfe, die Napierschen Rechenstäbchen, die er im Jahr 1617 der Öffentlichkeit vorstellte. Sie bestanden aus einem Satz geschnitzter Stäbe, die man auf eine bestimmte Weise auflegen konnte, um auf relativ einfache Art Multiplikationen und Divisionen durchzuführen. Besonders nützlich war das bei sehr großen Zahlen, mit denen damit schnell gerechnet werden konnte.

Die Stäbchen stellten sich als überaus hilfreich heraus und wurden innerhalb kürzester Zeit von Mathematikern, Wissenschaftlern, Buchhaltern und anderen produktiven Rechnern in ganz Europa übernommen und verwendet.

Schon bald nach der Verbreitung der Napierschen Rechenstäbchen folgte die Erfindung des Rechenschiebers, bei dem man durch Verschieben eines beweglichen Holzteils schnelle Kalkulationen durchführen konnte.

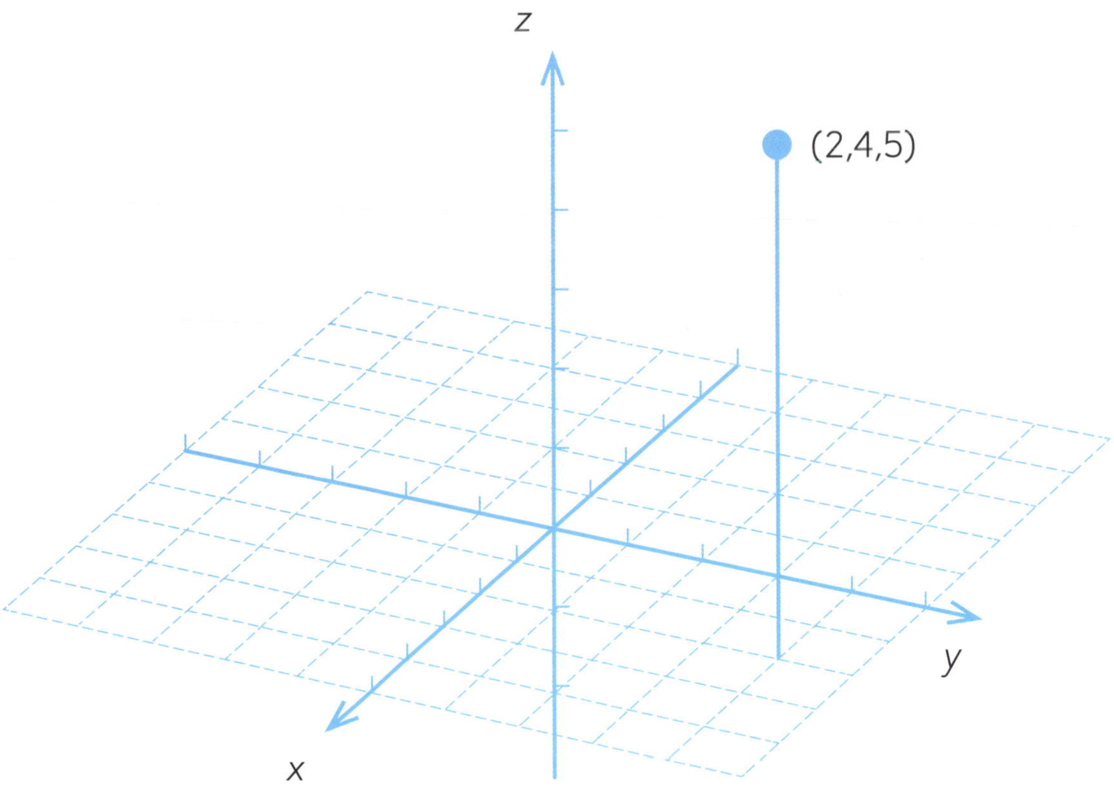

Rechts: Die Abbildung zeigt, wie man mithilfe des kartesischen Koordinatensystems die Lage eines Punkts in einem dreidimensionalen Raum bestimmen kann.

Kartesische Koordinaten

René Descartes (1596–1650) ist den meisten wahrscheinlich als Philosoph bekannt – und für seinen Spruch „*cogito, ergo sum*" („Ich denke, also bin ich"). Darüber hinaus genoss er aber auch einen guten Ruf als Wissenschaftler und Mathematiker.

Ursprünglich hatte ihn die Verurteilung Galileo Galileis (1564–1624) [S. 199] davon abgeschreckt, seine eigenen wissenschaftlichen Arbeiten zu veröffentlichen, aber schließlich brachte er doch mehrere Schriften heraus.

Die mathematisch bedeutendste von ihnen war *La Géométrie* (*Geometrie*) aus dem Jahr 1637. Sie erschien als Anhang zu seinem Buch über die wissenschaftliche Methode, *Discours de la méthode* (*Abhandlung über die Methode*; 1637), aber ihr Einfluss war um ein Vielfaches größer, als man es von einem beigefügten Text erwarten würde.

Koordinaten

Man kann den Raum entlang dreier unterschiedlicher orthogonaler (d. h. im rechten Winkel zueinander stehender) Zahlengeraden definieren. Diese Achsen stehen für jede der drei Raumrichtungen der Bewegungen und innerhalb dieses Systems kann jeder beliebige Punkt als Kombination der Werte auf den Geraden dargestellt werden. Diese Zahlen nennt man Koordinaten.

Auf dieser Grundlage ist es möglich, die Form von Objekten mithilfe von mathematischen Zusammenhängen zu bestimmen. Zum Beispiel kann ein Kreis mit dem Radius r, dessen Mittelpunkt auf (a, b, c) liegt, folgendermaßen dargestellt werden:

$$(x - a)^2 + (y - b)^2 + (z - c)^2 = r^2$$

Die Fähigkeit, geometrische Figuren in Form von Gleichungen auszudrücken, ermöglicht es, verschiedene algebraische Methoden auf sie anzuwenden.

Eine lateinische Verbesserung

Descartes verfasste seine Schriften auf Französisch. Während seine philosophischen Kollegen noch willens waren, etwas in der Sprache des Volks zu lesen, weigerten sich die meisten Mathematiker. Darum waren nur wenige mit dem Originaltext vertraut.

Descartes' komplizierte Formulierungen und das Fehlen großer Teile der Berechnungen stellten ein zusätzliches Hindernis bei der Verbreitung seiner Arbeit dar. Im Jahr 1649 erschien eine lateinische Version seines Werks, die zusammen mit einer Reihe weiterer Ausgaben endlich die Lücken füllte. Das Buch war nun mehr als doppelt so lang wie der Originaltext und half dabei, das neue kartesische Koordinatensystem einem breiteren Publikum zugänglich zu machen.

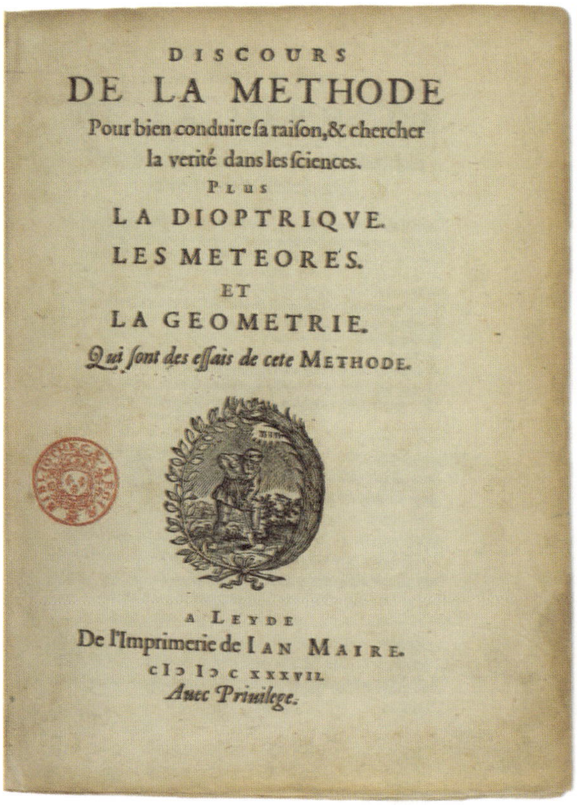

DISCOURS
DE LA METHODE
Pour bien conduire sa raison, & chercher
la verité dans les sciences.
PLUS
LA DIOPTRIQVE.
LES METEORES.
ET
LA GEOMETRIE.
Qui sont des essais de cete METHODE.

A LEYDE
De l'Imprimerie de IAN MAIRE.
CIↃ IↃ C XXXVII.
Avec Privilege.

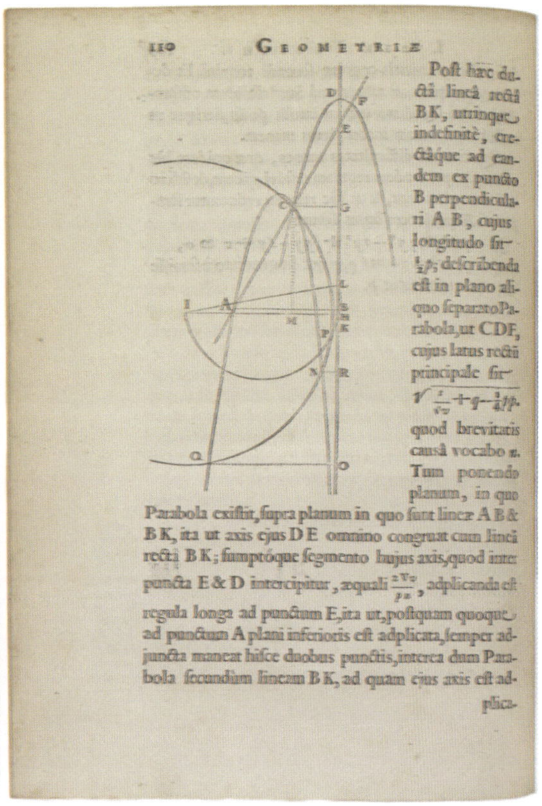

110 GEOMETRIAE

Post hæc ductâ lineâ rectâ BK, utrinque indefinitè, erectâque ad eandem ex puncto B perpendiculari AB, cujus longitudo sit $\frac{1}{2}p$; describenda est in plano aliquo separato Parabola, ut CDF, cujus latus rectū principale sit $\sqrt{\frac{r}{\sqrt{v}} + q - \frac{1}{4}pp}$. quod brevitatis causâ vocabo *n*. Tum ponendo planum, in quo Parabola existit, supra planum in quo sunt lineæ AB & BK, ita ut axis ejus DE omnino congruat cum lineâ rectâ BK; sumptóque segmento hujus axis, quod inter puncta E & D intercipitur, æquali $\frac{2\sqrt{v}}{pn}$, adplicanda est regula longa ad punctum E, ita ut, postquam quoque ad punctum A plani inferioris est adplicata, semper adjuncta maneat hisce duobus punctis, interea dum Parabola secundum lineam BK, ad quam ejus axis est adplica-

Oben: Heute kennt man René Descartes vor allem als Philosoph, aber er war auch ein gebildeter und einflussreicher Mathematiker.

Links: Diese Seiten aus Descartes' *Discours de la méthode* zeigen einige seiner geometrischen Untersuchungen.

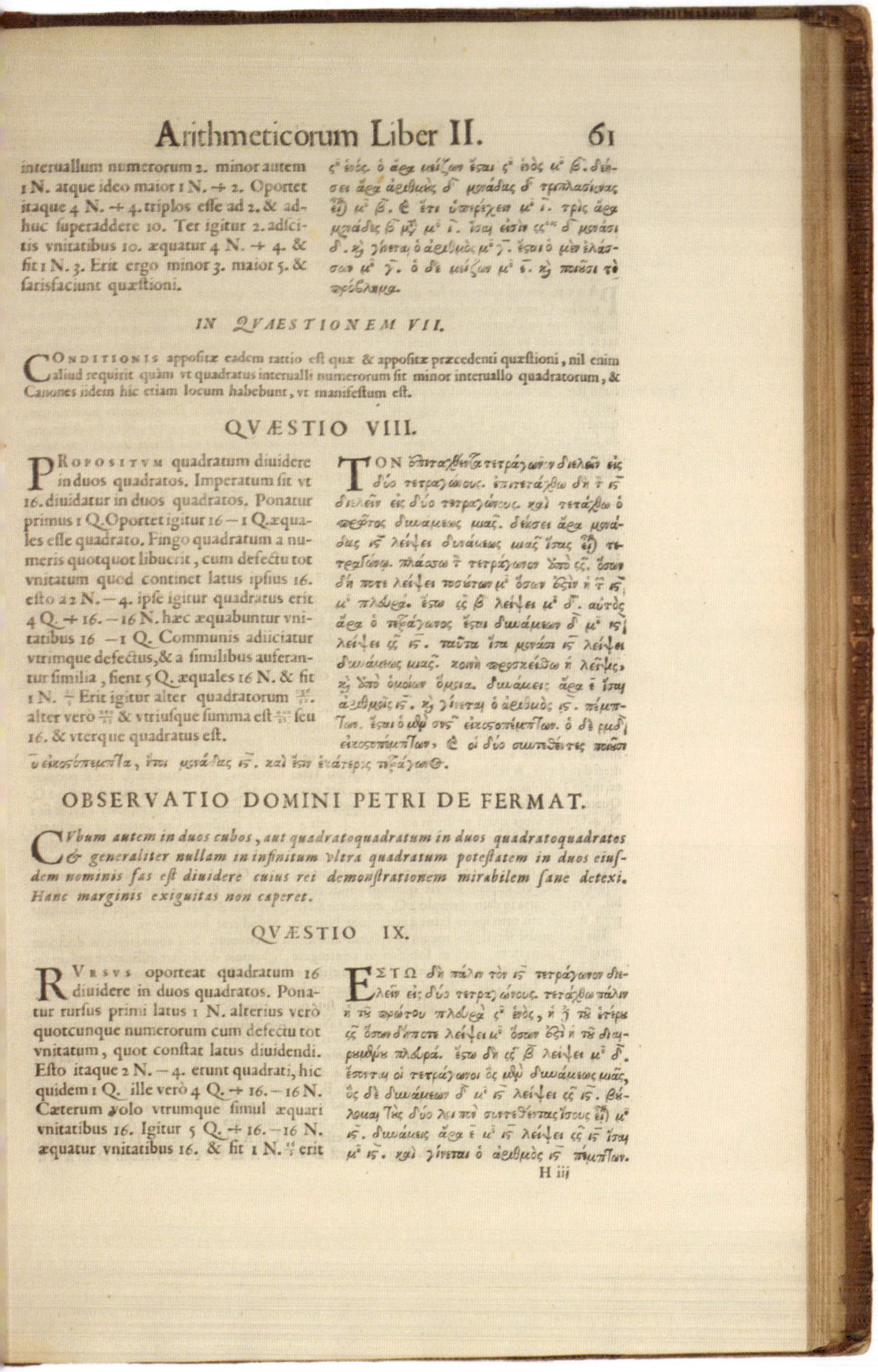
Arithmeticorum Liber II. 61

interuallum numerorum 2. minor autem 1 N. atque ideo maior 1 N. + 2. Oportet itaque 4 N. + 4. triplos esse ad 2. & adhuc superaddere 10. Ter igitur 2. adscitis vnitatibus 10. æquatur 4 N. + 4. & fit 1 N. 3. Erit ergo minor 3. maior 5. & satisfaciunt quæstioni.

IN QVAESTIONEM VII.

CONDITIONIS appositæ eadem ratio est quæ & appositæ præcedenti quæstioni, nil enim aliud requirit quàm vt quadratus interualli numerorum sit minor interuallo quadratorum, & Canones iidem hic etiam locum habebunt, vt manifestum est.

QVÆSTIO VIII.

PROPOSITVM quadratum diuidere in duos quadratos. Imperatum sit vt 16. diuidatur in duos quadratos. Ponatur primus 1 Q. Oportet igitur 16 − 1 Q. æquales esse quadrato. Fingo quadratum a numeris quotquot libuerit, cum defectu tot vnitatum quod continet latus ipsius 16. esto 2 N. − 4. ipse igitur quadratus erit 4 Q. + 16. − 16 N. hæc æquabuntur vnitatibus 16 − 1 Q. Communis adiiciatur vtrimque defectus, & a similibus auferantur similia, fient 5 Q. æquales 16 N. & fit 1 N. 16/5 Erit igitur alter quadratorum 256/25. alter verò 144/25 & vtriusque summa est 400/25 seu 16. & vterque quadratus est.

OBSERVATIO DOMINI PETRI DE FERMAT.

CVbum autem in duos cubos, aut quadratoquadratum in duos quadratoquadratos & generaliter nullam in infinitum vltra quadratum potestatem in duos eiusdem nominis fas est diuidere cuius rei demonstrationem mirabilem sane detexi. Hanc marginis exiguitas non caperet.

QVÆSTIO IX.

RVRSVS oporteat quadratum 16 diuidere in duos quadratos. Ponatur rursus primi latus 1 N. alterius verò quotcunque numerorum cum defectu tot vnitatum, quot constat latus diuidendi. Esto itaque 2 N. − 4. erunt quadrati, hic quidem 1 Q. ille verò 4 Q. + 16. − 16 N. Cæterum volo vtrumque simul æquari vnitatibus 16. Igitur 5 Q. + 16. − 16 N. æquatur vnitatibus 16. & fit 1 N. 16/5 erit

H iij

Oben: Auf dieser Seite aus Fermats veröffentlichtem Kommentar zu *Arithmetica* steht die Randbemerkung zum angeblich bewiesenen Satz.

Großer Fermatscher Satz

Der große Fermatsche Satz ist ein scheinbar simples mathematisches Konzept mit erstaunlichem Tiefgang. Er besagt Folgendes:

> ***„Es gibt keine drei positiven, ganzen Zahlen a, b und c, die eine ganzzahlige Lösung der Gleichung $a^n + b^n = c^n$ ergeben, wenn n größer 2 ist.“***

Wenn n in der Gleichung $a^n + b^n = c^n$ gleich 1 ist, handelt es sich um eine normale Addition, und wenn $n = 2$, ist es ein pythagoreisches Tripel (das seit Jahrtausenden bekannt ist). Man würde eigentlich auch für $n = 3$ oder $n = 4$ eine bestimmte Lösung vermuten, oder wenn nicht, dass zumindest eine der unendlichen Möglichkeiten, die man für a, b, c und n einsetzen kann, zu einem korrekten Ergebnis führt. Aber mit seiner kurzen Aussage verwirft Fermat all diese Optionen.

Die Jagd nach dem Beweis

Pierre de Fermat (1607–1665) schrieb seinen berühmten Satz erstmals 1637 als Randbemerkung in seine Ausgabe der *Arithmetica*, einem mathematischen Werk des Griechen Diophantos (ca. 200–284). Darin erwähnte er, dass er auch einen Beweis dafür gefunden hätte, aber auf dem Rand nicht genug Platz sei, um ihn auszuformulieren.

Erst nach Fermats Tod wurden seine Notizen von seinem Sohn als Kommentar [S. 81] herausgebracht. Das heißt, der Satz gelangte erst 1670 in die Öffentlichkeit, aber der Beweis dazu war nicht verschriftlicht worden, sodass daraus ein ungelöstes Problem wurde.

Der große Fermatsche Satz entwickelte sich zu einem legendären Rätsel, an dessen Lösung sich Hunderte von Mathematikern versuchten. Es war so schwierig, dass viele es für unlösbar hielten und glaubten, Fermat habe sich getäuscht. Erst 1995 präsentierte Andrew Wiles (geb. 1953) einen formalisierten Beweis und löste damit eines der größten Probleme der Mathematik.

Rechts: Fermat versäumte es, seine Beweisführung zu dokumentieren, was zu hitzigen Debatten über die Wahrheit seiner Behauptung führte.

Pierre de Fermat

Pierre de Fermat (1607–1665) war ein produktiver französischer Mathematiker des 17. Jahrhunderts, der in den neuen Gebieten der analytischen Geometrie und der Wahrscheinlichkeit arbeitete und die zeitgenössische Mathematik auf vielfältige Weise revolutionär aufmischte. Viele seiner Entdeckungen waren mathematische Kuriositäten ohne praktischen Mehrwert, etwa die „Fermatschen Zahlen" mit der Form:

$$F_n = 2^{2^n} + 1$$

Die ersten fünf dieser Zahlen (3, 5, 17, 257 und 65 537) sind lauter Primzahlen und werden auch „Fermatsche Primzahlen" genannt. Sie weisen einige interessante Eigenschaften auf, etwa dass alle Zahlen außer die ersten beiden auf einer Sieben enden.

Aber wie beim seinem großen Satz hatte Fermat auch hier keine Berechnungen oder Beweise hinzugefügt. Aus diesem Grund wurden seine Theorien zu Lebzeiten auch kaum beachtet, denn um sie zu beweisen, hätte man die Arbeit wieder ganz von vorn machen müssen, ohne selbst dafür Anerkennung zu erhalten.

Wahrscheinlichkeit

Oben: *Die Würfelspieler* von Georges de La Tour.

Gerolamo Cardano [S. 190] war der Erste, der sich der Wahrscheinlichkeit auf eine theoretische mathematische Weise näherte, aber seine Arbeit zum Thema wurde erst über hundert Jahre nach seinem Tod publik gemacht. Von daher war der Briefwechsel zwischen Pierre de Fermat und Blaise Pascal (1623–1662) im Jahr 1654 das erste veröffentlichte Werk über die Wahrscheinlichkeit. Darin behandelten sie das „Problem der Punkte".

Als Beispiel dient ein Würfelspiel, an dem zwei Personen teilnehmen (Spieler A und Spieler B). Jeder Spieler hat in jeder Runde eine 50-prozentige Chance, die Runde zu gewinnen. Beide Spieler legen 10 Euro in den Gewinntopf und bestimmen, dass die erste Person, die drei Runden hintereinander gewinnt, den gesamten Einsatz erhält.

Spieler A schlägt sich ganz gut und gewinnt zwei Runden; Spieler B gewinnt nur eine. Bevor das Spiel jedoch entschieden werden kann, ist die Zeit um. Wie sollten die Spieler den Gewinn fair aufteilen?

Fermats erster Vorschlag sah so aus: Weil Spieler A „a" Runden gewinnen und Spieler B „b" Runden gewinnen muss, kann ein Sieg durch mindestens $a + b - 1$ Runden erlangt werden. Bei zwei gleich wahrscheinlichen Ergebnissen in jeder Runde gäbe es 2^{a+b-1} gleich wahrscheinliche Möglichkeiten. Dann könnte man alle verschiedenen möglichen Ergebnisse in Tabellenform auflisten und sehen, wie viele von ihnen zum Sieg jedes Spielers führten, was die allgemeine Gewinnchance pro Person angeben würde.

Pascal hatte eine bessere Lösung, indem er das Problem Schritt für Schritt anging. Er eliminierte alle Möglichkeiten, bei denen ein Spieler bereits gewonnen hätte, was eine höhere Anzahl an Berechnungen ergab als Fermats Version.

Heute würde man so eine Aufgabe wohl als „Wahrscheinlichkeitsbaum" darstellen. Darauf sind alle möglichen Ergebnisse eingezeichnet. Um die Gewinnchancen eines beliebigen Spielers zu ermitteln, zählt man einfach nur die verschiedenen „Zweige", die zum Sieg führen, zusammen. In unserem Beispiel hätte Spieler A eine 75-prozentige Gewinnchance und Spieler B nur eine 25-prozentige Gewinnchance. Das bedeutet, dass Spieler A 15 Euro und Spieler B 5 Euro erhalten würde, wollte man den Gewinn fair aufteilen.

Christiaan Huygens

Christiaan Huygens (1629–1695) war ein niederländischer Mathematiker, Physiker und Erfinder, dessen Interesse an Glücksspielen erstmals durch die Lektüre von Fermat und Pascals Arbeit geweckt wurde. Im Jahr 1655 veröffentlichte er *De Ratiociniis in Ludo Aleae* (*Über die Wahrscheinlichkeit im Glücksspiel*), worin er die Wahrscheinlichkeitstheorie auf viele weitere Szenarien erweiterte. Am Ende warf er viele Fragen auf, die das Interesse am Thema weckten.

Rechts: Christiaan Huygens war eine zentrale Persönlichkeit der wissenschaftlichen Revolution.

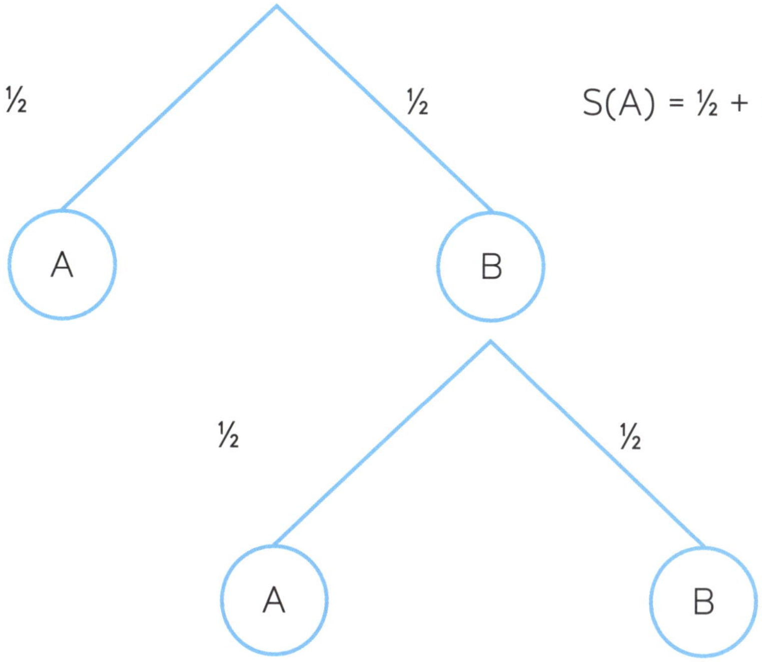

$$S(A) = \tfrac{1}{2} + (\tfrac{1}{2} \cdot \tfrac{1}{2}) = \tfrac{3}{4}$$

$$S(B) = (\tfrac{1}{2} \cdot \tfrac{1}{2}) = \tfrac{1}{4}$$

Links: Die Gewinnquote bei einer 50:50-Chance, dargestellt in Form eines Wahrscheinlichkeitsbaums.

Oben: Godfrey Knellers Porträt von John Wallis.

Rechts: Die Titelseite der ersten Ausgabe von *Arithmetica Infinitorum* aus dem Jahr 1656.

Johannis Wallisii, SS. Th. D.
GEOMETRIÆ PROFESSORIS
SAVILIANI in Celeberrimâ
Academia OXONIENSI,
ARITHMETICA
INFINITORVM,
SIVE
Nova Methodus Inquirendi in Curvilineorum Quadraturam, aliaq; difficiliora Matheseos Problemata.

OXONII,
Typis LEON: LICHFIELD Academiæ Typographi,
Impensis THO. ROBINSON. Anno 1656.

Unendlichkeit

Die Unendlichkeit ist keine Zahl, sondern ein Konzept: Sie ist der Zustand, größer als jede reelle Zahl zu sein. Es ist unmöglich, bis zur Unendlichkeit zu zählen, weil es immer eine weitere Zahl darüber hinaus gäbe. Aus diesem Grund wird die Unendlichkeit von vielen als erfundenes Sinnbild betrachtet: ein literarisches Konstrukt einer mathematischen Idee.

In den Jahren 1655 und 1656 veröffentlichte der englische Mathematiker John Wallis (1616–1703) die beiden Bücher *De Sectionibus Conicis* (*Über Kegelschnitte*) und *Arithmetica Infinitorum* (*Die Arithmetik des Unendlichen*). Darin erschien erstmals das von ihm erfundene Zeichen für die Unendlichkeit („∞“), und zwar auch in seinen Berechnungen.

Genauer gesagt nahm er den Kehrwert der Unendlichkeit – $1/\infty$ – als die infinitesimale, also unendlich kleine Zahl, die aber immer noch größer als null ist. Er wandte ihn bei der Berechnung von Kegelschnitten an, die seiner Ansicht nach aus einer unendlichen Anzahl von unendlich schmalen Rechtecken bestanden.

Das Unendlichkeitszeichen verwendete er in seinen Gleichungen auf eine ähnliche Weise wie man es früher mit imaginären Zahlen [S. 192] tat. Indem er die Unendlichkeit als eine neue Art von Zahl definierte, konnte er damit algebraische Berechnungen, die brauchbare Ergebnisse lieferten, durchführen.

Darauf aufbauend entwickelte er einen alternativen Ansatz zu Grenzwerten, der heute als Nichtstandard-Analysis formalisiert ist. Sie macht sich die unendliche Eigenschaft von Figuren zunutze, um Flächen zu Figuren und Kurven auf eine noch nie zuvor mögliche Weise berechnen zu können.

Verschieden große Unendlichkeiten

Wallis hatte das Rechnen mit der Unendlichkeit begründet, aber das war erst der Anfang. Aus der Idee, dass man Figuren unendlich oft teilen konnte, entstand das Fundament der Infinitesimalrechnung, aus der sich schließlich die Integral- und Differenzialrechnung sowie das mathematische Teilgebiet der Analysis entwickelten.

MATHEMATISCHES HICKHACK

Zwischen John Wallis und dem Philosophen und späteren Mathematiker Thomas Hobbes (1588–1679) entwickelte sich eine erbitterte Rivalität. Hobbes hatte ein Verfahren zur Quadratur des Kreises entdeckt, das jedoch in *Arithmetica Infinitorum (Die Arithmetik des Unendlichen*; 1655) widerlegt wurde. Der Disput der beiden Gelehrten führte zur Veröffentlichung mehrerer Schmähschriften mit bissigen Titeln wie *Gebührende Korrektur für Mr. Hobbes oder Maßregelung für falsches Aufsagen seiner Lektionen* (1656) oder *Die Kennzeichen der absurden Geometrie, Bauernsprache usw. des Herrn Doktor Wallis* (1657).

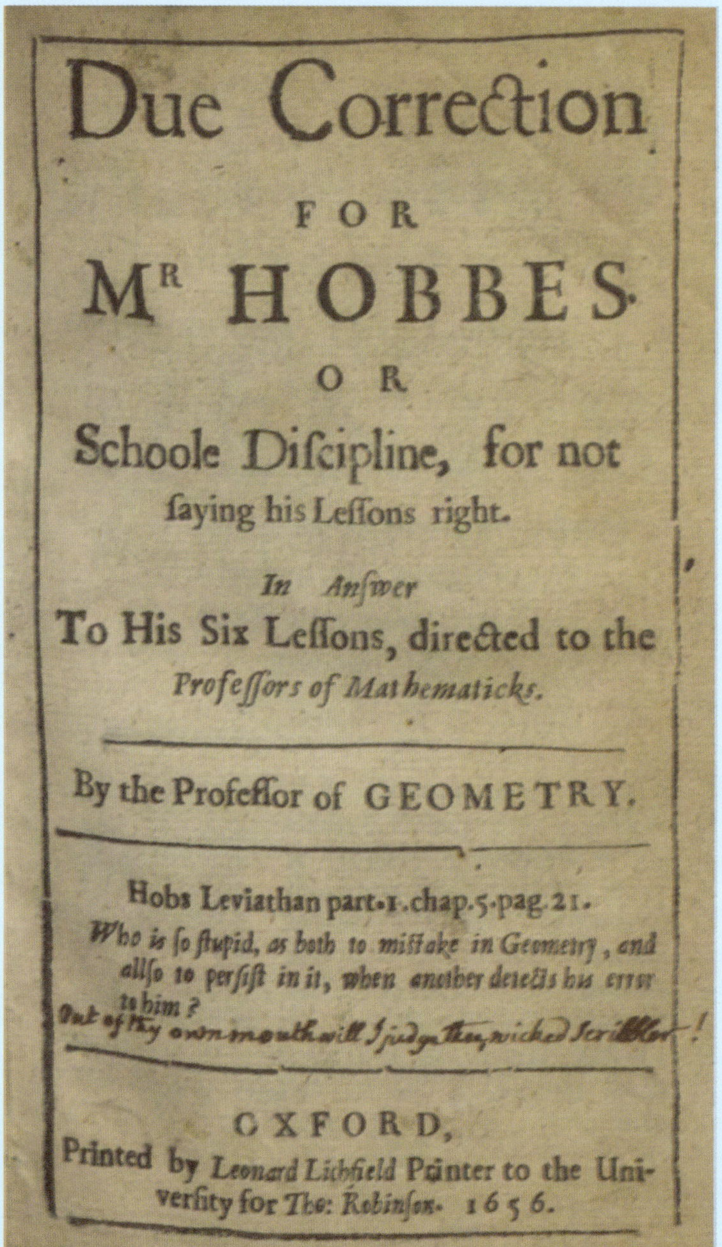

Due Correction

FOR

Mr HOBBES

OR

Schoole Diſcipline, for not ſaying his Leſſons right.

In Anſwer

To His Six Leſſons, directed to the *Profeſſors of Mathematicks.*

By the Profeſſor of GEOMETRY.

Hobs Leviathan part.1.chap.5.pag.21.

Who is ſo ſtupid, as both to miſtake in Geometry, and allſo to perſiſt in it, when another detects his error to him?

Out of thy own mouth will I judge thee, wicked Scribbler!

OXFORD,

Printed by *Leonard Lichfield* Printer to the Univerſity for *Tho: Robinſon.* 1656.

Rechts: Die Titelseite von Wallis' Schmähschrift gegen Thomas Hobbes aus dem Jahr 1656.

Oben: Eine originale Pascaline, von Pascal persönlich signiert.

Rechenmaschinen

Den ersten Versuch, eine Rechenmaschine zu bauen, unternahm Wilhelm Schickard (1592–1635) im Jahr 1623. Er wollte auf der Grundlage der Napierschen Rechenstäbchen [S. 207] einen Apparat anfertigen, der automatisch multiplizieren konnte. Allerdings schien er dabei auf einige Hindernisse zu stoßen, sodass er das Vorhaben wieder aufgab.

Blaise Pascal hatte mehr Erfolg und im Jahr 1642, nachdem ihn sein Vater um Hilfe bei der Steuerbuchhaltung gebeten hatte, gelang ihm die Konstruktion der „Pascaline". Der Mechanismus war relativ einfach: Über Wählscheiben fügte man Zahlen hinzu; überschritt man die Ziffer neun, erhöhte sich die dazugehörige Ziffer über ihr um eins.

Die Wählscheiben ließen sich auch in die andere Richtung drehen, so war auch eine Art der Subtraktion möglich, aber mit negativen Zahlen konnte die Maschine nicht rechnen.

Die Leibnizsche Rechenmaschine

Gottfried Leibniz (1646–1716) ist zwar vor allem als Vater der Analysis [S. 222] und für den folgenden Streit mit Isaac Newton (1643–1727) bekannt, aber er leistete auch andere mathematische Beiträge. Während er sich mit Topologie, linearen Gleichungen, Geometrie und der Infinitesimalrechnung beschäftigte, fand er auch noch Zeit, eine mechanische Rechenmaschine zu erfinden und zu bauen.

Dieser Kalkulator unterschied sich von seinen Vorgängern dadurch, dass man mit ihm alle vier Grundrechenarten durchführen konnte: Addition, Subtraktion, Multiplikation und Division.

Ein erster Entwurf entstand 1672, aber bis zur Fertigstellung im Jahr 1694 dauerte es noch, da erst ein komplett neues Antriebssystem entwickelt werden musste. Für die Addition und Subtraktion nutzte die Leibnizsche Rechenmaschine ähnliche Wählscheiben wie die Pascaline; die Hauptkurbel konnte entweder in eine Seite für die Addition und in die andere für Subtraktion aufgezogen werden.

Multiplikation und Division waren etwas schwieriger zu bewerkstelligen und erforderten ein eigenes „Operanden"-Rädchen, das man einstellte, um von eins bis neun zu multiplizieren oder dividieren. Bei größeren Zahlen bewegte man das Zählwerk mithilfe einer Kurbel weiter, um schrittweise zu rechnen; die Scheiben wurden auf die jeweiligen Zahlenwerte eingestellt und diese konnten anschließend zu den Zahlen darüber hinzugefügt oder von ihnen abgezogen werden, um das korrekte Ergebnis zu erhalten.

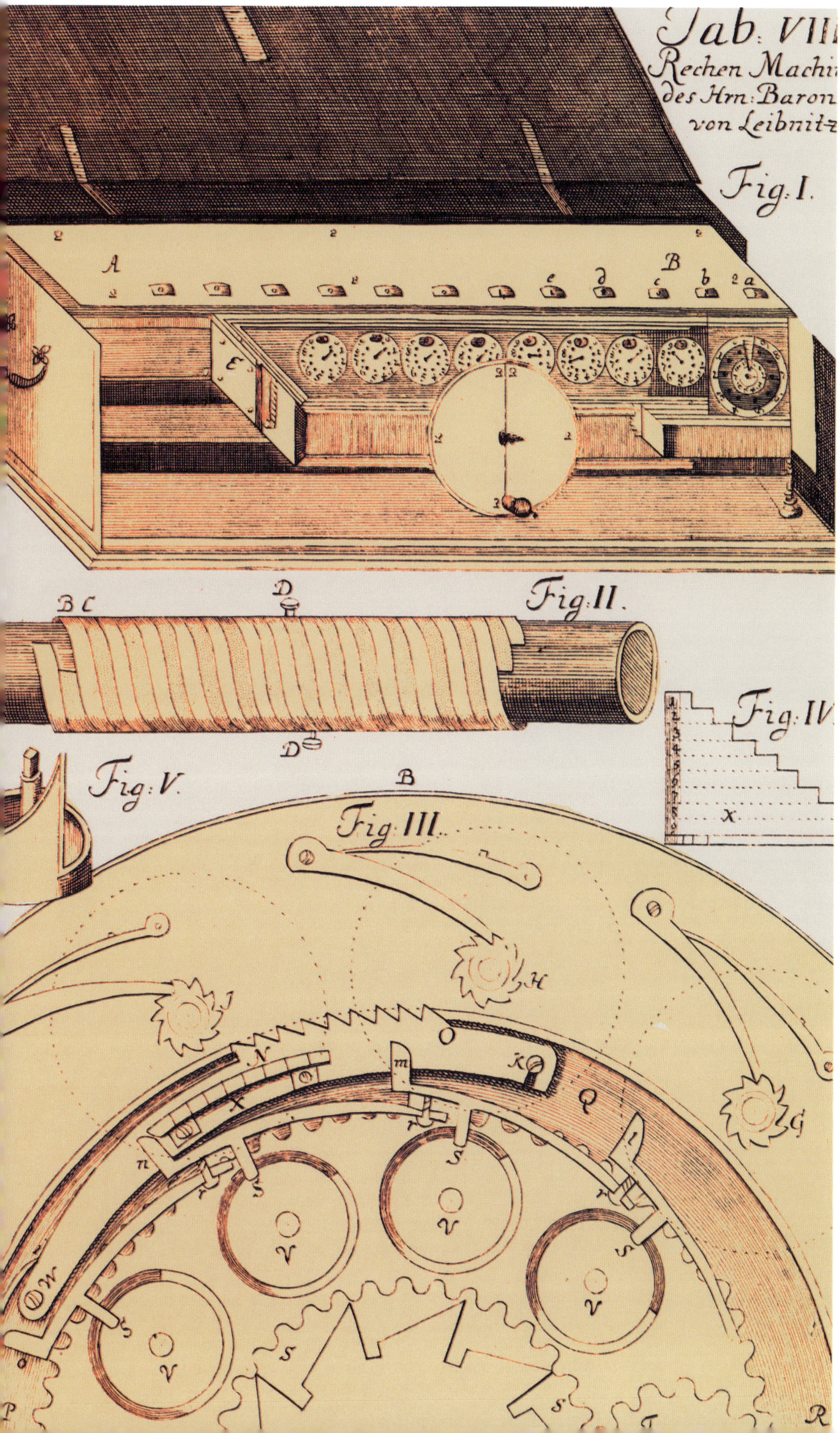

Links: Die Skizzen aus dem Jahr 1725 zeigen den Mechanismus des Leibniz-Rechners.

Wasan

Seit der Renaissance befand sich das Zentrum der Mathematik zweifellos in Europa, aber natürlich wurde die Wissenschaft auch in anderen Teilen der Welt studiert und weiterentwickelt. Am deutlichsten sah man das in Japan. Im Jahr 1615 endete dort die Sengoku-Zeit, eine Epoche großer Umbrüche und Bürgerkriege. Der neue siegreiche Militärführer Tokugawa Ieyasu (1543–1616) schnitt das Land rigoros vom Großteil der Außenwelt ab.

Aufgrund dieser Isolationspolitik waren die japanischen Gelehrten gezwungen, ihre Mathematik auf ganz eigene Art und unabhängig vom Westen zu entwickeln. Die japanische Mathematik, die in dieser Zeit entstand, wird *Wasan* genannt und basierte weitgehend auf alten chinesischen Schriften.

So entstand ein komplett anderer Kanon aus mathematischen Texten wie *Jinkoki* (*Beständige Mathematik*) von Yoshida Mitsuyoshi (1598–1672), das im Jahr 1627 erschien. *Jinkoki* diente als wichtigstes Lehrbuch der Mathematik und enthielt eine Anleitung zur Verwendung des japanischen Suanpan [S. 105] sowie eine Vielzahl an weiteren mathematischen Anwendungen, die für den Alltag und den Handel nützlich waren.

Der japanische Newton

Das unangefochtene Aushängeschild des Wasan war Seki Takakazu (1642–1708), der im Jahr 1674 mit der Publikation mathematischer Schriften begann. Er erfand ein Äquivalent zur westlichen Algebra, das japanische Zeichen verwendete, und machte unabhängig von westlichen Einflüssen mehrere ähnliche Entwicklungen, die es auch in Europa gab.

Er entdeckte eine Reihe von mathematischen Prinzipien, etwa die Eliminationstheorie, die Bernoulli-Zahlen sowie Formeln für Determinanten, die ihre westlichen Entsprechungen teilweise um Jahrzehnte vorwegnahmen. Aufgrund seines Erfindungs- und Forschungsdrangs, der zu zahlreichen Verdiensten für die Mathematik führte, wird Takakazu von modernen Wissenschaftlern auch als „japanischer Newton“ bezeichnet.

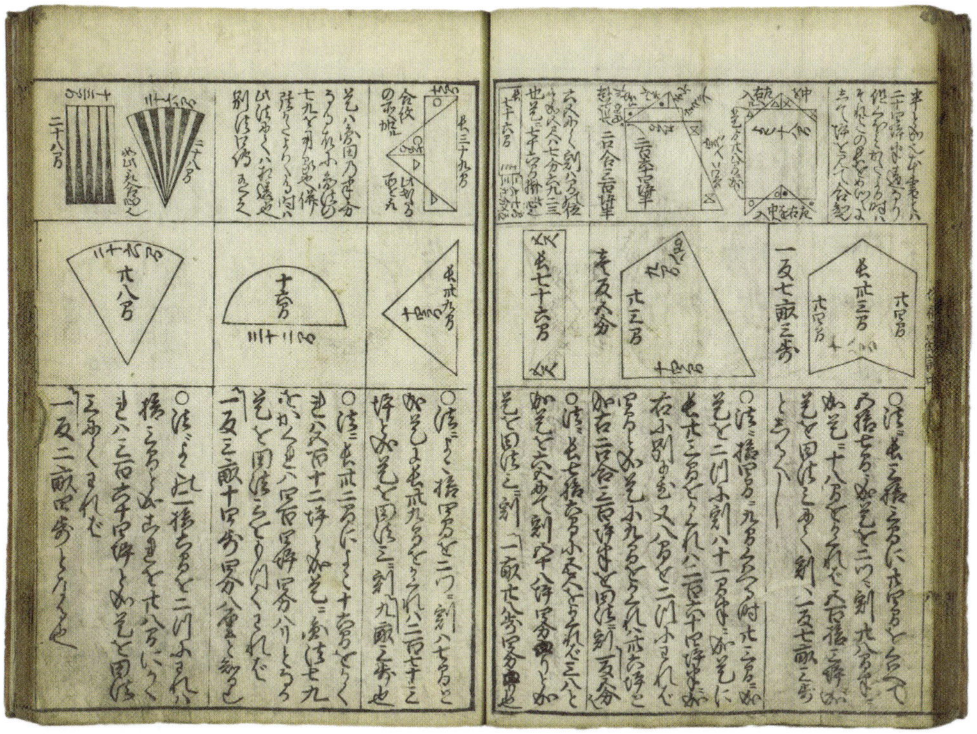

Gegenüber: Tokugawa Ieyasu war der amtierende Shogun nach der Einigung und folgenden Abschließung Japans.

Links: Die Seiten aus einer 1689er-Ausgabe von *Shinpen Jinkoki* zeigen, wie verschiedene geometrische Figuren im Wasan berechnet wurden.

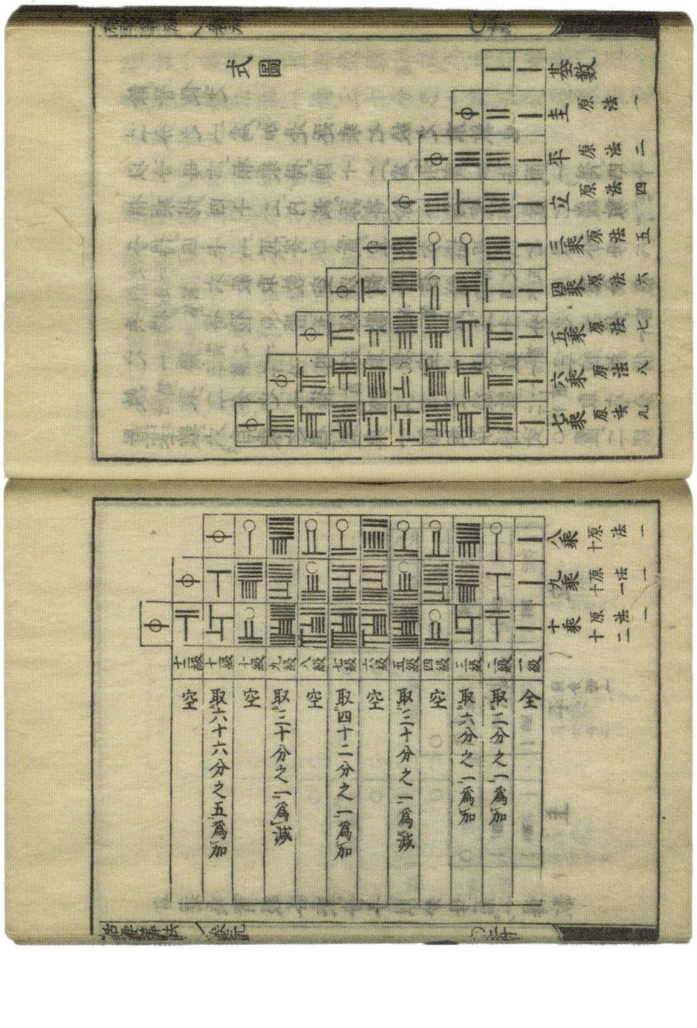

JAPANS RÜCKKEHR ZUR WESTLICHEN MATHEMATIK

Die plötzliche erzwungene Öffnung von japanischen Häfen durch die Ankunft einer Flotte US-amerikanischer Kriegsschiffe im Jahr 1853 führte zu einer kompletten Neugestaltung der japanischen Kultur. Nach einem kurzen Machtkampf vollzog Japan die Meiji-Restauration, die zum Ziel hatte, die japanische Gesellschaft schnell weiterzuentwickeln, um die neuen westlichen Technologien zu integrieren. Zwar ging es dabei vorrangig um militärische Aufrüstung und Strategien, dennoch folgte der rasche und fast vollständige Niedergang der Wasan-Mathematik.

Links: Tabelle mit Bernoulli-Zahlen aus einem Buch von Seki Kowa, das posthum im Jahr 1712 veröffentlicht wurde.

Eulersche Zahl

Im späten 17. Jahrhundert war der Zinseszins ein Thema, das Mathematiker und Ökonomen sehr beschäftigte. Von Zinseszins spricht man, wenn man Zinsen für ein Kapital und auch für darauf bereits angefallene Zinsen erhält. Auch im modernen Finanzwesen wird das oft so gehandhabt.

Zum Beispiel wird ein Bankkonto mit einem jährlichen Zinssatz von 10 % und einem Guthaben von 1000 Euro eröffnet. Am Ende des ersten Jahres würde man 100 Euro Zinsen erhalten, sodass sich anschließend 1100 Euro auf dem Konto befinden. Am Ende des zweiten Jahres würden die Zinsen 110 Euro betragen und auf dem Konto hätte man 1210 Euro. Im dritten Jahr gäbe es dann Zinsen von 121 Euro und so weiter.

Die Berechnung des Zinseszins war eine sehr zeitaufwendige Aufgabe und man suchte schon lange nach einer kürzeren Methode. Erschwerend kam noch hinzu, dass die Banken jeden Monat ein Zwölftel des jährlichen Zinssatzes auszahlen und diesen Betrag aufzinsen konnten.

Dem Schweizer Mathematiker Jacob Bernoulli (1665–1705) gelang es im Jahr 1683, das kürzlich eingeführte System zur Berechnung von Logarithmen sowie die Infinitesimalrechnung auf das Problem der stetigen Verzinsung anzuwenden.

Zuerst entdeckte er, dass der geschuldete Betrag pro Einheit so ausgedrückt werden konnte:

$$(1 + \frac{1}{n})^n$$

Hierbei bezeichnet n die Anzahl der Verzinsungen. Und je häufiger man verzinste, desto stärker näherte sich der Wert einer irrationalen Zahl, die mit ihren ersten fünf Nachkommastellen 2,71828 lautet. Bernoulli nannte die Zahl ursprünglich „*b*“, später erhielt sie jedoch das Symbol „e“, nachdem man erkannte, dass sie auch in anderen Bereichen der Mathematik nützlich war, etwa bei Logarithmen.

Daraus konnte man nun eine einfache Formel bilden, um den Zinseszins vollständig zu berechnen:

$$Ke^{(Zn)} = x$$

Hier ist K das Anfangskapital, „e“ die mathematische Konstante, Z der Zinssatz in Dezimalschreibweise (d. h. 10 % = 0,1), n die Häufigkeit der Verzinsung und x der Betrag, der sich daraus ergibt.

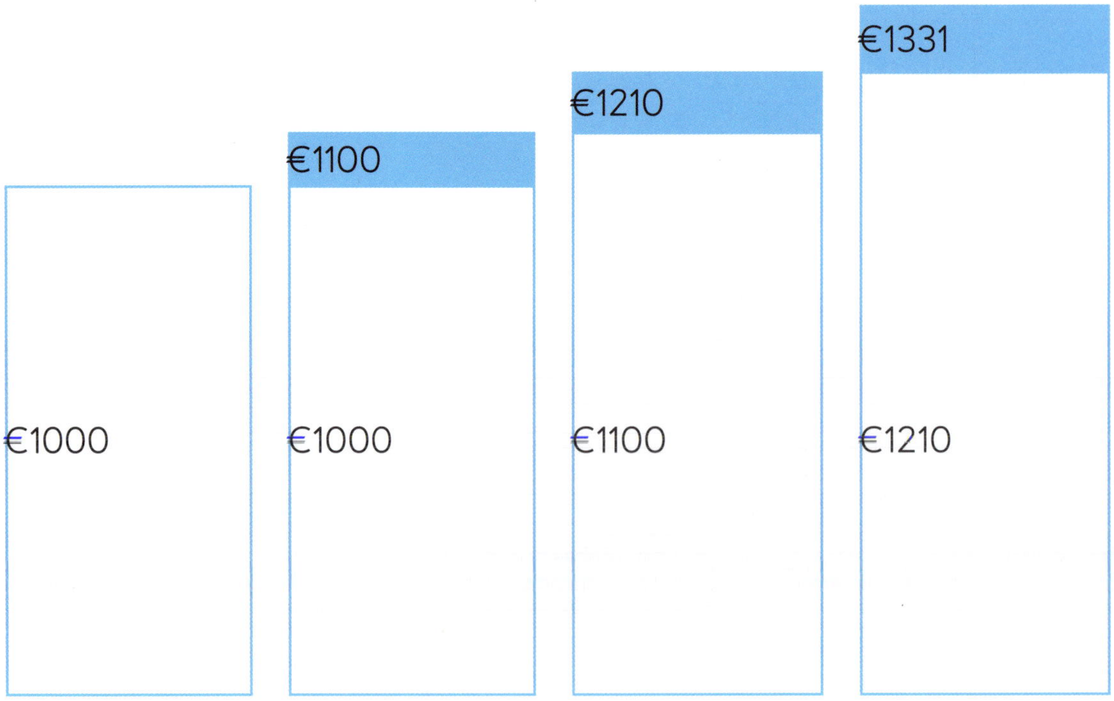

Rechts: Zinseszinsen wachsen mit der Zeit immer stärker an. Auf diese Weise wird auch im modernen Bankwesen oft verzinst und viele Rentensysteme funktionieren ebenfalls nach diesem Prinzip.

Jakob Bernoulli

Jakob Bernoulli (1655–1705) stammt aus einer der vielleicht berühmtesten Mathematikerfamilien Europas. Eigentlich sollte er Priester werden, aber er entwickelte ein überaus starkes Interesse an der Mathematik und nutzte seine vielen Reisen ins Ausland, um Kontakte zu führenden Wissenschaftlern und Gelehrten zu knüpfen, etwa zu Robert Hooke oder Gottfried Leibniz [S. 222].

Schließlich erhielt er in der Schweiz eine Professur für Mathematik und konnte sich endlich voll und ganz dem neuesten Stand der wissenschaftlichen Forschung widmen. Dort mauserte er sich zu einem der produktivsten Mathematiker, den die Geschichte hervorbrachte.

Neben seiner Entdeckung und Anwendung der eulerschen Zahl [S. 220] werden ihm noch viele weitere mathematische Verdienste zugeschrieben, unter anderem der „Bernoulli-Prozess“, ein Wahrscheinlichkeitsexperiment, bei dem es nur zwei mögliche Ergebnisse gibt, und die „Lemniskate von Bernoulli“ – eine zweidimensionale Kurve, die entsteht, wenn man den Abstand zwischen zwei Punkten konstant zum Quadrat genommen hält. Letztere war die Lösung zu einem uralten Problem zum Öffnen einer Zugbrücke.

Sein Meisterwerk ist *Ars Conjectandi* (*Die Kunst des Vermutens*), das 1713, nach seinem Tod, veröffentlicht wurde. Bernoulli behandelt darin ein breites Themenspektrum, legt den Schwerpunkt auf sein Hauptinteresse: die Wahrscheinlichkeitsrechnung. Das Buch ist eine Art Zusammenfassung seiner mathematischen Vorgänger, etwa der Arbeit von Zeitgenossen wie Pascal oder Fermat [S. 212], und steht damit in der Tradition der griechischen Antike und der Blütezeit des Islam. Es sollte als Vorbereitung auf Bernoullis eigene mathematischen Beiträge gelesen werden.

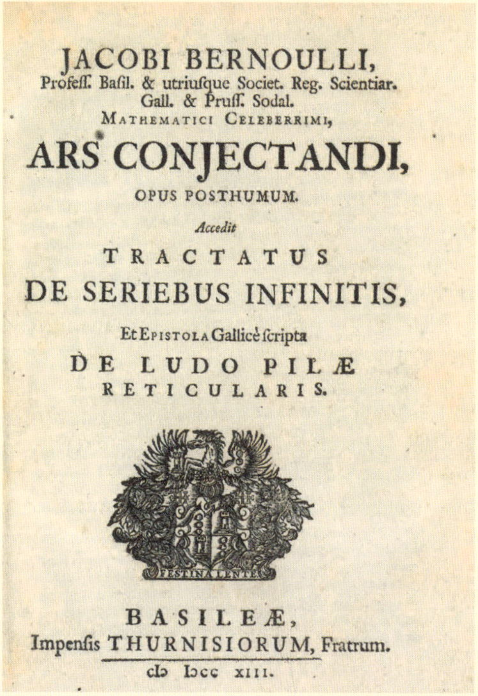

JACOBI BERNOULLI,
Profess. Basil. & utriusque Societ. Reg. Scientiar. Gall. & Pruss. Sodal.
MATHEMATICI CELEBERRIMI,
ARS CONJECTANDI,
OPUS POSTHUMUM.
Accedit
TRACTATUS
DE SERIEBUS INFINITIS,
Et EPISTOLA Gallicè scripta
DE LUDO PILÆ
RETICULARIS.
BASILEÆ,
Impensis THURNISIORUM, Fratrum.
cIↄ Iↄcc xiii.

Links: Ein Porträt von Jakob Bernoulli aus dem Jahr 1687.

Oben: Bernoullis *Ars Conjectandi* (1713) wird als sein Meisterwerk angesehen.

Analysis

Die Erfindung der Analysis war ein Meilenstein in der Geschichte der Mathematik. Im Wesentlichen geht es bei der Analysis um Veränderungen. Werte werden als Funktionen definiert. Das heißt, das jedes Element von einem anderen abhängt. Nehmen wir als Beispiel eine Person, die Fahrrad fährt. Die Geschwindigkeit wird im Verlauf der Strecke nicht konstant bleiben und man könnte sie als Funktion der Entfernung darstellen, wie es der Funktionsgraph weiter unten illustriert.

Dann könnte man das als algebraische Gleichung $y = \mathrm{f}(x)$ aufstellen, was bedeutet, dass der Wert von y an jedem Punkt in irgendeiner Form vom Wert von x abhängt.

Anschließend kann man die Kurve und die dazugehörige Gleichung mithilfe der Analysis untersuchen. Drei wichtige Bestandteile gehören dazu:

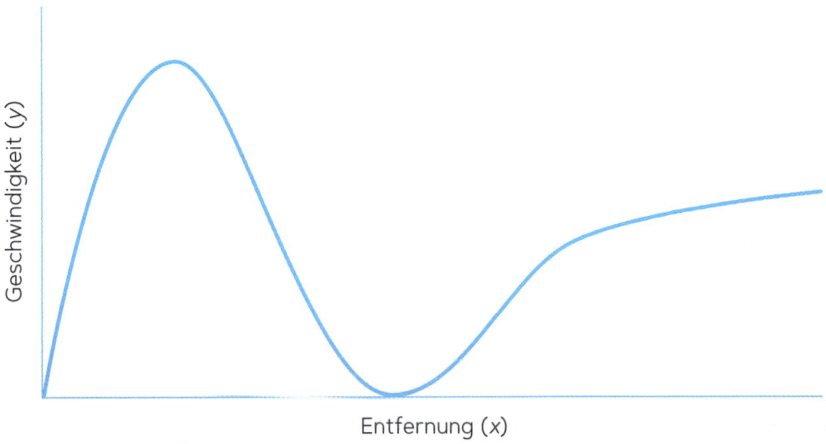

Oben: Dieser Graph zeigt die sich verändernde Geschwindigkeit des Radfahrers. Solche Aufgaben kann man nur mithilfe von Analysis lösen.

Grenzwert

Der Grenzwert oder Limes beschreibt, wie sich eine Funktion einem Wert nähert. Ist sie zum Beispiel:

$$\mathrm{f}(x) = \frac{x-2}{x-2}$$

Dann ist $\mathrm{f}(x)$ bei allen Werten für x außer 2 gleich 1. Aber bei 2 funktioniert das nicht, da das Teilen durch null nicht möglich ist. Man kann das nun mithilfe des Grenzwerts beschreiben:

$$\lim_{x \to 2} \mathrm{f}(x) = 1$$

Ableitung

Aus den Grenzwerten können Ableitungen ermittelt werden. Sie beschreiben, wie sich eine Funktion verändert. Löst man die Gleichung einer Kurve mithilfe einer Differenzialrechnung, kann man die Änderungsrate dieser Kurve an jedem beliebigen Punkt berechnen.

Ein Beispiel für eine Differenzialrechnung wäre:

$$\mathrm{f}(x) = 3x^2 + 2x - 7 \quad \text{dann} \quad \frac{\mathrm{d}}{\mathrm{d}x} = 6x + 2$$

Integral

Die Integralrechnung ist das Gegenstück zur Differenzialrechnung und wird verwendet, um die Fläche unter einer Kurve zu berechnen. Im folgenden Beispiel für eine Integralrechnung ist c eine unbekannte Konstante:

$$\mathrm{f}(x) = 4x + 6 \quad \text{dann} \quad \mathrm{f}(x) = 2x^2 + 6x + c$$

Indem man für das Integral Grenzwerte bestimmt, also auswählt, welchen Teil der Kurve man untersuchen möchte, kann man den Wert der Konstanten c berechnen.

NEWTON GEGEN LEIBNIZ

Wer als Begründer der Analysis, also der Integral- und Differenzialrechnung gilt, ist eine Frage, die zu einigen Debatten führte. Die beiden angesehenen Mathematiker Isaac Newton (ca. 1642–1727) und Gottfried Leibniz (1646–1716) hatten mehrere Jahrzehnte lang daran gearbeitet.

Newton behauptete, dass er sich seit 1666 mit dem Thema beschäftigt hatte, aber bis zum Erscheinen von *Principia Mathematica* im Jahr 1687 hatte er nichts Wesentliches veröffentlicht. Leibniz sagte, dass er seit 1674 an der Analysis arbeitete und 1684 seine erste Arbeit (noch vor Newtons Meisterwerk) publizierte, sowie im Jahr 1696 sein umfangreiches Lehrbuch *L'Hopital*.

Anfangs war die Frage, wer von diesen beiden bemerkenswerten Mathematikern die Analysis nun erfunden hatte, nur eine kleine Meinungsverschiedenheit unter Freunden gewesen. Mit der Zeit entstand daraus jedoch ein erbitterter Streit voller Plagiatsvorwürfe, der erst mit dem Tod von Leibniz im Jahr 1716 ein Ende fand.

Heute gilt es als allgemein anerkannt, dass Isaac Newton und Gottfried Leibniz die Integral- und Differenzialrechnung unabhängig voneinander entwickelt haben.

Oben: Isaac Newton von T. O. Barlow (1868), nach einem Porträt von G. Kneller (1689).

Links: Christoph Bernhard Franckes Porträt von Gottfried Wilhelm Leibniz (ca. 1695).

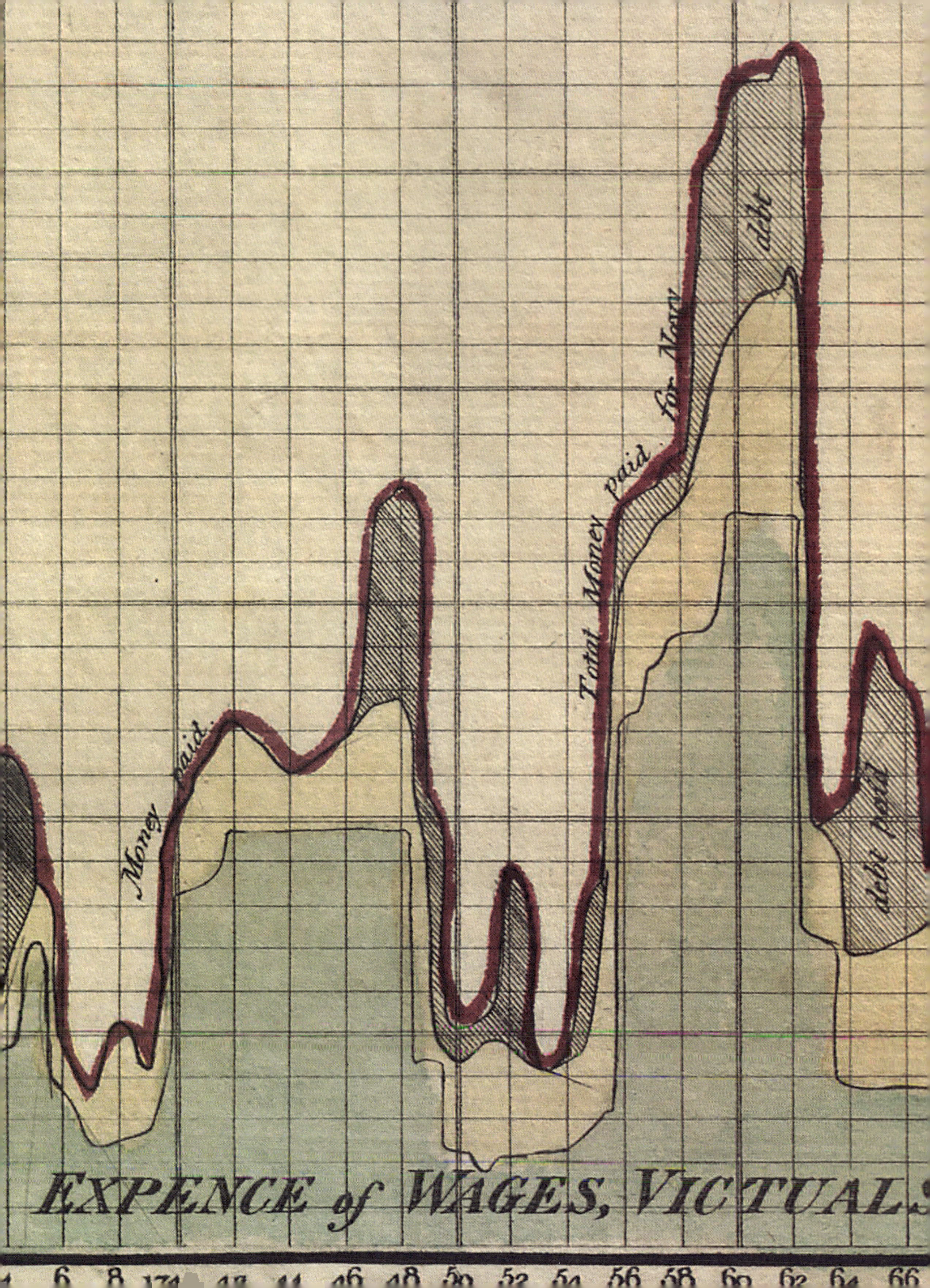
Money paid.
Total Money paid for Navy
debt
debt paid
EXPENCE of WAGES, VICTUALS
6
8
1740
42
44
46
48
50
52
54
56
58
60
62
64
66

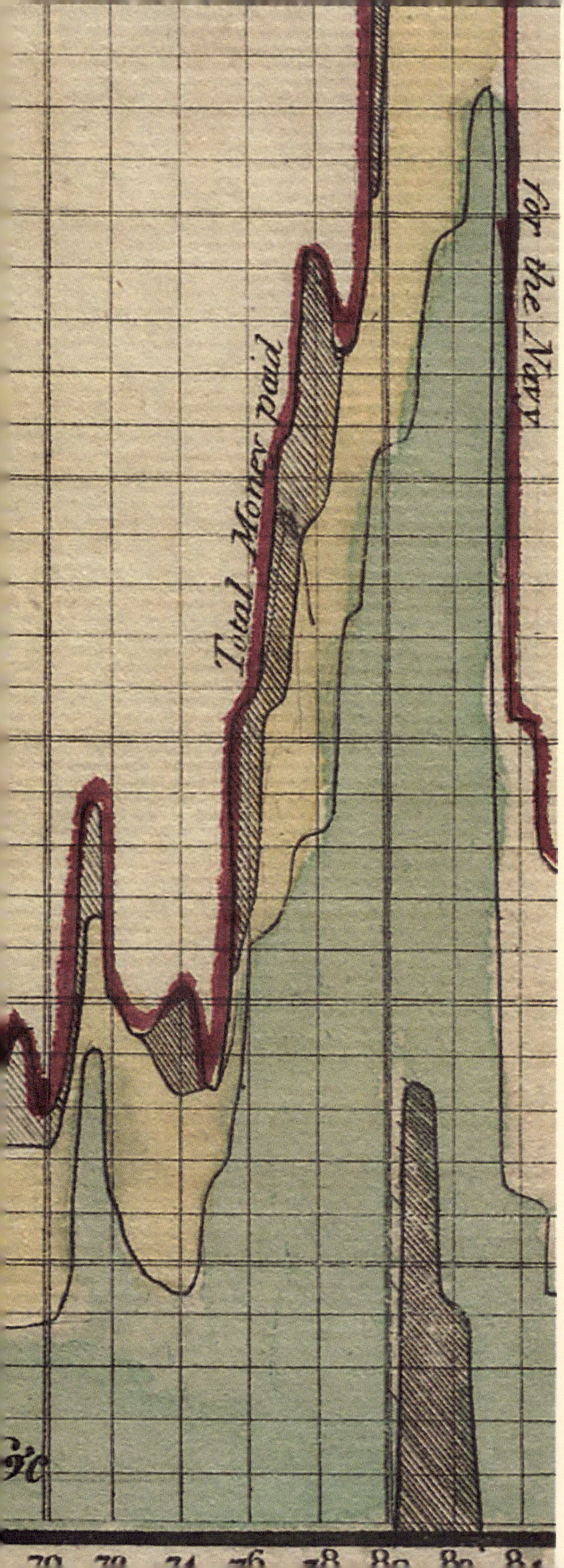

Kapitel vierzehn

Mathematik im 18. Jahrhundert

Zeittafel – 18. Jahrhundert

1713

Der Frieden von Utrecht beendet den Spanischen Erbfolgekrieg.

1742

BERECHNUNG DES LÄNGENGRADS

Jane Squire

Das britische Parlament schreibt ein Preisgeld aus: Für die Person, die es schafft, den Längengrad genauer als zuvor zu berechnen, damit Schiffe ihre Position auf See präziser bestimmen können. Zu den Teilnehmern gehörte eine Frau – eine der ersten bekannten Mathematikerinnen seit über tausend Jahren.

1700 1710 1720 1730 1740

1735

In China besteigt der Qianlong-Kaiser den Thron und beginnt eine Expansion des Reichs in bislang ungekanntem Ausmaß.

1748

EULERSCHE FORMEL

Leonhard Euler

Euler gelingt es, mehrere scheinbar grundverschiedene mathematische Funktionen in einer Formel zu vereinen.

1791

LANDVERMESSUNG

Benjamin Banneker

Ein afroamerikanischer Farmer überwindet extreme Vorurteile und wird schließlich für seinen Scharfsinn und seine mathematischen Fähigkeiten anerkannt.

1795

ÉCOLE POLYTECHNIQUE

Gaspard Monge

Gründung der revolutionären Schule, die mehr Studierende als je zuvor aufnimmt. Der Schwerpunkt des Lehrplans liegt auf der Mathematik.

1765

Eine verbesserte Dampfmaschine führt zur industriellen Revolution.

1776

Die USA erklären ihre Unabhängigkeit von Großbritannien.

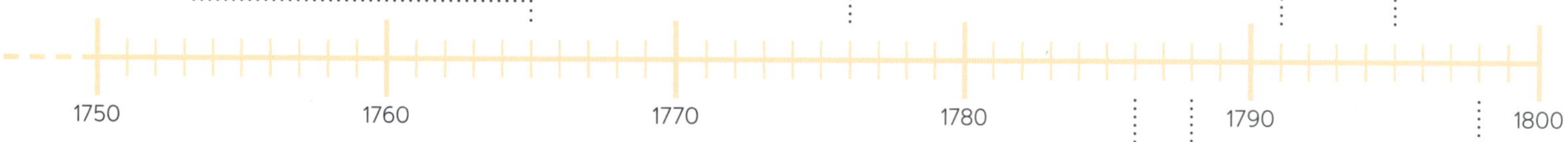

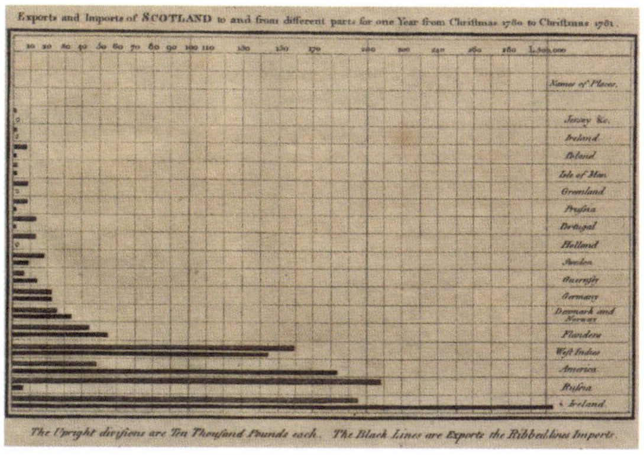

1786

INFOGRAFIKEN

William Playfair, Florence Nightingale

Nightingale gehört zu einer wachsenden Gruppe von Menschen, die mithilfe von grafischen Darstellungen Meinungen beeinflussen und die Welt verändern.

1788

LAGRANGE-MECHANIK

Joseph-Louis Lagrange

Lagrange entdeckt eine ganz neue Art, die beobachtbare Welt auf rein mathematische Weise zu erklären.

1798

DISQUISITIONES ARITHMETICAE

Carl Friedrich Gauß

Einer der bedeutendsten, einflussreichsten Mathematiker seiner Zeit verfasste ein absolutes Meisterwerk, noch bevor er seinen Doktorgrad erlangte.

Das 18. Jahrhundert war das Zeitalter des Kolonialismus. Die Landkarte der Welt veränderte sich in einem Ausmaß, das man seit Dschingis Khan (ca. 1162–1227) oder dem Römischen Reich nicht mehr gesehen hatte. Die europäischen Mächte beanspruchten riesige Gebiete in ganz Afrika und Asien, bevor sie schließlich Australien entdeckten und kolonisierten. China erreichte seine größte Ausdehnung. Außerdem war das Jahrhundert von politischen Umwälzungen geprägt, etwa von der Französischen Revolution (1789–1799) und dem Unabhängigkeitskrieg der amerikanischen Kolonien gegen Großbritannien (1775–1783).

Aber der vielleicht größte Umbruch jener Zeit entstand aus der Erfindung einer effizienten, einfach herstellbaren Dampfmaschine. Diese technische Neuerung gilt als Auslöser der industriellen Revolution, die in den ländlichen Regionen Englands begann und sich von dort über die ganze Welt ausbreitete. Dabei veränderte sich alles, ähnlich wie zuvor während der Renaissance. Die verbesserten Produktionsmöglichkeiten – und der dadurch entstehende Wohlstand – wirkten sich auch dramatisch auf die Gesellschaft aus und ermöglichten den Aufstieg einer gebildeten Mittelschicht, die über das erforderliche Geld und Interesse verfügte, um Mathematik zu studieren und weiterzuentwickeln.

Diese Epoche brachte einige der bedeutendsten Mathematiker der Geschichte hervor: Lagrange, Laplace, Euler, die Bernoullis und Gauß, um nur einige zu nennen. Sie alle waren mathematische Giganten, deren große wissenschaftliche Verdienste unser Verständnis der Mathematik bis heute prägen.

Aufgrund der weiten Verbreitung und relativen Erschwinglichkeit von schriftlichen Texten sowie der zunehmenden globalen Vernetzung erreichten neue Ideen schneller ein großes Publikum. Die wachsende weltweite Gemeinschaft aus Mathematikern beschritt in Zusammenarbeit neue Wege mit Konzepten wie der Differenzial- und Variationsrechnung und anderen Teilgebieten der Analysis.

Rechts: Die Dampfmaschine von James Watt wurde ursprünglich dafür gebaut, um Wasser aus Bergwerken zu pumpen, aber sie entwickelte sich rasch zur treibenden Kraft hinter der industriellen Revolution.

O
S
W
T
U
R
L
V
d
D
b
X
a
a
P
E
B
f
C
d
A
G
H
H'
Q
c
N
M
K
J
I

Oben: Elena Cornaro Piscopia war die erste Frau, die einen Universitätsabschluss machte und den Doktortitel erhielt.

Gegenüber: Der britische „Longitude Act" aus dem Jahr 1714 versprach demjenigen, der die geografische Länge auf einen halben Grad genau bestimmen konnte, ein hohes Preisgeld. Ein guter Einfall musste her, um das Navigationsproblem auf See zu lösen.

Die Berechnung des Längengrads

Bestimmt ist bereits aufgefallen, dass alle bisher in diesem Buch erwähnten Mathematiker, mit der Ausnahme von Hypatia [S. 81], männlich waren. Fast in jeder Kultur herrschte früher nämlich die Ansicht, dass die Mathematik nichts für Frauen war.

Diese Vorstellung ist schlichtweg absurd und zweifellos gab es genauso viele gebildete Frauen wie Männer, die sich mit Mathematik beschäftigten. Schließlich verwalteten Frauen schon im alten Rom die Haushaltsfinanzen und viele übten einen Beruf aus. Man weiß von moderneren Frauen, die einen Großteil der Rechenarbeit für ihre Ehemänner erledigten, während die Herren der Schöpfung dann den Ruhm und die Anerkennung dafür ernteten.

Elena Cornaro Piscopia (1646–1684) war die erste Frau, die einen Abschluss an einer Universität absolvierte und später auch den Doktorgrad erlangte. (Ob sie wirklich die erste Doktorandin war, ist nicht eindeutig geklärt, aber sie ist die erste, bei der keine Zweifel bestehen.) Die Hochbegabte mit Talenten in Sprachen, Musik und den freien Künsten war eine Pionierin, was allmählich zu mehr Anerkennung für weibliche Gelehrte führte.

Das Längenproblem

Die britische Regierung hatte ein Problem, für das eine Lösung gefunden werden musste. Die Seefahrer auf dem Meer brauchten eine verlässliche Methode, um die genaue Position ihrer Schiffe zu bestimmen. Die geografische Breite zu ermitteln (wie weit nördlich oder südlich sie sich befanden) war relativ einfach, aber der Längengrad (östlich oder westlich) hatte seine Tücken. Darum wurde im Jahr 1714 ein Gesetz beschlossen, das dem Finder einer brauchbaren Lösung eine saftige Belohnung versprach.

Im Rahmen dieser Ausschreibung wurden einige die ersten öffentlichen mathematischen Beiträge von Frauen gemacht. Jane Squire (1686–1743) und Elizabeth Johnson (1721–1800) brachten ihre Vorschläge beim bewertenden Gremium jeweils in den Jahren 1742 und 1785 vor, wobei Johnson ihre Idee anonym einreichte.

Keiner dieser Vorschläge machte das Rennen, aber beide Frauen bewiesen ihre mathematischen Fähigkeiten in der Öffentlichkeit, was ein revolutionärer Schritt war.

Das Längenproblem löste schließlich John Harrison, dem es gelang, eine Uhr zu konstruieren, die auch auf See funktionierte und somit präzisere Berechnungen ermöglichte.

Eulersche Formel

Die eulersche Formel lässt sich aus dem Versuch, mehrere unendliche Reihen [S. 95] zu kombinieren, herleiten. Aus ihnen ergibt sich die Gleichung:

$$e^{ix} = \cos(x) + i\sin(x)$$

Das Besondere an dieser Formel ist, dass sie vier komplett unterschiedliche mathematische Elemente in sich vereint: die eulersche Zahl e [S. 220], die Kreiszahl Pi [S. 106], imaginäre Zahlen [S. 192] und die Sinus- und Cosinusfunktionen der Trigonometrie [S. 69]. Sie beweist, dass zwischen der Trigonometrie und den Exponentialfunktionen eine grundlegende Verbindung besteht. Diese überaus wichtige Idee trug wesentlich dazu bei, eine Brücke zwischen diesen beiden unterschiedlichen Bereichen der Mathematik zu schlagen. Die Vorstellung, dass man scheinbar unvereinbare Formen der Mathematik zusammen anwenden kann, ist vom heutigen Standpunkt aus selbstverständlich, aber im 18. Jahrhundert war sie revolutionär und machte plötzlich ganz neue mathematische Entwicklungen möglich.

In dem Fall, dass x gleich Pi ist, kann man die Formel weiter zur sogenannten eulerschen Identität vereinfachen:

$$e^{i\pi} + 1 = 0$$

Die eulersche Identität wurde bereits als wichtigste, außergewöhnlichste und sogar schönste Formel der Mathematik bezeichnet, da sie fünf der bedeutendsten Zahlen der Analysis in einer Gleichung vereint.

Leonhard Euler

Die Formel wurde von Leonhard Euler (1707–1783) entdeckt, der einer der produktivsten Mathematiker seiner Zeit war. Im Laufe seiner Karriere beschäftigte er sich mit fast jedem Aspekt der Mathematik. Seine größte Errungenschaft ist jedoch die Verbindung von mehreren komplett unterschiedlichen Teilen in der eulerschen Formel und Identität.

Eulers Werk drehte sich hauptsächlich um Zahlentheorie und Analysis, wo er an der Lösung diverser mathematischer Probleme arbeitete und Beweise für verschiedene Erkenntnisse und Theorien zu finden versuchte.

Außerdem begründete er die Graphentheorie, die mithilfe von gezeichneten Funktionen und Gleichungen verschiedene Szenarien darstellt, und machte zahlreiche Entdeckungen.

Rechts: Leonhard Euler als Punktierstich von George Stodart (19. Jahrhundert).

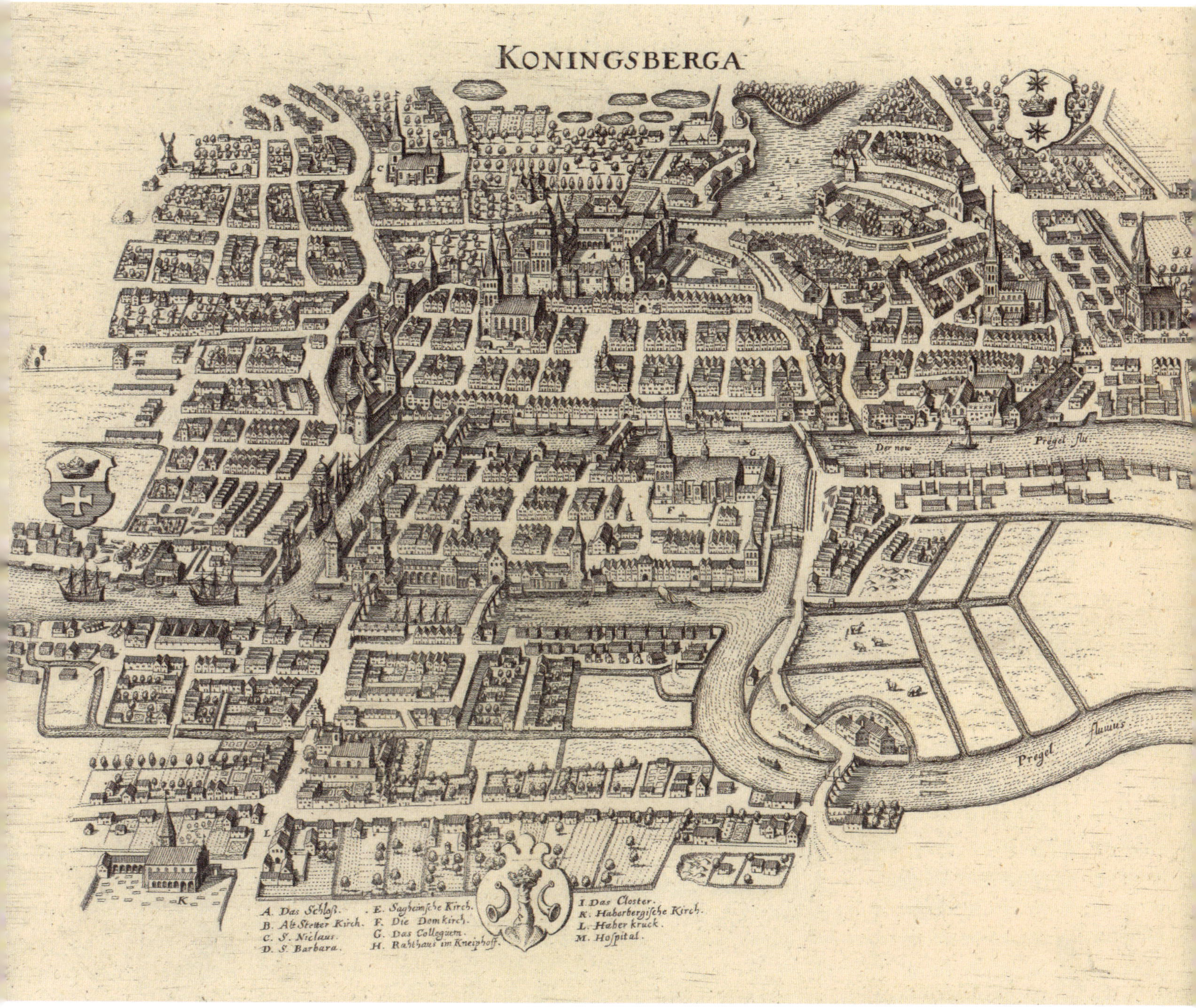

Oben: Diese Karte aus dem 17. Jahrhundert zeigt die Stadt Königsberg. Sie diente als Beispiel im Königsberger Brückenproblem, das Euler lösen konnte.

MODERNE SCHREIBWEISE

In seinen Büchern benutzte und popularisierte Euler zum ersten Mal einen Großteil der mathematischen Notation, die auch heute noch gang und gäbe ist. Er führte die Verwendung der Buchstaben π, e, i und vieler anderer ein. Nach Euler wurde die Mathematik weitgehend in einer Form dargestellt, die von der modernen Schreibweise kaum noch abwich.

Infografiken

Mithilfe von Diagrammen lassen sich Zahlen und mathematische Zusammenhänge visuell darstellen, sodass man Trends und Muster leichter erkennen kann. Als Erfinder des Balken- und Kreisdiagramms gilt William Playfair (1759–1823), ein britischer Volkswirt, Ingenieur und Spion. Wenn er nicht gerade versuchte, die französische Wirtschaft zu sabotieren, arbeitete er an seinem Buch *The Commercial and Political Atlas* (*Wirtschaftlicher und politischer Atlas*), das 1786 erschien. Darin untersuchte Playfair die Volkswirtschaft verschiedener Länder und stellte einige neue Diagrammtypen vor, unter anderem das Linien-, das Flächen- und das Balkendiagramm. Später entwarf er auch das Torten- und das Ringdiagramm.

Der Nutzen dieser grafischen Darstellung lag auf der Hand und sie wurden rasch von Statistikern, Ökonomen und in anderen mathematischen Berufen auf der ganzen Welt übernommen, um numerische Sachverhalte anschaulich darzustellen.

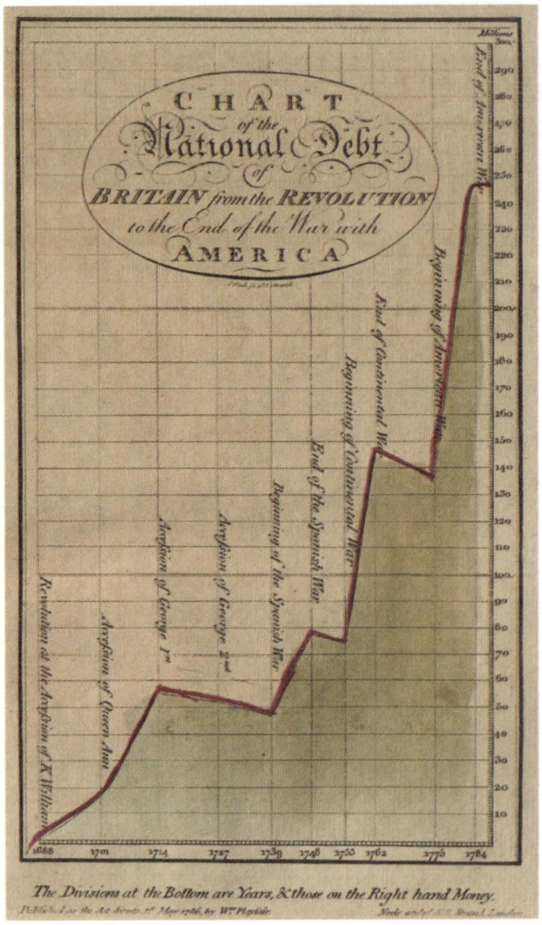

Rechts: Diagramm der englischen Staatsschulden aus *The Commercial and Political Atlas* von William Playfair.

Unten: Dieses Diagramm zeigt die Menge aller importierten und exportierten Waren Schottlands (in zehntausenden Pfund) im Jahr 1781.

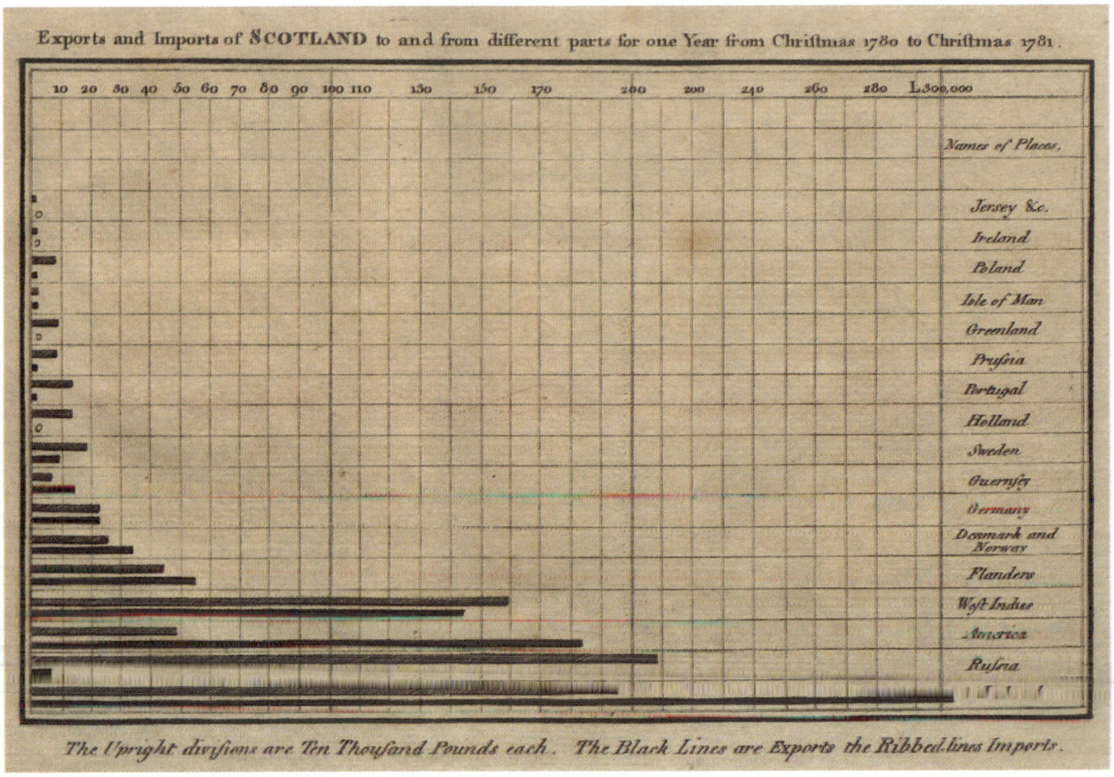

Pionierin der Statistik

Eine der vielleicht wichtigsten und wirkungsvollsten Infografiken stammt von Florence Nightingale (1820–1910). Im Jahr 1854 wurde sie während des Krimkriegs an einen Stützpunkt geholt, um die Verwundeten zu versorgen. Aufgrund der unhygienischen Bedingungen im mangelhaft ausgestatteten Krankenhaus waren dort bereits zahlreiche Verletzte einen vermeidbaren Tod gestorben.

Nach vielen Briefen, in denen sie ihre Kritik an den Zuständen ausdrückte, wurde ein Reinigungsteam geschickt, das dafür sorgte, dass kein Abwasser und keine toten Tiere mehr ins Trinkwasser gelangten und dass die überfüllten Krankenstationen belüftet wurden. Die Sterbezahlen sanken daraufhin stark und Nightingale wollte sicherstellen, dass man aus dem Vorfall gelernt hatte.

Im Jahr 1858 veröffentlichte sie ein Diagramm, das heute „Polar-Area-Diagramm" oder „Rosendiagramm" genannt wird. Die darauf abgebildeten zwei Spiralen stellen die Situation im Krankenhaus vor und nach der Ankunft des Hygieneteams dar. Die roten Flächen zeigen die Todesfälle aufgrund von Kriegsverletzungen, die schwarzen verschiedene andere Todesursachen und die blauen alle Personen, die an vermeidbaren oder behandelbaren Krankheiten gestorben waren. Der Unterschied ist auf einen Blick ersichtlich: Die größte Zahl ist die der vermeidbaren Todesfälle, die nach den Hygienemaßnahmen bedeutend kleiner geworden war.

Unten: Florence Nightingales „Rosendiagramm" illustriert die Sterbestatistik des Krimkriegs.

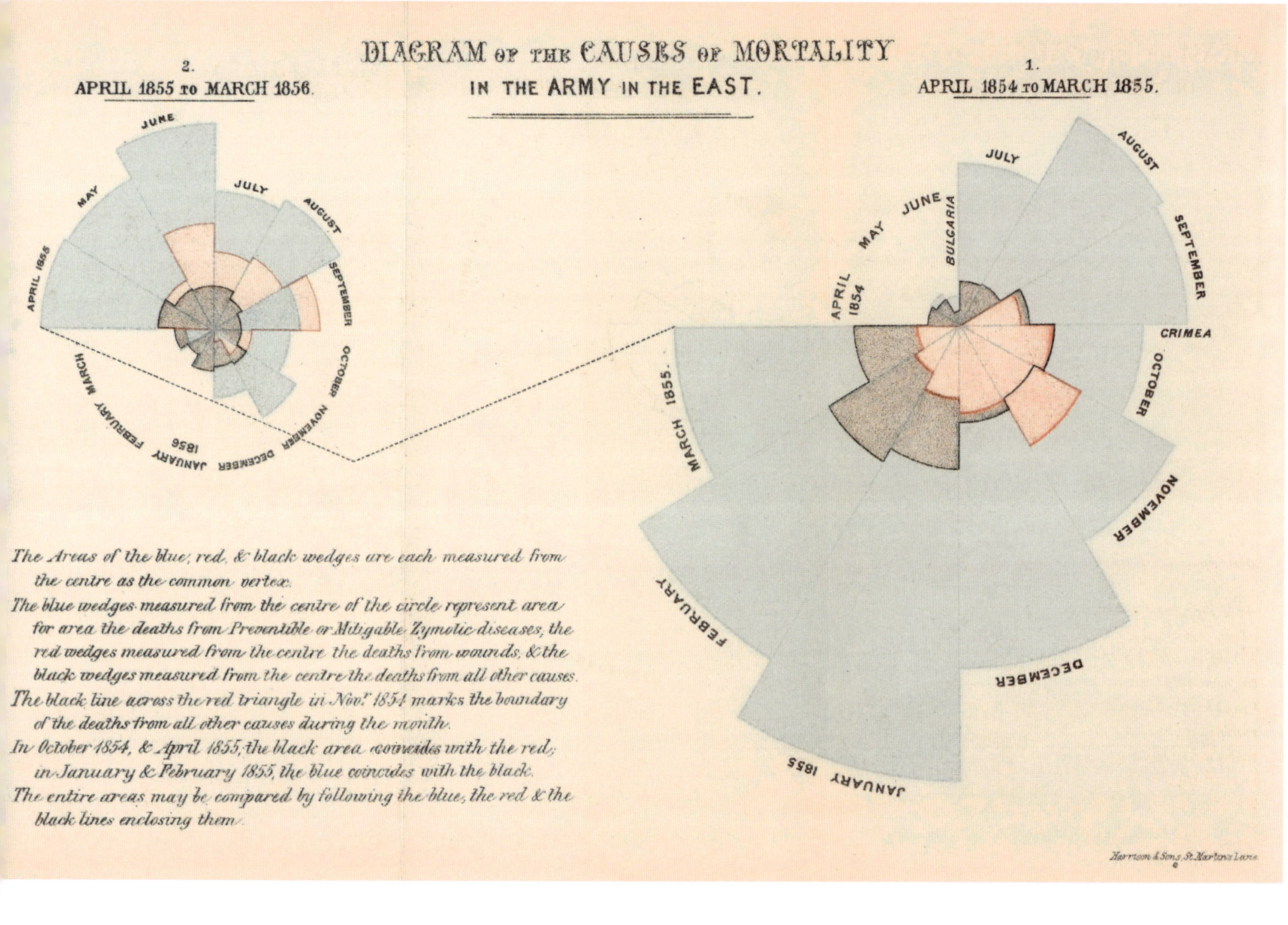

Lagrange-Mechanik

Joseph-Louis Lagrange (1736–1813) veröffentlichte im Jahr 1788 den ersten Band seines revolutionären Werks *Mécanique analytique* (*Analytische Mechanik*), der zweite folgte ein Jahr später.

Darin tat er etwas Außergewöhnliches: Er schrieb die gesamte Physik um und konstruierte aus dem Wissen Dutzender Mathematiker seiner Zeit ein ganz neues System. Nur hundert Jahre nach Newtons einflussreichem Lehrbuch der Physik gelang es Lagrange, komplett neue Gleichungen zu formulieren, die aber immer noch mit Newtons Arbeit vereinbar waren.

Dazu musste Lagrange die Welt aus einer neuen Perspektive betrachten. Die klassische Mechanik Newtons beschreibt das Wirken von Kräften und die Bewegungen entlang von Vektoren (d. h. Größen haben einen Zahlenwert und eine Richtung), aber die Lagrange-Formulierung betrachtet die Dynamik.

Zum Beispiel gibt es das Newtonsche Gesetz:

$$F = ma$$

Hierbei steht F für die Kraft, m für die Masse und a für die Beschleunigung.
In der Mechanik von Lagrange würde man diese Gleichung meist folgendermaßen schreiben:

$$F = \frac{-\mathrm{d}U}{\mathrm{d}x}$$

In diesem Fall ist F die Kraft, $\mathrm{d}U$ ist die Veränderung der Energie und $\mathrm{d}x$ ist jene der Entfernung.

Beide Gleichungen sind korrekt und anwendbar, sie sind nur zwei unterschiedliche Ansätze für ein Problem. Manche Probleme sind auf die Lagrange-Art leichter zu lösen, da sie Skalare verwenden, die nur einen Zahlenwert, aber keine Richtung haben.

Unten links: Ein Porträt von Joseph-Louis Lagrange aus dem 19. Jahrhundert.

Unten rechts: *Analytische Mechanik* (1788) gilt als Meilenstein der Mathematik.

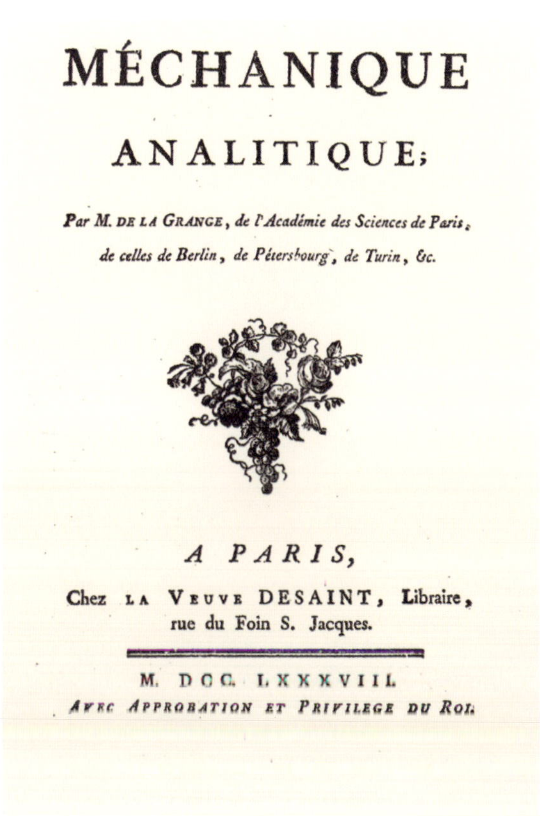

MÉCHANIQUE

ANALITIQUE;

Par M. DE LA GRANGE, de l'Académie des Sciences de Paris, de celles de Berlin, de Pétersbourg, de Turin, &c.

A PARIS,

Chez LA VEUVE DESAINT, Libraire, rue du Foin S. Jacques.

M. DCC. LXXXVIII.

AVEC APPROBATION ET PRIVILEGE DU ROI.

Eine ganz neue Welt

Lagranges Buch kommt ganz ohne Illustrationen aus, was der Mathematiker so begründet:

> ***Für die hier dargestellten Methoden sind weder geometrische noch mechanische Konstruktionen oder Berechnungen erforderlich, sondern nur algebraische Operationen nach einem regulären, einheitlichen Verfahren. Wer sich für die Analysis begeistert, wird erfreut feststellen, dass die Mechanik nun ein Teil davon ist, und mir dankbar sein, diesen Bereich so erweitert zu haben.***

Dieses Konzept wertete die Mathematik enorm auf, da man die beobachtbare Welt damit nun nicht nur beschreiben, sondern grundlegend verstehen konnte.

Die Lagrange-Mechanik wurde schnell von vielen Wissenschaftlern übernommen, vorwiegend weil sie die Ableitung von Differenzialgleichungen um einiges leichter machte. In anderen Bereichen hatte die klassische Newton-Mechanik noch die Nase vorn, aber beide System konnten nebeneinander existieren und werden heute noch in der klassischen Physik für Berechnungen verwendet.

DAS NEWTONSCHE SYSTEM UND UNSERE BESCHREIBUNG DER WELT

Das newtonsche System war ein gewaltiger Schritt, der vieles, was heute zur Physik gehört, zu einem einheitlichen Ganzen zusammenführte. Die Entwicklung der Integral- und Differenzialrechnung sowie das Gravitationsgesetz waren bereits bahnbrechend, aber den größten Einfluss hatte die Vorstellung, mithilfe einer überschaubaren Anzahl von Gleichungen und Prinzipien fast alles, was existierte, vollständig verstehen zu können.

Dazu gehörte auch die Auffassung des Determinismus, dass man auf ein System, ganz gleich wie komplex es auch war, einfach nur dieselben Gleichungen anwenden musste. Diese Idee verbreitete sich auch außerhalb der Wissenschaft und viele betrachteten die Gesellschaft als eine einzelne große Maschine, deren Gleichungen man einfach nur verstehen musste, um Probleme zu „lösen“. Diese Denkweise wurde mit dem Aufschwung der industriellen Revolution besonders populär und ist es auch heute noch.

Landvermessung

Oben: Ein Stadtplan von Washington aus dem Jahr 1791, der anlässlich der Gründung der amerikanischen Hauptstadt vorgelegt wurde.

Nicht nur Frauen hatten in der Mathematik einen schweren Stand. Fast alle bekannten Entdeckungen seit dem 15. Jahrhundert wurden von mächtigen oder wohlhabenden weißen Männern in Europa gemacht. Aber auf der ganzen Welt gab es unzählige Mathematiker unterschiedlicher Herkunft und ethnischer Zugehörigkeit, dessen Verdienste für die Mathematik im Laufe der Zeit vergessen wurden.

Einer der ersten afroamerikanischen Mathematiker, über die es Aufzeichnungen gibt, war Benjamin Banneker (1731–1806). Er wurde als freier Bürger geboren, lebte aber im Sklavenstaat Maryland. Sein Vater war ein Sklave gewesen, hatte sich aber durch Arbeit freigekauft und erwarb eine 40 Hektar große Tabakplantage. Er kämpfte gegen die Vorurteile jener Zeit und des ländlichen Umfelds, in dem sie lebten, und sorgte dafür, dass sein Sohn die bestmögliche Bildung erhielt und zusammen mit schwarzen und weißen Klassenkameraden lernte. Der Junge sog das Wissen förmlich auf und baute bereits im Alter von ungefähr 21 Jahren ein funktionierendes mechanisches Uhrwerk.

Im Jahr 1771 freundete sich Banneker mit George Ellicott (1760–1832) an. Ellicott war kürzlich in die Gegend gezogen und weckte Bannekers Interesse an Mathematik, Astronomie und Landvermessung. Im Laufe einiger Jahre borgte er ihm nach und nach seine komplette Büchersammlung.

Im Jahr 1790 beauftragte der amerikanische Präsident George Washington (1732–1799) eine Gruppe mit der Planung einer Stadt entlang des Potomac, einem Fluss in der Umgebung. Ellicotts Cousin war ein Mitglied dieser Gruppe und bat Banneker, ihm bei der Vermessung des Gebiets zu helfen.

Damals glaubten noch viele, einschließlich Washington selbst sowie der damalige Außenminister Thomas Jefferson (1743–1826), dass es schwarzen Menschen an Intelligenz mangele. Bannekers Teilnahme am Stadtprojekt widerlegte solche Vorurteile. Eine Zeitung schrieb dazu:

> ***[Ellicott] erhält Unterstützung von Benjamin Banneker, einem Äthiopier, dessen Fähigkeiten als Landvermesser und Astronom eindeutig beweisen, dass Mr. Jeffersons Annahme, diese Menschenrasse besäße keine geistigen Begabungen, völlig unbegründet war.***

BAUERNKALENDER

Nachdem er seine Arbeit als Landvermesser beendet hatte, kehrte Banneker auf seine Farm zurück und produzierte eine Reihe von Almanachen, die meteorologische Informationen enthielten, um die richtigen Zeiten zum Pflanzen und Ernten zu ermitteln. Als er versuchte, diese Bauernkalender zu publizieren, geriet er in einen öffentlichen Streit mit Thomas Jefferson, der ihn und seine Errungenschaften häufig herabsetzte. Trotz dieser Auseinandersetzung waren die Kalender ein Erfolg und Banner wurde zum Volkshelden und Symbol für die Intelligenz der Schwarzen.

Benjamin Bannaker's
PENNSYLVANIA, DELAWARE, MARYLAND, AND VIRGINIA
ALMANAC,
FOR THE
YEAR of our LORD 1795;
Being the Third after Leap-Year.

BANNAKER.

—PRINTED FOR—
And Sold by JOHN FISHER, *Stationer.*
BALTIMORE.

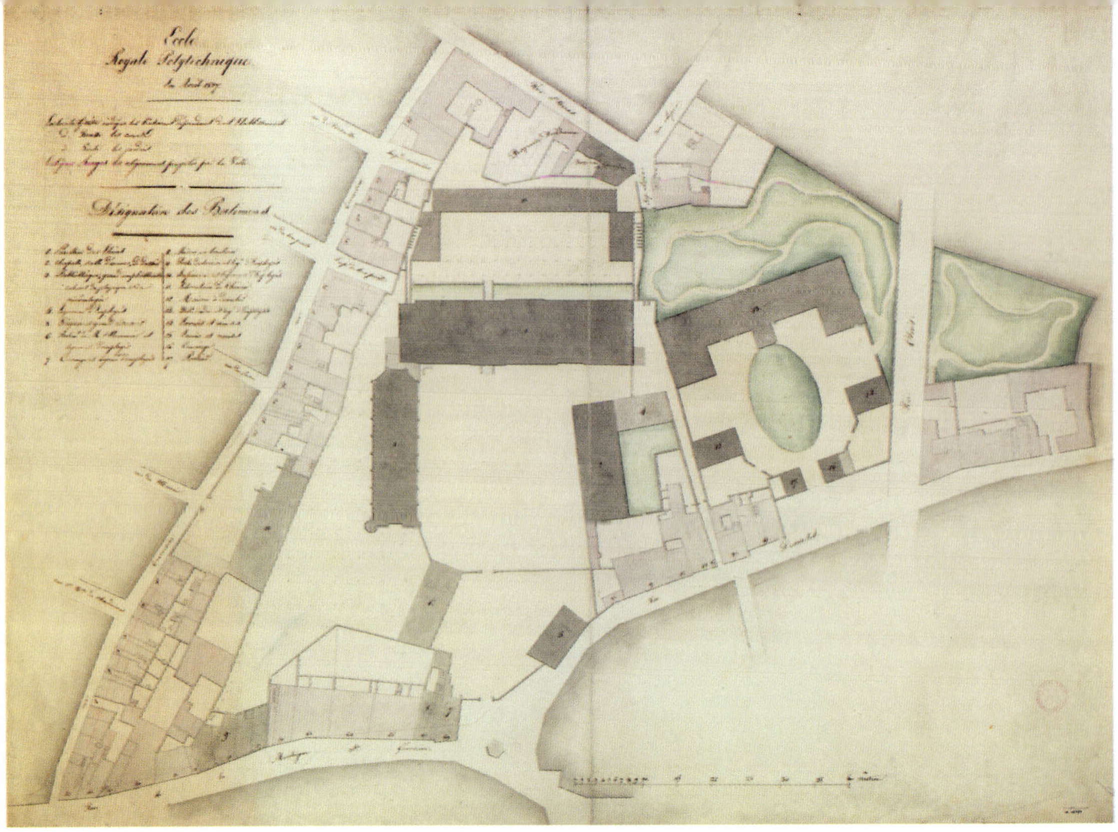

Rechts: Übersichtsplan der École Royale Polytechnique aus dem Jahr 1827.

Die École Polytechnique

Das Lernen war schon immer der Kern der Mathematik. Die meisten berühmten mathematischen Schriften der Geschichte waren als Lehrbücher konzipiert. Doch nach der Französischen Revolution gründete die neue Regierung die *École Polytechnique* und gab damit den Anstoß zu einer ganz neuen Welle der mathematischen Bildung.

Die Hochschule wurde 1794 vom Revolutionär und Mathematiker Gaspard Monge (1746–1818) ins Leben gerufen. Ursprünglich war sie im französischen Parlamentsgebäude untergebracht und als Ausbildungsstätte für Militäringenieure und Offiziere gedacht. Aus diesem Grund bot sie einen einzigartigen Lehrplan, dessen Schwerpunkt auf Chemie, Physik und Mathematik lag.

Trotz des breit gefächerten Curriculums war das eine deutliche Verlagerung zu einer mathematischen Ausbildung hin. Und nicht nur das: Basierend auf den Idealen der Revolution stand die Schule, obwohl sie höchst selektiv war, theoretisch jedem Mann, der zum Lernen imstande war, offen. Die Skripte der Vorlesungen waren auch Frauen zugänglich, sodass Mathematikerinnen wie Sophie Germain (1776–1831) vom Lehrinhalt profitieren konnten.

Im Jahr 1805 übernahm Napoleon Bonaparte (1769–1821) die Leitung der Schule und machte eine Militärakademie daraus. Auch heute noch befindet sie sich in der Zuständigkeit des Verteidigungsministeriums, unterrichtet aber mehr Fächer. Zu den Absolventen und Professoren gehörten Nobelpreisträger und Träger der Fields-Medaille [S. 296].

Das metrische System

Neben dieser Hochschule brachte das revolutionäre Frankreich eine weitere Neuerung hervor: Im Jahr 1795 geschah die Einführung der ersten Version des metrischen Systems, das auch heute noch auf der ganzen Welt verwendet wird. Manchen Schätzungen zufolge waren vor der Revolution über 800 offizielle Maßeinheiten und vielleicht sogar 250 000 inoffizielle Einheiten in Frankreich in Gebrauch.

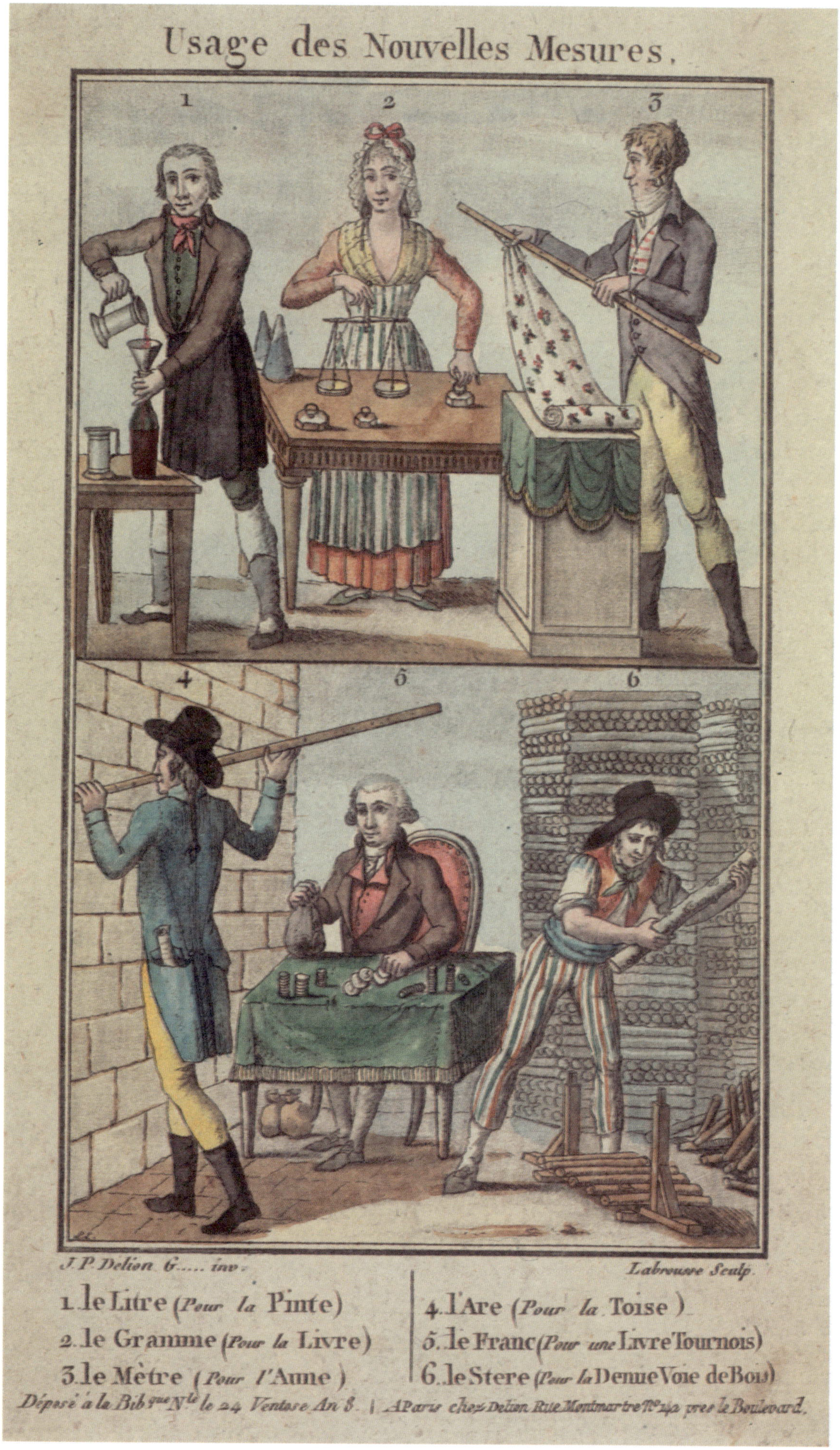

Links: Dieser Holzschnitt erklärt und illustriert die neuen metrischen Maßeinheiten nach ihrer verbindlichen Einführung am 4. November 1800.

Links: Dieses Bild zeigt Carl Friedrich Gauß mit einem Teleskop, um nicht nur seine Beiträge zur Mathematik, sondern auch in anderen Wissenschaften darzustellen.

Rechts: Titelseite der Ausgabe von Gauß' *Disquisitiones Arithmeticae* aus dem Jahr 1801.

Carl Friedrich Gauß

Carl Friedrich Gauß (1777–1855) ist der vielleicht produktivste Mathematiker seit den alten Griechen und Indern. Im Laufe seines Lebens machte er viele bahnbrechende Entdeckungen in verschiedensten Teilgebieten der Mathematik und heute sind über hundert mathematische und physikalische Konzepte nach ihm benannt.

Gauß wurde als Sohn eines Tagelöhners und einer Analphabetin in Braunschweig im heutigen Deutschland geboren. Er besuchte eine kirchliche Schule, wo sein mathematisches Genie bald erkannt wurde. Der Herzog Karl Wilhelm Ferdinand (1735–1806) wurde auf ihn aufmerksam gemacht und entschloss sich, den Jungen zu fördern, sodass er eine bessere Schule und schließlich die Universität besuchen konnte.

Während des Studiums überholte er schnell den Lehrplan und sogar die Mathematik jener Zeit durch seine eigene Arbeit. Besonders bemerkenswert war seine Entdeckung, dass man ein regelmäßiges Siebzehneck mit Zirkel und Lineal konstruieren konnte. Das war der größte Durchbruch, den es auf diesem Teilgebiet seit der Antike gegeben hatte.

Im Jahr 1798, noch bevor er seinen Doktortitel erlangte, vollendete er ein Meisterwerk: sein Buch *Disquisitiones Arithmeticae* (*Arithmetische Untersuchungen*). Darin beschrieb er die Zahlentheorie und modulare Arithmetik, indem er die Arbeit vieler seiner Zeitgenossen verknüpfte und um seine eigenen Erkenntnisse erweiterte.

Selbst im Aufbau des Buchs legte Gauß neue Maßstäbe für mathematische Texte: Zuerst wird ein mathematischer Satz formuliert, dann muss ein Beweis dafür erbracht werden und schließlich folgt eine Erörterung des Ergebnisses. Auch heute noch sind mathematische Arbeiten so aufgebaut.

In den folgenden 57 Jahren bis zu seinem Tod entwickelte Gauß seine Zahlentheorie weiter und arbeitete an allen möglichen mathematischen Teilgebieten, die ihn interessierten. Er machte Entdeckungen so trivial, wie eine Möglichkeit, zu einem bestimmten Datum den Wochentag auszurechnen, und so bedeutend wie die Normalverteilung, die einem Großteil der modernen Wissenschaft zugrunde liegt.

DISQVISITIONES

ARITHMETICAE

AVCTORE

D. CAROLO FRIDERICO GAVSS

LIPSIAE

IN COMMISSIS APVD GERH. FLEISCHER, Jun.

1801.

Kapitel fünfzehn

Mathematik im 19. Jahrhundert

Zeittafel – 19. Jahrhundert

1810

ANNALES DE MATHÉMATIQUES PURES ET APPLIQUÉES

Die erste Mathematikzeitschrift geht in den Druck und verbreitet neue Ideen und Entdeckungen.

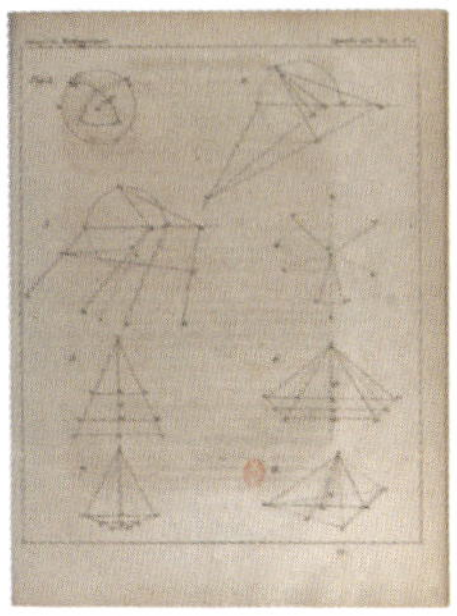

1822

DIFFERENZMASCHINE

Charles Babbage

Babbage versucht vergeblich, eine Maschine zu bauen, die viel schneller und präziser rechnen kann als jeder Mensch.

1843

ALGORITHMEN

Ada Lovelace

Die junge Lovelace, die mit Babbage zusammenarbeitet, entwickelt das erste Computerprogramm.

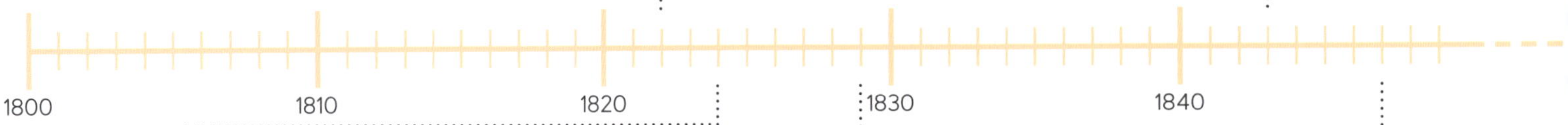

1824

BEWEISBARE UNMÖGLICHKEIT

Niels Henrik Abel

Abel zeigt, dass einige wichtige Konzepte nicht umsetzbar sind, und Mathematiker beginnen, Unmöglichkeitsbeweise ernst zu nehmen.

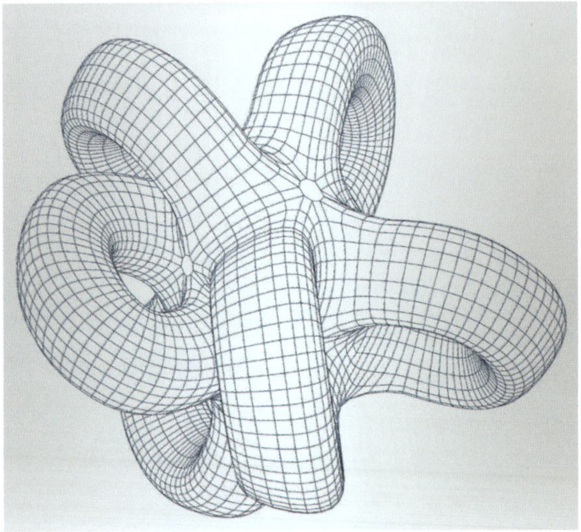

1829

NICHTEUKLIDISCHE GEOMETRIE

Nikolai Lobatschewski

Nach über 2000 Jahren wird eines der grundlegenden Prinzipien der Geometrie über den Haufen geworfen, was die Mathematik auf den Kopf stellt.

1847

BOOLESCHE ALGEBRA

George Boole

Boole erweitert die aristotelische Logik und entwickelt eine neue Art der Mathematik, die schließlich die Basis der Computertechnik bildet.

1874

GEORG CANTOR

Mengenlehre

Cantor begründet unbeabsichtigt ein komplett neues Teilgebiet der Mathematik. Es entwickelt sich schließlich zum zentralen Konzept, auf dem die restliche Mathematik aufgebaut ist.

1896

Die ersten Olympischen Spiele der Neuzeit werden abgehalten.

1885

In Chicago wird der erste Wolkenkratzer errichtet.

1859

Charles Darwin veröffentlicht *Über die Entstehung der Arten.*

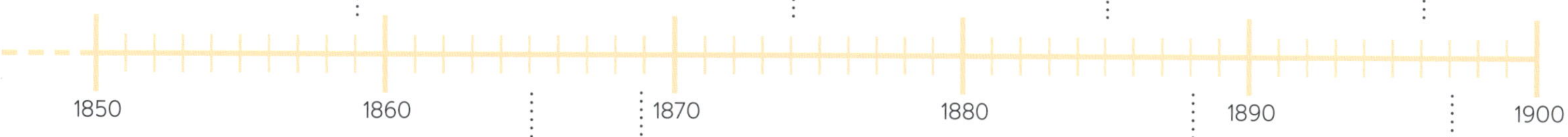

1865

Ende des Sezessionskriegs in den USA.

1869

STANDARDABWEICHUNG

Francis Galton

Der Statistiker erfindet eine Methode, um bei der Analyse von Statistiken normale Schwankungen zu messen – und begründet damit die Standardabweichung.

1897

INDIANA PI BILL

Aufgrund von Inkompetenz und Dummheit wird im US-Bundesstaat Indiana der Wert von Pi beinahe per Gesetz festgelegt.

1888

PARTIELLE DIFFERENZIALGLEICHUNG

Sofja Kowalewskaja

Diese Pionierin erlangt als erste Frau einen Doktorgrad der Mathematik. Sie trägt zur Lösung verschiedener Arten von partiellen Differenzialgleichungen bei.

Im 19. Jahrhundert war die Fülle der mathematischen Entdeckungen bereits so groß geworden, dass man selbst mit den Kernaussagen dieser Wissenschaft ganze Enzyklopädien füllen konnte. Zu jener Zeit musste es den Anschein gehabt haben, als wurden jeden Tag neue, revolutionäre Erkenntnisse gewonnen und ganz neue Dimensionen der Mathematik erschlossen.

In diesem Jahrhundert fand der Wandel zum Zeitalter der Moderne statt. Das erste Auto wurde gebaut, der erste Wolkenkratzer errichtet und in dieser Epoche wurden Fotos, Filme und das Telefon erfunden.

Die treibende Kraft hinter vielen dieser Innovationen war die Mathematik. Entweder für die technischen Aspekte, etwa um Bauvorhaben und Radiofrequenzen zu berechnen, aber auch indirekter, denn sie ermöglichte die organisatorische und statistische Arbeit für die Entwicklung der neuen Technologien.

Ein wichtiger unterstützender Faktor für diesen Fortschritt war die Öffnung der Bildungseinrichtungen für mehr Menschen als je zuvor. Selbst in den Elite-Universitäten brachte die minimale Lockerung der Einstiegshürden frischen Wind und neue Perspektiven, die alles veränderten. Nun erhielten in Ländern auf der ganzen Welt viele ganz normale Bürger – einschließlich Frauen – eine grundlegende mathematische Bildung.

Im 19. Jahrhundert wurde auch die von Newton und Leibniz entwickelte Integral- und Differenzialrechnung effektiv angewendet, und das Berufsbild „Mathematiker" nahm nun Form an. Das ermöglichte, verlangte es aber auch, dass Mathematiker ihre Arbeit noch viel ernsthafter ausübten, sich stärker engagierten und eine breitere Palette von Themen studierten, um immer auf dem aktuellen Stand der modernen Mathematik zu bleiben.

Wie viele andere Wissenschaften in dieser Zeit wurde auch die Mathematik in gewisser Weise demokratisiert: Die Einführung der Schulpflicht, Fachzeitschriften der Mathematik und Gelehrtengesellschaften ebneten den Weg für mehr Studierende als je zuvor. Aber es war schwieriger geworden, Mathematik auf einem höheren Niveau zu betreiben, da nun nur noch professionelle Mathematiker in allen Teilgebieten ihrer Wissenschaft Expertise erlangen konnten.

Gegenüber: Anzeige für das Home Life Insurance Building in Chicago, das als der erste Wolkenkratzer der Welt gilt.

Rechts: Der dreirädrige Benz-Motorwagen aus dem Jahr 1886 war das erste Automobil, das einen Verbrennungsmotor hatte.

THE CHICAGO BUILDING OF
THE HOME INSURANCE CO.
OF NEW YORK

Mathematikzeitschriften

Die erste Gelehrtengesellschaft für den Austausch von naturwissenschaftlichen Erkenntnissen war die Royal Society, die im Jahr 1660 in London gegründet wurde. Schon bald darauf veröffentlichte sie die erste Fachzeitschrift: *Philosophical Transactions of the Royal Society*. Damit setzte sie einen neuen Maßstab für die einfachere Verbreitung akademischer Forschungsergebnisse, die zuvor nur in Buchform erschienen waren.

Im Laufe des 18. Jahrhunderts erschienen immer mehr solcher Zeitschriften mit spezialisierten Themen, die Gelehrten eine Möglichkeit boten, ihre Forschungsinteressen mit Gleichgesinnten zu teilen, aber es dauerte noch eine ganze Weile, bis die erste Fachzeitschrift für Mathematik erschien.

Andere mathematische Periodika wurden schon seit 1704 veröffentlicht, etwa *The Ladies' Diary* (oder *Woman's Almanack* – der „Almanach für die Frau"), eine englische Publikation, die vor allem Zahlenrätsel und Textaufgaben enthielt. Ab 1741 erschien das Gegenstück *The Gentleman's Diary*, was den gleichen Inhalt hatte, aber an Männer gerichtet war. Beide Zeitschriften wurden bis 1840 publiziert.

Das von der École Polytechnique [S. 240] im Jahr 1794 herausgegebene *Journal Polytechnique* enthielt aufgrund des technikorientierten Lehrplans der Hochschule vor allem mathematische Arbeiten. Die erste reine Mathematikzeitschrift erschien 1810 mit der ersten Auflage von *Annales de mathématiques pures et appliquées* (*Annalen der reinen und angewandten Mathematik*).

Der Herausgeber der Zeitschrift war der Mathematiker Joseph Gergonne (1771–1859), weswegen sie auch *Annales de Gergonne* genannt wurde. Er rief sie ins Leben, nachdem er vergeblich versucht hatte, einen Verleger für seine eigenen Werke zu finden, und im Laufe der Jahre erschienen darin auch über 200 seiner Arbeiten.

Die *Annales de mathématiques* waren aber nur die ersten von vielen weiteren mathematischen Zeitschriften. Als nächstes erschien *Correspondance mathématique et physique* (*Schriften zu Mathematik und Physik*; 1825–1839). Darauf folgte das deutsche *Journal für die reine und angewandte Mathematik*, das erstmals 1826 gedruckt wurde und heute noch existiert. Die erste Fachzeitschrift in englischer Sprache war *The Cambridge Mathematical Journal* und wurde 1837 ins Leben gerufen, Unter dem Namen *The Quarterly Journal of Pure and Applied Mathematics* (*Vierteljahresschrift der reinen und angewandten Mathematik*) erscheinen auch heute noch neue Ausgaben. Mittlerweile gibt es hunderte spezialisierte Zeitschriften zu allen möglichen mathematischen Themen.

THE LADIES' DIARY,
FOR THE YEAR OF OUR LORD
1840,
Being Bissextile or Leap Year,
DESIGNED PRINCIPALLY FOR THE AMUSEMENT AND INSTRUCTION OF THE
FAIR SEX.
WITH AN APPENDIX OF CURIOUS AND VALUABLE MATHEMATICAL RESEARCH, FOR THE USE OF STUDENTS.
The Hundred and Thirty-seventh Almanack published of this Kind.

Virtue and taste, with female softness join'd,
All that subdues and captivates mankind,
In Britain's matchless fair resplendent shine;
They rule love's empire by a right divine:
Justly their worth the enraptured world admires,
Whom fair VICTORIA's bright example fires.

LONDON:
PRINTED FOR
THE COMPANY OF STATIONERS;
And sold by G. Greenhill, at their Hall, Ludgate street.
[Price One Shilling, stitched.]
PRINTED BY C. ADLARD,

Rechts: Eine Ausgabe von *The Ladies' Diary* aus dem Jahr 1840 zeigt Königin Victoria auf der Titelseite.

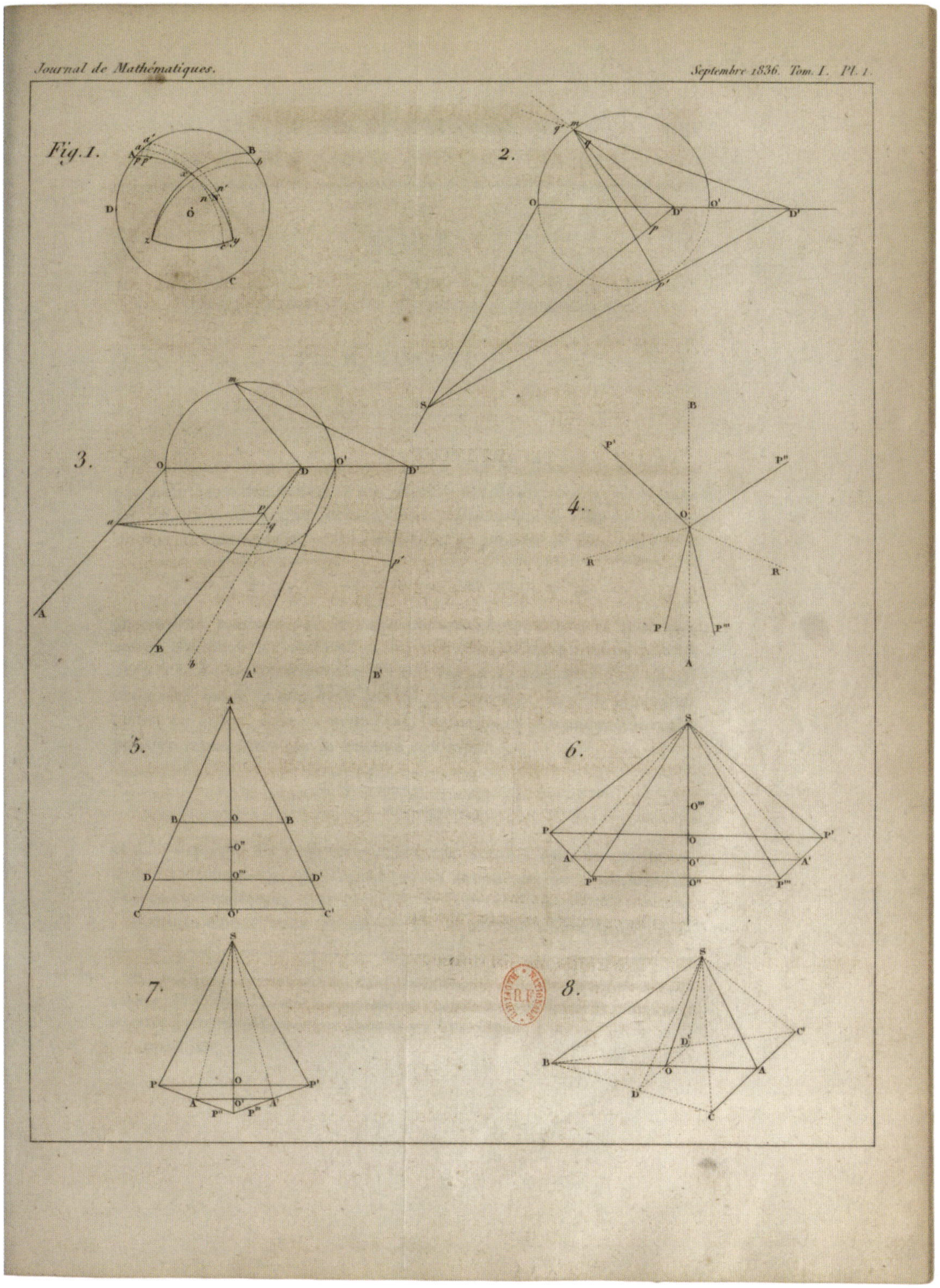

Links: Mathematische Zeichnungen aus einer Ausgabe des *Journal de Mathématiques Pures et Appliquées* aus dem Jahr 1836.

Oben: Matheunterricht im Jahr 1899 an einer amerikanischen Schule in Washington.

Mathematische Bildung

Im 19. Jahrhundert wurde es als immer wichtiger angesehen, dass möglichst viele Menschen eine umfassende Bildung erhielten. In ganz England wurden öffentliche Schulen gegründet, noch bevor 1880 die Schulpflicht für alle Kinder zwischen fünf und zehn Jahren eingeführt wurde. In den USA war Massachusetts der erste Bundesstaat, in dem seit 1852 der Besuch einer Grundschule verpflichtend war, und es folgten viele weitere. Auch in Europa musste in vielen Ländern bald jedes Kind zur Schule gehen, unter anderem in Frankreich (1881), Deutschland (1872) und Italien (1859).

In all diesen Ländern bildete die Mathematik einen der Grundpfeiler des Lernens und jedes Kind sollte mit dem Abschluss seiner Schulzeit lesen, schreiben und rechnen können.

Auch zahlreiche religiöse und politische Organisationen, karitative Einrichtungen und Gemeinschaften arbeiteten daran, einen besseren Zugang zu Bildung zu schaffen. Eine davon war die *Society for the Diffusion of Useful Knowledge*, die 1826 in London gegründet wurde. Sie publizierte preiswerte Lehrmaterialien für all jene, die sich weiterbilden wollten, aber keine Universität besuchen konnten. Diese illustrierten Bücher und Zeitschriften kosteten zwischen 1 und 6 Pence, was zu jener Zeit ungefähr dem Preis von einem halben bis drei ganzen Laiben Brot entsprach.

Mary Somerville

Mary Somerville (1780–1872) war eine schottische Wissenschaftlerin, die für ihre Beiträge zu Mathematik, Geografie und Astronomie sowie ihren Einsatz für die Rechte der Frauen sehr bekannt wurde. Sie soll nur ein Jahr die Schule besucht haben, bevor sie sich in der Bibliothek ihrer Familie eigenständig weiterbildete.

Ihre erste wissenschaftliche Arbeit erschien im Jahr 1826. In Gelehrtenkreisen hatte sie sich durch ihre kommentierte Übersetzung von Pierre-Simon Laplaces Buch über die Himmelsmechanik einen Ruf gemacht. Zusammen mit Caroline Herschel war sie eine der ersten Frauen, die als Ehrenmitglieder in die *Royal Astronomical Society* aufgenommen wurden. Somerville veröffentlichte weitere Arbeiten, vor allem in den Naturwissenschaften. Ihr Einfluss war beträchtlich: Nach ihrem Tod im Jahr 1872 wurde sie von einer Zeitung sogar zur „Königin der Wissenschaft" erklärt.

Rechts: Mary Somerville trug wesentlich dazu bei, dass die Mathematik mehr Menschen als je zuvor zugänglich und verständlich gemacht wurde.

Im Jahr 1827 beauftragte die Organisation die Universalgelehrte Mary Somerville (1780–1872) mit der Übersetzung von Pierre-Simon Laplaces (1749–1827) Werk über die Himmelsmechanik. Dabei erkannte sie, dass sie es mit zusätzlichen Informationen erweitern musste, damit die Leser dem Text folgen konnten.

Dadurch wurde das ohnehin schon fünfbändige Buch noch viel umfangreicher und sprengte den Rahmen der *Society*. Somerville brachte ihre Übersetzung stattdessen im Eigenverlag heraus und das Buch entwickelte sich rasch zum Standardwerk.

Joseph Fourier

Jean-Baptiste Joseph Fourier (1768–1830) wurde in Frankreich geboren. Als er neun Jahre alt war, starben seine Eltern. Seine Ausbildung erhielt er in einem Konvent, wo man sein Genie schnell erkannte. Da er nur aus bürgerlichen Verhältnissen stammte, wurde ihm unter den Mathematikern in der französischen Armee nur eine niedrige Position zugeteilt.

Das kam ihm nach der ersten Französischen Revolution (die er unterstützte) zugute, als er 1798 als wissenschaftlicher Berater mit Napoleon Bonaparte auf Expeditionen ging und man ihm das Sekretariat der Bibliothek *Institut d'Égypte* übertrug. Im Jahr 1801 kehrte er nach Frankreich zurück, nachdem die Briten das Gebiet wieder übernommen hatten.

In der französischen Republik war Fouriers gesellschaftliches Ansehen viel größer. Er erhielt eine Professur an der *École Polytechnique* und wurde von Napoleon höchstpersönlich zum Präfekten des Départements Isère ernannt.

Dort verfasste Fourier seine wichtigsten Arbeiten. Sein größtes Interesse galt der Wärmeausbreitung. Sie war auch Inhalt seines Meisterwerks *Théorie analytique de la chaleur* (*Analytische Theorie der Wärme*), das 1822 erschien. Es war die umfangreichste Schrift zum Thema und blieb über hundert Jahre nach der ersten Ausgabe relevant.

Dieses Werk verschaffte ihm große wissenschaftliche Anerkennung. Fourier kehrte nach Paris zurück, wo er auf Lebzeit die Rolle als Sekretär der französischen Akademie der Wissenschaften übernahm und zahlreiche Auszeichnungen und Zustimmung gewann.

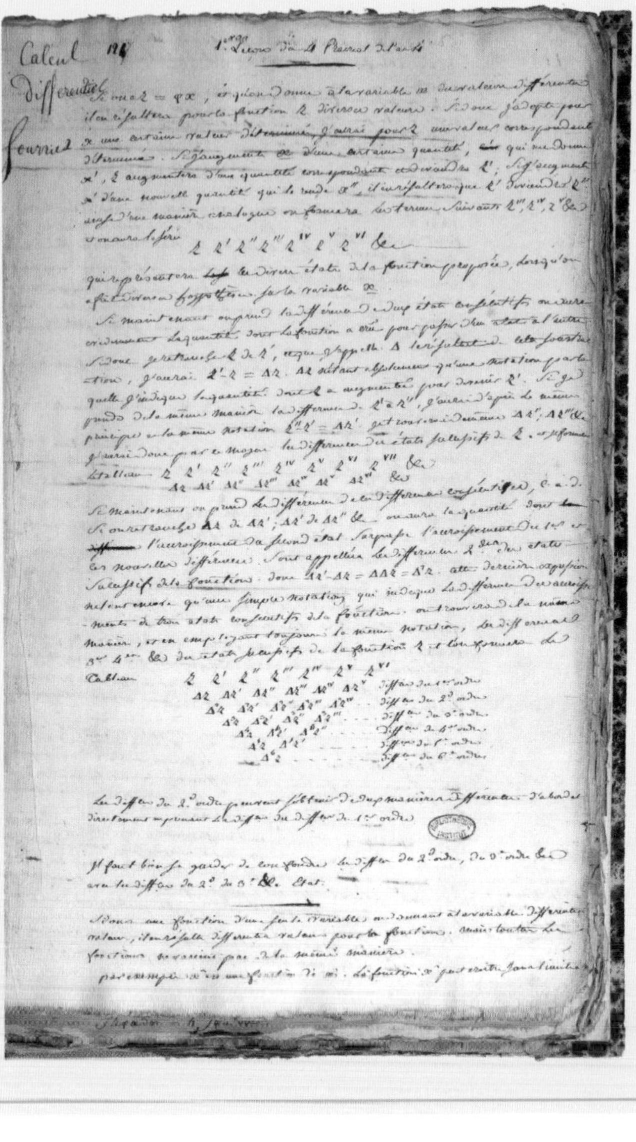

Oben rechts: Die französische Republik erkannte Joseph Fouriers enormes Potenzial.

Rechts: Seite aus Fouriers *Calcul Differentiel et Integral.*

Fourier-Transformation

Fouriers Arbeit über die Wärme war ein wissenschaftliches Wunderwerk, für das er zu Recht große Bewunderung erhielt. Um die Berechnungen dafür durchführen zu können, entwickelte er seine vielleicht größte Errungenschaft: die Fourierreihe.

Dahinter steht die Idee, dass jede Funktion als Kombination einer Folge verschiedener Sinuswellen beschrieben werden kann. Das ist bedeutend, da es bei Sinuswellen nur zwei Faktoren zu berücksichtigen gilt: ihre Frequenz (wie lang die Welle ist) und ihre Amplitude (wie hoch die Welle ist).

Diese Idee wurde schließlich zur Fourier-Transformation ausgebaut. Dabei handelt es sich um eine Methode zur Umwandlung einer Funktion in eine Form, in der die Frequenz und Amplitude der verschiedenen Sinuswellen in nur einem Diagramm dargestellt werden können.

Fourier-Transformationen machen es möglich, dass Computer Töne aufnehmen, speichern und wiedergeben können. Die Töne haben die Form von komplexen Wellen, die Funktionen sind. Der Computer zeichnet die Welle auf und führt eine Fourier-Transformation an ihr durch. Dabei wird sie in ihre Komponenten zerlegt, also in die Frequenzen und Amplituden, aus denen sie besteht und die der Computer später wiederholen kann.

Auf diese Weise kann nicht nur ein Tonsignal bis ins kleinste Detail analysiert werden, man spart damit auch Speicherplatz, da nur die umgewandelte Information gespeichert werden muss. Heute findet diese Methode bei Kompressionsverfahren wie MP3 und auch bei anderen Dateiformaten, wie etwa JPEG, Anwendung.

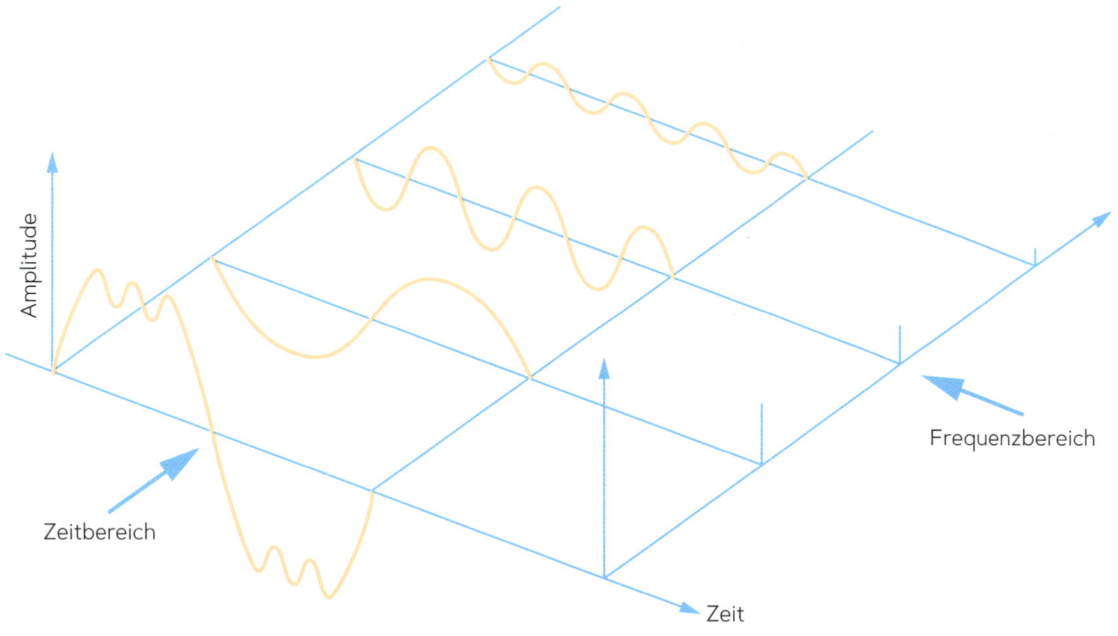

Links: Mithilfe der Fourier-Transformation kann man die Frequenz und Amplitude verschiedener Sinuswellen in einem Diagramm darstellen.

Unmöglichkeitsbeweise

Beweise sind in der Mathematik schon seit langer Zeit der Maßstab für wissenschaftliches Arbeiten. Aber es ist auch möglich, einen mathematischen Gegenbeweis zu erbringen – ein Beweis, der zeigt, dass eine Aufgabe unmöglich ist.

Einer der grundlegendsten Unmöglichkeitsbeweise der Mathematik ist die Schlussfolgerung, dass $\sqrt{2}$ eine irrationale Zahl ist. In vereinfachter Form würde sie aussehen wie folgt:

1. Wenn $\sqrt{2}$ rational ist, muss es möglich sein, dass $a/b = \sqrt{2}$, wobei a und b ganze Zahlen sind.
2. Aufgrund der Teilerfremdheit weiß man, dass mindestens a oder b ungerade sein muss.
3. Daher ist $a^2/b^2 = 2$ und somit $a^2 = 2b^2$.
4. Weil a^2 zweimal b^2 ist, muss es gerade sein, und wenn a^2 gerade ist, muss auch a gerade sein.
5. Weil a gerade ist, muss es eine ganze Zahl geben, bei der $a = 2k$.
6. Daher kann die Gleichung aus Punkt 3 umgeschrieben werden: $(2k)^2 = 2b^2$ oder $4k^2 = 2b^2$.
7. Das bedeutet, dass $2k^2 = b^2$ und b muss aus denselben Gründen wie in Punkt 4 gerade sein.
8. Punkt 4 zeigt, dass a gerade ist, und Punkt 7 zeigt, dass b gerade ist. Doch Punkt 2 erfordert, dass eine der beiden Zahlen ungerade ist. Daher ist das unmöglich.

Im 19. Jahrhundert wurden unzählige solcher Unmöglichkeitsbeweise erbracht, etwa von Ferdinand von Lindemann (1852–1939), der 1882 bewies, dass die Quadratur des Kreises unmöglich war.

Unmögliche Polynome

Der vielleicht folgenreichste Unmöglichkeitsbeweis stammte vom jungen norwegischen Mathematiker Niels Henrik Abel (1802–1829). Er bewies, dass es keine allgemeine Lösungsformel für Polynome fünften oder höheren Grades gab [S. 110].

Paolo Ruffini (1765–1822) veröffentlichte 1799 das Werk *Teoria Generale delle Equazioni* (*Allgemeine Theorie der Gleichungen*), aber der Beweis war unvollständig und erst Abel konnte die Unlösbarkeit demonstrieren. Dazu erfand er ein komplett neues Teilgebiet der Mathematik, das heute als Gruppentheorie bekannt ist. Dabei geht es um algebraische Mengen und Operationen zu verschiedenen komplexen Strukturen.

DAS MÉNAGE-PROBLEM

Im späten 19. Jahrhundert beschäftigte ein mathematisches Rätsel Akademiker und Amateure gleichermaßen. Darin müssen sich fünf Paare (französisch: *ménage*), die jeweils aus Mann und Frau bestehen, an einen Tisch setzen. Die Gäste dürfen dabei nicht neben einer Person desselben Geschlechts sitzen und auch nicht neben ihrem eigenen Partner.

Mathematiker hatten nicht nur Spaß daran, eine Lösung zu finden, sondern beschrieben auch begeistert die Beweise, die sämtliche Möglichkeiten aufzeigten.

Dieses Rätsel weckte das Interesse an anderen, ähnlichen Aufgaben mit zunehmend komplexeren Regeln. Die vorgeschlagenen Szenarien waren oft von heiterer Natur, trugen aber nichtsdestotrotz dazu bei, das mathematische Denken weiterzuentwickeln, und viele von ihnen erforderten zu ihrer Lösung einen Unmöglichkeitsbeweis.

Gruppentheorie

Die Gruppentheorie untersucht, wie ihr Name schon sagt, die Struktur von Gruppen. Aber wie eine Gruppe definiert wird, ist etwas komplizierter. Eine Gruppe ist eine Menge [S. 270] aus Elementen, die bestimmten Regeln unterliegt:

1. Die Elemente sind „assoziativ" (d. h., die Reihenfolge, in der die Operationen ausgeführt werden, spielen keine Rolle – zum Beispiel ergibt 1 + 3 dasselbe wie 3 + 1).
2. Es gibt ein neutrales Element, dessen Anwendung nichts bewirkt (zum Beispiel, wenn man 0 zu einer ganzen Zahl addiert).
3. Es gibt zu jedem Element ein inverses Element, das als Umkehr fungiert (zum Beispiel gibt es zur Zahl 5 auch die Zahl −5, sodass 5 + −5 = 0).

Die Bedeutung jeder „Gruppe" liegt darin, dass sie eine natürliche Symmetrie aufweist, was bedeutet, dass viele verschiedene mathematische Methoden auf sie angewandt werden können.

Eines der bekanntesten Beispiele der Gruppentheorie ist der Zauberwürfel oder Rubikwürfel. Die „Rubikwürfelgruppe" ist eine Gruppe, die den Aufbau des Spielzeugs definiert und alle Drehbewegungen, die damit gemacht werden können, beschreibt. Mithilfe dieser Gruppe kann man dann Aussagen über die verschiedenen Eigenschaften treffen, etwa die Anzahl der möglichen Permutationen bestimmen, ohne dass man den Würfel selbst bei der Hand haben muss.

Évariste Galois

Entdeckt wurde die Gruppentheorie beim Versuch, Polynome [S. 110] fünften Grades und höher zu lösen. Der französische Mathematiker Évariste Galois (1811–1832) führte in seiner Arbeit jene Elemente zusammen, die heute unter dem Begriff Gruppentheorie fallen.

Galois wurde im Jahr 1811 als Sohn wohlhabender Republikaner geboren und erhielt eine hervorragende Ausbildung. Dabei zeigte sich seine außergewöhnliche mathematische Begabung. Zwar scheiterte er an der Aufnahmeprüfung für die *École Polytechnique*, aber er studierte an der weniger prestigeträchtigen *École Preparatoire*, wo er seine Ideen ausarbeitete und seine Erkenntnisse niederschrieb.

Im Jahr 1830 wurde Frankreich von der Julirevolution erschüttert und Galois war ein großer Befürworter, der durch politsche Ausschreitungen und Verhaftungen auffiel und von der Hochschule verwiesen wurde. Sein Verhalten gipfelte am 30. Mai 1832 in einem Duell, bei dem er getroffen und tödlich verletzt wurde.

Nach einigen Kontroversen wurden Galois' Werke posthum veröffentlicht und erlangten allgemeine Anerkennung und Bewunderung.

Rechts: Évariste Galois gilt als Begründer der Gruppentheorie.

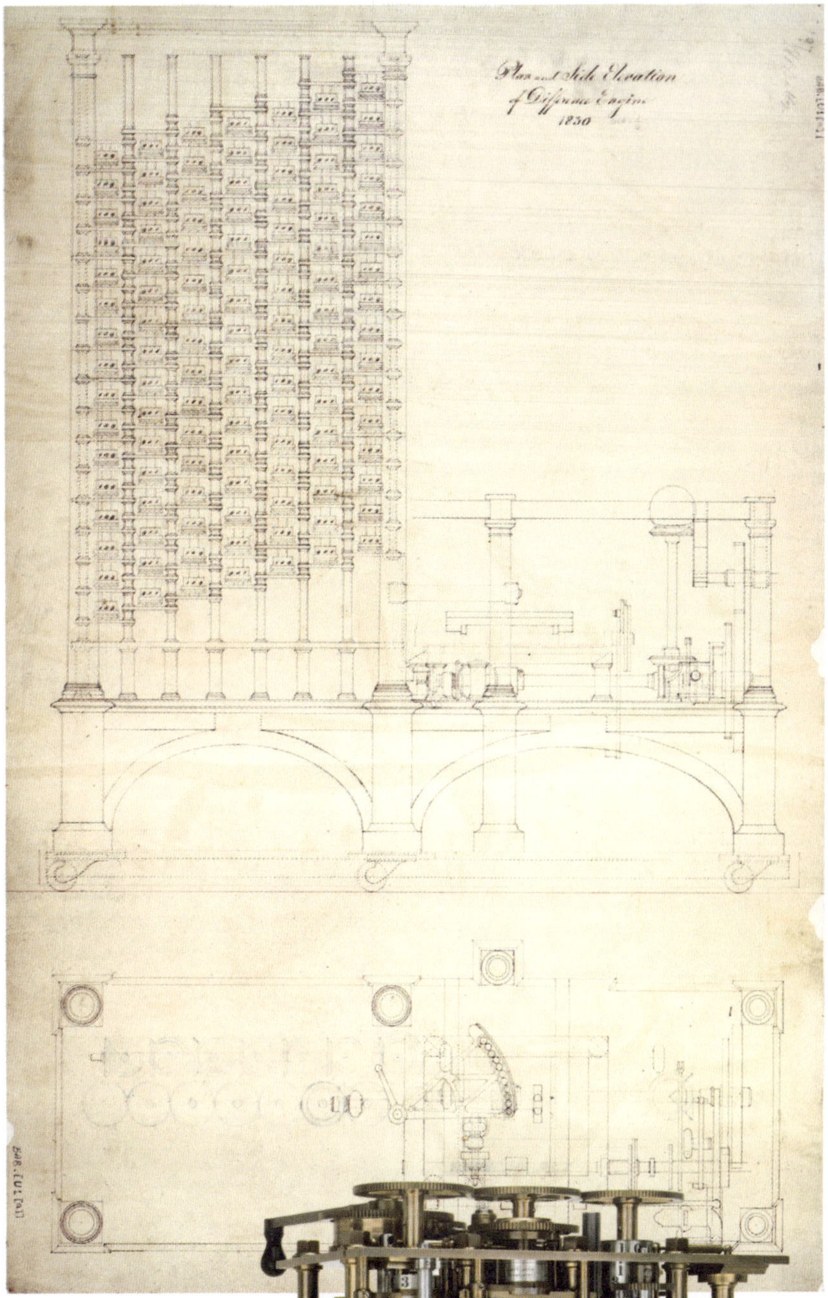

Oben: Zeichnung von Charles Babbages Differenzmaschine No. 1 aus dem Jahr 1830.

Rechts: Diese fertige Differenzmaschine No. 1 wurde 1832 vom Werkzeugmacher Joseph Clement gebaut.

Die Differenzmaschine

Bereits seit 1642 gab es Rechenmaschinen [S. 216]. Im 18. und frühen 19. Jahrhundert arbeiteten verschiedene Erfinder am Bau von immer kleineren, besseren und nützlicheren Exemplaren. Diese Entwicklung gipfelte 1820 im Arithmometer, das ein Patent erhielt. Es war die erste kommerzielle Rechenmaschine für den Gebrauch in Büros.

In mathematischer Hinsicht besaßen die Maschinen nur rudimentäre Funktionen, beherrschten also nur die vier Grundrechenarten. Aus diesem Grund wollte der bekannte englische Universalgelehrte Charles Babbage (1791–1871) einen Rechner konstruieren, der weitaus mehr konnte.

Die Differenzmaschine (*Difference Engine*) war sein Entwurf für ein Gerät, das Polynome [S. 110] mit bis zu sieben Termen auf 31 Dezimalstellen automatisch berechnen konnte. Drehte man die Handkurbel, bewegte sich eine Reihe von Zahnrädern, die mithilfe eines Finite-Differenzen-Verfahrens polynomiale Funktionen auswertete und das Ergebnis auf einem Blatt Papier ausdruckte.

Letztendlich wurde die Differenzmaschine aber nie produziert. Die damaligen Fertigungstechniken machten die Beschaffung von genügend kleinen, zuverlässigen Bauteilen unerschwinglich. Im Jahr 1832 konstruierte man den Prototypen einer kleineren Maschine, die aus sechsstelligen Zahlen die Quadratwurzeln berechnete, aber eine ganze, funktionsfähige Maschine nach dem Originaldesign wurde erst im Jahr 1991 im Auftrag des Londoner Science Museum angefertigt.

Die analytische Maschine

Als die britische Regierung die Arbeit an der Differenzmaschine offiziell einstellte, hatte sich Babbage bereits einem neuen Projekt zugewandt: der analytischen Maschine (*Analytical Engine*). Sie ähnelte in ihrem Aussehen und ihrer Funktionsweise der Differenzmaschine, aber sie war programmierbar.

Das bedeutete, dass man nicht nur immer wieder ein und dieselbe Berechnung mit unterschiedlichen Werten durchführen konnte, sondern verschiedene Anwendungen möglich waren. Darum musste die Maschine auch um einiges komplexer aufgebaut sein, um eine fast unendliche Vielfalt an Programmen integrieren zu können.

Leider scheiterte sie wie ihre Vorgängerin, die Differenzmaschine, ebenfalls an den Problemen und Kosten der Produktion, sodass nur einige wenige, kleinere Prototypen und Teile gebaut wurden.

Unten: Ein Prototyp-Teil der analytischen Maschine von Charles Babbage.

Diagram for the computation by the Engine of the Numbers of Bernoulli. See Note G. (page 722 *et seq.*)

Number of Operation.	Nature of Operation.	Variables acted upon.	Variables receiving results.	Indication of change in the value on any Variable.	Statement of Results.	Data. $^1V_1$ 0001 [1]	Data. $^1V_2$ 0002 [2]	Data. $^1V_3$ 0004 [n]	Working Variables. $^0V_4$ 0000	$^0V_5$ 0000	$^0V_6$ 0000	$^0V_7$ 0000	$^0V_8$ 0000	$^0V_9$ 0000	$^0V_{10}$ 0000	$^0V_{11}$ 0000	$^0V_{12}$ 0000	$^0V_{13}$ 0000	Result Variables. $^1V_{21}$ B_1 in a decimal fraction. [B_1]	$^1V_{22}$ B_3 in a decimal fraction. [B_3]	$^1V_{23}$ B_5 in a decimal fraction. [B_5]	$^0V_{24}$... 0000 [B_7]
1	×	$^1V_2 \times {}^1V_3$	$^1V_4, {}^1V_5, {}^1V_6$	$\{^1V_2 = {}^1V_2;\ ^1V_3 = {}^1V_3\}$	$= 2n$	...	2	n	2n	2n	2n											
2	−	$^1V_4 - {}^1V_1$	$^2V_4$	$\{^1V_4 = {}^2V_4;\ ^1V_1 = {}^1V_1\}$	$= 2n - 1$	1	...	...	2n − 1													
3	+	$^1V_5 + {}^1V_1$	$^2V_5$	$\{^1V_5 = {}^2V_5;\ ^1V_1 = {}^1V_1\}$	$= 2n + 1$	1	...	...	...	2n + 1												
4	÷	$^2V_5 \div {}^2V_4$	$^1V_{11}$	$\{^2V_5 = {}^0V_5;\ ^2V_4 = {}^0V_4\}$	$= \frac{2n-1}{2n+1}$	...	...	...	0	0	...	...	...	...	...	$\frac{2n-1}{2n+1}$						
5	÷	$^1V_{11} \div {}^1V_2$	$^2V_{11}$	$\{^1V_{11} = {}^2V_{11};\ ^1V_2 = {}^1V_2\}$	$= \frac{1}{2} \cdot \frac{2n-1}{2n+1}$	...	2	...	...	...	...	...	...	...	...	$\frac{1}{2} \cdot \frac{2n-1}{2n+1}$						
6	−	$^0V_{13} - {}^2V_{11}$	$^1V_{13}$	$\{^2V_{11} = {}^0V_{11};\ ^0V_{13} = {}^1V_{13}\}$	$= -\frac{1}{2} \cdot \frac{2n-1}{2n+1} = A_0$	...	...	...	...	...	...	...	...	...	...	0	....	$-\frac{1}{2} \cdot \frac{2n-1}{2n+1} = A_0$				
7	−	$^1V_3 - {}^1V_1$	$^1V_{10}$	$\{^1V_3 = {}^1V_3;\ ^1V_1 = {}^1V_1\}$	$= n - 1\ (= 3)$	1	...	n	...	...	...	...	...	...	n − 1							
8	+	$^1V_2 + {}^0V_7$	$^1V_7$	$\{^1V_2 = {}^1V_2;\ ^0V_7 = {}^1V_7\}$	$= 2 + 0 = 2$	...	2	...	...	...	...	2										
9	÷	$^1V_6 \div {}^1V_7$	$^3V_{11}$	$\{^1V_6 = {}^1V_6;\ ^0V_{11} = {}^3V_{11}\}$	$= \frac{2n}{2} = A_1$	...	...	...	...	...	2n	2	...	...	...	$\frac{2n}{2} = A_1$						
10	×	$^1V_{21} \times {}^3V_{11}$	$^1V_{12}$	$\{^1V_{21} = {}^1V_{21};\ ^3V_{11} = {}^3V_{11}\}$	$= B_1 \cdot \frac{2n}{2} = B_1 A_1$	...	...	...	...	...	...	...	...	...	...	$\frac{2n}{2} = A_1$	$B_1 \cdot \frac{2n}{2} = B_1 A_1$	....	B_1			
11	+	$^1V_{12} + {}^1V_{13}$	$^2V_{13}$	$\{^1V_{12} = {}^0V_{12};\ ^1V_{13} = {}^2V_{13}\}$	$= -\frac{1}{2} \cdot \frac{2n-1}{2n+1} + B_1 \cdot \frac{2n}{2}$ ...	...	...	...	...	...	...	...	...	...	...	....	0	$\left\{-\frac{1}{2} \cdot \frac{2n-1}{2n+1} + B_1 \cdot \frac{2n}{2}\right\}$				
12	−	$^1V_{10} - {}^1V_1$	$^2V_{10}$	$\{^1V_{10} = {}^2V_{10};\ ^1V_1 = {}^1V_1\}$	$= n - 2\ (= 2)$	1	...	...	...	...	...	...	...	...	n − 2							
13	−	$^1V_6 - {}^1V_1$	$^2V_6$	$\{^1V_6 = {}^2V_6;\ ^1V_1 = {}^1V_1\}$	$= 2n - 1$	1	...	...	...	...	2n − 1											
14	+	$^1V_1 + {}^1V_7$	$^2V_7$	$\{^1V_1 = {}^1V_1;\ ^1V_7 = {}^2V_7\}$	$= 2 + 1 = 3$	1	...	...	...	...	...	3										
15	÷	$^2V_6 \div {}^2V_7$	$^1V_8$	$\{^2V_6 = {}^2V_6;\ ^2V_7 = {}^2V_7\}$	$= \frac{2n-1}{3}$	...	...	...	...	...	2n − 1	3	$\frac{2n-1}{3}$									
16	×	$^1V_8 \times {}^3V_{11}$	$^4V_{11}$	$\{^1V_8 = {}^0V_8;\ ^3V_{11} = {}^4V_{11}\}$	$= \frac{2n}{2} \cdot \frac{2n-1}{3}$	...	...	...	...	...	...	...	0	...	...	$\frac{2n}{2} \cdot \frac{2n-1}{3}$						
17	−	$^2V_6 - {}^1V_1$	$^3V_6$	$\{^2V_6 = {}^3V_6;\ ^1V_1 = {}^1V_1\}$	$= 2n - 2$	1	...	...	...	...	2n − 2											
18	+	$^1V_1 + {}^2V_7$	$^3V_7$	$\{^2V_7 = {}^3V_7;\ ^1V_1 = {}^1V_1\}$	$= 3 + 1 = 4$	1	...	...	...	...	...	4										
19	÷	$^3V_6 \div {}^3V_7$	$^1V_9$	$\{^3V_6 = {}^3V_6;\ ^3V_7 = {}^3V_7\}$	$= \frac{2n-2}{4}$	...	...	...	...	...	2n − 2	4	...	$\frac{2n-2}{4}$	...	$\left\{\frac{2n}{2} \cdot \frac{2n-1}{3} \cdot \frac{2n-2}{3} = A_3\right\}$						
20	×	$^1V_9 \times {}^4V_{11}$	$^5V_{11}$	$\{^1V_9 = {}^0V_9;\ ^4V_{11} = {}^5V_{11}\}$	$= \frac{2n}{2} \cdot \frac{2n-1}{3} \cdot \frac{2n-2}{4} = A_3$	...	...	...	...	...	...	...	...	0								
21	×	$^1V_{22} \times {}^5V_{11}$	$^0V_{12}$	$\{^1V_{22} = {}^1V_{22};\ ^0V_{12} = {}^2V_{12}\}$	$= B_3 \cdot \frac{2n}{2} \cdot \frac{2n-1}{3} \cdot \frac{2n-2}{3} = B_3 A_3$	...	...	...	...	...	...	...	...	...	...	0	$B_3 A_3$	....	......	B_3		
22	+	$^2V_{12} + {}^2V_{13}$	$^3V_{13}$	$\{^2V_{12} = {}^0V_{12};\ ^2V_{13} = {}^3V_{13}\}$	$= A_0 + B_1 A_1 + B_3 A_3$	...	...	...	...	...	...	...	...	...	...	....	0	$\{A_3 + B_1 A_1 + B_3 A_3\}$				
23	−	$^2V_{10} - {}^1V_1$	$^3V_{10}$	$\{^2V_{10} = {}^3V_{10};\ ^1V_1 = {}^1V_1\}$	$= n - 3\ (= 1)$	1	...	...	...	...	...	...	...	...	n − 3							
		Here follows a repetition of Operations thirteen to twenty-three.																				
24	+	$^4V_{13} + {}^0V_{24}$	$^1V_{24}$	$\{^4V_{13} = {}^0V_{13};\ ^0V_{24} = {}^1V_{24}\}$	$= B_7$	...	...	...	...	...	...	...	...	...	...	....	....	....	......	......	......	B_7
25	+	$^1V_1 + {}^1V_3$	$^1V_3$	$\{^1V_1 = {}^1V_1;\ ^1V_3 = {}^1V_3;\ ^5V_6 = {}^0V_6;\ ^5V_7 = {}^0V_7\}$	$= n + 1 = 4 + 1 = 5$ .... by a Variable-card. by a Variable-card.	1	...	n + 1	...	...	0	0										

Oben: Eine Tabelle für die Berechnung der Bernoulli-Zahlen durch die analytische Maschine, erstellt von Ada Lovelace im Jahr 1843.

Rechts: Ada Lovelace war eine geniale Mathematikerin, die schon Computerprogramme schrieb, bevor es Computer gab.

Algorithmen

Ada Lovelace (1815–1852) ist heute die vielleicht bekannteste Mathematikerin der Geschichte. Sie war die Tochter des berühmten englischen Dichters Lord Byron (1788–1824) und ihre Mutter, die verhindern wollte, dass das Mädchen in die Fußstapfen ihres sprunghaften Vaters trat, sorgte dafür, dass Ada eine solide naturwissenschaftliche Bildung erhielt.

Über ihre Lehrerin Mary Somerville lernte sie Charles Babbage kennen. Sie war sofort von seinen mechanischen Entwürfen begeistert und eignete sich Wissen über die analytische Maschine [S. 259] an. Im Jahr 1842 wurde sie von Babbage gebeten, einen italienischen Artikel darüber zu übersetzen.

Lovelace ergänzte den Text noch durch eine detailliertere Beschreibung der Maschine und ihrer potenziellen Anwendungsmöglichkeiten sowie einen Plan, der heute als einer der ersten Computeralgorithmen angesehen wird.

Ein Algorithmus besteht aus einer Reihe von Anleitungsschritten, die befolgt werden können, um Berechnungen durchzuführen. Algorithmen bilden die Grundlage von Computerprogrammen, da Computer nur Anweisungen befolgen können, das aber unermüdlich, bedeutend schneller und mit verlässlicher Präzision. In ihrer heute berühmten „Notiz G" präsentierte sie einen Algorithmus für die Berechnung der Bernoulli-Zahlen, der speziell für einen Computer entwickelt war.

Binärcode

Die heutigen Computer arbeiten mit Binärcode, einem Zahlensystem mit der Basis 2, das nur die Ziffern 0 und 1 verwendet. Gespeichert werden sie entweder als kleine Magnete, die in eine von zwei verschiedenen Richtungen zeigen, oder als elektrische Komponenten, die entweder an oder aus sind.

Im Binärsystem ist jede Zahl gleich der Summe aller vorhergehenden Zahlen plus eins. Um einen Wert zu berechnen, werden alle verschiedenen Zahlen, die eine Eins enthalten, zusammengezählt. Bei der Binärzahl in der Abbildung unten befinden sich die Einsen auf den Positionen 64, 4 und 2. Das heißt, der Wert der Zahl ist 70.

Binärzahlen können mit Umrechnungstabellen verknüpft und darüber in andere Zeichen umgewandelt werden, etwa in Buchstaben. Die Binärzahl aus dem Beispiel unten könnte etwa den Großbuchstaben „F" darstellen.

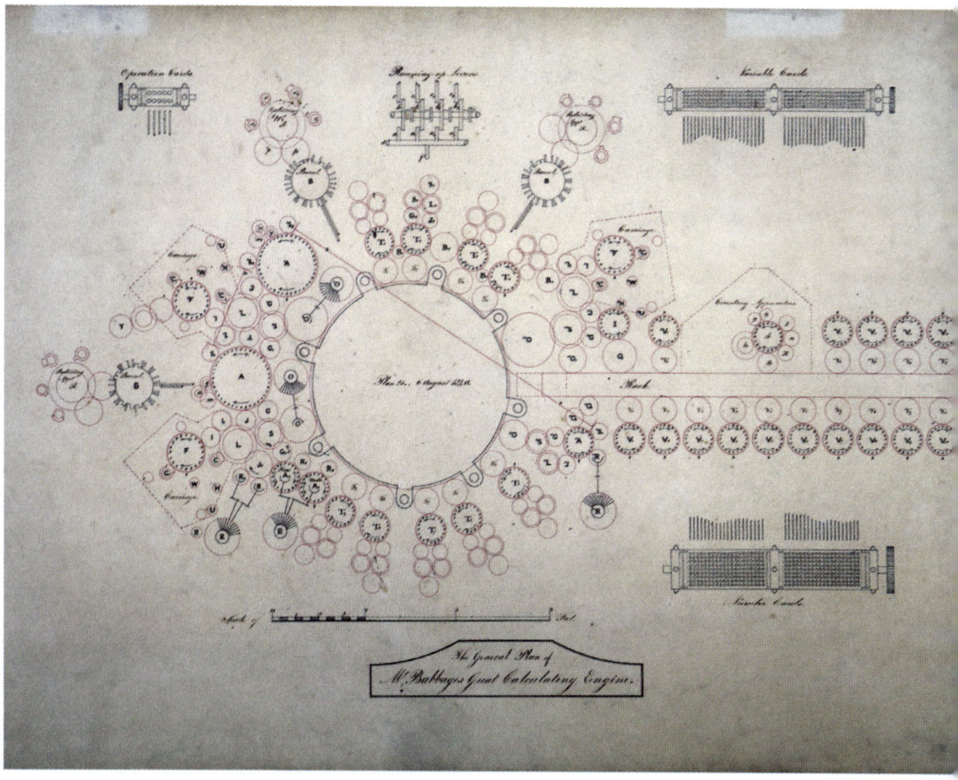

Oben: Diese Zeichnung der analytischen Maschine stammt aus dem Jahr 1840.

Unten: Eine Binärzahl. Binärcode ist ein Dualsystem, das nur zwei Ziffern verwendet – 0 und 1.

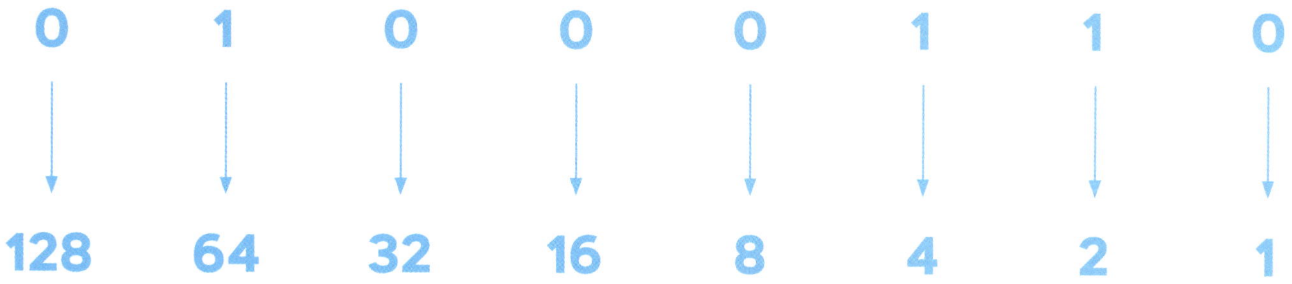

Boolesche Algebra

Das Binärsystem für das Maschinenrechnen [S. 261] wurde zur Zeit seiner ersten Anwendungen auch für andere Ideen in Betracht gezogen, vor allem von George Boole (1815–1864) in seinem Buch *The Mathematical Analysis of Logic* (*Mathematische Analyse der Logik*) aus dem Jahr 1847. Darin verwendete er die Einsen und Nullen, um Aussagen als jeweils „wahr" oder „falsch" darzustellen.

Mithilfe dieses neuen Konzepts, diese beiden Wahrheitswerte durch Zahlen auszudrücken, führte er eine Reihe von logischen Operationen durch, die in der normalen Mathematik der Addition, Multiplikation usw. entsprachen.

Dabei verwendete er Symbole wie etwa „nicht" (¬), „und" (∧) und „oder" (∨), mit denen man Aussagen wie zum Beispiel die folgenden treffen konnte:

Es ist warm (P) oder kalt (Q): $P \vee Q$
Es ist nass (P) und schleimig (Q): $P \wedge Q$
Es ist nicht stachelig (P): $\neg P$

Unten: Der englische Mathematiker und Philosoph George Boole.

Daraus können dann sekundäre Operatoren abgeleitet werden, etwa:

„Wenn . . . dann" (→), wobei $P \rightarrow Q = \neg P \vee Q$
„Wenn und nur wenn" (↔), wobei $P \leftrightarrow Q = (P \wedge Q) \vee (\neg P \wedge \neg Q)$
usw. . . .

Dieses System der mathematischen Logik war ursprünglich als Erweiterung der aristotelischen Logik gedacht [S. 62] und bot bedeutend mehr Anwendungsmöglichkeiten und Flexibilität.

Jenseits aller Absichten

Im Jahr 1886 zeigte Charles Peirce (1839–1914), dass diese logischen Operationen auch von einem System aus elektrischen Schaltungen durchgeführt werden konnten, und im frühen 20. Jahrhundert wurde das erste elektronische UND-Gatter gebaut.

Ein UND-Gatter vergleicht zwei binäre Eingangssignale und gibt ein Signal aus. Wenn beide Eingangssignale eins sind, gibt das UND-Gatter eine Eins aus, andernfalls eine Null.

Schon bald folgten weitere Logikgatter, etwa das ODER-Gatter, das eine Eins ausgibt, wenn eines der beiden Eingangssignale eins ist, oder das NICHT-Gatter, das immer das Gegenteil des Eingangssignals ausgibt.

Auf Basis der booleschen Algebra können dann noch weitere, komplexere Gatter für alle möglichen Ausgangssituationen konstruiert werden. Mithilfe solcher Logikgatter, die heute eine Grundlage der Elektrotechnik bilden, wird auch der Binärcode in einem Computer verarbeitet.

Links: Charles Peirce, ca. 1878.

Unten: Die Abbildung zeigt eine Schaltung mit booleschen Ausdrücken, die neben jedes Element geschrieben sind.

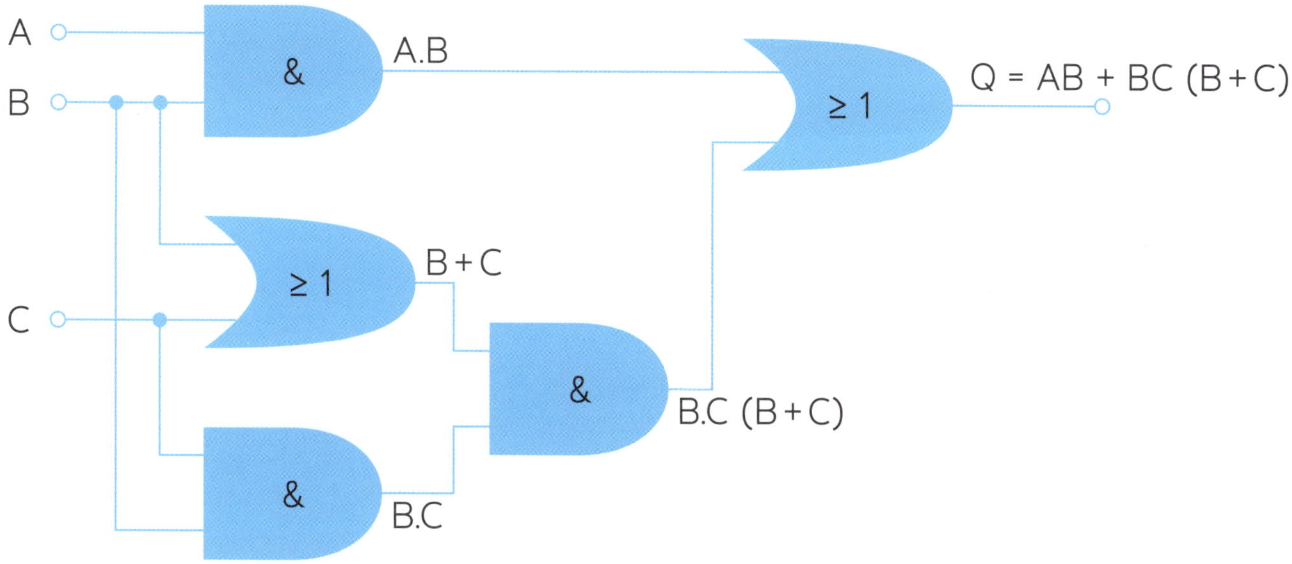

Nichteuklidische Geometrie

Die Vorstellung der Form des Raums, wie sie Euklid beschrieb [S. 64], prägte die Mathematik der folgenden zwei Jahrtausende und galt zu Recht als bahnbrechendes Werk.

Aber sein fünftes Postulat, das sich mit Parallelen beschäftigt, war eine Kuriosität. Erst mit dem russischen Mathematiker Nikolai Lobatschewski (1792–1865) löste sich die Mathematik von diesem Axiom. Anfangs wurde Lobatschewskis Arbeit als zu radikal angesehen und abgelehnt, bis er seine Skripten schließlich im Laufe der Jahre 1829 und 1830 in der Zeitschrift der Universität Kasan veröffentlichte. In seinem Text „Über den Ursprung der Geometrie" ließ er das fünfte Postulat völlig außer Acht und entwickelte eine ganz neue Art von Raum, den man heute als „hyperbolischen Raum" bezeichnet, und in dem sich die Parallelen voneinander weg krümmen.

Im Grunde ist der ganze Raum gekrümmt – wie auf ein Blatt Papier gezeichnet und dann um eine Kugel gewickelt, woraus sich alle möglichen geometrischen Besonderheiten ergeben. Der hyperbolische Raum wurde als nach innen gekrümmt definiert, was zur Entdeckung seines Gegenteils, des nach außen gekrümmten oder elliptischen Raums, führte. Im hyperbolischen Raum ist es möglich, dass fünf Quadrate an ihren Ecken zusammentreffen (im euklidischen Raum sind es nur vier), oder dass sich Objekte in höhere Dimensionen krümmen und gleichzeitig „flach" bleiben.

Rechts: Die wesentlichen Formen des Raums, die vorkommen können: nach innen gekrümmt, nach außen gekrümmt und eben.

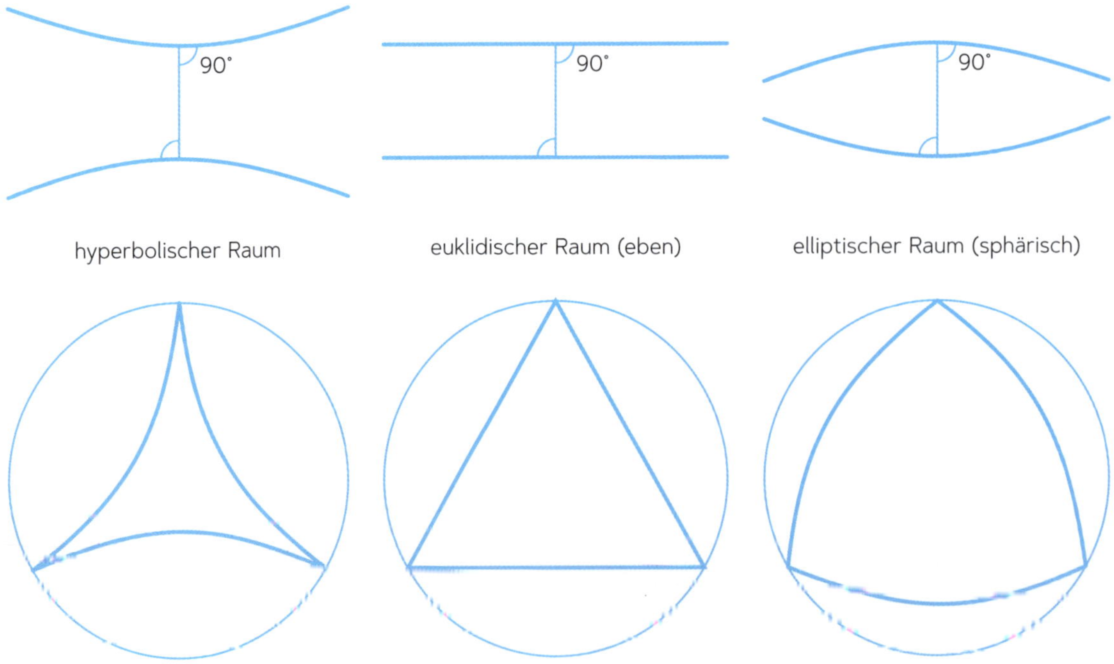

Oben: Diese Kacheln zeigen die Parkettierung der hyperbolischen Ebene.

Links: Dreidimensionales Modell eines unendlichen Hypertorus der nichteuklidischen Geometrie.

Topologie

Die Topologie ist die Lehre von den geometrischen Körpern, genauer gesagt, von den Eigenschaften der Körper, die gleich bleiben, während das ganze Gebilde verdreht, gedehnt und verformt wird. Das kann man sich wie das Modellieren mit Plastilin vorstellen, aber mit einigen wichtigen Regeln. Vor allem muss der Körper „stetig" verformt werden, das heißt, ohne ihn zu zerschneiden oder anders zusammenzufügen, und ohne Löcher in seinem Gebilde zu öffnen oder zu schließen.

Diese Stetigkeit führt zu einigen scheinbar sehr kuriosen Ergebnissen. Zum Beispiel ist eine Schüssel rein topologisch gesehen derselbe Körper wie ein Teller, nur sind ihre Ränder weiter nach oben gezogen. Noch seltsamer mutet an, dass ein ringförmiger Donut in der Topologie dieselbe Form wie eine Kaffeetasse hat (siehe unten).

Im 19. Jahrhundert wandten sich immer mehr Mathematiker der Topologie zu. Zwei von ihnen leisteten die größten Beiträge zu dieser aufkeimenden Disziplin: Bernhard Riemann (1826–1866) und August Ferdinand Möbius (1790–1868).

Riemann beschäftigte sich nicht direkt mit Topologie, aber entwickelte eine Art Differenzialgeometrie, die komplizierte Gebilde in verschiedensten Szenarien beschrieb. Damit konnte man die neuen topologischen Probleme, die aufkamen, lösen.

Möbius hingegen leistete bahnbrechende Arbeit im Bereich der Topologie. Bekannt ist er vor allem für seine Entdeckung des Möbiusbands. So ein Band lässt sich ganz einfach herstellen: Man muss nur einen Streifen Papier zu einem Ring zusammenkleben – aber zuvor eines der Enden um 180 Grad verdrehen. Heraus kommt eine Form, die nur eine

Rechts: Topologisch betrachtet ist ein Donut dasselbe wie eine Kaffeetasse mit Henkel.

Seite hat. Das kann man beweisen, indem man mit dem Finger die Oberfläche des Streifens entlangfährt und merkt, dass man jeden Punkt darauf erreichen kann, ohne eine Kante zu überqueren. Bis heute beeinflusst die Topologie die Gesamtstruktur der Mathematik und das Möbiusband ist ein simples, faszinierendes Symbol ihrer Bedeutung.

Links: August Ferdinand Möbius ist vor allem für die Entdeckung des Möbiusbands bekannt.

Unten: Ein Möbiusband hat nur eine Seite und kein Ende.

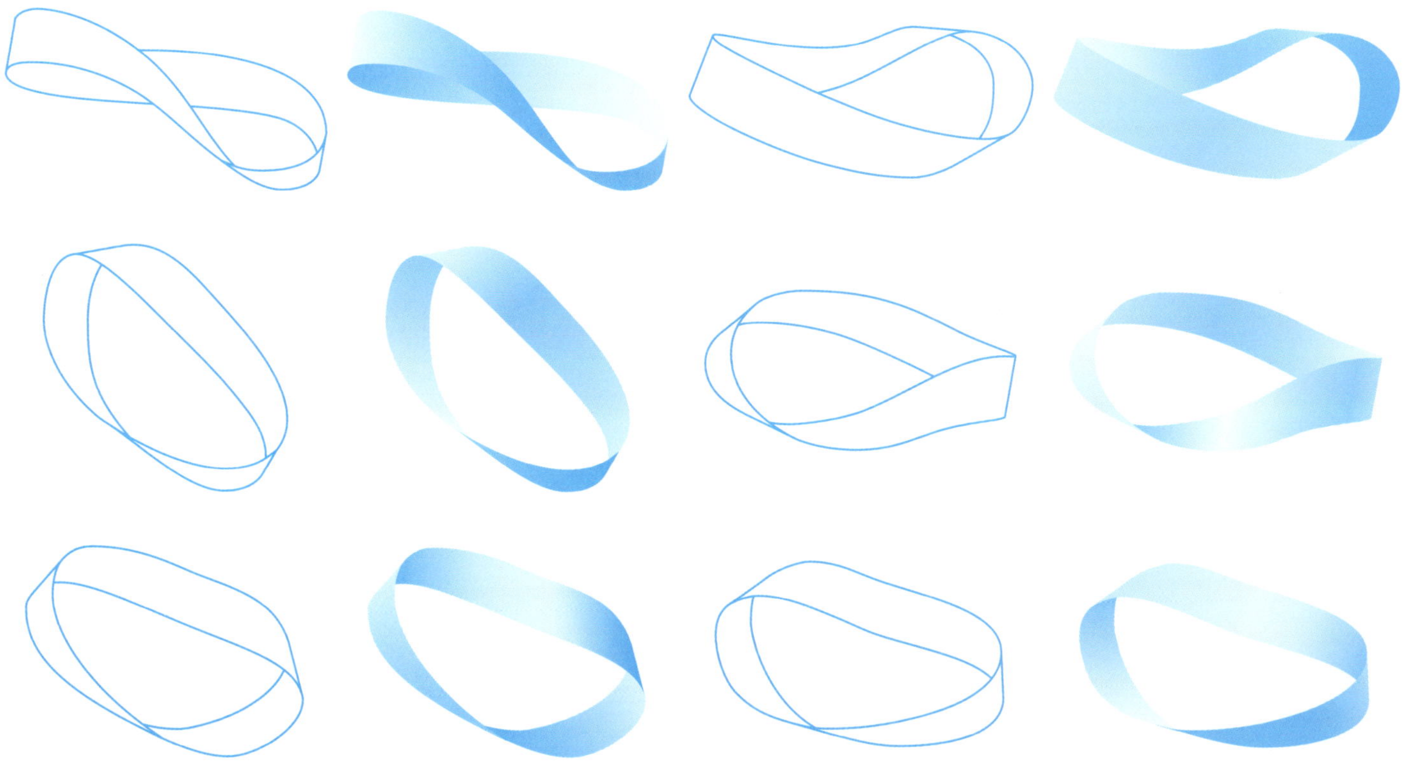

Partielle Differenzialgleichungen

Die Realität ist selten unkompliziert. Das bedeutet, dass die Mathematik, mit der wir ihre Komplexitäten abbilden, oft nur schwer mithalten kann. Die Erfindung der Analysis [S. 222] hatte schon einen wesentlichen Beitrag zur Praktikabilität der Mathematik geleistet, aber es gab immer noch einige signifikante Hürden. Zwar ist die Differenzialrechnung äußerst nützlich, um Veränderungen zu untersuchen, aber mit der gewöhnlichen Variante davon konnte man nur die Funktion einer einzigen Variablen ermitteln.

Diese Methode reicht aus, um simple Szenarien zu berechnen, zum Beispiel, mit welcher Beschleunigung eine Kugel einen Hügel hinunterrollt. In der Regel enthält aber jede Situation mit einem gewissen Bezug zur Realität mehrere unbekannte Variablen.

Erst gegen Ende des 19. Jahrhunderts wurde eine allgemeine Lösung für solche Aufgaben entdeckt und daraus entwickelte sich die partielle Differenzialgleichung. Die Einzelheiten dieser Methode würden den Rahmen dieses Buchs sprengen, aber sie ermöglichte die Aufteilung der Gleichung in verschiedene Komponenten, sodass man einzelne Teile separat berechnen konnte. Dazu erdachte man auch eine neue Schreibweise:

$$\frac{\partial u}{\partial t} \text{ und } \frac{\partial u}{\partial x}$$

Auf diese Weise konnte man anzeigen, dass eine Gleichung Ableitungen in Bezug auf Zeit (t) und Raum (x) enthielt.

Diese scheinbar simple Änderung war eine entscheidende Komponente in der Mathematik, um unsere beobachtbare Welt besser darstellen zu können, und kam ab da besonders in der Physik, aber auch in anderen Naturwissenschaften immer häufiger zum Einsatz.

DER WELLENMACHER

Die mathematische Beschreibung von Wellen erschien schon immer unzulänglich. Die Bewegung von Wellen durch den Raum und ihre Veränderungen mit der Zeit machten jede Berechnung umständlich und oft sehr komplex. Aus diesem Grund wurden sie nur widerstrebend mathematisch erforscht.

Mithilfe von partiellen Differenzialgleichungen können Wellen aber auf einfache Weise berechnet werden, was einen Boom an Forschung in diesem Bereich auslöste und zu einer bedeutenden Weiterentwicklung der dazugehörigen Mathematik führte.

Sie gipfelte in der Quantenmechanik [S. 389], die später entdeckt wurde und fast ausschließlich auf Wellen basiert.

Sofja Kowalewskaja

Sofja Kowalewskaja (1850–1891) wurde in eine hochrangige Militärfamilie im Russischen Kaiserreich geboren. Ihre Wände waren mit alten Skripten aus Vorlesungen zur Analysis tapeziert und ihr Wunsch, sie zu verstehen, weckte ihr lebenslanges Interesse an der Mathematik.

Nachdem sie von ihrem Vater alles gelernt hatte, was er ihr vermitteln konnte, wollte sie im Ausland studieren, aber damals war unverheirateten Frauen das Reisen nicht gestattet. Also ging sie eine Scheinehe mit einem jungen Paläontologen namens Wladimir Kowalewski (1842–1883) ein. Leider durfte sie dennoch nicht offiziell an der Universität Heidelberg immatrikulieren, aber ihre Hochbegabung öffnete ihr trotzdem die Türen.

Im Jahr 1874, nachdem sie mehr als nur eine Handvoll Professoren und Akademiker von sich überzeugt hatte, erhielt sie als erste Frau einen Doktortitel der Mathematik. Ein Teil ihrer Dissertation war eine Arbeit über partielle Differenzialgleichungen, in der sie einen allgemeinen Beweis für eine analytische Lösung dieser aufstellte.

Trotz ihrer Genialität fand sie keine Anstellung und musste wieder in ihre Heimatstadt zurückkehren. Dort verliebte sie sich in ihren Ehemann und bekam eine Tochter von ihm. Anschließend wandte sie sich wieder der Mathematik zu und nach dem Selbstmord ihres Mannes stürzte sie sich in die Arbeit. Im Laufe ihrer Karriere machte sie immer wieder wichtige mathematische Entdeckungen und erhielt sogar eine Auszeichnung der französischen Académie des sciences.

1

Zur Theorie der partiellen Differentialgleichungen *).

(Von Frau *Sophie von Kowalevsky.*)

Einleitung.

Es sei eine algebraische Differentialgleichung

$$(1.)\quad G\left(x, y, \frac{dy}{dx}, \cdots \frac{d^n y}{dx^n}\right) = 0$$

vorgelegt, wo G eine ganze rationale Function der unabhängigen Veränderlichen x, der als Function derselben zu bestimmenden Grösse y und der Ableitungen derselben nach x bis zur n^{ten} Ordnung hin bedeutet.

Eine analytische Function ist vollständig bestimmt, sobald irgend ein regulärer Zweig derselben gegeben ist. Es kommt also darauf an, auf die allgemeinste Weise eine Potenzreihe

$$\sum_0^\infty {}_\nu b_\nu \frac{(x-a)^\nu}{\nu!},$$

wo $a, b_0, b_1, \ldots$ Constanten bedeuten, so zu bestimmen, dass dieselbe, für y gesetzt, der gegebenen Differentialgleichung genügt, und innerhalb eines gewissen, die Stelle a umgebenden Bezirks convergirt.

Es muss also, wenn man diese Reihe für y in den Ausdruck $G\left(x, y, \frac{dy}{dx}, \cdots \frac{d^n y}{dx^n}\right)$ einsetzt und denselben nach Potenzen von $x-a$ entwickelt, jeder einzelne Coefficient dieser Entwickelung gleich Null werden.

So erhält man zunächst zwischen $a, b_0, b_1, \ldots b_n$ die Gleichung

$$(2.)\quad G(a, b_0, b_1, \ldots b_n) = 0.$$

Nun hat aber, wenn y irgend eine reguläre Function von x ist, die λ^{te} Ableitung von

$$G\left(x, y, \frac{dy}{dx}, \cdots \frac{d^n y}{dx^n}\right)$$

die Form

$$G'\left(x, y, \frac{dy}{dx}, \cdots \frac{d^n y}{dx^n}\right)\frac{d^{n+\lambda} y}{dx^{n+\lambda}} + H_\lambda\left(x, y, \frac{dy}{dx}, \cdots \frac{d^{n+\lambda-1} y}{dx^{n+\lambda-1}}\right),$$

wo G' die partielle Ableitung von G in Beziehung auf $\frac{d^n y}{dx^n}$, und H_λ eine

*) Diese Abhandlung ist zugleich als Inaugural-Dissertation zur Erlangung der Doctorwürde bei der philosophischen Facultät zu Göttingen erschienen.

Journal für Mathematik Bd. LXXX. Heft 1. 1

Oben: Sofja Kowalewskaja leistete wichtige Beiträge in mehreren anspruchsvollen Teilgebieten der Mathematik.

Rechts: Erste Seite von Kowalewskajas Arbeit über partielle Differenzialgleichungen aus dem Jahr 1875.

Mengenlehre

Die Mengenlehre gilt heute als eines der wichtigsten Teilgebiete der Mathematik. Kaum zu glauben, dass die von nur einer einzigen Person begründet wurde, nämlich von Georg Cantor (1845–1918).

In seiner Arbeit aus dem Jahr 1874, „Über eine Eigenschaft des Inbegriffs aller reellen algebraischen Zahlen", beschrieb er eine neue Perspektive auf die Mathematik. Dabei geht man von einer „Menge" aus, also einer Zusammenfassung von Objekten mit gewissen Gemeinsamkeiten. Zum Beispiel könnte man eine „Menge aller Quadrate" bilden, in der jede Form, die vier gleich lange Seiten hat, enthalten wäre, unabhängig von ihrer Größe. Die zentrale Idee dahinter ist, dass etwas eindeutig einer Menge zugeordnet werden kann oder nicht. Dann kann man Aussagen über die Mengen treffen und diese Aussagen sind entweder wahr oder falsch.

Unten: Georg Cantor erfand die Mengenlehre, die schließlich die moderne Mathematik definierte.

Mengen werden für gewöhnlich so geschrieben:

{1, 2, 3, 4}

Die Klammern bilden eine Menge, in der die Ziffern 1, 2, 3 und 4 enthalten sind.

Man könnte die Menge auch erweitern, etwa:

{*alle ganzen Zahlen*}

In diesem Fall würde die Menge also alle ganzen Zahlen enthalten.

Man kann die Mengen auch durch algebraische Terme vereinfachen und beispielsweise die Menge {1, 2, 3, 4} mit „A" bezeichnen. Mit dem Symbol $\in$ wird ausgedrückt, dass sich ein Objekt in einer gegebenen Menge befindet (d. h., $2 \in A$). Umgekehrt zeigt das Symbol $\notin$, dass sich ein Objekt nicht in einer gegebenen Menge befindet (d. h., $12 \notin A$).Unter den Mengen können dann eine Reihe von zunehmend komplizierteren Berechnungen und Vergleichen durchgeführt werden, ähnlich wie bei der booleschen Algebra [S. 262].

Fundament der Mathematik

Im frühen 20. Jahrhundert entwickelten Ernst Zermelo und Abraham Fraenkel eine neue, axiomatische Mengenlehre. Basierend auf diesem neuen Mengenkonzept kann man beweisen, dass Zahlen existieren und wie sie funktionieren, wie und warum die Grundrechenarten (+, − , ×, ÷) funktionieren sowie Überlegungen der höheren Mathematik, etwa die verschiedenen Unendlichkeiten.

Ein Axiom ist eine Aussage, die als wahr angenommen wird, ohne dafür eine Erklärung oder einen Beweis zu benötigen. Allgemein gilt, je weniger Axiome, desto besser, da sich dann mit geringerer Wahrscheinlichkeit eines als falsch herausstellt. Die Mengenlehre verkleinerte die Anzahl der benötigten Axiome drastisch, da sie fast alles, was zuvor kam, beweisen konnte, wodurch ihre Bedeutung sprunghaft anstieg.

Ein Gesetz für Pi

Am 6. Februar 1897 wurde im Parlament des US-Bundesstaats Indiana ein Gesetz beschlossen: die „House Bill No. 246“ oder die „Indiana Pi Bill“.

Vorgelegt wurde der Gesetzesentwurf vom Arzt Edward J. Goodwin (ca. 1825–1902), der ihn folgendermaßen formuliert hatte:

> ***Ein Gesetzesentwurf, der eine neue mathematische Wahrheit vorstellt und als Beitrag zur Bildung für die alleinige Nutzung durch den Staat Indiana angeboten wird, frei von jeglichen Gebühren darauf, vorausgesetzt, er wird durch das offizielle Gesetzgebungsverfahren des Jahres 1897 angenommen und verabschiedet.***

Per Gesetz sollte erklärt werden, dass eine Quadratur des Kreises [S. 69] möglich war:

> ***Man fand heraus, dass eine kreisförmige Fläche zum Quadrat auf einer Geraden gleich ist wie der Quadrant des Kreisumfangs, wie die Fläche eines gleichseitigen Dreiecks dem Quadrat einer ihrer Seiten entspricht.***

Der Entwurf wurde an den Bildungsausschuss weitergeleitet, wo der mathematische und pseudomathematische Fachjargon die Abgeordneten so verwirrte, dass sie das Gesetz einstimmig verabschiedeten.

Diese erstaunliche Fehlentscheidung war ein Armutszeugnis für die mathematischen Kenntnisse der Abgeordneten. Besonders bemerkenswert war, dass die vorgelegte Lösung verlangte (und ausdrücklich besagte), dass der Wert von Pi exakt auf 3,2 festgelegt wird, was schlichtweg falsch ist [S. 106].

Aber die Bewohner von Indiana hatten Glück, denn das Gesetz wurde sofort von der Presse und

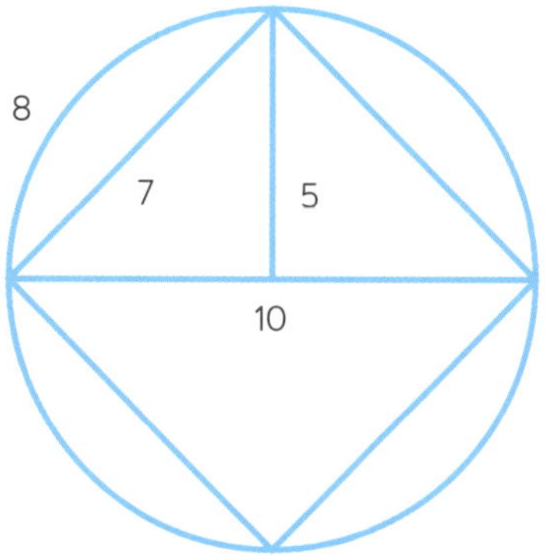

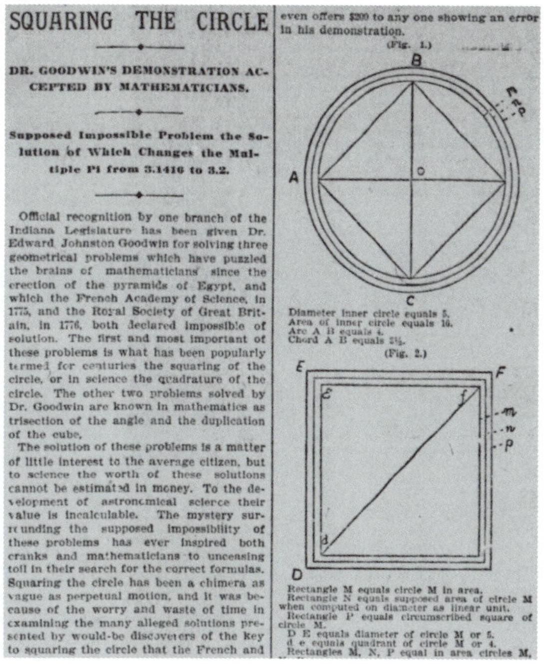

SQUARING THE CIRCLE

DR. GOODWIN'S DEMONSTRATION ACCEPTED BY MATHEMATICIANS.

Supposed Impossible Problem the Solution of Which Changes the Multiple Pi from 3.1416 to 3.2.

Official recognition by one branch of the Indiana Legislature has been given Dr. Edward Johnston Goodwin for solving three geometrical problems which have puzzled the brains of mathematicians since the erection of the pyramids of Egypt, and which the French Academy of Science, in 1775, and the Royal Society of Great Britain, in 1776, both declared impossible of solution. The first and most important of these problems is what has been popularly termed for centuries the squaring of the circle, or in science the quadrature of the circle. The other two problems solved by Dr. Goodwin are known in mathematics as trisection of the angle and the duplication of the cube.

The solution of these problems is a matter of little interest to the average citizen, but to science the worth of these solutions cannot be estimated in money. To the development of astronomical science their value is incalculable. The mystery surrounding the supposed impossibility of these problems has ever inspired both cranks and mathematicians to unceasing toil in their search for the correct formulas. Squaring the circle has been a chimera as vague as perpetual motion, and it was because of the worry and waste of time in examining the many alleged solutions presented by would-be discoverers of the key to squaring the circle that the French and

even offers $200 to any one showing an error in his demonstration.

(Fig. 1.)

Diameter inner circle equals 5.
Area of inner circle equals 16.
Arc A B equals 4.
Chord A B equals 3½.

(Fig. 2.)

Rectangle M equals circle M in area.
Rectangle N equals supposed area of circle M when computed on diameter as linear unit.
Rectangle P equals circumscribed square of circle M.
D E equals diameter of circle M or 5.
d e equals quadrant of circle M or 4.
Rectangles M, N, P equal in area circles M,

Links: Ein Artikel aus dem *Indianapolis Journal* vom 21. Februar 1897 verspottete die Absegnung der *Pi Bill* durch den Bildungsausschuss.

den Universitäten aufgegriffen und gehörig durch den Kakao gezogen. Dem Eingreifen der Journalisten und Akademiker ist es zu verdanken, dass der Entwurf vom Senat abgelehnt wurde.

Die Abstimmung wurde schließlich aufgeschoben und nie abgehalten. Aber selbst wenn das Gesetz endgültig verabschiedet worden wäre, ist die Idee, die fundamentalen Regeln der Mathematik legislativ beeinflussen zu können, mehr als lächerlich. Die Lokalzeitung *Indianapolis Journal* schrieb dazu:

> ***Der Senat könnte gleich auch per Rechtssprechung beschließen, dass Wasser von nun an den Hügel hinauf fließen muss, um mathematische Wahrheiten gesetzlich festzulegen.***

Ludwig Boltzmann und die statistische Mechanik

Unten: Ludwig Boltzmann war einer der bedeutendsten Physiker des 19. Jahrhunderts.

Newtons Gesetze und die Arbeit der mathematischen Gelehrten, die auf ihn folgten, leiteten ein Zeitalter ein, in dem die Wissenschaft als Lösung auf jede Frage angesehen wurde. Man glaubte, dass man alles berechnen konnte, sofern man nur die Position und Kräfte aller verschiedenen existierenden Teilchen berücksichtigte.

Die Wirklichkeit ist nicht so einfach. Schon ein Sandkorn besteht aus 100 000 000 000 000 000 000 Atomen, das heißt, solche Berechnungen könnten nicht einmal modernste Computer durchführen.

Für eine so große Anzahl unabhängiger Komponenten konnte man aber die Wahrscheinlichkeitstheorie anwenden, um ein zu erwartendes Ergebnis zu berechnen. Diese Idee bildete die Grundlage für die Entwicklung der statistischen Mechanik.

Erstmals vorgestellt wurde sie vom österreichischen Physiker Ludwig Boltzmann. Im Jahr 1877 veröffentlichte er eine Arbeit, in der er eine erstaunliche neue Gleichung aufstellte:

$$S = k_B \ln \Omega$$

Dabei steht S für die Entropie (das Maß der „Unordnung“ in einem System), k_B für die Boltzmann-Konstante, ln für den natürlichen Logarithmus [S. 206] und Ω ist das statistische Maß für die Unordnung.

Das Bemerkenswerte daran war, dass Boltzmann mithilfe eines Logarithmus und einer Konstante eine statistische Messung in einen einzelnen Wert umwandeln und diesen in eine mathematische Gleichung einsetzen konnte.

Diese Methode erwies sich bei der Erklärung einiger wissenschaftlicher Konzepte als äußerst erfolgreich, besonders in der Thermodynamik, und ermöglichte einige Berechnungen, die zuvor nicht vorstellbar gewesen waren.

Henri Poincaré

Henri Poincaré (1854–1912) gilt als einer der letzten Universalgelehrten, da er Kenntnisse in fast jedem Teilbereich der Mathematik, Physik und Technik besaß. Er wurde 1854 in eine französische Akademiker- und Politikerfamilie geboren und war in fast jedem Fach ein Musterschüler. Bereits in jungen Jahren gewann er nationale Mathematikwettbewerbe und er studierte an der *École polytechnique*, wo er nach nur einem Jahr seine erste wissenschaftliche Arbeit publizierte und ein Jahr später seinen Abschluss machte. Anschließend besuchte er eine Hochschule für Bergbauingenieure und nahm eine angesehene Position als Aufseher in einem Bergwerk an.

Damit begann für ihn ein doppelter Karriereweg, da er auch Vorlesungen an der Universität hielt und wissenschaftlich tätig war, während er sich als Bergbauingenieur hocharbeitete und schließlich zum Generalinspekteur für ganz Frankreich befördert wurde.

Während seiner akademischen Laufbahn leistete er Beiträge in den verschiedensten mathematischen Teilgebieten, unter anderem zur Zahlentheorie, algebraischen Geometrie, Topografie und zu den Differenzialgleichungen. Auch zu wichtigen Themen der Physik veröffentlichte er zahlreiche Arbeiten, etwa zur Relativitätstheorie und zur Quantenmechanik und er führte sogar astronomische Berechnungen durch.

Sein gesamtes Werk war geprägt von seinem Interesse an der Philosophie und er diskutierte mit mehreren bedeutenden Philosophen über das Wesen des Universums, zu dessen Erkenntnis seine mathematische Arbeit beitrug.

Links: Henri Poincaré wird als „der letzte Universalgelehrte" der Mathematik bezeichnet.

Unten: Poincaré war fasziniert von Kurven, die durch Differenzialgleichungen definiert werden, und klassifizierte vier Singularitäten (Sattel, Fokus, Zentrum, Knoten) der Kurvenintegrale in der Ebene.

Die Singularitäten der Kurvenintegrale

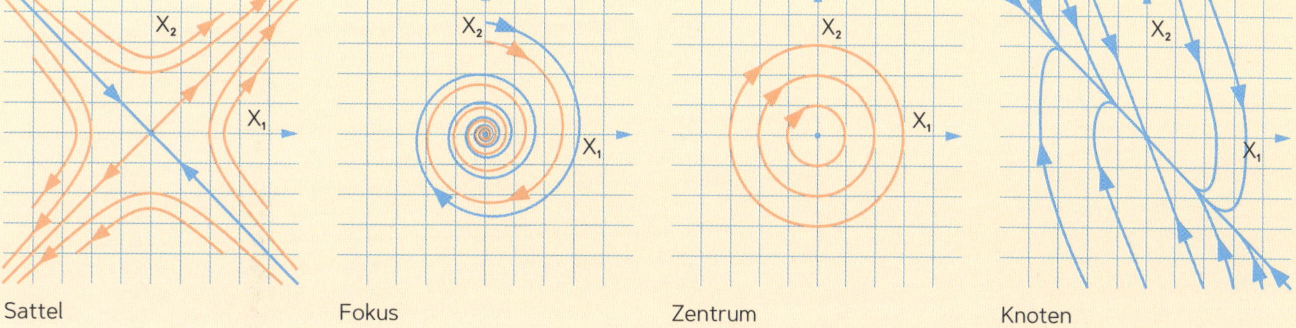

TEIL DREI:

MODERNE MATHEMATIK

CONTROLLED CALCULATOR

In den letzten 150 Jahren hat sich die Mathematik komplett gewandelt. Umfangreiche neue Teilgebiete entstanden und machten aus ihr ein viel abstrakteres Gebilde. Teil drei dieses Buchs beginnt mit einer Übersicht über diese neuen Wege der Mathematik – die Hürden, die es zu überwinden galt, und die größten Verdienste für die Pioniere der Mathematik, etwa den Preis, den man für die Lösung eines der Millennium-Probleme erhält, oder die Fields-Medaille, die höchste Auszeichnung in der Mathematik.

Der nächste Abschnitt untersucht, wie das Zusammenspiel aus Mathematik und Computern im letzten Jahrhundert die Welt verändert hat. In der wissenschaftlichen Mathematik war die Chaostheorie eine von mehreren bahnbrechenden Entdeckungen, die zeigte, wie selbst in einem von einfachen Regeln beherrschten Universum winzigste Einflüsse zu völlig unterschiedlichen Ergebnissen führen konnten.

In der Geometrie ging es ursprünglich um Dreiecke und zweidimensionale Formen, und früher glaubte man, dass der Raum nur drei Dimensionen besäße und die Zeit die vierte wäre. Aber die moderne Mathematik ermöglichte uns einen Blick über das Universum hinaus, der uns zahlreiche, vielleicht unendlich viele Dimensionen von Raum und Zeit offenbarte.

Auf der Erde prägt die moderne Mathematik mittlerweile auch die Wirtschaft. Dank neuer Methoden konnten Ökonomen nun die riesigen Datenmengen aus den weltweiten Wirtschaftsaktivitäten erfassen und verstehen, um die Folgen bestimmter Veränderungen mithilfe von mathematischen Modellen vorhersagen zu können. Im Gegensatz dazu gibt es auch viele Mathematiker, die sich als intellektuelle Herausforderung der reinen Mathematik zuwenden. Dabei geht es zwar nicht um praktische Anwendungen, aber selbst die abstraktesten Theorien liefern uns nach und nach wertvolle Einblicke, wie die Welt funktioniert.

Ein gewaltiges Teilgebiet der Mathematik, das sich in jüngerer Zeit entwickelt hat, ist die Statistik. Die Fähigkeit, alle möglichen Informationen aufzuzeichnen, zu deuten und Vorhersagen zu treffen, erfordert einen neuen mathematischen Umgang mit den erfassten Daten. Unzählige menschliche Aktivitäten und wissenschaftliche Untersuchungen basieren auf die eine oder andere Art auf statistischen Methoden.

Der letzte Abschnitt befasst sich mit der Mathematik als Werkzeug für die Erforschung der subatomaren Welt der Quantenmechanik, in der nichts als gewiss gilt, sondern nur wahrscheinlich oder unwahrscheinlich ist. Die Quantentheorie hatte die herkömmlichen Vorstellungen von Logik und Wahrheit auf den Kopf gestellt und die Wissenschaftler gezwungen, zu akzeptieren, dass in der Quantenlogik etwas gleichzeitig wahr und falsch sein kann.

In Anbetracht dessen macht es den Anschein, dass die Geschichte der Mathematik, die vor fast 10 000 Jahren ihren Ursprung nahm, gerade erst angefangen hat.

Links: Die Mathematik hilft uns, den Aufbau des Universums zu verstehen, und bildet die Grundlage für die Technologien, die es uns ermöglichen, solche eindrucksvollen Bilder von den Tiefen des Weltalls zu machen.

Zeittafel – Moderne Mathematik

1900

QUANTEN

Max Planck

Mit der Erkenntnis, dass Strahlung nicht kontinuierlich fließt, sondern in kleineren Energiepaketen („Quanten") abgegeben wird, begründet Max Planck die Quantentheorie.

1912

ENERGIEZUSTÄNDE

Niels Bohr

Bohr entwickelt ein quantenmechanisches Atommodell, in dem die Elektronen auf Energiebahnen stabil um den Atomkern kreisen.

1900

1910

1900er

HILBERT-RAUM

David Hilbert

David Hilbert erfindet den Hilbert-Raum, einen Raum mit unendlich vielen Dimensionen, der bei der Entwicklung der Quantenmechanik eine wesentliche Rolle spielt.

1927

UNSCHÄRFERELATION

Werner Heisenberg

Heisenberg behauptet, dass im subatomaren Bereich die Unbestimmtheit die Regel ist, da man gewisse Variablenpaare, etwa Ort und Richtung, nicht gleichzeitig messen kann.

1930er
ÖKONOMETRIE
Jan Tinbergen

Mit einem methodisch-wissenschaftlichen Ansatz entwickelt Jan Tinbergen die Ökonometrie, die rein auf detaillierten Daten basierend ökonomische Prognosen trifft.

1930er
INPUT-OUTPUT-MODELL
Wassily Leontief

Das Input-Output-Modell von Wassily Leontief zeigt die Zusammenhänge zwischen verschiedenen volkswirtschaftlichen Sektoren und Regionen in Bezug auf die dafür benötigen Produktionsfaktoren und -mengen.

1931
UNVOLLSTÄNDIGKEITSSÄTZE
Kurt Gödel

Mit seinen Unvollständigkeitssätzen demonstriert Kurt Gödel, dass es in einem plausiblen mathematischen System immer auch wahre, aber nicht beweisbare Aussagen gibt.

1932
LINEARE ALGEBRA
John von Neumann

John von Neumann leistet bedeutende Beiträge zur linearen Algebra, die sich mit Vektoren und Matrizen befasst und allgemeiner mit Vektorräumen und linearen Transformationen.

1920 1930 1940

1935
SCHRÖDINGERS KATZE
Erwin Schrödinger

Schrödingers Gedankenexperiment fordert die Quantentheorie heraus: Es ist unmöglich, zu bestimmen, ob eine Katze, die sich in einer versiegelten Kammer befindet, tot oder lebendig ist.

1936
MAKROÖKONOMIE
John Maynard Keynes

Keynes hinterfragt die klassische Ökonomie und zeigt, wie die gesamtwirtschaftliche Nachfrage die Wirtschaftsleistung und die Inflation beeinflusst.

1936
TURING-MASCHINE
Alan Turing

Mit seinem theoretischen Maschinenmodell, bei dem Berechnungen auf ein unendlich langes Band geschrieben und auch davon abgelesen werden, legt Turing das Fundament für den Computer.

1936
FIELDS-MEDAILLE
Charles Fields

Die renommierte Medaille, benannt nach dem kanadischen Mathematiker John Charles Fields, wird erstmals vergeben. Sie zeichnet Mathematiker unter 40 Jahren aus.

1938
STOCHASTISCHE PROZESSE
Andrei Kolmogorow

Kolmogorow begründet Axiome, um zufällige Wahrscheinlichkeitsverteilungen in der Statistik zu vereinfachen und vorherzusagen.

1943
MODERNE DIFFERENZIAL-GEOMETRIE
Shiing-Shen Chern

Shiing-Shen Chern definiert charakteristische Klassen der Differenzialgeometrie – der Geometrie der glatten Formen und glatten Räume, auch glatte Mannigfaltigkeit genannt.

1945
CHAOSTHEORIE
Mary Lucy Cartwright

Die Chaostheorie besagt, dass in Systemen, die von deterministischen Gesetzen bestimmt werden, scheinbar dynamische oder unvorhersagbare Abweichungen auftreten können. Mary Cartwright war eine Pionierin der Chaosforschung.

1948
INFORMATIONSTHEORIE
Claude Shannon

Claude Shannon begründet die Informationstheorie und zeigt, wie digitale Übertragung ein Signal von störendem Rauschen befreien kann.

1940

1950

1947
MONTE-CARLO-SIMULATION
Stanisław Ulam

Ulam entwickelt ein mathematisches Verfahren, das durch eine Analyse vorhandener Daten mögliche Ergebnisse von Zufallsereignissen vorhersagt.

1950
SPIELTHEORIE
John Nash

Nash ist einer der Pioniere der Spieltheorie, die besagt, dass menschliche und andere Interaktionen als eine Art Spiel betrachtet und auf dieser Basis untersucht und vorhergesagt werden können.

1960er
ALGEBRAISCHE GEOMETRIE
Alexander Grothendieck

Grothendieck revolutioniert die algebraische Geometrie der vielen Dimensionen und untersucht die geometrischen Eigenschaften der Lösungen von Polynomgleichungen.

1962
RAKETENSOFTWARE
Annie Easley

Easley entwickelt das Energiesystem für die NASA-Raketenstufe Centaur, die bei zahlreichen Raumfahrt-missionen zum Einsatz kam.

1969
BAYES-STATISTIK
David Blackwell

David Blackwell leistet wichtige Beiträge zur Bayes-Statistik und zur Mathematik der Wahrscheinlichkeiten, besonders zur Verbesserung grober Schätzungen.

1976
VIERFARBENSATZ
Kenneth Appel

Kenneth Appel und Wolfgang Haken beweisen, dass man mit nur vier Farben jede Landkarte einfärben kann, ohne dass zwei angrenzende Länder die gleiche Farbe haben.

1960 — 1970 — 1980

1960
SOLITONEN
Norman Zabusky

Zabusky trägt zur Entwicklung der Solitonentheorie bei: Solitäre Wellen behalten ihre Form und ihr Tempo, während sie sich mit gleichbleibender Geschwindigkeit ausbreiten.

1970
SPIEL DES LEBENS
John Conway

Conways Spiel des Lebens ist ein simples automatisches Spiel mit einfachen Bewegungsregeln, das auf einem zweidimensionalen Raster abläuft.

1970
MATHEMATICAL GAMES
Martin Gardner

Gardners legendäre Kolumne mit mathematischen Rätseln und Spielen erscheint erstmals in der Zeitschrift *Scientific American*.

1972
CHAOSKOMPLEXITÄT
Edward Lorenz

Lorenz beweist das Vorkommen von chaotischem Verhalten in vielen natürlichen Systemen, etwa in Flüssigkeiten, im Herzschlag, beim Wetter und beim Klima.

1979
FRAKTALE
Benoît Mandelbrot

Mithilfe von Computerprogrammen zeigt Mandelbrot die Schönheit und Bedeutung von Fraktalen und selbstähnlichen Mustern.

1980s

GEOMETRISCHE ANALYSIS

Karen Uhlenbeck

Karen Uhlenbeck leistet bedeutende Beiträge zur geometrischen Analysis. Ihr Schwerpunkt liegt auf partiellen Differenzialgleichungen, bei denen sie neue Ergebnisse erzielt.

1980

QUANTENCOMPUTER

Paul Benioff

Paul Benioff und andere beschreiben die Möglichkeit, unglaublich schnelle Computer basierend auf Methoden aus der Quantenmechanik zu entwickeln.

1980

1990

1990

WAVELETS

Ingrid Daubechies

Daubechies entwickelt die Anwendung von Wavelets für die Bildsignalkompression und Bildanalyse.

2013

HYPERBOLISCHE FLÄCHEN

Maryam Mirzakhani

Maryam Mirzakhani macht wichtige Erkenntnisse über Geodäten auf hyperbolischen Flächen in mehreren Dimensionen.

2000

MILLENNIUM-PROBLEME

Das Clay Mathematics Institute fordert die Mathematiker der Welt heraus, sieben ungelöste mathematische Probleme zu lösen.

2000 — 2010 — 2020

2004

SATZ VON GREEN-TAO

Terence Tao

Ben Green und Terence Tao beweisen eine überraschende Eigenschaft von Primzahlenfolgen.

2014

PRIMZAHLZWILLINGE

Yitang Zhang

Yitang Zhang macht eine wichtige Entdeckung: Es gibt unendlich viele Primzahlpaare mit einer Differenz von kleiner als 70 Millionen.

KAPITEL SECHZEHN

NEUE WEGE DER MATHEMATIK

Zur Wende des vorigen Jahrhunderts konnten sich viele gar nicht vorstellen, dass es in der Mathematik noch nennenswerte Fortschritte geben würde. Die größten Probleme waren schließlich gelöst, oder? Nun beschäftigten sich die Mathematiker mit den Details oder wandten die existierenden Theorien an, um die Physik und andere Wissenschaften voranzutreiben.

Doch im Jahr 1900 räumte der deutsche Mathematiker David Hilbert (1862–1943) mit dieser Vorstellung auf und nannte 23 bedeutende Probleme, die immer noch ungelöst waren. Zahlreiche Mathematiker versuchten, sie zu knacken – aber selbst über hundert Jahre später ist knapp ein Drittel von ihnen noch immer ohne Antwort.

Unterdessen fand man mithilfe neuester wissenschaftlicher Methoden heraus, dass das Universum unvorstellbar größer und die Realität von Zeit und Raum viel komplexer waren, als zuvor angenommen. Man entwickelte ganz neue Teilgebiete der Mathematik, um dieses Universum zu erforschen.

Ab der Mitte des 20. Jahrhunderts erleichterten die ersten Computer den Mathematikern das Rechnen und förderten das praktische Experimentieren, da man Ideen und Vermutungen nun schnell und einfach per Computer testen konnte. Mathematik war wieder kreativ, inspirierend und machte Spaß, statt nur trockene, komplizierte Rechenarbeit zu sein. Die neuen digitalen Technologien machten die Mathematik außerdem interessant für junge, schlaue Köpfe. Und Martin Gardners (1914–2010) berühmte Mathe-Spiele für die Zeitschrift *Scientific American* zeigten Laien, welche faszinierenden Rätsel die Mathematik zu bieten hatte.

Mit zwei wichtigen Auszeichnungen, der Fields-Medaille und dem Millennium-Preis, wurde der aufgefrischten Bedeutung der Mathematik und der Verdienste der Mathematiker Anerkennung gezollt. Die Gewinner machten Schlagzeilen und trugen dazu bei, das Interesse der Öffentlichkeit an der bahnbrechenden neuen Mathematik zu wecken.

Links: Der deutsche Mathematiker David Hilbert (1862–1943)

David Hilbert

Der deutsche Mathematiker David Hilbert (1862–1943) gehörte zu den herausragenden Persönlichkeiten in der Mathematik des frühen 20. Jahrhunderts. Er leistete bedeutende Beiträge in verschiedensten Bereichen, wie etwa Algebra, Zahlentheorie, mathematische Logik, Theorie der Integralgleichungen und die Variationsrechnung der Analysis. Die Geometrie fasste er zu einigen grundlegenden Axiomen zusammen und er erfand den Hilbert-Raum, einen Raum mit unendlichen Dimensionen, der später bei der Entwicklung der Quantenmechanik eine Rolle spielte. Am bekanntesten ist er jedoch für seine Liste von 23 mathematischen Problemen, zu deren Lösung er alle Mathematiker aufforderte. Die ersten zehn Probleme wurden im Jahr 1900 beim internationalen Mathematikerkongress in Paris vorgestellt, der Rest wurde zwei Jahre später veröffentlicht.

David Hilbert wurde am 23. Januar 1862 im preußischen Königsberg (das heutige Kaliningrad in Russland) geboren. Sein Interesse an der Mathematik verdankte er seiner Mutter, die ihn zu Hause unterrichtete, bis er acht Jahre alt war. Anschließend besuchte er das Collegium Fridericianum, eine höhere Schule, die 140 Jahre zuvor auch Immanuel Kant besucht hatte. Im Alter von 17 Jahren wechselte er auf das Wilhelms-Gymnasium, wo er in Mathematik glänzte, und ein Jahr später begann er ein Studium an der Universität in Königsberg. Innerhalb von fünf Jahren hatte er seinen Doktorgrad erlangt und arbeitete als Dozent. Nach einer Auszeit, während der er Henri Poincaré besuchte, nahm er eine Lehrtätigkeit auf und 1895 erhielt er eine Professur an der Universität Göttingen.

Hilbert hatte das Talent, komplexe Ideen mit simpler Klarheit auszudrücken. Seine Vorträge genossen einen so guten Ruf, dass Gelehrte aus der ganzen Welt nach Göttingen kamen, um zu hören, wie Hilbert komplizierte, abstrakte Ideen in verständliche Anekdoten verpackte.

Während seiner Lehrtätigkeit beschäftigte er sich mit zahlreichen Teilgebieten der Mathematik, von der algebraischen Geometrie bis zur Zahlentheorie, in denen er wichtige Arbeiten verfasste. Hilbert leistete einen wesentlichen Beitrag zur Mathematik der Invarianten – Größen, die sich bei der Verformung geometrischer Objekte nicht verändern – und bewies, dass alle Invarianten durch eine endliche Zahl ausgedrückt werden können. Sein größter Verdienst war jedoch seine Arbeit in der mathematischen Logik, wo er mit Klarheit und Sorgfalt den Grundstein für die Formalisierung der mathematischen Forschung legte und damit die Richtung für das 20. Jahrhundert wies.

Experimentelle Mathematik

Die Mathematik basierte viel öfter auf Versuch und Irrtum, als es die Mathematiker zugaben. Doch als sich die Naturwissenschaftler des 17. Jahrhunderts begeistert dem Experimentieren als Methode zum Erkenntnisgewinn zuwandten, bewegte sich die Mathematik entschlossen in die andere Richtung.

Deduktion oder Induktion?

Albert Einstein war überzeugt, dass Experimente in der Mathematik nichts zu suchen hatten. Für ihn gab es darin nur Erfindungen, keine Entdeckungen. Kurt Gödel hinterfragte diese Ansicht jedoch und hielt dagegen: „Wenn die Mathematik wie auch die Physik eine objektive Realität beschreibt, gibt es keinen Grund, dort nicht auch wie in der Physik induktive [experimentelle] Methoden anzuwenden."

Schließlich war es das Aufkommen der Computer in der Mitte des 20. Jahrhunderts, das die experimentelle Mathematik beflügelte. Darum wird sie oft auch als Computermathematik bezeichnet.

Computerrechnen

Bei der experimentellen Mathematik werden Berechnungen mit dem Computer gemacht, um mathematische Objekte zu erforschen und Eigenschaften und Muster herauszufinden.

Die Erfindung des Computers erleichterte den Mathematikern nicht nur das Lösen komplizierter Probleme, indem sie ihnen Arbeit abnahm – sie führte zur Entdeckung völlig neuer Phänomene.

Ein erster großer Durchbruch des Computerrechnens war die Entdeckung der „Solitonen". Das

Unten: Albert Einstein (links) und Kurt Gödel (Zweiter von rechts) gehörten zu den bedeutendsten Denkern des 20. Jahrhunderts, aber hatten gegenteilige Ansichten, was die Rolle des Experimentierens in der Mathematik betraf.

Links: MANIAC war der erste vollelektronische Computer des Los-Alamos-Forschungslabors. Er konnte pro Sekunde 10 000 Rechenschritte ausführen.

sind Wellen, die sich wie einzelne Teilchen durch den Raum bewegen und die in der Strömungsmechanik, in der Optik und in den atomaren Gasen, die sich bei sehr tiefen Temperaturen bilden – die sogenannten Bose-Einstein-Kondensate – beobachtet werden.

Im Jahr 1955 simulierten Enrico Fermi und sein Team im Los Alamos National Laboratory in New Mexico mithilfe des Computers MANIAC I Störungen in den wellenartigen Schwingungen einer Saite. Sie erwarteten, dass die Störungen allmählich wieder abklangen, aber zur Überraschung des Teams zeigte die Simulation anhaltende Wellen.

Zehn Jahre später beschäftigten sich Norman Zabusky vom Bell Laboratory in New Jersey und Martin Kruskal von der Princeton University mit diesem Experiment. Sie schrieben ein Computerprogramm, das die Bewegung von Wellen berechnete. Ihre Ergebnisse passten zur Wellengleichung der niederländischen Physiker Diederik Korteweg und Gustav de Vries, die Wellenbewegungen in Kanälen analysierten. Aus diesem Zusammenhang entstand die Idee der Solitonen.

Chaos und Präzision

Auch bei der Entdeckung von Chaosphänomenen durch Edward Lorenz in den 1960er-Jahren spielten Computer eine Rolle. Lorenz erkannte, dass winzige Abweichungen in den Anfangsbedingungen so stark unterschiedliche Resultate erzeugten, dass sie chaotisch erschienen. In den 1970er-Jahren nutzte man Computermodelle, um Fraktale zu generieren. Die fraktale Geometrie wurde von Benoît Mandelbrot entwickelt [S. 308].

Ein Meilenstein der experimentellen Mathematik war die Entdeckung der Formel für die präzise Berechnung von Pi durch David H. Bailey, Peter Borwein und Simon Plouffe im Jahr 1995. Der BBP-Algorithmus ermöglicht die Bestimmung jeder n-ten Stelle der Kreiszahl, ohne erst vorhergehende Nachkommastellen berechnen zu müssen. Mittlerweile sind über 60 Billionen Nachkommastellen bekannt.

Mit Computern lassen sich auch Vermutungen schnell überprüfen, sodass man weiß, für welche es sich lohnt, Beweise zu finden. Diese Präzision verhindert größtenteils, dass Zufälle mit echten mathematischen Zusammenhängen verwechselt werden.

Software für Mathematik

Die erste Mathematik-Software, die in den 1980er-Jahren entstand, eröffnete für ihre Anwender ganz neue Möglichkeiten und lieferte den Anstoß für einen Boom in der experimentellen Mathematik. Daraufhin änderte sich auch die Einstellung zu diesem neuen Ansatz dramatisch.

Die Beiträge der computergerstützten experimentellen Mathematik haben enorm zugenommen. Man stieß auf neue numerische Muster, zum Beispiel die Spirale aus Primzahlen, die erstmals vom Kernphysiker Stanisław Ulam entdeckt wurde, als er sich während eines Vortrags langweilte und anderweitig beschäftigte. Belege für bestimmte Vermutungen animierten zur Suche nach soliden analytischen Beweisen, etwa Verbindungen zwischen den Theorien der Gravitation und der Quantenmechanik. Zu manchen Vermutungen fand man auch Gegenbeweise, wie im Falle des ZetaGrid, das die Riemannsche Vermutung [S. 298] widerlegt. Nun war auch die Suche nach bestimmten Zahlen möglich geworden, etwa nach der kleinsten „Riesel"-Primzahl.

Unten: Während eines Vortrags kritzelte Stanisław Ulam diese Zahlenspirale auf ein Blatt Papier und erkannte, dass Primzahlen oft auf bestimmte Diagonalen fielen. Nach einem Test mit dem Computer MANIAC II entstand daraus eine mathematische Idee.

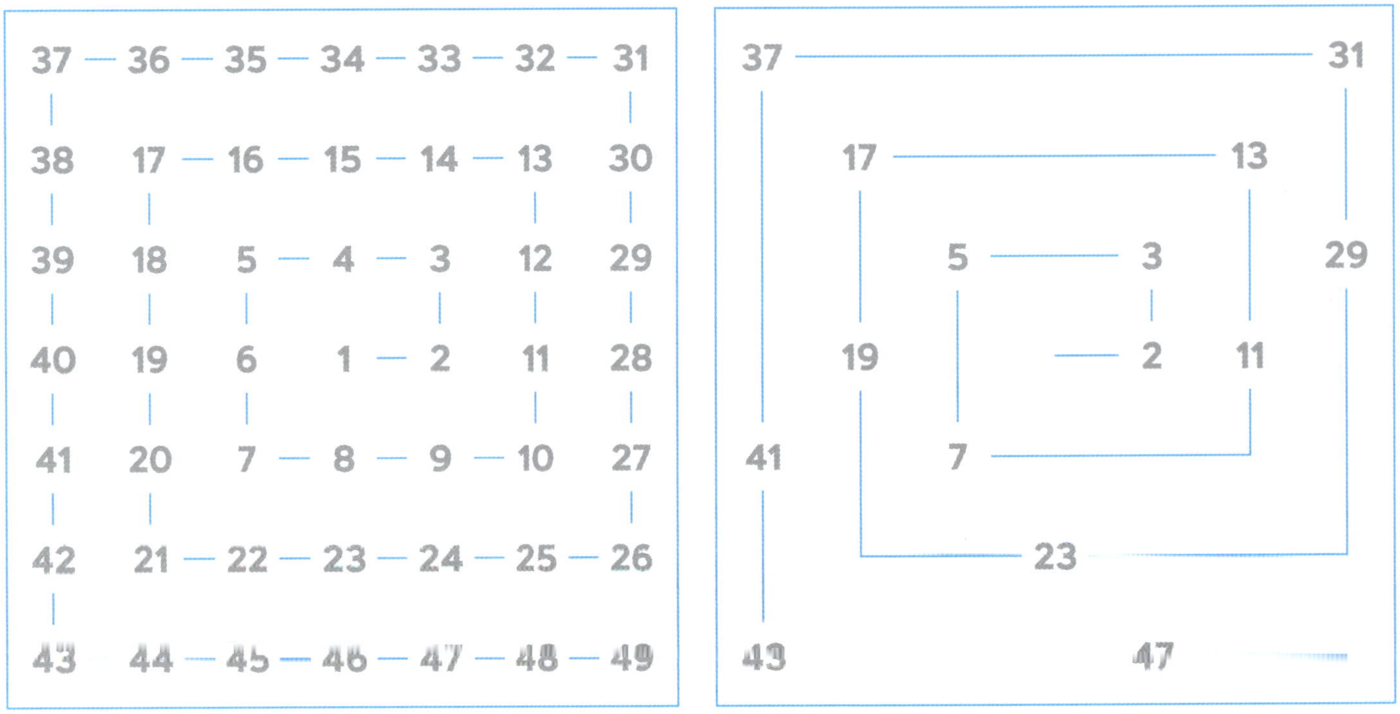

Martin Gardner

Martin Gardner (1914–2010) wurde in Tulsa im US-Bundesstaat Oklahoma geboren und wuchs auch dort auf. Er machte an der University of Chicago seinen Bachelor in Philosophie und diente während des Zweiten Weltkriegs vier Jahre in der US-Marine. Nach dem Krieg schrieb er Kinderbücher.

Von 1956 bis 1981 verfasste er für die Zeitschrift *Scientific American* die monatliche Kolumne „Mathematical Games". eine berühmte Serie von mathematischen Rätseln, in denen er seinen Lesern viele topaktuelle mathematische Konzepte vorstellte.

Gardner war kein studierter Mathematiker und wollte mit seiner Kolumne einfach nur Spaß mit „Unterhaltungsmathematik" haben, indem er mathematische Themen in Form von interessanten Rätseln aufbereitete. Die Rätsel waren jedoch so faszinierend, dass sich einige der bedeutendsten Mathematiker der Welt mit Gardner in Verbindung setzten und ihre eigenen Ideen und Erkenntnisse vorschlugen.

Unten: Martin Gardners Kolumne in der Zeitschrift *Scientific American* regte die Fantasie der Leser an und trug viel dazu bei, um den Ruf der Mathematik in der Öffentlichkeit zu verbessern.

Mathematical Games

In den 1950er-Jahren hatte sich die reine Mathematik bereits so weit entwickelt, dass ihr hoher Grad der Abstraktion sie für Laien komplett unzugänglich machte. Martin Gardners Kolumne „Mathematical Games“, die in der Zeitschrift *Scientific American* erschien, machte sie wieder verständlicher.

Inspiriert wurde Gardner von einer Begegnung mit dem Mathematiker John Tukey, der ihm von sogenannten „Flexagonen“ erzählte: Dabei handelt es sich um Polygone, vor allem gleichseitige Dreiecke, die aus Papierstreifen gefaltet werden und durch bestimmte Kniffe („Flexen“) andere Seiten von sich zeigen. Das Faszinierende an den Flexagonen war, dass sie sich „wie eine erblühende Blume“ auf verschiedene Arten öffnen und zuvor verborgene Seiten preisgeben konnten.

Mathematik zum Falten

Die Idee der Flexagone hatte schon 15 Jahre zuvor der britische Princeton-Student Arthur Harold Stone gehabt. Er studierte Topologie, die Mathematik der Formen im Raum. Stone zeigte seine Flexagone seinen Kommilitonen, darunter Tukey, Bryant Tuckerman und Richard Feynman, der später weltweite Bekanntheit erlangte. Das „Flexagon-Komitee“ begann, diese Polygone auf mathematische Weise zu untersuchen – und löste damit einen Papierfalt-Trend unter den Studenten aus.

In seinem Artikel im *Scientific American* vom December 1956 stellte Gardner seinen Lesern die Flexagone vor, beziehungsweise die Hexaflexagone, wie man sie heute nennt. Hexaflexagone sind sechsseitige gefaltete Papierobjekte, die man wiederholt verwandeln kann, indem man ihr „Inneres nach außen kehrt“, um neue Seiten zu enthüllen. Die Begeisterung über Gardners Artikel war so groß, dass der Herausgeber der Zeitschrift ihm anbot, ab Januar 1957 eine monatliche Kolumne daraus zu machen.

Bahnbrechende Mathematik

Im Laufe der folgenden 24 Jahre schrieb Gardner fast 300 Artikel, die oft bahnbrechende Mathematik vorstellten. Im Jahr 1970 präsentierte Gardner seinen Lesern das Spiel des Lebens, das nur wenige Wochen zuvor vom Mathematiker John Conway [S. 314] entwickelt worden war und das an die Mathematik der Turing-Maschinen anknüpfte.

Ein weiteres wegweisendes Konzept, das Gardner 1977 einer breiten Öffentlichkeit vorstellte, war die „Public-Key-Kryptografie“, ein asymmetrisches und besonders schwer zu knackendes Verschlüsselungsverfahren, das auf Primfaktoren basierte – also auf Primzahlen, deren Multiplikation miteinander eine neue Zahl ergibt. Dieses Verfahren wird RSA-Kryptosystem genannt, benannt nach den Initialen seiner Erfinder Ron Rivest, Adi Shamir und Leonard Adleman. Die zugrundeliegende Idee war, Nachrichten mithilfe von zwei Zahlen („Schlüsseln“) zu codieren, um diese öffentlich teilen zu können. Nur wer die Primfaktoren der Schlüssel kennt, kann die Nachricht entziffern. Handelt es sich um große Zahlen, ist das Knacken fast unmöglich.

Eine andere bahnbrechende Idee, die durch „Mathematical Games“ bekannt wurde, waren die

Links: Martin Gardner machte durch seine Kolumne für *Scientific American* die Welt mit den Hexaflexagonen bekannt.

Unten: Hexaflexagone werden aus langen Papierstreifen gefaltet, sodass gleichseitige Dreiecke entstehen.

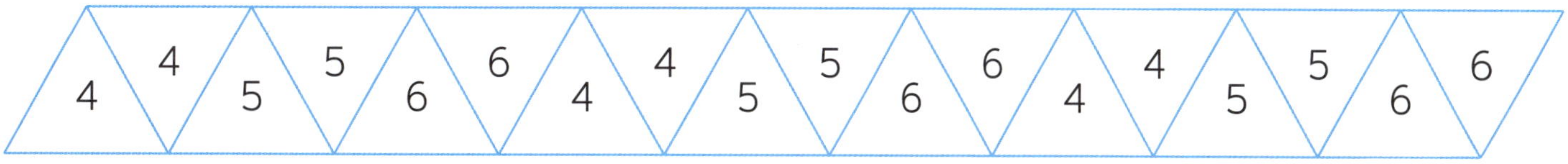

Vorderseite

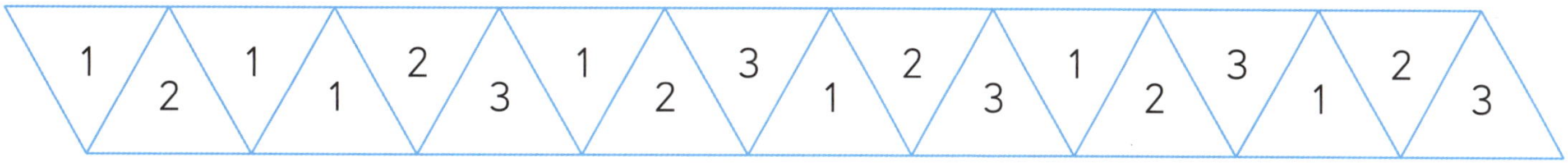

Rückseite

Rechts: Polyominos sind geometrische Flächen, die aus zusammenhängenden Quadraten gebildet werden. Dieses simple Spiel ermöglicht faszinierende Mathematik.

Gegenüber: Im Jahr 1977 beschäftigte sich Martin Gardner erneut mit der Parkettierung, besonders mit einer spezifischen Form, die der britische Mathematiker Roger Penrose entdeckt hatte.

Domino-Variationen des Mathematikers Solomon Golomb, die er „Polyominos" nannte. Das sind flache geometrische Figuren, die aus gleich großen, zusammenhängenden Quadraten gebildet werden.

Gardner spielte auch eine entscheidende Rolle beim Popularisieren beziehungsweise Wiederauflebenlassen der visuellen Seite der Mathematik, darunter die Geometrie, die neben der reinen Zahlenmathematik an Bedeutung verloren hatte. Im Jahr 1961 besprach Gardner das Buch des kanadischen Mathematikers Harold Coxeter, *Introduction to Geometry*, und griff dabei viele faszinierende Ideen aus der Geometrie auf. Er zitierte auch das Gedicht „The Kiss Precise" des Kernphysikers Frederick Soddy aus dem Jahr 1936. Es handelte von der Geometrie dreier Kreise, die einander berührten.

Der Artikel behandelte auch Parkettierung (zweidimensionale Flächen, die lückenlos ineinander passen) und machte viele Leser mit den Werken des niederländischen Künstlers M. C. Escher bekannt. Jahre später griff Gardner das Thema wieder auf und schrieb über die Parkettierung, die 1977 von Roger Penrose entdeckt wurde. Die Kolumne wurde bis Gardners Pensionierung im Jahr 1981 fortgesetzt.

Fields-Medaille

Die Fields-Medaille wird manchmal auch als Nobelpreis der Mathematik bezeichnet. Sie wird alle vier Jahre an zwei, drei oder vier Mathematiker im Alter von unter 40 Jahren vergeben.

Die Fields-Medaille gilt als höchste Auszeichnung, die ein Mathematiker erhalten kann, und seit ihrer Einführung wurden über 60 Männer und nur zwei Frauen, die Iranerin Maryam Mirzakhani (2014) und die Ukrainerin Maryna Viazovska (2022), mit diesem Preis geehrt.

Erstmals wurde die Auszeichnung von John Charles Fields im Jahr 1924 aus einem Überschuss aus dem Budget für den internationalen Mathematikerkongresses (ICM) in Toronto finanziert. Fields (1863–1932), der den Kongress organisierte, war ein Mathematikprofessor der Universität von Toronto. Nachdem Fields der Stiftung nach seinem Tod Geld für die Auszeichnung vermachte, wurde die Medaille entgegen seinem Wunsch nach ihm benannt.

Ausgewählt werden die Gewinner vom Fields-Medaillen-Komitee, das wiederum vom Exekutivkomitee der Internationalen Mathematischen Union (IMU) bestimmt wird. Die Anwärter müssen unter 40 Jahre alt sein, da man mit der Auszeichnung die aufstrebenden Talente der Mathematik fördern will. Aus diesem Grund erhielt die Medaille nicht der englische Mathematiker Andrew Wiles, der 1995 einen Beweis für den Großen Fermatschen Satz fand. Doch im Jahr 1998 ehrte ihn die IMU mit einer besonderen Silberplakette.

Unten: Im Jahr 2022, als ihr Heimatland vom Krieg erschüttert wurde, war die Ukrainerin Maryna Viazovska unter den vier Gewinnern der Fields-Medaille. Sie wurde für ihre Arbeit zu Kugelpackungen ausgezeichnet.

Geschichte der Medaille

Die ersten Medaillen wurden im Jahr 1936 an den finnischen Mathematiker Lars Ahlfors für seine Arbeit zu den Riemannschen Flächen und den US-amerikanischen Mathematiker Jesse Douglas für seine Lösung des Plateau-Problems vergeben. (Das Plateau-Problem oder das Problem der Minimalflächen wurde vom belgischen Physiker Joseph Plateau (1801–1883) in seiner Arbeit zu Seifenblasen aufgestellt.) Anschließend wurde die Preisverleihung aufgrund des Zweiten Weltkriegs für 14 Jahre pausiert. Die nächsten Medaillen wurden 1950 an den französischen Mathematiker Laurent Schwartz und den norwegischen Mathematiker Atle Selberg verliehen. Von da an wurde der Preis im Rahmen des ICM alle vier Jahre vergeben.

Die Fields-Medaille hat eine problematische Beziehung zu Russland, obwohl nur die USA noch mehr Gewinner stellte. Zum Beispiel durften in den 1970er-Jahren die russischen Mathematiker Sergei Nowikow und Grigori Margulis nicht einreisen, um den Preis anzunehmen. Und im Jahr 2022 musste die Ukrainerin Maryna Viazovska ihre Medaille in Finnland entgegennehmen, nachdem die Verleihung nach der Invasion Russlands in der Ukraine von Russland nach Finnland verlegt worden war.

Da die Auszeichnung potenzielle mathematische Innovationen erkennen und fördern soll, erhalten sie in der Regel Mathematiker, die in den abstrakteren, technischeren Teilgebieten arbeiten, etwa in der algebraischen Geometrie, Topologie oder Zahlentheorie.

Unten: Auf der Fields-Medaille ist Archimedes abgebildet. Ihr Motto wird ihm zugeschrieben: *Transire suum pectus mundoque potiri* („Über den eigenen Verstand hinauswachsen und die Welt ergreifen").

Die Millennium-Probleme

Als Millennium-Probleme bezeichnet man eine Liste, auf der sieben der schwierigsten Probleme der Mathematik stehen. Aufgestellt wurden sie vom Clay Mathematics Institute, das jede richtige Lösung mit einem Preisgeld von einer Million Dollar belohnt.

Das Institut veröffentlichte die Liste, auf der sich unter anderem die Riemannsche Vermutung befindet, als Herausforderung für Mathematiker.
Die Probleme sind die folgenden:

die Riemannsche Vermutung,
das P-NP-Problem,
die Poincaré-Vermutung,
die Vermutung von Birch und Swinnerton-Dyer,
die Vermutung von Hodge,
die Navier-Stokes-Gleichungen und
die Yang-Mills-Theorie.

Unten: Bernhard Riemanns Arbeit zu Eulers Zetafunktion vertiefte das Verständnis der Primzahlverteilung.

Primzahlen und Computer

Die Riemannsche Vermutung über die Verteilung von Primzahlen gilt bis heute als heiliger Gral der Mathematik. Der Primzahlsatz besagt, dass der durchschnittliche Abstand zwischen Primzahlen immer größer wird, je höher die Zahlen werden. Aber warum das so ist, weiß niemand. Im Jahr 1859 wollte Bernhard Riemann erklären, wie die Primzahlen vom Durchschnitt abwichen, was zuvor von Euler in der Formel der Zetafunktion ausgedrückt worden war. Riemanns Vermutung ist eine spezielle Version der Zetafunktion; sie verwendet nicht die reellen Zahlen sondern die „komplexen Zahlen". das heißt, Kombinationen aus reellen und imaginären Zahlen. bei denen auch die Wurzeln aus negativen Zahlen eine Rolle spielen. Ein Beweis für die Riemannsche Vermutung würde nicht nur das Primzahlproblem lösen, sondern ganz neue Erkenntnisse liefern.

Beim P-NP-Problem geht es um die Frage, was es bedeutet, wenn eine Menge an einfachen Problemen (P) und eine Menge an schwierigen Problemen (NP) identisch sind. In anderen Worten: Wenn die Korrektheit von NP leicht überprüfbar ist, sollte es dann auch schnell lösbar sein? Gilt P=NP, hätten schwierige Probleme leichte Lösungen.

Donuts und Footballs

Die Poincaré-Vermutung war das erste der Probleme, das gelöst wurde. Poincaré untersuchte „Mannigfaltigkeiten" – also gekrümmte Formen jeder Dimension, die lokal flach erscheinen, etwa die Oberfläche der Erde, die lokal betrachtet wie eine Ebene wirkt. Ein Donut ist die Mannigfaltigkeit einer Henkeltasse, denn aus dem einen kann durch Ziehen und Drücken das andere machen, ohne es zu zerteilen. Im Jahr 1904 stellte Poincaré die Vermutung auf, dass alle geschlossenen dreidimensionalen Mannigfaltigkeiten, etwa ein Football oder eine Avocado im

Prinzip Variationen einer Sphäre seien. Doch das zu beweisen stellte sich als äußerst schwer heraus.

Manche hielten es gar für unmöglich, aber im Jahr 2002 gelang es dem russischen Mathematiker Grigori Perelman, die Vermutung zu beweisen. Die Inspiration für Perelman lieferte die Arbeit des amerikanischen Mathematikers Richard Hamilton, der glaubte, dass die Lösung mit der Art der Formänderung zu tun hatte, besonders mit dem Ricci-Fluss. Dieser ähnelt einer Wärmeleitungsgleichung, die zeigt, wie sich thermische Energie ausbreitet. Darauf aufbauend gelang es Perelman, die Poincaré-Vermutung zu beweisen – und die besten Mathematiker brauchten Jahre, um die Korrektheit seiner Arbeit zu überprüfen. Perelman wurde die Fields-Medaille verliehen, aber er lehnte sie ab.

Ellipsen und mehr

Die Vermutung von Birch und Swinnerton-Dyer befasst sich mit elliptischen Kurven. Auf jeder solchen Kurve gibt es Punkte, die als rationale Punkte bezeichnet werden, bei denen die x- und y-Koordinaten rational sind – das heißt, Brüche oder ganze Zahlen. Manche Kurven haben nur wenige rationale Punkte, andere unendlich viele. Die Vermutung von Birch und Swinnerton-Dyer besagt, dass die Anzahl der Punkte von einer Formel abhängt, die als „L-Funktion“ bezeichnet wird. Wenn die L-Funktion an einem bestimmten Punkt, der als s=1 bezeichnet wird, gegen Null geht, gibt es unendlich viele rationale Punkte; wenn sie nicht gegen Null geht, gibt es eine endliche Anzahl. Dies ist von Bedeutung, da es Gleichungen mit Funktionen verknüpft und der Schlüssel zur Lösung diophantischer Gleichungen sein könnte. Diophantische Gleichungen, auf die der griechische Mathematiker Diophantus im 3. Jahrhundert n. Chr. erstmals hinwies, sind Gleichungen mit zwei oder mehr Unbekannten und einer ganzzahligen Lösung (d. h. einer ganzen Zahl, kein Bruch). Die Vermutung von Birch und Swinnerton-Dyer wurde bereits mehrfach gezeigt, jedoch noch nicht bewiesen.

Die Vermutung von Hodge hat wieder mit Mannigfaltigkeiten zu tun. Dabei geht es um die Form von Objekten, die durch das Zusammenfügen einfacher geometrischer Bausteine in zunehmenden Dimensionen entsteht. Die Navier-Stokes-Gleichungen sind mit Schiffsmaschinenbau und mit der Strömung von Flüssigkeiten und Gasen verknüpft. Das letzte Millennium-Problem ist die Yang-Mills-Theorie der Quantenphysik. Sie hinterfragt, warum Elektronen eine Masse besitzen.

5	3			7				
6			1	9	5			
	9	8					6	
8				6				3
4			8		3			1
7				2				6
	6					2	8	
			4	1	9			5
				8			7	9

5	3	4	6	7	8	9	1	2
6	7	2	1	9	5	3	4	8
1	9	8	3	4	2	5	6	7
8	5	9	7	6	1	4	2	3
4	2	6	8	5	3	7	9	1
7	1	3	9	2	4	8	5	6
9	6	1	5	3	7	2	8	4
2	8	7	4	1	9	6	3	5
3	4	5	2	8	6	1	7	9

Links: Das P-NP-Problem lässt sich gut mit einem Sudoku erklären: Die Richtigkeit der Lösung ist leicht nachzuprüfen, aber einen Weg von der Ausgangssituation zu dieser Lösung zu finden ist um einiges schwieriger.

Kapitel siebzehn

Computer

Das Fundament für Computer wurde bereits in den 1830er-Jahren gelegt – mit dem Prototyp der „analytischen Maschine", die der englische Erfinder Charles Babbage entwickelte. Damals war der Bau einer solchen Maschine nicht möglich, einerseits aufgrund von technischen Beschränkungen, aber auch weil die Logik des Konzepts noch nicht wirklich ausgereift war.

So richtig begann das Computerzeitalter im Jahr 1936, als der englische Mathematiker Alan Turing seine bemerkenswerte Arbeit „On Computable Numbers, with an Application to the Entscheidungsproblem" schrieb, die heute als theoretische Grundlage für die modernen Computer angesehen wird.

Während des Zweiten Weltkriegs dienten Turings Ideen als Basis, auf dem der erste programmierbare Elektronenrechner gebaut wurde. Diese gigantische Maschine, die aus Elektronenröhren bestand und geheime Nachrichten des Feindes dechiffrieren sollte, trug den passenden Namen „Colossus". Mit Röhren dieser Größe und dieser Wärmeentwicklung konnte man nur Kolosse bauen, aber die Erfindung des Transistors im Jahr 1947 ermöglichte den Bau kleinerer Modelle. Von da an entwickelten sich die Computertechnologien rasant und spektakulär weiter – und die Geräte wurden immer kleiner. Heute ist ein Leben ohne sie kaum noch vorstellbar.

Alle Computer sind im Prinzip nichts anderes als Hochgeschwindigkeits-Rechenmaschinen. Sie verwenden die binären Ziffern null und eins, um riesige Datenmengen blitzschnell zu verarbeiten. Aber sie sind viel mehr als nur reine Rechenhilfen, da diese Zahlen so programmierbar sind, dass man damit eine nahezu unendliche Vielfalt an Möglichkeiten darstellen kann.

Unten: Der wegweisende Computer Colossus, der im Zweiten Weltkrieg zur Entschlüsselung feindlicher Nachrichten diente, wurde hauptsächlich von Frauen der Kriegsmarine bedient.

Alan Turing

Alan Turing (1912–1954) war ein englischer Mathematiker, Informatiker, Logiker, Kryptoanalytiker, Philosoph und theoretischer Biologe. Mit seiner Arbeit, in der er die theoretische Grundlage einer Rechenmaschine beschrieb, trug er wesentlich zur Entwicklung des Computers bei. Er leitete den Bau des ersten funktionierenden Elektronenrechners, der für den britischen Geheimdienst die geheimen Nachrichten der deutschen Wehrmacht dechiffrieren sollte. Diese waren von der berühmten Enigma-Maschine verschlüsselt worden.

Turing wurde am 23. Juni 1912 im Londoner Stadtteil Maida Vale geboren. Seine Eltern waren gut betucht, sodass Turing eine der besten Privatschulen besuchte. Im Jahr 1931 begann er sein Mathematikstudium an der University of Cambridge. Nach seinem Abschluss im Jahr 1934 erhielt er für seine Forschung im Bereich der Wahrscheinlichkeitstheorie ein Stipendium für das King's College. Zwei Jahre später, als er gerade erst 24 Jahre alt war, verfasste er seine bahnbrechende Arbeit „On Computable Numbers, with an Application to the Entscheidungsproblem". Darin beschrieb er eine theoretische Rechenmaschine, die jedes beliebige Problem, das ihr von Menschen einprogrammiert wurde, lösen konnte. Noch im selben Jahr wechselte Turing an die Princeton University, wo er in nur zwei Jahren seine Doktorarbeit zum Thema mathematische Logik machte.

Nach dem Ausbruch des Zweiten Weltkriegs wurde Turing von der britischen Regierung an die „Code and Cypher School" für Kryptoanalyse in Bletchley Park geholt. In diesem Zentrum der Dechiffrierung entwickelte er verschiedene Methoden zur schnelleren Entschlüsselung deutscher Codes, etwa jene der berühmten „unknackbaren" Enigma-Maschine. Zu seiner Arbeit gehörte auch die Entwicklung der *Bombe*, einer elektromechanischen Dechiffriermaschine, die eine bedeutende Verbesserung der polnischen *Bomba* der Vorkriegszeit darstellte. Sie spielte eine entscheidende Rolle bei der Entschlüsselung abgefangener Geheimnachrichten und half den Alliierten im Krieg, besonders bei der Atlantikschlacht.

In der Zwischenzeit baute Tommy Flowers auf der Basis von Turings Ideen im Forschungszentrum der Post den ersten programmierbaren Röhrencomputer Colossus, der ebenfalls als Unterstützung beim Dechiffrieren eingesetzt wurde.

Nach dem Krieg arbeitete Turing im National Physical Laboratory und dann in Max Newmans Computing Machine Laboratory an der Victoria University in Manchester, wo er Konzepte für speicherprogrammierte Computer entwickelte. Aufgrund der nationalen Geheimhaltung war seine Arbeit jedoch in der Öffentlichkeit nahezu unbekannt.

Turing war homosexuell, was damals illegal war. Im Jahr 1952 wurde er verurteilt. Um nicht ins Gefängnis zu müssen, nahm er die zwangsverordnete hormonelle Kastration in Kauf. Er starb am 7. Juni 1954, 16 Tage vor seinem 42. Geburtstag, an einer Zyanidvergiftung. Ermittlungen ergaben, dass es Suizid war. Im Jahr 2009 sprach der britische Premierminister Gordon Brown eine offizielle Entschuldigung für die „entsetzliche Behandlung [Turings]" aus und Königin Elizabeth II. eine posthume Begnadigung im Jahr 2013.

Rechts: Alan Turing baute den weltweit ersten Computer, der feindliche Nachrichten entschlüsselte und beim Sieg der Alliierten im Zweiten Weltkrieg eine entscheidende Rolle spielte.

Die Turing-Maschine

Mit seiner wegweisenden Arbeit „On Computable Numbers, with an application to the Entscheidungsproblem" versuchte Turing nicht, einen Computer zu entwickeln – eigentlich war er nur an den mathematischen Problemen dahinter interessiert. Doch seine hypothetische Turing-Maschine bildete die mathematische Theorie für Computeralgorithmen und legte den Grundstein für das Computerzeitalter.

Turings Arbeit war die Lösung für das sogenannte Entscheidungsproblem, das 1928 von David Hilbert und Wilhelm Ackermann definiert worden war. Dabei ging es um die Suche nach einem Algorithmus, der entschied, ob eine Aussage mithilfe der fundamentalen Axiome der Logik bewiesen werden konnte. Um eine Antwort zu finden, besann sich Turing auf das Wesentliche und ergründete die Problemlösungsmethoden der Mathematik.

Berechnungen der Reihe nach

Turing argumentierte, dass eine Maschine komplexe Berechnungen ausführen kann, indem sie einer Abfolge einfacher, genau definierter Anweisungen folgt. Er entwickelte ein theoretisches Modell, um dies zu veranschaulichen, das heute als Turing-Maschine bezeichnet wird. Die Maschine arbeitet mit einem unendlich langen Band, das in Felder unterteilt ist, von denen jedes ein Symbol enthält – typischerweise eine 0 oder eine 1. Sie interagiert mit dem Band Feld für Feld, liest das Symbol, schreibt möglicherweise ein neues, bewegt das Band nach links oder rechts und ändert ihren internen Zustand. Auf diese Weise folgt die Maschine einer Abfolge von Anweisungen – einem Algorithmus –, die ein Problem lösen kann. Dieses Konzept legte den Grundstein für die moderne Vorstellung eines Computerprogramms.

Unten: Die Turing-Maschine war ein rein theoretisches Konzept, doch einige Ingenieure und Mathematiker bauten sie nach, unter anderem Mike Davey von der Universität Harvard.

Links: Die Enigma war die berühmte Chiffriermaschine, die von der deutschen Wehrmacht im Zweiten Weltkrieg zur Verschlüsselung geheimer Nachrichten verwendet wurde.

Aus Theorie wird Realität

Turing hatte eigentlich gar nicht vor, eine echte Maschine zu entwickeln, wie Charles Babbage ein Jahrhundert zuvor. Er suchte nur nach einer Lösung für das Entscheidungsproblem und wollte herausfinden, ob es eine automatisierte Methode zur Beantwortung mathematischer Fragen gab.

Das Geniale an Turings Idee war, dass man sie auf jedes beliebige mathematische Problem anwenden konnte. Dazu musste man nur neue Anweisungen zur Verfügung stellen. Die Maschine konnte theoretisch alles lösen, darum wurde sie auch „universelle Turing-Maschine" genannt.

Nach dem Zweiten Weltkrieg wurden Computer zur Realität und Turings hypothetisches Speicherband mit der Sequenz aus Nullen und Einsen wurde zur Basis von Software und Programmen für alle möglichen elektronischen Geräte, von Mobiltelefonen bis zu Flugleitsystemen.

Informationstheorie

Im Jahr 1948 veröffentlichte der US-amerikanische Mathematiker und Elektrotechniker Claude Shannon eine Arbeit unter dem Titel „A Mathematical Theory of Communication" („Mathematische Grundlagen der Informationstheorie") und bereitete damit den Weg für die digitalen Technologien, die allen Computern und Kommunikationsgeräten zugrunde liegen.

In den 1940er-Jahren wollte man Telefonleitungen unter dem Atlantik verbinden. Aber das Signal, das durch den Ozean übertragen wurde, war nur schwach und kaum hörbar. Die Techniker versuchten, das Signal auf seinem Weg zu verstärken, aber dabei wurde auch das „weiße Rauschen" im Hintergrund lauter, sodass am anderen Ende der Leitung das Rauschen das Signal komplett übertönte.

Im 19. Jahrhundert beschrieben Physiker wie Ludwig Boltzmann den zweiten Hauptsatz der Thermodynamik, der besagt, dass Ordnung zwangsläufig zusammenbricht und die Unordnung oder Entropie allmählich zunimmt. Shannons Arbeit zeigte, dass Information Ordnung ist, und der Verlust von Information durch Rauschen entspricht der Unordnung oder Entropie der Thermodynamik. Er stellte eine Gleichung auf, um die Wahrscheinlichkeit des Informationsverlustes zu ermitteln. Sie bildet heute die Grundlage der Informationstheorie.

Das Wesentliche herausfiltern

Shannon zufolge ist Information etwas, das anders ist. Hintergrundrauschen ist ungeordnet und somit ohne Bedeutung. Information ist unerwartet und besonders. Das unterscheidet sie vom Rauschen. Diese Erkenntnis lieferte neue Einblicke in die Funktionsweise unserer Welt.

In einer wichtigen Arbeit aus dem Jahr 1928 behauptete der Elektroingenieur Ralph Hartley, dass

Rechts: Der US-amerikanische Mathematiker und Elektrotechniker Claude Shannon legte 1948 die theoretische Grundlage für digitale Schaltkreise und Informationstechnik.

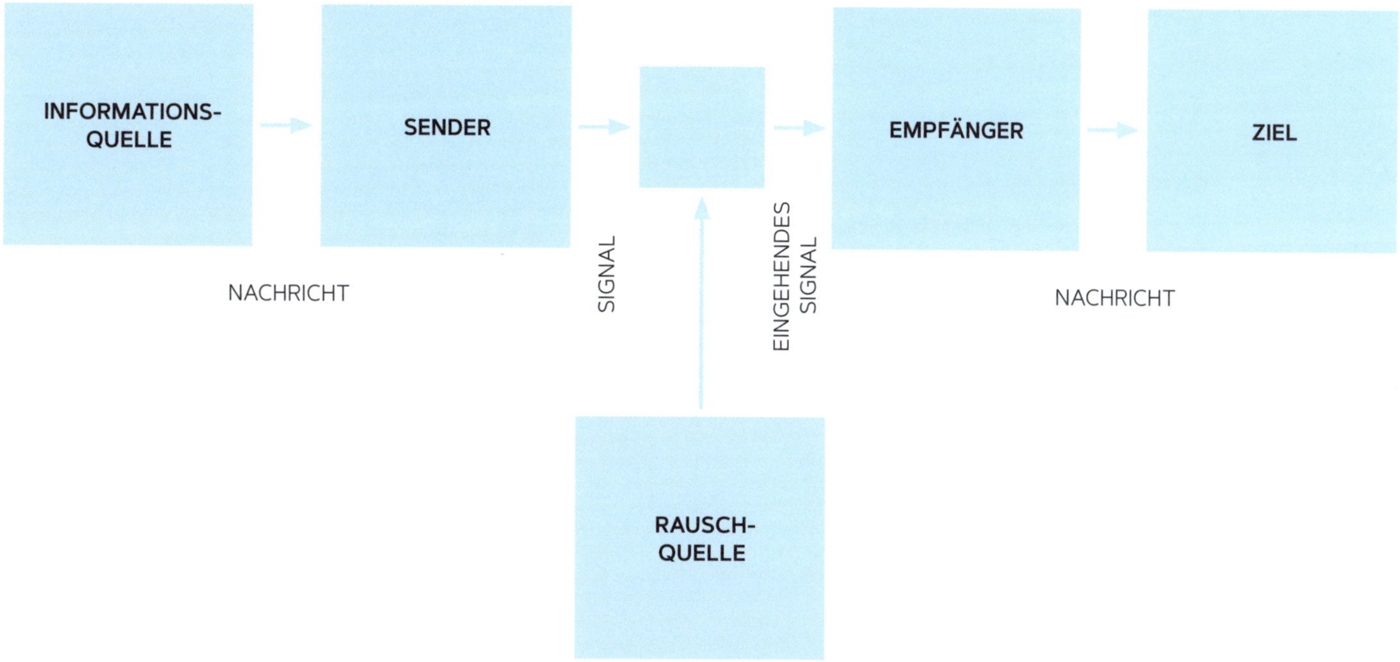

„die gesamten Informationen, die übermittelt werden können, im gleichen Verhältnis zum übertragenen Frequenzbereich und der Übertragungszeit stehen". Anders gesagt: Mann kann Informationen messen und dieses Maß übertragen. Shannon wusste, dass eine störungsfreie Übertragung möglich war, wenn man Informationen auf die einfachste Weise „maß" , und dass dieses Maß durch Binärcode ausgedrückt werden konnte. Tatsächlich kann jede Information in binäre Ziffernfolgen umgewandelt werden, also in die Einsen und Nullen, die er „binary digits" oder „Bits" nannte.

Informationen aus Bits

Diese Erkenntnis brachte Shannon auf die Lösung für das Problem mit dem Rauschen bei der Telefonübertragung. Bisher wurden sämtliche Telefonsignale durch die Umwandlung von Schall in elektrische Signale erzeugt. Die variierende Spannung des Stroms gibt die wechselnden Schwingungsmuster des Sprechens wider. Diese Signalform nennt man „analog". Analoge Signale haben jedoch den Nachteil, dass Rauschen unvermeidlich ist.

Shannon schlug vor, die Schallwellen, die beim Sprechen in der Luft entstehen, in eine Folge von binären Ziffern umzuwandeln – also in einen digitalen Code, bei dem jede Null für eine niedrige Spannung und jede Eins für eine hohe Spannung steht. Das Entscheidende daran ist, dass die Telefonleitung nicht das komplette Analogsignal übertragen muss, sondern nur den Code aus Höhen und Tiefen, aus dem auf der Seite des Empfängers wieder das ursprüngliche Sprechmuster rekonstruiert wird.

Die digitale Kommunikation funktioniert so gut, dass mittlerweile fast alle Telefongespräche auf diese Weise übertragen werden. Doch Shannon löste nicht nur ein rein technisches Problem, er machte eine wegweisende Entdeckung über die Eigenschaften von Informationen.

Oben: Shannon beschrieb die Logik der Informationsübertragung und des dabei entstehenden Datenverlustes, indem er die wesentlichen Faktoren dabei identifizierte.

Fraktale

Oben: Aus bereits entdeckten selbstähnlichen Mustern, etwa der kochschen Schneeflocke (vier Stufen oben) und dem Sierpinski-Dreieck (oben rechts), entwickelte Benoît Mandelbrot das Konzept der Fraktale.

Gegenüber: Satellitenfotos zeigen Fraktale in der Natur, etwa hier die verzweigten Flüsse eines Mündungsdeltas.

In den 1980er-Jahren brachte der französisch-amerikanische Mathematiker Benoît Mandelbrot mit seinen geometrischen Computergrafiken die Welt zum Staunen. Er nannte diese Formen „Fraktale“.

Fraktale sind komplexe geometrische Gebilde und sie sind „selbstähnlich“ – das heißt, bei genauem Hinsehen bestehen ihre Details aus immer kleiner werdenden Kopien ihrer ganzen Form.

Die Form der Zukunft

Fraktale weisen „Rauheit“ auf – sie besitzen nicht die glatten Linien der euklidischen Geometrie, wie Höhe, Breite, Tiefe [S. 65]. Die zackige Form eines Berges kann damit aber nicht beschrieben werden, darum versuchte es die Geometrie erst gar nicht.

Im 17. Jahrhundert untersuchte der deutsche Universalgelehrte Gottfried Leibniz „gebrochene (fraktionierte) Exponenten“ und Funktionen, die in verschiedenen Größen selbstähnlich sind. Im Jahr 1883 beschrieb der deutsche Mathematiker Georg Cantor die Konstruktion einer Linie, die nirgendwo durchgehend ist und eine Länge von null hat, wenn man Teile von ihr mathematisch entfernt.

Ein großer Wendepunkt kam jedoch 1904, als der schwedische Mathematiker Helge von Koch sich wiederholende, faszinierende Muster von Hand zeichnete. Diese Objekte nennt man auch „kochsche Schneeflocken“, da ihre Formen an Schneeflocken unter dem Mikroskop erinnern. Im Jahr 1915 beschrieb der polnische Mathematiker Wacław Sierpiński ein altes Muster, dass heute „Sierpinski-Dreieck“ oder „-Dichtung“ genannt wird und aus immer kleiner werdenden, ineinandergefügten Dreiecken besteht. Doch was bedeutet das alles?

Chaostheorie

Zur gleichen Zeit entwickelte sich aus den Ideen des französischen Mathematikers Henri Poincaré ein anderer Ansatz, aus dem schließlich die Chaostheorie [S. 324] entstand – also die Vorstellung, dass kleinste Unterschiede in zwei identischen Systemen mit nahezu identischen Ausgangsbedingungen so unterschiedliche Auswirkungen haben können, dass ihr Verhalten chaotisch erscheint. Poincarés Gleichungen implizierten die Existenz von „seltsamen Attraktoren“ – dynamischen Zuständen, die eine selbstähnliche Struktur aufweisen.

Einer von Poincarés Schülern war Gaston Julia, der zusammen mit Pierre Fatou diese Ideen durch Wiederholungen der Funktion $z \rightarrow z^2 + c$ ausbaute. Sie nahmen also immer wieder eine komplexe Zahl [S. 298] zum Quadrat und addierten eine Konstante. Sie fanden heraus, dass die Abstände bei manchen Werten für z immer größer und bei anderen immer kleiner wurden. Die grafische Darstellung zeigte Fraktale, die heute als „Julia-Mengen“ bekannt sind.

Und hier kommt Mandelbrot ins Spiel. In den 1960er- und 1970er-Jahren arbeitete er bei IBM und

wollte eine „Theorie der Rauheit" aufstellen, zusammen mit einer mathematischen Formel für die Rauheit der Formen von Bergen, Küsten und Flüssen; der Strukturen von Pflanzen, Blutgefäßen und Lungen; und der Verteilung von Galaxien. Im Jahr 1967 schrieb er den Artikel „How Long is the Coast of Britain?" („Wie lang ist die Küste Großbritanniens?"), in dem er sich in die Thematik vertiefte und anmerkte, dass die Küste immer länger wird, je kleiner der Maßstab ist, in dem sie gemessen wird.

Mandelbrot experimentierte auf den IBM-Computern mit den Wiederholungen von Julia und Fatou. Er stellte die Julia-Mengen grafisch dar und bestätigte, dass es sich dabei um Fraktale handelte. Als er seine Ideen weiterentwickelte, erstellte er dazu Bilder der „Mandelbrot-Menge" – eine Art Atlas aller Julia-Mengen. Indem er an jedem Punkt einen anderen Wert für *c* verwendete, verwandelten sich die Julia-Mengen von einer in die andere.

Berühmte Fraktale

Die Ergebnisse waren spektakulär und machten weltweit Schlagzeilen. Die zugrundeliegende Gleichung ist zwar recht einfach, aber die Mandelbrot-Menge ist eines der kompliziertesten Objekte in der gesamten Mathematik.

Gegenüber und unten: Mithilfe von Computern erzeugte Mandelbrot faszinierende Bilder von fraktalen Mustern.

Margaret Hamilton

Die US-Amerikanerin Margaret Hamilton (geb. 1936) ist eine Pionierin der Softwareentwicklung. Sie schrieb die Navigationsprogramme für die Apollo-11-Mission, die den Astronauten Neil Armstrong und Buzz Aldrin eine Landung auf dem Mond ermöglichten. Teile der Software wurden auch für die erste Raumstation Skylab und das Space-Shuttle-Programm verwendet. Hamilton, die den Begriff „Software Engineering" prägte, ist bekannt für ihre Systeme zur Fehlerbehebung.

Hamilton wurde am 17. August 1936 als Margaret Heafield in Paoli im US-Bundesstaat Indiana geboren. Schon als Kind begeisterte sie sich für Mathematik und schloss 1958 ihr Mathematikstudium am Earlham College mit dem Bachelortitel ab. Damals studierten nur sehr wenige Frauen Informatik, aber Hamilton war vom Programmieren von Computern fasziniert. Im Jahr 1959 nahm sie einen Job als Entwicklerin am Massachusetts Institute of Technology (MIT) an. Dort designte sie erst Software für Wettervorhersagen, dann zum Aufspüren von feindlichen Luftfahrzeugen für das Verteidigungssystem SAGE (Semi-Automatic Ground Environment), was ihr eine Stelle als erste Programmiererin des Apollo-Programms am MIT einbrachte.

Schon bald wurde Hamilton zur Projektleiterin befördert und war für die Entwicklung der On-Board-Flugsoftware der Apollo-Mission verantwortlich. Ihr Programm musste gewährleisten, dass die Mondlandefähre und das Kommandomodul einwandfrei funktionierten.

Der Code für Apollo wurde zuerst auf Papier geschrieben, dann auf Lochkarten übertragen und zuletzt im Werk von Raytheon von den Arbeitern, hauptsächlich Frauen, zu binär verschlüsselten „Seilen" aus Kupferdrähten und magnetischen Eisenringen verwoben. Diese Seile glichen die begrenzten Speichermöglichkeiten der Apollo-Computer aus und brachten Hamilton den Spitznamen „Seilmutter" ein.

Hamilton nahm oft ihre Tochter mit auf die Arbeit, wenn sie Nachtschicht machte. Einmal drückte das Mädchen auf einen Knopf, der das System zum Absturz brachte, wodurch Hamilton die enorme Wichtigkeit der Fehlerbehebung erkannte. Als Apollo 11 im Jahr 1969 kurz vor der Mondlandung stand, verhinderte Hamiltons schnell reagierendes Anti-Fehler-System im letzten Moment eine Katastrophe.

Nach dem Apollo-Programm arbeitete Hamilton an der ersten Raumstation der USA sowie am Space-Shuttle-Programm. Sie leitete die Abteilung für Softwareentwicklung des Instrumentation Laboratory am MIT. Mitte der 1970er-Jahre gründete sie ihr eigenes Softwareunternehmen, Higher Order Software, und im Jahr 1986 Hamilton Technologies. Im Jahr 2016 wurde ihr von Barack Obama die Presidential Medal of Freedom verliehen.

Rechts: Margaret Hamilton steht neben einem Stapel Bücher, die den Code für den Apollo-Computer enthalten.

Raketensoftware

Annie Easley (1933–2011) gehörte zu den ersten Afroamerikanern, die bei der NASA eingestellt wurden, und ihr informatisches und mathematisches Können bildeten das Herzstück der frühen Raumfahrtprogramme der USA.

Die Raketentechnologie, die ab den 1950er-Jahren das Fundament für die Raumfahrt ausmachte, war auf präzise Berechnungen angewiesen. Zuerst wurden diese von Hand durchgeführt, von „menschlichen Computern", keinen elektronischen Geräten. Nur wenige Mathematiker besaßen die für diesen Job erforderlichen Fähigkeiten. Im Jahr 1955 las die 22-jährige Annie Easley einen Artikel über Zwillingsschwestern, die im Forschungszentrum für Luft- und Raumfahrt in Cleveland im US-Bundesstaat Ohio als menschliche Computer arbeiteten. Die NACA (National Advisory Committee for Aeronautics, die spätere NASA), für die sie tätig waren, suchte zu der Zeit noch weitere Rechner. Easley, die bereits gegen die Rassendiskriminierung kämpfen musste, um an der Xavier University in New Orleans Mathematik zu studieren, war überzeugt, dass sie für den Job geeignet war, und bewarb sich.

Nur zwei Wochen später begann sie ihre Stelle beim NACA. Im Team aus 2500 Mitarbeitern war sie eine von nur vier Schwarzen. Schon bald führte sie Simulationen für die geplante Reaktoranlage Plum Brook durch und in den frühen 1960er-Jahren arbeitete sie an der Raketenstufe Centaur – die Basis für zahlreiche Weltraummissionen der USA.

Die Raumsonde Surveyor 1, die im Jahr 1966 die erste weiche Landung auf dem Mond machte, war von Centaur ins All befördert worden, und zwar mithilfe von Berechnungen, zu denen Easley wesentlich beigetragen hatte. Centaur war auch am Start vieler anderer Missionen beteiligt, unter anderem bei Pioneer 10, der ersten Raumsonde, die den Jupiter erreichte und später als erstes von Menschenhand geschaffene Objekt unser Sonnensytem verließ.

Das Computerzeitalter

Gegen Ende der 1960er-Jahre ersetzten immer mehr elektronische Computer ihre menschlichen Vorgänger. Während ihrer Arbeit machte Easley eine Fortbildung zur Programmiererin und war schon bald versiert in Computersprachen wie Fortran (Formula Translating System) und SOAP (Simple Object Access Protocol), die den Programmen der NASA zugrunde lagen. Easleys Arbeit war ein wesentlicher Bestandteil der Software, mit der die Raketenstufe Centaur betrieben wurde.

Unten: Annie Easleys Software steuerte die Raketenstufe Centaur, die zahlreiche Raumfahrzeuge ins All schickte, unter anderem die Raumsonde Pioneer 10.

Oben: Die afroamerikanische Mathematikerin und Informatikerin Annie Easley leistete herausragende Beiträge zum Raumfahrtprogramm und der Antriebstechnik der USA.

Centaur war jedoch bei weitem nicht die einzige Arbeit. Sie entwickelte das Programm für die Erforschung von Energieumwandlungssystemen und analysierte alternative Antriebstechnologien – unter anderem die Batterietechnik, die in den ersten Hybridfahrzeugen verwendet wurde. Ihre Arbeiten bildeten auch die Grundlage für den Start der Raumsonde Cassini-Huygens, die 1997 ins All geschickt wurde, um den Saturn sowie seine Ringe und Monde zu untersuchen.

Das Spiel des Lebens

Im März 1970 schrieb der Mathematiker John Conway einen Brief an Martin Gardner, den Kolumnisten der Zeitschrift *Scientific American*, um ihm eine simple Idee namens „Spiel des Lebens" vorzustellen.

Weder Conway noch Gardner ahnten, welchen Stein sie damit ins Rollen brachten. Das Spiel ist extrem einfach. Es ähnelt einer abstrakten Maschine, die ganz automatisch von einem Schritt im Programm zum nächsten wechselt.

Die Felder eines Quadratgitters sind in zwei Kategorien unterteilt: „lebende" ausgefüllte Zellen und „tote" leere Zellen. Man beginnt mit einer bestimmten Kombination aus lebenden und toten Zellen und bei jedem Schritt kommen neue „lebende" Zellen hinzu, während manche „sterben", woraus sich neue Muster ergeben, basierend auf drei Regeln:

1. **Geburtsregel: Eine leere oder „tote" Zelle mit genau drei „lebenden" (ausgefüllten) Nachbarzellen wird lebendig.**
2. **Todesregel: Eine lebende Zelle, die keine oder einen Nachbarn hat, stirbt an Isolation; eine lebende Zelle mit vier oder mehr Nachbarn stirbt an Überbevölkerung.**
3. **Überlebensregel: Eine lebende Zelle mit zwei oder drei Nachbarn bleibt am Leben.**

Das Konzept könnte nicht einfacher sein, aber das Bemerkenswerte an dieser Einfachheit sind die erstaunlich komplexen Muster, die dabei entstehen. Und obwohl das Ergebnis komplett unvorhersehbar ist, führt dieselbe Ausgangsposition immer zu genau demselben Ergebnis.

Die Idee entwickelte sich viel weiter, als es sich Gardner je hätte erträumen können, und sogar Conway, der die Aufmerksamkeit anfangs verabscheute, freundete sich mit der Zeit damit an, nun als der „Schöpfer des Lebens" vorgestellt zu werden.

Die Entstehung der Arten

Ein wesentlicher Forschungsbereich in Bezug auf das Spiel waren die unterschiedlichen Anfangsmuster, von denen jedes für gewöhnlich einen einprägsamen Namen erhält und sich in verschiedene Richtungen entwickelt. Muster, die von einer Generation zur nächsten unverändert blieben, nannte Conway

„Stillleben" – etwa der vierzellige Block, der sechszellige Bienenstock oder der achtzellige Teich. Muster, die viele Generationen benötigten, um sich zu stabilisieren, nannte er „Methusalems". Zu den anderen Mustern gehörten unter anderem die „Oszillatoren", etwa den Blinker, der nach einer bestimmten Anzahl von Generationen immer das gleiche Muster erzeugt; oder die „Raumschiffe", deren Muster aussehen, als bewegten sie sich über das Gitter.

Das bekannteste Raumschiff ist der Gleiter, der über das Spielfeld zu fliegen scheint, und ein simples Muster aus fünf Zellen ist – erdacht von Conways Kollegen Richard Guy im Jahr 1969. Als man das Spiel schließlich per Computergrafik animieren konnte, sagte Conway, dass der Gleiter in seiner Bewegung mehr einer Ameise ähnelte. Schon früh erkannte man, dass der Gleiter zu einigen interessanten Interaktionen mit anderen Objekten fähig war, weswegen er von manchen Hackern als Logo verwendet wurde.

Seit damals wurden unzählige neue Raumschiffe entdeckt. Im Jahr 2018 sorgte der britische Topologe Adam P. Goucher für Begeisterung unter den Fans des Spiels, als er eine ganze einfache, „elementare" Version eines Springerschiffs – ein Raumschiff, das für jeden Schritt, den es in die vertikale Richtung macht, zwei Zellen horizontal weiterrückt.

Das Leben danach

Die Entdeckung des Spiel des Lebens hatte einen enormen Einfluss auf die wachsende Informatikbranche und zeigte, welche Komplexität aus der Kreation einfacher, sich selbst verändernder Muster entstehen kann. Das war natürlich eine motivierende Erkenntnis für die Programmierer und ein entscheidender Impuls für die Ideen, auf denen schließlich die Entwicklung von KI und Robotern basierte.

Links: Das Spiel des Lebens ist mit seinen Mustern aus „toten" und „lebenden" Zellen simpel und genial zugleich.

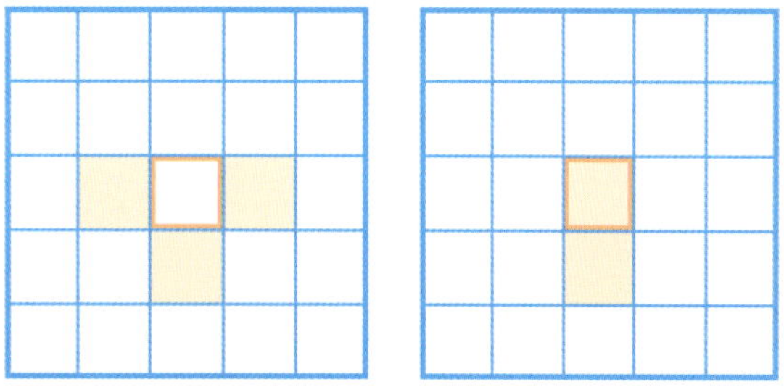

Geburt: Eine tote Zelle, die genau drei lebende Nachbarn hat, erwacht zum Leben.

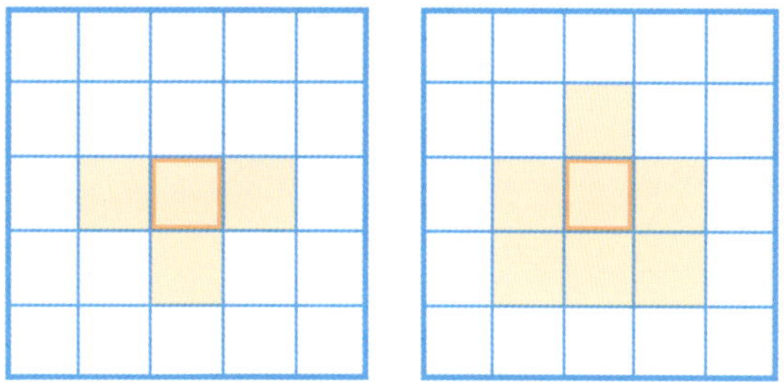

Überleben: Eine lebende Zelle, die zwei oder drei lebende Nachbarn hat, bleibt am Leben.

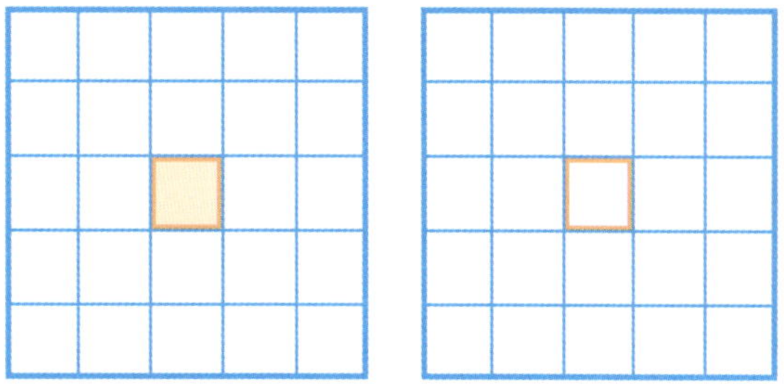

Tod (Unterbevölkerung): Eine lebende Zelle, die weniger als zwei lebende Nachbarn hat, stirbt.

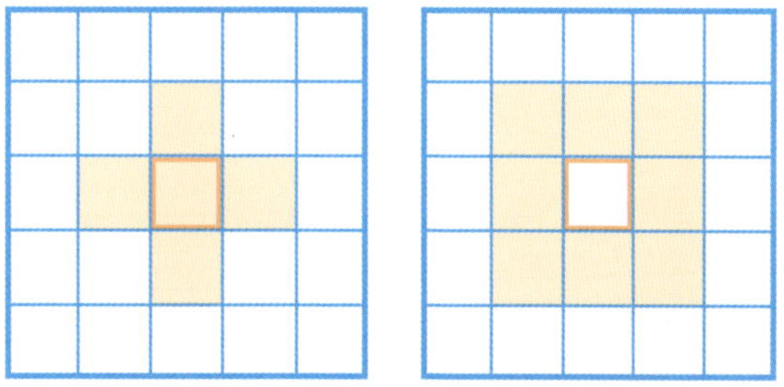

Tod (Überbevölkerung): Eine lebende Zelle, die mehr als drei lebende Nachbarn hat, stirbt.

Wavelets

Ingrid Daubechies' Analyse einer Funktion der digitalen Verarbeitung – der sogenannten „Wavelets" – veränderte die Art, wie Signale gedeutet werden. Der Schwerpunkt ihrer Arbeit sind diese Wavelets, vereinfacht ausgedrückt, kleine Wellen, die kurz aufbranden und schnell zerfallen, wie ein einzelner Herzschlag auf einem EKG.

Wavelets finden in vielen verschiedenen Bereichen Anwendung, vor allem in der digitalen Signalverarbeitung – etwa wenn ein Bild in ein digitales Signal oder ein Klang in ein elektronisches Muster umgewandelt wird. Um das Signal zu verbessern, ist eine Analyse seiner Bestandteile erforderlich. Zerlegt man beispielsweise Schallwellen in ihre Frequenzen, etwa Höhen und Tiefen, können manche Elemente verstärkt und andere vermindert werden, sodass man unter anderem das Knistern von Hintergrundgeräuschen herausfiltern kann.

Unschärferelation

In der Vergangenheit benötigte man für solche Verfahren eine Fourier-Transformation [S. 255], mit der ein Signal mathematisch in seine verschiedenen

Unten: Aufgrund ihrer genialen Arbeit im Bereich der Signalverarbeitung gilt die belgische Mathematikerin Ingrid Daubechies als „Patin der digitalen Bildformate".

Komponenten zerlegt werden konnte. Dabei wird von einem zeitbasierten Signal jede mögliche Abfolge gemessen und dann wird es unter Verwendung all seiner Elemente umgewandelt. Sobald alle Komponenten ermittelt wurden, ermöglicht die Transformation die Rekonstruktion des ursprünglichen Signals, aber ohne störende oder unnötige Anteile, die herausgefiltert wurden.

Die Fourier-Transformation hat jedoch ihre Grenzen, die von der Unschärferelation [S. 400] abhängen. Dieses Prinzip besagt, dass man entweder den Ort oder den Impuls eines Teilchens bestimmen kann, aber nicht beides gleichzeitig. Je genauer man seine Position kennt, desto weniger genau kennt man seine Geschwindigkeit. Bei der Fourier-Transformation ist es ähnlich: Man kann den Frequenz- oder den Zeitbereich eines Signals bestimmen, aber nicht beide gleichzeitig, was die mögliche Auflösung bei der Signalverarbeitung beschränkt.

Und hier kommen die Wavelets ins Spiel. Normalerweise gehen bei der Umwandlung von einem analogen in ein digitales Signal (mit einer Fourier-Transformation) aufgrund des Kompromisses zwischen Frequenz und Zeit Teile davon verloren. Wird das Signal jedoch in kleine Wellen zerlegt, kann eine bedeutend höhere Auflösung erzielt werden.

Perfekte Bilder

Anstatt beispielsweise jedem Pixel eines Graustufenbilds einen Farbwert zwischen 0 (schwarz) und 255 (weiß) zuzuweisen, könnte man einige gezielt konstruierte Wavelets verwenden, um die Grenzen von größeren Blöcken mit demselben Grauwert zu markieren und auf dieses Weise die zur Kodierung des Bildes benötigte Datenmenge zu reduzieren.

Es gibt viele Arten von Wavelets, aber die von Daubechies konstruierten sorgten für Furore, da sie für so viele Anwendungen einsetzbar sind. Wavelets werden unter anderem zur Bildkompression, zur Entfernung von Rauschen und sogar zum Ausfüllen fehlender Bildteile mithilfe von vorhandenen Informationen genutzt. Daubechies selbst verwendete Wavelets, um klassische Fresken und Gemälde zu restaurieren. Mithilfe von Wavelets lassen sich Risse digital kitten und Bilder wieder in ihren originalen Farben projizieren, sodass Restauratoren sich bei ihrer Arbeit daran orientieren können.

Quantencomputer

Im Jahr 1980 hatte der Physiker Paul Benioff die Idee, dass man Computer statt auf elektronische Weise auch mit Quanten, den kleinsten aller Teilchen, betreiben könnte.

Computer, die auf elektronischen Schaltkreisen basieren, haben ihre Grenzen, da sie Wärme erzeugen. Je mehr Leistung so ein Computer hat, desto stärker erhitzt er sich, sodass irgendwann keine Steigerung mehr möglich ist. Quantencomputer könnten diese Grenzen in Zukunft jedoch sprengen.

Wir stellen uns Computer immer als elektronische Geräte vor, aber das müssen sie nicht unbedingt sein. Als Alan Turing seine Turing-Maschine beschrieb, konstruierte er ein logikbasiertes System. Obwohl es „Maschine" genannt wird, ist es rein abstrakt – und das Speicherband ein mathematisches Konstrukt für die Rechenarbeit mit Binärzahlen: Nullen und Einsen, um die Zustände „an" und „aus" wiederzugeben.

Bereits in den 1970er-Jahren ergründete Benioff die Idee, dass eine Turing-Maschine nicht elektronisch sein musste, sondern quantenbasiert sein konnte. In seiner berühmten Arbeit aus dem Jahr 1980 stellte er der Öffentlichkeit schließlich das Konzept der Quantencomputer vor.

Oben: Die Physik- und Informatikkonferenz am MIT im Jahr 1981 war ein Meilenstein für den Quantencomputer. Richard Feynman ist der Zweite von rechts in der hinteren Reihe.

Die Welt der Quanten

Quanten sind subatomare Teilchen, wie Elektronen oder Protonen. Sie bestehen nicht aus Materie, sondern sind Energiezustände. Quantencomputer speichern Daten in den Zuständen einzelner Partikel, die Quantenbits oder „Qubits" genannt werden. Statt Kabel oder An/Aus-Signale machen sie sich die beiden wesentlichen Quanteneigenschaften der Teilchen zunutze: Superposition und Verschränkung.

Superposition bedeutet, dass ein Teilchen in mehreren Zuständen oder Positionen gleichzeitig existieren kann. Es ist weder der eine noch der andere, aber möglicherweise alle auf einmal. Erst beim Versuch, sie zu messen, wird die Position festgelegt.

Unter Verschränkung versteht man eine Verbindung zwischen zwei oder mehr Quanten, die so stark sein kann, dass sich die Teilchen identisch verhalten, auch wenn sie weit voneinander entfernt sind. Das ist, als ob ein Paar Tänzer sich plötzlich drehte und in einem anderen Ballsaal würde ein anderes Paar zur gleichen Zeit ebenfalls eine Drehung vollführen.

Und das macht die Stärke der Quantencomputer aus: Die Qubits können sich gleichzeitig in vielen Zuständen befinden, sodass Berechnungen theoretisch um ein Vielfaches schneller ablaufen würden als bei elektronischen Computern, die nur eine nach der anderen ausführen können.

Im Jahr 1980 demonstrierte Benioff mit mathematischen Methoden, dass ein Quantencomputer nach den Gesetzen der Quantenmechanik funktionieren könnte, und wandte die Schrödingergleichung auf die Turing-Maschine an. In der Sowjetunion stellte Juri Manin ungefähr zur gleichen Zeit ein ähnliches Konzept vor.

Im folgenden Jahr fand in Dedham im US-Bundesstaat Massachusetts zum ersten Mal die *Conference on the Physics of Computation* des MIT statt. Die Konferenz war ein Meilenstein, der von zwei Vorträgen geprägt war: einer von Paul Benioff und einer vom Physiker Richard Feynman, einem der bedeutendsten Wissenschaftler des Jahrhunderts.

Benioff baute seine Idee zur ersten kompletten theoretischen Beschreibung eines Quantencomputers aus. Währenddessen erklärte Feynman das Potenzial dieser Computer. Er zeigte, wie herkömmliche Computer ein System mithilfe der Positionen einer kleinen Anzahl von Teilchen konfigurieren könnten, aber die Anzahl der Teilchen im beobachtbaren Universum würde sie bei weitem übersteigen. Und da Qubits auf dieselbe Weise reagieren, wie das Modell des Systems, benötigen sie für die Durchführung der Berechnungen weit weniger Teilchen.

Aller Anfang ist schwer

Das Konzept der Quantencomputer war aufregend und spannend, aber es praktisch umzusetzen war viel schwieriger als gedacht. Erst 1998 erzeugten Forscher am MIT das erste echte Qubit und damit den ersten 2-Bit-Quantencomputer. Der erste kommerzielle Quantencomputer wurde 2011 vom Unternehmen D-Wave Systems verkauft und Ende 2022 stellte IBM den 433-Qubit-Quantenprozessor Osprey vor. Sie alle sind jedoch sehr primitiv.

Ein faszinierender Bereich für Entwickler ist die Kryptografie. Viele Daten im Internet sind verschlüsselt und können nicht eingesehen werden. Jedes Jahr werden neue Verschlüsselungssysteme, die immer schwieriger zu knacken sind, entwickelt. Manche sind so stark, dass herkömmliche Computer sie gar nicht knacken können. Einer Arbeit aus dem Jahr 2021 zufolge würde es bis zum „Wärmetod des Universums" dauern, den extrem starken 2048-Bit-RSA-Schlüssel zu entziffern, aber ein 13000-Qubit-Quantencomputer bräuchte dafür nur 177 Tage. Eine andere Arbeit aus demselben Jahr spekuliert, dass 20 Millionen Qubits den Algorithmus in nur acht Stunden entschärfen könnten.

Solche Computer sind bisher reine Theorie, aber im Jahr 2019 verkündeten Wissenschaftler des Unternehmens Google, den Meilenstein der „Quantenüberlegenheit" erreicht zu haben, als ihr Quantencomputer Sycamore eine komplexe Berechnung, für die ein herkömmlicher Computer ihrer Aussage zufolge 10 000 Jahre brauchen würde, in nur 200 Sekunden durchführte. Ihre Behauptung wurde drei Jahre später in den Schatten gestellt, als ein chinesisches Team die Aufgabe mit elektronischen Computern in nur wenigen Stunden löste. Im Dezember 2023 stellte IBM den Condor vor – einen der größten Quantencomputer, die bis dato entwickelt wurden – und den Heron, einen Quantencomputer, der eine bedeutend niedrigere Fehlerquote aufweist.

Links: Der Qubit-Chip D-Wave 2X 1000 war 2015 einer der ersten kommerziellen Quantenchips.

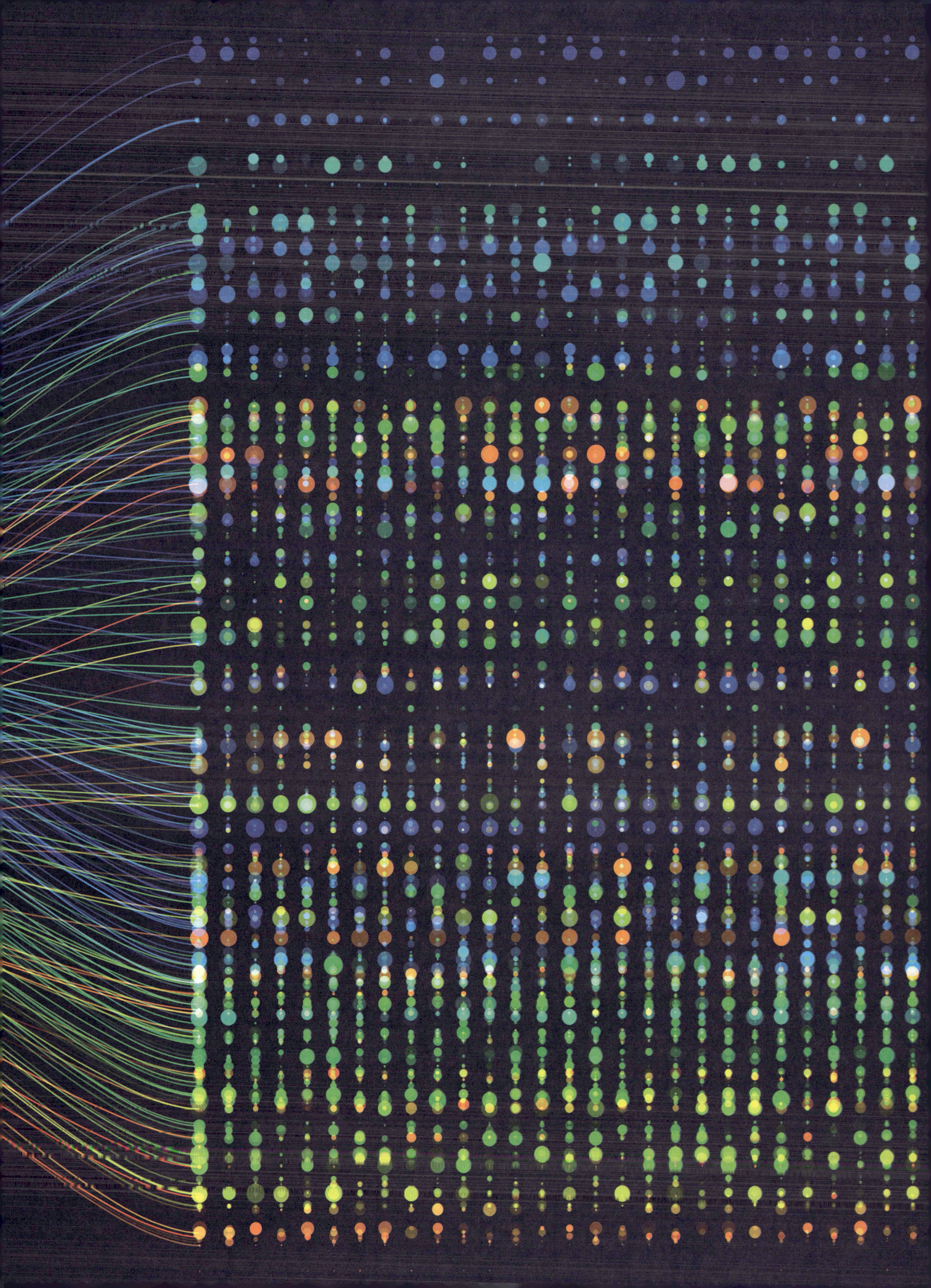

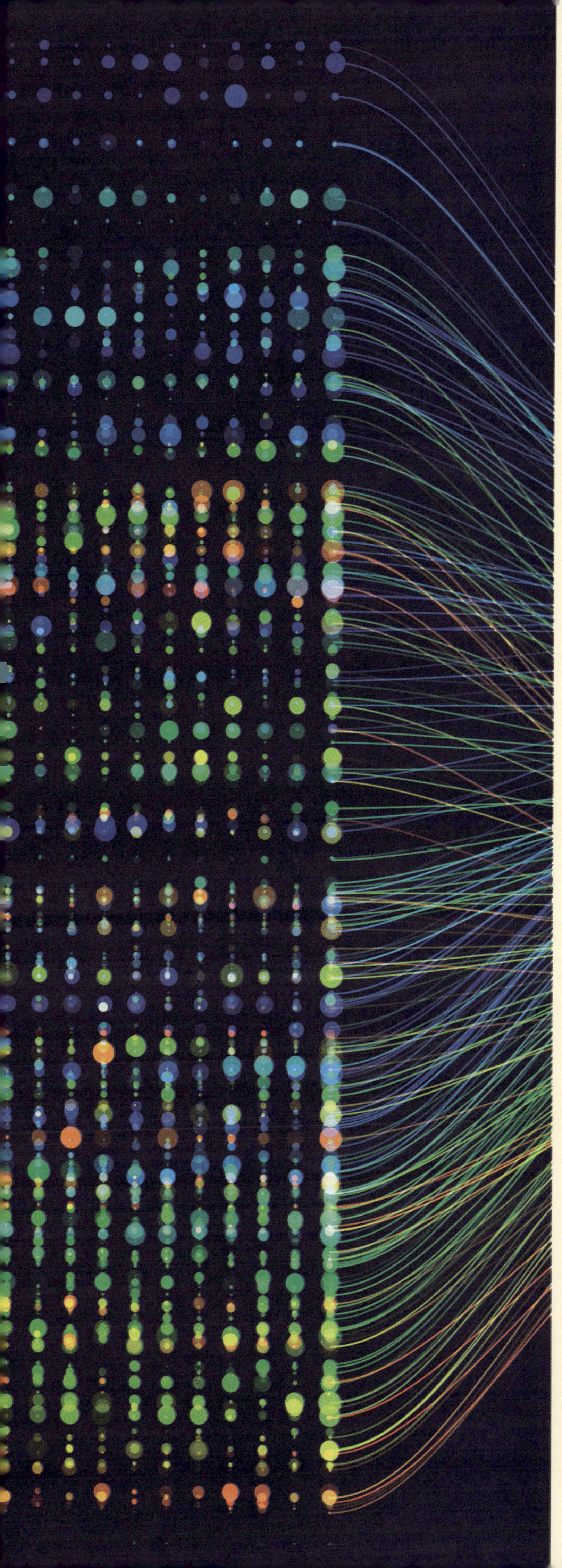

Kapitel achtzehn

Mathematik und Forschung

Einsteins zentrales Gesetz der speziellen Relativitätstheorie, $E = mc^2$, ist heute eine der berühmtesten mathematischen Gleichungen und Millionen Menschen bekannt, auch wenn nicht jeder weiß, was sie bedeutet oder warum sie wichtig ist. Sie erinnert auch daran, dass die Forschung und die Mathematik untrennbar miteinander verbunden sind und dass wissenschaftliche Prinzipien im Grunde genommen Gleichungen sind.

Doch das war nicht immer so. Drei Wissenschaftshistoriker des frühen 20. Jahrhunderts – Edward Burtt, Eduard Jan Dijksterhuis und Alexander Koyré – vertraten die Ansicht, dass die „Mathematisierung der Wissenschaft" bereits im 16. und 17. Jahrhundert begann. Ihnen zufolge hatten sich die Denker der vorhergehenden Jahrhunderte den physikalischen Raum, in dem die Naturgesetze herrschten, ganz anders vorgestellt als den geometrischen Raum, den abstrakten Raum der Mathematik. Aber dann verschwammen die Grenzen und Naturwissenschaft und Mathematik wurden zunehmend eins. Burtt, Dijksterhuis und Koyré zufolge waren präzise Gleichungen die ultimative Zusammenfassung wissenschaftlicher Wahrheiten.

Wissenschaftshistoriker haben jedoch immer deutlicher erkannt, dass es nicht ganz so einfach ist. Die Mathematisierung der Wissenschaft ging viel langsamer und chaotischer voran und stieß unter den Naturwissenschaftlern auf großen Widerstand.

Im 20. Jahrhundert erkannte man schließlich, dass der Zusammenhang zwischen Realität, Naturgesetzen und mathematischen Gleichungen viel flüchtiger und komplizierter war, als es sich Newton je hätte vorstellen können, als er alle Kräfte und Bewegungen des Universums in einigen simplen Formeln zusammenfasste.

Die Ungewissheit, die der Quantentheorie des Universums [S. 400] innewohnt, enthüllt eine große Einschränkung. Andere Theorien zeigen, dass es oft viel schwieriger, wenn nicht unmöglich ist, das gewaltige, komplexe, wechselhafte Wesen der Natur mit mathematischen Formeln zu erfassen – was die aufkommende Chaostheorie und der Bedarf an einer neuen Mathematik für den Umgang mit großen Datenmengen demonstrierten. Unser Blick auf das große Ganze ist mittlerweile viel komplexer und nuancierter geworden – und die Thematik aufregender als je zuvor.

Rechts: Bei diesem Vortrag im Jahr 1934 bediente sich Albert Einstein der Mathematik, um seine spezielle Relativitätstheorie zu beweisen. Heraus kam dabei die Formel $E = mc^2$.

Impuls
Kin Energ.

Chaostheorie

Die britische Mathematikerin Mary Lucy Cartwright (1900–1998) gehörte zu den ersten Wissenschaftlern, die sich mit etwas beschäftigten, das später als „Chaosforschung" bekannt wurde.

Die Chaostheorie besagt, dass kleinste Veränderungen in den Ausgangsbedingungen eines Systems zu so unterschiedlichen Folgen führen können, dass ihr Verhalten chaotisch erscheint. Die erste echte Vorstellung einer solchen Theorie entstand 1899: Der scharfsichtige junge Redakteur Lars Phragmén entdeckte einen Fehler in der preisgekrönten Arbeit des französischen Mathematikgenies Henri Poincaré, und zwar in den Berechnungen zum Dreikörperproblem der berühmten Frage, wie man die Umlaufbahnen dreier sich gegenseitig anziehender Planeten im Weltraum vorhersagen konnte.

Poincaré musste 18 Monate lang suchen, um den Ursprung seines Fehlers zu finden. Er erkannte, dass selbst eine winzige Veränderung der Ausgangssituation komplett unterschiedliche Bahnverläufe erzeugen würde. Während die Bewegungen nach strengen Naturgesetzen abliefen, konnte ein veränderter Faktor in der Ausgangssituation, selbst wenn er so klein war, dass man ihn nur als Zufall bezeichnen konnte, folgenschwere Auswirkungen haben.

Poincaré war überzeugt, dass er eine wichtige Entdeckung gemacht hatte, und schrieb 1907 eine Abhandlung darüber, die er *Le hasard* (*Zufall*) nannte. Darin verwendete er das Wort „Chaos", um zu beschreiben, wie unberechenbar diese kleinen Zufälle manche Systeme erscheinen lassen können.

Sinusförmige Anregung

Das war tatsächlich eine bedeutende Entdeckung, aber rund ein halbes Jahrhundert lang hielt man sie nur für eine kuriose Beobachtung. Mit dem Ausbruch des Zweiten Weltkriegs wurde Mary Cart-

Unten links: Den Anstoß zu Mary Cartwrights bahnbrechender Arbeit in der Chaostheorie gab der Zweite Weltkrieg: Die Funk- und Radarteams suchten nach Möglichkeiten, die Signalstärke zu verbessern. Cartwright sitzt in der Mitte der vordersten Reihe.

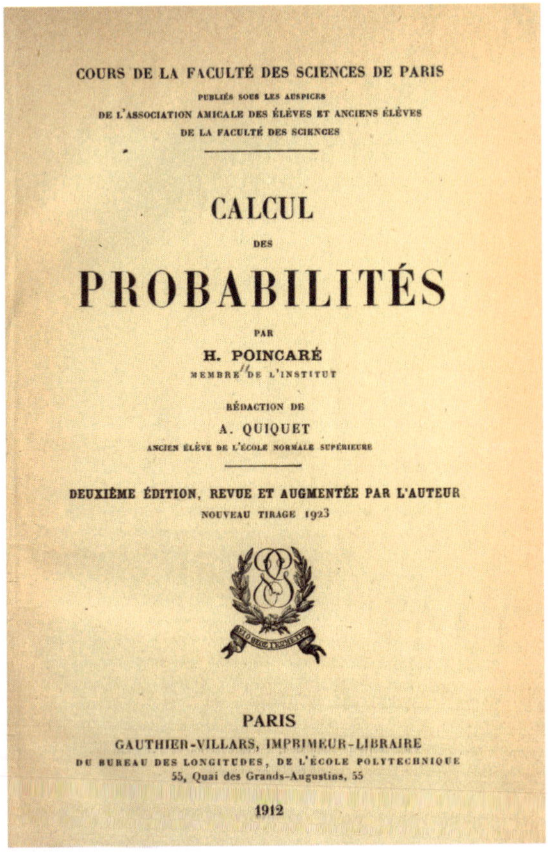

COURS DE LA FACULTÉ DES SCIENCES DE PARIS
PUBLIÉS SOUS LES AUSPICES
DE L'ASSOCIATION AMICALE DES ÉLÈVES ET ANCIENS ÉLÈVES
DE LA FACULTÉ DES SCIENCES

CALCUL
DES
PROBABILITÉS
PAR
H. POINCARÉ
MEMBRE DE L'INSTITUT

RÉDACTION DE
A. QUIQUET
ANCIEN ÉLÈVE DE L'ÉCOLE NORMALE SUPÉRIEURE

DEUXIÈME ÉDITION, REVUE ET AUGMENTÉE PAR L'AUTEUR
NOUVEAU TIRAGE 1923

PARIS
GAUTHIER-VILLARS, IMPRIMEUR-LIBRAIRE
DU BUREAU DES LONGITUDES, DE L'ÉCOLE POLYTECHNIQUE
55, Quai des Grands-Augustins, 55

1912

Unten rechts: Henri Poincarés Buch aus dem Jahr 1912, *Calcul des Probabilités*, enthält auch seine wichtige Arbeit über den Zufall aus dem Jahr 1907. Vierzig Jahre später legte Mary Cartwright den Grundstein für die Chaostheorie.

wright von der Funkabteilung des britischen Militärs beauftragt, die Arbeit an der neuen und streng geheimen Radartechnologie zu unterstützen. Man suchte nach einer Möglichkeit, hochfrequente Radiowellen zu verstärken. Zusammen mit ihrem Kollegen John Littlewood arbeitete Cartwright an Lösungen für eine Gleichung über Schwingungen, die der niederländische Physiker Balthasar van der Pol aufgestellt hatte. Das Duo beobachtete einen Effekt, ähnlich dem Chaos in Radiowellen, die sich aufgrund des Phänomens der „sinusförmigen Anregung" unberechenbar verhielten.

Obwohl Cartwright und Littlewood nach dem Krieg ihre Ergebnisse veröffentlichten, nahmen nur wenige davon Kenntnis. Erst in den 1960er-Jahren kamen einige Mathematiker, unter anderem der US-amerikanische Meteorologe Edward Lorenz, wieder darauf zurück und integrierten sie in die modernen Grundlagen der Chaostheorie.

Unten: Radarstationen wie diese waren für die Briten im Zweiten Weltkrieg ein entscheidender Faktor.

Insbesondere Lorenz entwickelte die These, dass ein kleines Ereignis große Veränderungen hervorrufen kann. Im Jahr 1972 hielt Lorenz auf der 139. Konferenz der *American Association for the Advancement of Science* einen Vortrag mit dem Titel „Kann der Flügelschlag eines Schmetterlings in Brasilien einen Tornado in Texas auslösen?“

Auf die Idee war Lorenz gekommen, als er in den 1960er-Jahren an Computersimulationen für Wettervorhersagen arbeitete. Bei einem Versuch rundete er eine Zahl in der Anfangsbedingung von 0,506127 auf 0,506 ab. Diese scheinbar minimale Änderung ergab eine ganz andere Wettervorhersage als die ursprüngliche Zahl. Allmählich erkannte Lorenz, dass es solche kleinen Abweichungen waren, die das Wetter so unberechenbar machten. Er nannte das Verhalten „chaotisch“ und seine Idee wurde schließlich „Chaostheorie“ genannt.

Links: Ein Hurrikan beginnt mit einer kleinen Veränderung und entwickelt sich zu einem gewaltigen Wirbelsturm. Die Chaostheorie hilft Meteorologen, die Bewegungsrichtung der Stürme vorherzusagen.

Oben: Abbildung eines Lorenz-Attraktors, der nach Edward Lorenz benannt wurde. Er besteht aus einer Menge aus chaotischen Lösungen von Gleichungen, deren grafische Darstellung einem Schmetterling oder einer Acht ähnelt.

Die Regeln des Chaos

Das Universum ist ein Ort von unendlicher Komplexität, aber basierend auf den Newtonschen Gesetzen der Bewegung nahmen Wissenschaftler an, dass es sich deterministisch verhält und immer den Prinzipien von Ursache und Wirkung folgt.

Poincarés Vorstellung über den Zufall widerlegte diese Sichtweise nicht. Er vermutete einfach, dass kleine, zufällig erscheinende Veränderungen große Auswirkungen haben konnten. Aber Lorenz, der auf Cartwrights Arbeit aufbaute, dachte einen Schritt weiter. Zwar lehnte er das Gesetz von Ursache und Wirkung nicht ab, aber er zeigte, dass minimale Abweichungen in manchen komplexen Systemen der Natur so unvorhersehbare Folgen haben, dass es unmöglich ist, alle Zusammenhänge zu identifizieren.

Das bedeutet jedoch nicht, dass man das Wetter und andere chaotische Phänomene nicht vorhersagen kann. Indem man mehrere Wettermodelle mit leicht abweichenden Ausgangsbedingungen gleichzeitig simulierte, so erkannte Lorenz, erhielt man einen brauchbaren Näherungswert. Daraus entwickelte man sogenannte „Ensemble"-Prognosen, die das Wetter aus Kombinationen verschiedener Wahrscheinlichkeiten vorhersagten.

Die Chaostheorie hat mit der Vorstellung, dass das Universum eine furchterregende Ur-Unordnung ist, die Fantasie der Öffentlichkeit angeregt. Aber der Wissenschaft brachte sie großen Nutzen, da sie zeigte, dass man komplexe Systeme – von der Evolution bis zu Robotern – besser verstehen kann, wenn man nicht nach linearen Zusammenhängen sucht, sondern nach allgemeinen Mustern.

J. Ernest Wilkins Jr.

J. Ernest Wilkins (1923–2011) war ein genialer afroamerikanischer Mathematiker und Kernphysiker, der trotz der Vorurteile, gegen die er sein Leben lang kämpfte, einen beeindruckenden Karriereweg hinlegte.

Bekannt ist Wilkins für wichtige mathematische Artikel zu Themen wie Wärmeübertragung oder das Durchdringungsvermögen von Gammastrahlen – Arbeiten, die heute die Grundlage für die Konstruktion von Atomreaktoren und Strahlungsabschirmungen bilden.

Vielversprechende Chancen

Wilkins wurde 1923 in Chicago geboren. Von klein auf wurden seine Talente von seinen Eltern gefördert. Im Alter von nur 13 Jahren begann er sein Studium an der University of Chicago, das er mit 17 Jahren abschloss. Aufgrund seiner Jugend und seiner Hautfarbe fiel er auf und erlangte eine gewisse Berühmtheit. Noch bemerkenswerter ist jedoch, dass er seinen Doktortitel in unter zwei Jahren erlangte und nur wenige Tage nach seinem 19. Geburtstag im Dezember 1942 promovierte. Im selben Jahr erhielt er als einer von wenigen Jugendlichen ein Stipendium für das Institute for Advanced Study in Princeton.

Da die USA mitten im Zweiten Weltkrieg steckte, war das wichtigste wissenschaftliche Projekt jener Zeit das riesige Manhattan-Projekt zur Entwicklung der Atombombe. Im Alter von nur 21 Jahren war Wilkins einer der wenigen Schwarzen, die an dem Projekt beteiligt waren und im metallurgischen Labor in Chicago an der Gewinnung von spaltbarem Kernmaterial arbeiteten. Der wahre Zweck dieser Arbeit wurde ihm anfangs nicht verraten.

Als das Team nach Oak Ridge im US-Bundesstaat Tennessee verlegt wurde, hätte Wilkins aufgrund der herrschenden Rassentrennungsgesetze eigentlich unter Ausgangssperre und von den anderen getrennt leben müssen. Aber der Leiter des Manhattan-Projekts, Edward Teller, intervenierte und verschaffte ihm eine neue Stelle in Chicago, wo er mit dem Physiker Eugene Wigner mathematische Modelle zur Absorption von Neutronen entwickelte.

Wigners Team hatte die Aufgabe, Atomreaktoren für die Umwandlung von Uran in waffenfähiges Plutonium zu entwerfen. Wilkins machte einige wichtige Beobachtungen, unter anderem den Wigner-Wilkins-Ansatz, der das thermische Spektrum der Absorption von Neutronenstrahlung in Wasser zeigte. Nach Kriegsende half Wilkins bei der Entwicklung und Konstruktion von Kernkraftwerken für die Stromerzeugung.

Nach dem Krieg

Im Jahr 1945 war der Zweck des Manhattan-Projekts offensichtlich geworden. Wilkins und 70 seiner Kollegen schickten eine Petition an den US-Präsidenten Truman, in der sie ihn aufforderten, Japan zuerst Kapitulationsbedingungen zu unterbreiten, die für die USA akzeptabel wären, bevor man die Atombombe gegen das Land verwendete. Die Petition kam nie bei Truman an und viele, die sie unterzeichnet hatten, verloren ihren Job – darunter auch Wilkins.

Wilkins, der noch immer Anfang 20 war, nahm eine Stelle in der Privatwirtschaft an, wo er Kernmaterial für friedliche Zwecke entwickelte, etwa für Organisationen wie die Nuclear Development Corporation of America oder die General Dynamics Corporation. Um sich weitere Kenntnisse für seine Arbeit anzueignen, studierte er Maschinenbau an der New York University.

Ab 1970 unterrichtete er Mathematik an der Universität, fand es jedoch aufgrund seiner Hautfarbe schwierig, eine Stelle an einer der führenden Universitäten zu bekommen – trotz seines außerordentlichen Talents. Stattdessen arbeitete er an der Howard University in Washington, eine der historisch afroamerikanischen Universitäten in den USA, die sich für die Bildung der Schwarzen einsetzten. Dort führte Wilkins das Doktoratsstudium der Mathematik ein. Im Jahr 1990 wechselte er an die Clark Atlanta University, die älteste der historisch afroamerikanischen Universitäten, wo er als angesehener Professor der angewandten Mathematik und mathematischen Physik arbeitete.

Im Laufe seiner Karriere veröffentlichte Wilkins immer wieder bedeutende Forschungsarbeiten zu verschiedensten Themen, von Differenzialgeometrie bis Kerntechnik. Einer seiner größten Verdienste war die Entwicklung von Methoden zur Abschirmung vor Gammastrahlung, die beim radioaktiven Zerfall der Sonne und anderer nuklearer Quellen freigesetzt wird.

Wilkins starb am 1. Mai 2011 in Arizona und wurde am National Memorial Cemetery in Cave Creek begraben.

Links: J. Ernest Wilkins war für seine „schnelle Auffassungsgabe ... seine direkte Art und seine Gutmütigkeit" bekannt (*Nuclear News*, 1976).

Unten: J. Ernest Wilkins nahm eine vielversprechende Stelle beim Manhattan-Projekt an, wo er während des Zweiten Weltkriegs an der Entwicklung der Atombombe arbeitete. Das Bild zeigt den ersten Atombombentest am 16. Juli 1945.

Big Data

Der Begriff „Big Data“ bezeichnet Datenmengen, die so groß, schnelllebig oder komplex sind, dass sie mit herkömmlichen Methoden schwer zu verarbeiten sind – und für deren Analyse spezielle Technologien erforderlich sind.

Im Laufe des letzten Jahrhunderts haben sich die weltweit aufgezeichneten Datenmengen immens vervielfacht. In den letzten 30 Jahren sind sie durch Computer und Internet nahezu explodiert.

Rasantes Wachstum

Die Marktforscher der International Data Corporation (IDC) schätzen, dass die „globale Datensphäre“ – die gesamten Daten, die auf der ganzen Welt gespeichert sind – im Jahr 2025 ein Volumen von unglaublichen 163 Zettabytes (das entspricht einer Billion Gigabytes) ausmachen wird. Von einem sicheren Umgang mit diesen Datenmengen hängt vieles ab, von Stromnetzen und Wasserversorgung über Krankenhäuser bis hin zum öffentlichen Verkehr und Straßensystem. Ein Fehler in der Verarbeitung der Daten wäre eine Katastrophe.

Diese Unmengen von Daten sind jedoch so umfangreich, dass sie mit herkömmlicher Mathematik und Informatik nicht zu bewältigen sind. Wissenschaftler betrachten sie als modernes Phänomen, „Big Data“, für dessen Umgang neue Methoden entwickelt werden müssen. Vorgestellt wurde dieses Konzept erstmals Mitte der 1990er-Jahre von John Mashey, dem ehemaligen wissenschaftlichen Leiter von Silicon Graphics, um die Analyse und Verarbeitung von gigantischen Datensätzen zu beschreiben. Im Jahr 2001 schlug der Branchenanalyst Doug Laney vor, „Big Data“ durch Volumen (ihr Umfang), Geschwindigkeit (wie schnell sie erzeugt und übertragen werden) und Vielfalt (verschiedene Formate) zu definieren.

Später fügten Datenanalysten noch Wahrhaftigkeit (die Echtheit der Daten), Wert und Variabilität hinzu. Mittlerweile gibt es sogar noch weitere Bedeutungen und manche Analysten halten das Konzept nicht mehr für hilfreich.

Verarbeitung der Daten

Als sich Bernard Marr im Jahr 2014 mit Big Data befasste, zitierte er das Beispiel Facebook, das zu jener Zeit täglich 10 Milliarden Nachrichten, 4,5 Milliarden „Likes“ und 350 Millionen hochgeladene Fotos zu verarbeiten hatte.

Der Umgang mit solchen enormen Datenmengen erforderte eine ganz neue Softwarearchitektur, wie etwa das Programmiermodell MapReduce von Google, das 2004 vorgestellt wurde. MapReduce arbeitet mit nebenläufigen Berechnungen, die parallel ablaufen. Der Datenfluss wird dabei in drei Phasen verarbeitet: *Map* (gefiltert und parallel verarbeitet), *Shuffle* (sortiert und neu verteilt) und *Reduce* (zusammengefasst und in ausgewählten Datenströmen ausgegeben). Das bekannteste Programmiergerüst, das auf diesem System basiert, ist Apache Hadoop.

Nach 2012 entwickelte sich die parallele Datenverarbeitung zu einer Computerarchitektur mit mehreren Ebenen, bei der parallel rechnende Modelle wie MapReduce auf verschiedenen Servern laufen, um die gewaltigen Datenmengen abarbeiten zu können. Bei diesem „Datensee“ gibt es keine zentrale Steuerung, sondern die Daten werden unstrukturiert in einen gemeinsamen Pool aufgenommen.

Big Data ist auch zu einem Big Business geworden und immer mehr Unternehmen bieten Systeme für die Verarbeitung großer Datenmengen an, die heute überall gebraucht werden, ob im Einzelhandel oder auf staatlicher Ebene. Die Daten, um die es geht, sind nämlich äußerst wertvoll.

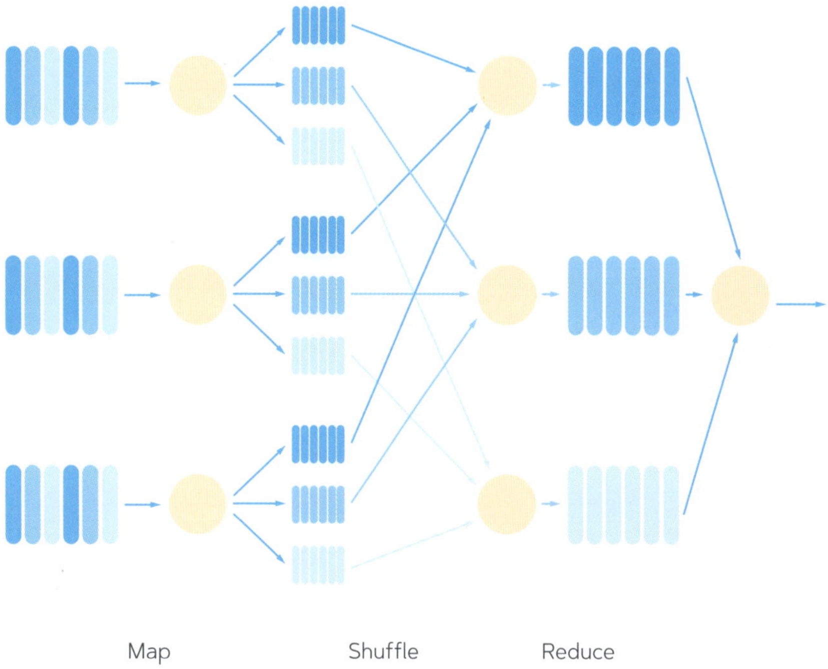

Oben: MapReduce hilft bei der Verarbeitung riesiger Datenmengen, indem es den Input in kleinere Blöcke filtert, dann neu verteilt und in Schlüssel gruppiert, die schließlich eine komprimierte Ausgabe ermöglichen.

Links: Seit 2012 befindet sich die Welt in der „Zettabyte-Ära“: Auf den Computern der ganzen Welt sind Billionen Gigabytes von Daten gespeichert.

Kapitel neunzehn

Moderne Geometrie

Vor rund 150 Jahren dachten die meisten Wissenschaftler, dass die Geometrie mit der Entdeckung der analytischen Geometrie und der Integral- und Differenzialrechnung im 17. Jahrhundert für moderne Zwecke praktisch ausgereizt war. Ohnehin beschäftigte sich die Geometrie tausende Jahre lang mit den euklidischen Formen und Ebenen. Doch dann eröffnete die Entwicklung der nichteuklidischen Geometrie [S. 264] im 19. Jahrhundert ganz neue Möglichkeiten und Dimensionen. Besonders die Arbeiten von Bernhard Riemann und Henri Poincaré in der Topologie haben die Geometrie auf ganz neue Wege der wissenschaftlichen Forschung geführt.

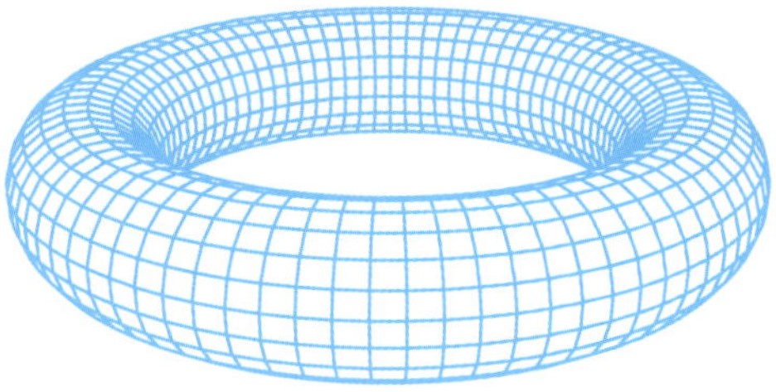

Anfangs erfassten die Wissenschaftler die Bedeutung dieser neuen Dimensionen noch nicht ganz, aber das änderte sich, als Einstein im Jahr 1915 seine allgemeine Relativitätstheorie vorstellte und zeigte, wie die Gravitation das Gefüge von Zeit und Raum formt. Mit der Entdeckung der Unschärferelation [S. 400] war die neue Sicht auf das Universum dann endgültig etabliert.

Aus der nichteuklidischen Geometrie entstanden aufregende, umfangreiche neue Teilgebiete der Mathematik, in denen viele Mathematiker erstaunliche Forschung betreiben, etwa Shiing-Shen Chern in der Differenzialgeometrie, Alexander Grothendieck in der algebraischen Geometrie, Karen Uhlenbeck in der geometrischen Analysis oder Maryam Mirzakhani zu den hyperbolischen Flächen der Topologie.

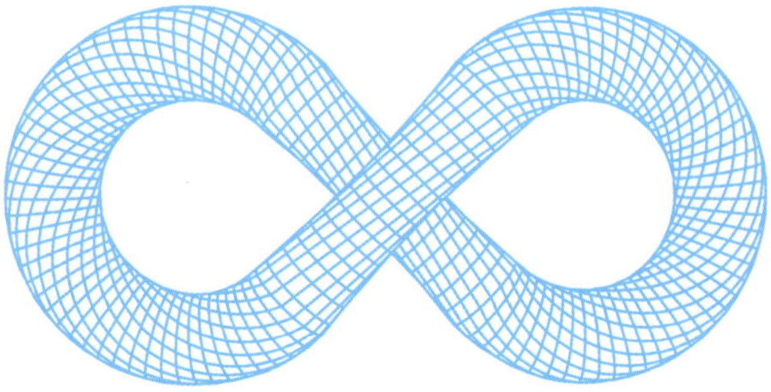

Immer wieder überlappen sich diese neuen Entdeckungen mit den Naturwissenschaften. Besonders die Geometrie und die Physik beeinflussen sich gegenseitig und entwickeln sich synergistisch weiter.

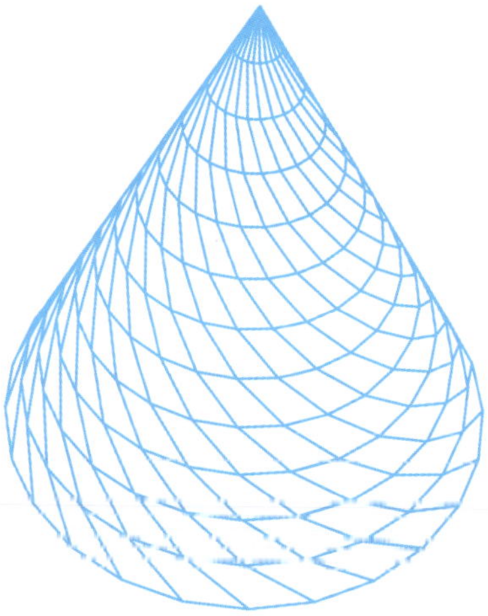

Rechts: In den letzten 100 Jahren erkannten Mathematiker nach und nach die Bedeutung und Faszination theoretischer Objekte. Eines davon ist der Torus (Donutform) und seine Abwandlungen.

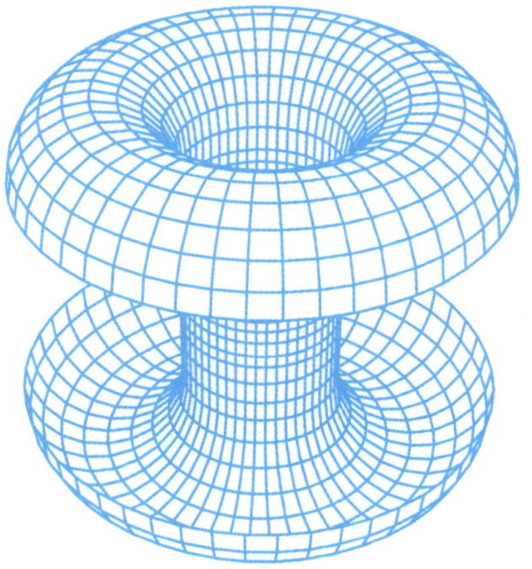
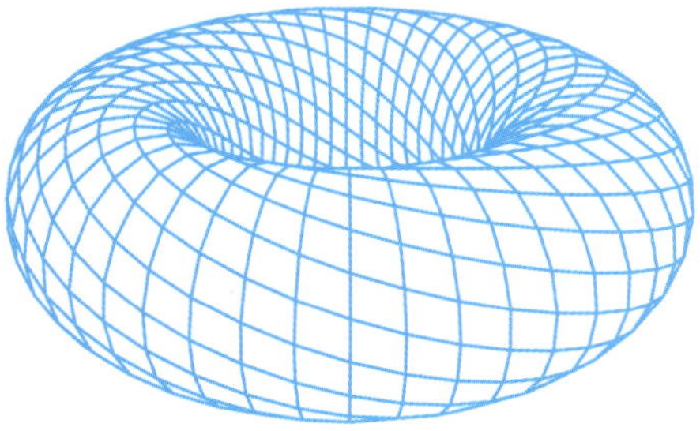
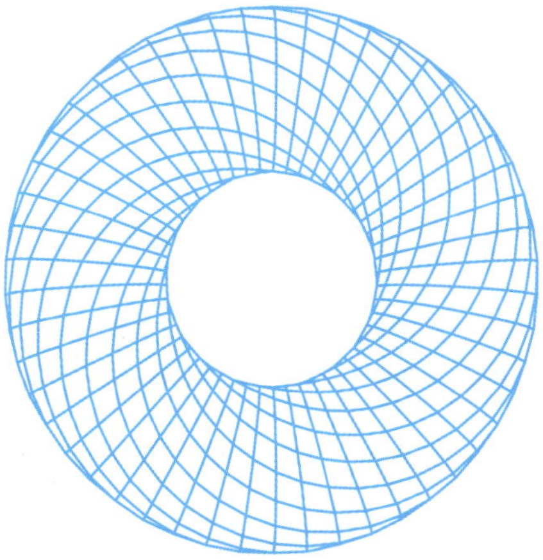
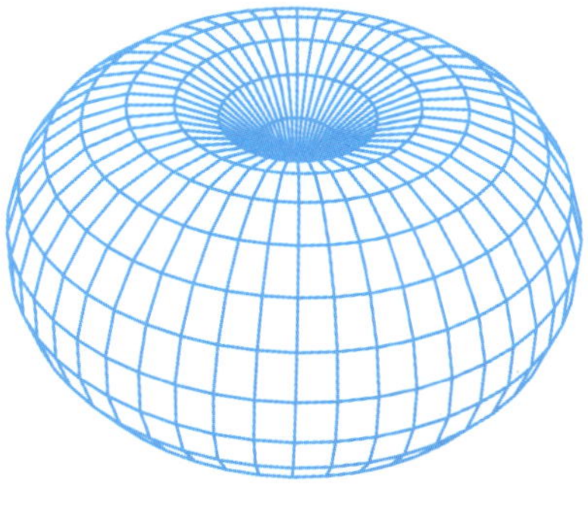

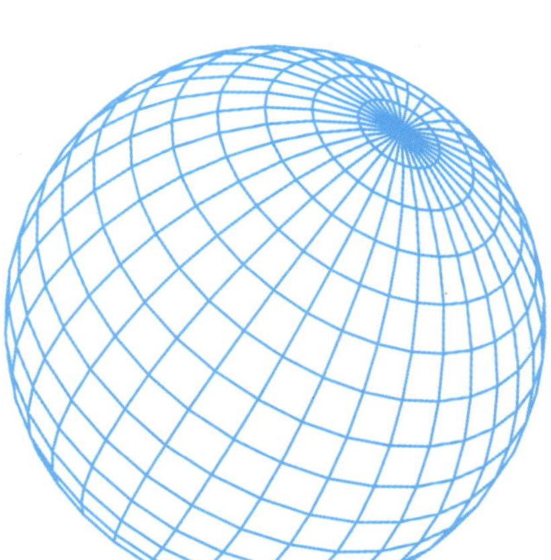
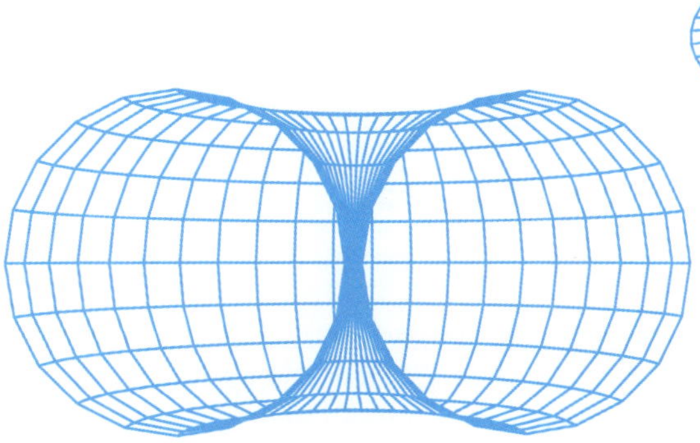
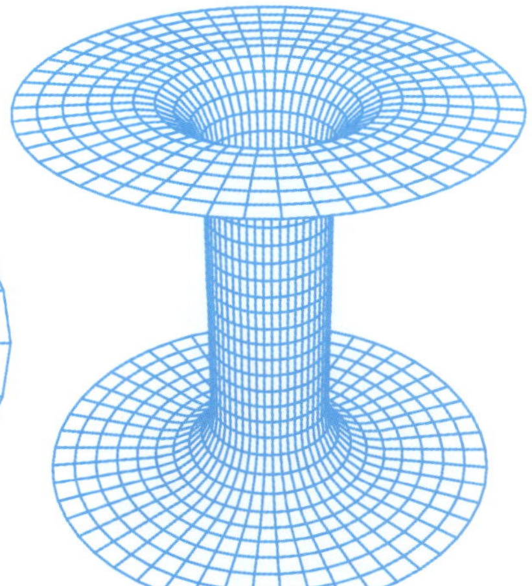

Hyperbolische Flächen

Die Iranerin Maryam Mirzakhani (1977–2017) war nur 40 Jahre alt, als sie starb, aber drei Jahre zuvor wurde ihr für ihre Arbeit zu den riemannschen Flächen als erste Frau die Fields-Medaille verliehen.

Mirzakhanis Forschungsgebiet war sehr theorielastig. Sie untersuchte die Geometrie und Komplexitäten von erdachten gekrümmten Flächen. Manche dieser Flächen waren computergeneriert und ähnelten existierenden Objekten, etwa Sattel-, Donut- und Kugelformen, während andere viel komplexer und völlig abstrakt waren.

Auf Computerbildschirmen stellte Mirzakhani mithilfe von farbigen Quadraten komplexe mathematische Funktionen visuell dar. Die Quadrate bildeten dabei eine Art Koordinatensystem und die Farben repräsentierten die sich verändernden Funktionen. Ändern sich die Koordinaten, scheinen die wechselnden Farben auf dem Raster aus Quadraten zu schillern.

Unten: Maryam Mirzakhani (rechts im Bild) erhielt 2014 als erste Frau die Fields-Medaille, die ihr in Seoul von der ersten weiblichen Präsidentin Südkoreas, Park Geun-hye, überreicht wurde.

Riemannsche Flächen

Diese Flächen sind eine geometrische Darstellung komplexer und imaginärer Zahlen – aus den sich verändernden Zahlen werden sich bewegende Flächen. Im 19. Jahrhundert hatte der deutsche Mathematiker Bernhard Riemann die Idee, sich komplexen mathematischen Problemen über Flächen und Geometrie anzunähern. Aus diesem Grund werden sie „riemannsche Flächen" genannt. Diese Flächen bilden komplexe und imaginäre Zahlen sowie Funktionen und reelle Zahlen ab.

Dieses Konzept erscheint überaus abstrakt, aber man kann es sich wie eine Kartenprojektion vorstellen, bei der die gekrümmte Oberfläche der Erde auf eine zweidimensionale Ansicht übertragen wird. Diese Abbildungsmethode wurde im 16. Jahrhundert vom flämischen Kartografen Gerhard Mercator (1512–1594) entwickelt. Er hatte die Idee, die gekrümmten Linien der Längen- und Breitengrade der Erdkugel als flaches Gitternetz auf eine Karte zu „projizieren", sodass die Koordinaten von einer Dimension präzise in die andere übertragen werden konnten. Die riemannschen Flächen sind wie eine umgekehrte Kartenprojektion, wobei die Zahlen einer komplexen Ebene als Kurven abgebildet werden.

Der Gedanke dahinter war, mithilfe der Geometrie von gekrümmten Flächen numerische Probleme zu lösen. Ein wichtiges Element dabei ist die Geodäte, der kürzeste Weg zwischen zwei Punkten auf einer riemannschen Fläche – wie die Luftlinie eines Flugzeugs über der gekrümmten Erdoberfläche.

Mirzakhani wandte die riemannschen Flächen auf geniale neue Arten an und fand geometrische Lösungen zu komplexen mathematischen Problemen.

Geodäten

Mirzakhani war es gelungen, neue Methoden für die Bestimmung von Geodäten und den Teilchenstrom über verschiedene gekrümmte Oberflächen zu finden. Das kann man sich vorstellen wie eine Billardkugel, die eine Bobbahn, einen Sattel, Ball oder Donut (den Ring, den die Mathematiker „Torus" nennen) entlangrollt. Außerdem untersuchte Mirzakhani die Bewegungen einer Billardkugel auf einem polygonalen Spieltisch, woraus man Rückschlüsse über die Ausbreitung von Gasen ziehen kann.

Mirzakhani war von den Bewegungen und dem Abprallen von Billardkugeln fasziniert. Indem sie ihre Bahnen nachzeichnete, gewann sie neue Erkenntnisse für differenzialgeometrische Berechnun-

gen. Auf dieser Grundlage entwickelte sie zusammen mit Alex Eskin von der University of Chicago das sogenannte „Magic-Wand-Theorem", das viele Probleme zu Umlaufbahnen löste, indem es den Raum, in dem sich die umlaufenden Objekte und die Hindernisse auf ihrer Bahn befinden, berücksichtigte. Mirzakhanis herausragende Arbeit führte nicht nur zu großen Fortschritten in der theoretischen Mathematik, sondern wirkte sich auch auf andere Bereiche aus, etwa auf die Ingenieurwissenschaften, die Kryptografie und sogar die Kosmologie. Sie zeigte, dass scheinbar komplett abstrakte Forschung einen weitreichenden Nutzen haben konnte.

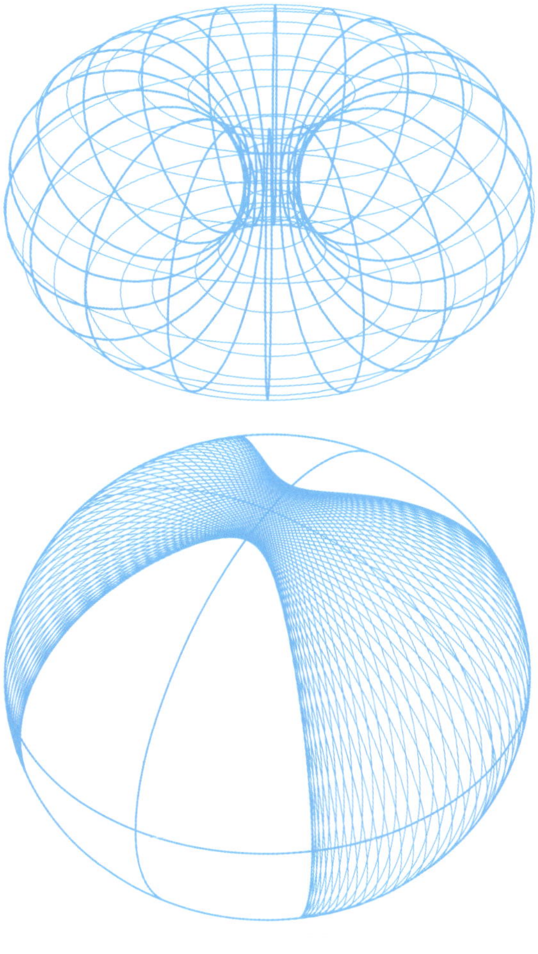

Oben: Diese kompakte Weltkarte von J. H. Colton & Co. aus dem Jahr 1852 zeigt, wie die gekrümmte Erdoberfläche als flache Projektion aussieht.

Links: Maryam Mirzakhanis Spezialgebiet war die Mathematik von Bahnen, die über verschiedene gekrümmte Oberflächen verlaufen, etwa über Toroide oder Sphäroide.

Oben: Shiing-Shen Chern war einer der einflussreichsten Mathematiker und Denker des 20. Jahrhunderts.

Moderne Differenzialgeometrie

Der chinesisch-amerikanische Mathematiker Shiing-Shen Chern (1911–2004) wurde für seine Verdienste in der Differenzialgeometrie, der Geometrie der gekrümmten Oberflächen, in der mathematischen Gemeinschaft wie ein Held verehrt. Eine seiner größten Errungenschaften war die Entdeckung der Chern-Klassen, einer einfachen Methode zur Klassifizierung von gekrümmten Oberflächen in beliebigen Dimensionen anhand des Grads ihrer Verdrehung.

Die Erforschung von gekrümmten Oberflächen begann bereits im 19. Jahrhundert, als Carl Friedrich Gauß (1777–1855) sich mit der Vermessung von gekrümmten Planeten wie der Erde befasste – zum Beispiel wie viel von ihrer Form man aus unterschiedlichen Blickwinkeln ermitteln könnte. Zusammen mit dem Franzosen Pierre Ossian Bonnet (1819–1892), stellte er den Satz von Gauß-Bonnet auf – eine Methode, um die Krümmung einer geschlossenen Fläche zu beschreiben, also eine Fläche, die ein Raumvolumen komplett umgibt.

Der Satz von Gauß-Bonnet

Chern ging 1936 nach Paris, um beim französischen Mathematiker und führenden Differenzialgeometer Élie Cartan (1869–1951) zu studieren. Anschließend wollte er nach China zurückkehren, was nach dem Ausbruch des Krieges aber nicht möglich war, darum ging er 1943 nach Princeton.

Sein erster großer Durchbruch war sein Beweis für den Satz von Gauß-Bonnet, und zwar nicht nur in drei Dimensionen, sondern in jeder beliebigen Zahl *n* von Dimensionen. Er erkannte, dass die Krümmung von geschlossenen Flächen in jeder Dimension, die größer als drei ist, genauso klassifiziert werden kann wie im dreidimensionalen Fall.

Um die Theorie zu veranschaulichen, kann man sich einen Streifen Papier vorstellen, der zu einem Ring geklebt ist. Eine Linie, die entlang seiner Innen- oder Außenseite gezeichnet wird, zeigt seine Krümmung. Wird die Klebestelle jedoch getrennt und ein Ende gedreht und dann wieder verbunden, entsteht eine Möbius-Schleife. Man kann immer noch eine Linie entlang des Streifens ziehen, und er bildet immer noch eine geschlossene Fläche, aber aufgrund der Drehung verläuft die Linie nun von der Innen- auf die Außenseite und wieder nach innen, wobei die Krümmung um einiges komplexer ist.

Chern erkannte, dass der Grad der Verdrehung oder Krümmung eine Möglichkeit für die Klassifizierung der Formen geschlossener Flächen in allen Dimensionen ist. Er nannte diese Klassen verschiedener Flächen „charakteristische Klassen“, aber schon bald setzte sich allgemein der Begriff „Chern-Klassen“ durch. Chern-Klassen messen im Prinzip den Grad der Verdrehung in verschiedenen Dimensionen. Dieser Durchbruch war ein belebender Impuls für die Differenzialgeometrie, die sich nach dem Zweiten Weltkrieg zu einem der wichtigsten Teilgebiete der Mathematik entwickelte.

Links: Shiing-Shen Chern erkannte, dass die Krümmung einer verdrehten Linie, die um eine Form wie dem Möbius-Band gezogen wird, die Basis für eine Klassifizierung von geschlossenen Flächen in allen Dimensionen bilden konnte.

Alexander Grothendieck

Der französische Mathematiker Alexander Grothendieck (1928–2014) war eine außergewöhnliche, exzentrische Persönlichkeit. Mit seinen umfangreichen Erkenntnissen zu den Verbindungen zwischen Algebra, Geometrie und den abstrakten algebraischen Formen revolutionierte er die Mathematik.

Kreis des Lebens

Geboren wurde Grothendieck 1928 als Sohn eines einarmigen russischen Anarchisten, der aus Russland geflohen war. Er verbrachte erst in Berlin, dann in Paris eine schwierige Kindheit. Ihn faszinierten die geheimnisvollen Verbindungen in Reimen so sehr, dass er jahrelang nur in Reimform sprach. Während des Krieges wurde er vom französischen Vichy-Regime in einem Lager interniert, wo die Kinder von „unerwünschten Personen" vor den Nazis versteckt und mit gekochten Kastanien verpflegt wurden. Dort wurde der 12-Jährige von einem Mädchen namens Martha in Mathematik unterrichtet. Sie erklärte ihm, was ein Kreis ist – alle Punkte, die den gleichen Abstand zu einem Mittelpunkt haben. Später schrieb Grothendieck, dass diese Aussage mit ihrer unerwarteten „Einfachheit und Klarheit" eine Offenbarung für ihn gewesen war.

Sie wies ihm den Weg in die algebraische Geometrie, wo er nach mathematischen Antworten auf die Geheimnisse der Formen suchte. Kurz nach Kriegsende ging er nach Paris und studierte dort bei Mathematikern wie Laurent Schwartz (1915–2002), der schon bald die Fields-Medaille erhielt. Schwartz präsentierte eine Arbeit mit 14 Problemen am Ende. Der Mathematiker Pierre Cartier sagte dazu, dass „viele dieser Probleme schon für sich genommen genug Material für eine Doktorarbeit" wären, aber Grothendieck löste sie alle recht schnell.

Um dem Wehrdienst zu entgehen, verließ Grothendieck Frankreich und ging in die USA. In dieser Zeit schrieb er seine berühmte *Tôhoku*-Arbeit, benannt nach der japanischen Fachzeitschrift, in der sie erschien. Darin ging es um sogenannte Spektralsequenzen, die Algorithmen ähneln und mächtige Hilfsmittel beim Finden von Lösungen für die Probleme der algebraischen Geometrie sind.

Als Grothendieck 1958 nach Frankreich zurückkehrte, um am *Institut des Hautes Études Scientifiques* (IHES) im Süden von Paris zu unterrichten (1958–1970), begann die Zeit seiner bedeutendsten Arbeiten. Die Studierenden verehrten ihn für seine außergewöhnlich inspirierenden Einführungen in die Thematik, aber manche Kollegen missbilligten den zunehmend abstrakten Schwerpunkt seiner Ideen.

Garben und Schemata

Der Kern seiner Arbeit war die Suche nach einer Verbindung zwischen Raum und Struktur. Er wollte die Algebra und die Geometrie vollständig vereinen, sodass sie nicht nur miteinander verknüpfte Methoden waren, sondern zwei Seiten derselben mathematischen Medaille bildeten – ein unteilbares Ganzes.

Grothendieck arbeitete an seinem „wunderbaren Projekt", wie er es nannte, das ein ganz neuer Ansatz für die algebraische Geometrie sein sollte. Besonders fasziniert war er von André Weils (1906–1998) Vermutung aus dem Jahr 1949, die sich mit unerwarteten Zusammenhängen zwischen der Zahlentheorie und der Topologie befasste. Weil glaubte, dass es Verbindungen zwischen den Lösungen von Gleichungen und den Mustern von gedachten geometrischen Löchern gab, und zwar nicht nur in wenigen, sondern in Millionen Dimensionen. Grothendieck gelang es, Weils Vermutung zu beweisen.

Sein Beweis beinhaltete Garben und Schemata. Garben sind Objekte, die man mit den Methoden der Differenzialgeometrie untersuchen kann; Schemata sind Objekte die mithilfe der algebraischen Geometrie näher bestimmt werden. Garben sind Sammlungen lokaler Daten in einem mehrdimensionalen gekrümmten Raum, die Verknüpfungen zu globalen Daten herstellen können. Grothendieck beschrieb sie als Maßstäbe für das gesamte Universum. Ein Schema macht auf algebraische Weise ähnliche Verallgemeinerungen, indem es eine Kurve nicht als Menge miteinander verbundener Punkte betrachtet, sondern mithilfe der algebraischen Funktion seiner Kurve.

Grothendiecks Arbeit stellte die algebraische Geometrie auf den Kopf. Dennoch wandte er sich 1970 von der Mathematik ab, um Umweltaktivismus zu betreiben. Wenige Jahre später kehrte er zu seiner mathematischen Berufung zurück und schrieb den tiefsinnigen Text *Skizze eines Programms*, in dem er behauptete, dass die Mathematiker sämtliche Schritte des Entdeckungsverfahrens verbargen, damit es glatt und logisch wirke. Stattdessen sollten sie die gesamte Denkarbeit offenlegen, auch die Fehler, um den kreativen Prozess hervorzuheben.

Oben: Grothendieck revolutionierte unser Verständnis von Algebra und ihrer Kreation und Projektion abstrakter Formen im nichteuklidischen Raum.

Links: Alexander Grothendieck war ein beliebter und inspirierender Lehrer.

Geometrische Analysis

Im Jahr 2019 erhielt die US-amerikanische Mathematikerin Karen Uhlenbeck (geb. 1942) als erste Frau den begehrten Abel-Preis. Sie zählt zu den größten Pionieren der Mathematik der letzten 50 Jahre und ist hauptsächlich für ihre Arbeit in der geometrischen Analysis und mit partiellen Differenzialgleichungen (PDG) bekannt.

Die geometrische Analysis ist ein Teilgebiet der Mathematik, das mithilfe von Gleichungen, vor allem PDG, die geometrischen Eigenschaften von Räumen analysiert. Diese Gleichungen entwickelten sich aus James Clerk Maxwells Entdeckung der elektromagnetischen Felder im späten 19. Jahrhundert. Wissenschaftler erkannten, dass ein viel größeres Wissen über die Formen des Raums nötig ist, um diese Felder und später auch Einsteins Relativitätstheorie vollständig zu verstehen. Und hier rücken die geometrische Analysis und Uhlenbecks Arbeit in den Vordergrund.

Uhlenbecks Forschung auf diesem Teilgebiet ist sehr umfangreich. Einige wichtige Themen sind unter anderem die Palais-Smale-Kompaktheits-Bedingung und die Eichtheorie. Erstere ist nach den US-amerikanischen Mathematikern Richard Palais und Stephen Smale benannt. Sie ist eine Theorie aus der Variationsrechnung, einer verallgemeinerten Form der Analysis zum Finden einer Kurve, auf der sich eine bestimmte Funktion, etwa ein Minimum oder Maximum, nie bewegt.

Instantone

Als Uhlenbeck die Palais-Smale-Bedingung im Zusammenhang mit Energiefeldern untersuchte, erkannte sie, dass sie nicht in allen Fällen funktionierte. Die Struktur oder Topologie eines Raums bedeutet nämlich, dass er manchmal zerfallen kann. Uhlenbeck und Jonathan Sacks fanden heraus, was in diesem Fall passiert, und entwickelten daraus eine Theorie der Blasen oder „Instantone".

Diese Entdeckung, die in der Arbeit Simon Donaldsons weiterentwickelt wurde und ihm 1986 die Fields-Medaille einbrachte, hatte einen unmittelbaren und tiefgreifenden Einfluss auf die Wissenschaftler der Quantenmechanik und Feldtheorie.

Instantone sind PDG (partielle Differenzialgleichungen) und quasi Abkürzungen für subatomare Teilchen, die es ihnen ermöglichen, sich schneller fortzubewegen, als sie eigentlich imstande sind. Der US-amerikanische Mathematiker Edward Witten erhielt 1990 ebenfalls die Fields-Medaille für seine Arbeit über die Struktur der Quantenfelder, die auf Uhlenbecks bahnbrechenden Ideen basierte.

Auch in der Eichtheorie leistete Uhlenbeck wichtige Beiträge, besonders zu den sogenannten Yang-Mills-Gleichungen. Die Eichtheorie entwickelte sich aus Maxwells Feldtheorie und beschreibt das Verhalten von subatomaren Teilchen und der elektromagnetischen Wellen, die ihre Felder erzeugen. Sie

Rechts: Karen Uhlenbecks herausragende Verdienste in der geometrischen Analysis brachten ihr 2019 als bisher einzige Frau den Abel-Preis ein.

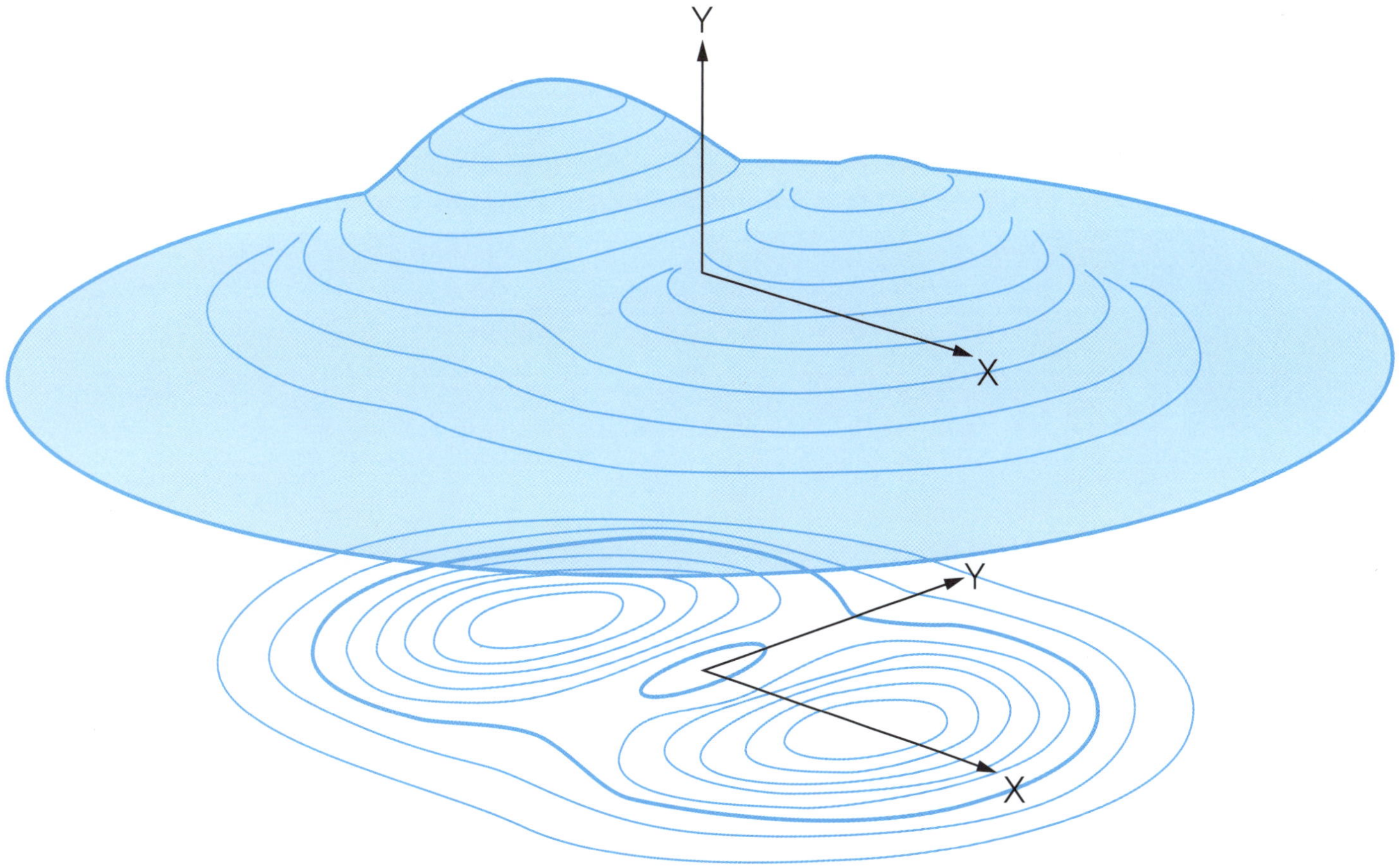

bildet die Grundlage der Quantenmechanik, der speziellen Relativitätstheorie Einsteins sowie der Stringtheorie.

Bei der Theorie geht es im Wesentlichen um die Transformation der Variablen im Feld, also um die Stärke der elektrischen und magnetischen Felder. Diese Umwandlungen werden Eichtransformationen genannt. Entscheidend ist, dass sie die grundlegende Physik unbeeinflusst, also „invariant" lassen.

In den 1950er-Jahren formulierten die US-amerikanischen Physiker Chen-Ning Yang und Robert Mills eine Eichtheorie zur starken Wechselwirkung – also zur Kraft, die Protonen und Neutronen im Inneren von Atomen zu Quarks zusammenfügt. Die Yang-Mills-Gleichungen spielten eine wesentliche Rolle bei der Entwicklung der Quantenchromodynamik und dem Verständnis für die Interaktionen zwischen Quarks, die heute das Fundament der Teilchenphysik bilden.

Uhlenbeck erkannte jedoch, dass die Yang-Mills-Gleichungen zwar wichtig, aber nicht perfekt waren, da es den Lösungen an Klarheit fehlte. Sie kürzte die Gleichungen und stellte sie neu auf. Diese Weiterentwicklung ist heute als Kompaktheitssatz von Uhlenbeck bekannt. Er ergibt eine viel stabilere Lösung, was für die Entwicklung der Stringtheorie entscheidend war.

Uhlenbecks Leistungen und ihr Einfluss auf die geometrische Analysis und die Mathematik der Physik wurden endgültig anerkannt, als ihr 2019 der Abel-Preis verliehen wurde.

Oben: Ein wesentlicher Teil von Karen Uhlenbecks Arbeit behandelte die Palais-Smale-Kompaktheits-Bedingung. Sie untersuchte kritische Punkte im topologischen Raum, etwa Sättel zwischen Mulden.

14.12万 34.48万
13.55万 67006
13.39万 41.80万 +1635
12.97万 15.56万 -5595
11.17万 20.82万 +1855
10.46万 37.81万 -4389
98181 12.22万 -9901
68083 16.60万 +17070
80512 47.85万
10.28万
55583
73.47万

Kapitel zwanzig

Ökonomie

Die moderne Mathematik dominiert heute auch die Wirtschaftswissenschaften, etwa den Keynesianismus und die Ökonometrie, da es neueste Methoden ermöglichen, die immensen Datenmengen der globalen Wirtschaftsaktivität zu verarbeiten und zu verstehen sowie Modelle zu erstellen, um die Folgen bestimmter Veränderungen vorherzusagen.

Bereits seit dem 17. Jahrhundert sind Wirtschaft und Mathematik eng miteinander verknüpft. Damals lehrten deutsche Universitäten die Darstellung von Wirtschaftsdaten als Hilfe für Kaufleute. Einer der Dozenten war Gottfried Achenwall (1719–1772), der den Begriff „Statistik“ prägte, um die gesamten politischen, wirtschaftlichen und gesellschaftlichen Eigenschaften eines Staates zusammenzufassen. Gleichzeitig entwickelten Gelehrte in England die „politische Arithmetik“ und versuchten, Steuern, Nationaleinkommen und andere Größen in Zahlenwerten zu erfassen.

Im Prinzip war das politische Buchhaltung. Aber im 19. Jahrhundert begannen klassische Ökonomen, etwa der Deutsche Johann von Thünen (1783–1850), mit der Entwicklung von Wirtschaftsmodellen, die sich auf algebraische Methoden stützten.

Die Mathematik spielte eine zunehmend wichtige Rolle in der Wirtschaftstheorie. Im Jahr 1838 entwickelte der französische Mathematiker Antoine Augustin Cournot in seinem Buch *Untersuchungen über die mathematischen Grundlagen der Theorie des Reichtums* eine mathematische Theorie des Wettbewerbs, die später in der Spieltheorie [S. 356] weiterentwickelt wurde. Unterdessen erklärte der englische Logiker William Stanley Jevons die Ökonomie zu einer Wissenschaft, die „allein schon weil sie mit Mengen zu tun hat, mathematisch sein muss“. Die große Wende kam jedoch, als der französische Ökonom Léon Walras zwischen 1874 und 1877 das allgemeine Gleichgewichtsmodell entwickelte. Es bildet das Fundament der modernen Wirtschaftswissenschaft und legte den Grundstein für das Konzept des wechselnden Gleichgewichts aus Angebot und Nachfrage.

Rechts: An der Börse Frankfurt werden täglich Aktien im Wert von Milliarden Euro gehandelt. Dabei hängen Gewinn und Verlust von mathematischen Funktionen und Algorithmen ab.

Die allgemeine Gleichgewichtstheorie

Im Zentrum der modernen Wirtschaftswissenschaft steht die allgemeine Gleichgewichtstheorie (AGT). Sie betrachtet die Welt der Wirtschaft als ein System, in dem Veränderungen in einem Bereich durch Veränderungen in einem anderen Bereich ausgeglichen werden. Das ist von großem Vorteil, da der Markt mithilfe der AGT mathematisch analysiert werden kann: Werte können eingegeben und Ergebnisse berechnet werden. Und das ist noch nicht alles.

In den 1980er-Jahren wurde das berechenbare allgemeine Gleichgewichtsmodell ausgearbeitet, in das man Werte für mehrere, sich gegenseitig beeinflussende Märkte eingeben kann und Prognosen für gesamte Volkswirtschaften erhält. Besonders mit dem Aufkommen leistungsstarker Computer, die noch schnellere, komplexere Berechnungen ermöglichten, entwickelte sich dieses Modell zu einem überaus nützlichen Werkzeug für Regierungen und Organisationen wie die Weltbank, die mit seiner Unterstützung den Zustand der Weltwirtschaft abrufen und die potenziellen Auswirkungen veränderter Parameter simulieren konnten.

In jüngster Zeit wurde die Wirtschaft von überraschenden bis schockierenden Umbrüchen erschüttert, was uns zeigt, dass das Gleichgewichtsmodell nicht so verlässlich ist, wie die Ökonomen einst dachten. Dennoch haben sich Wirtschaft und Mathematik im Verlauf des 20. Jahrhunderts immer weiter aneinander angenähert.

BÖRSE
FRANKFURT
SIEMENS
Healthineers

Oben: John Maynard Keynes revolutionierte unser Verständnis von den gesamtwirtschaftlichen Vorgängen in großem Rahmen.

Makroökonomie

Als in den 1930er-Jahren die Weltwirtschaftskrise zu Massenarbeitslosigkeit und zum Bankrott unzähliger Unternehmen führte, stellte der britische Ökonom John Maynard Keynes (1883–1946) das bisherige Marktkonzept auf den Kopf. Er argumentierte, dass nicht nur der Markt allein entscheidend war, sondern die Gesamtsituation, und dass Regierungen eingreifen sollten, um die gesamtwirtschaftliche Nachfrage zu beeinflussen und dadurch die Wirtschaft zu stabilisieren.

Im Jahr 1919, nach dem Ersten Weltkrieg, vertrat Keynes das britische Finanzministerium bei der Friedenskonferenz in Versailles. Er legte sein Amt jedoch nieder, da die Bedingungen des Friedensvertrages Deutschland seiner Ansicht nach zu sehr unter Druck stellten, und warnte vor den Konsequenzen. Seine Meinung begründete er überzeugend in seinem Buch *Die wirtschaftlichen Folgen des Friedensvertrages*, die schließlich auf verheerende Weise wahr wurde, als Hitler an die Macht kam.

Als die Wirtschaftskrise in den 1930er-Jahren die Welt erschütterte, konnten die konventionellen Wirtschaftstheorien den globalen Zusammenbruch weder erklären noch beheben. Als die Arbeitslosenrate in Großbritannien auf 20 Prozent anstieg und die Löhne in den Keller fielen, untersuchte Keynes die Ursachen und baute seine Erkenntnisse zu einer wegweisenden Theorie aus, die er in seinem Buch *Allgemeine Theorie der Beschäftigung, des Zinses und des Geldes* vorstellte.

Wirtschaftliches Denken

Der zentrale Gedanke dieser Theorie war, dass die wesentliche Triebkraft einer Volkswirtschaft die „gesamtwirtschaftliche Nachfrage“ war – gemessen als die Gesamtheit der Ausgaben aller Haushalte, Unternehmen und der Regierung.

Die Produktion von Waren und Dienstleistungen der Wirtschaft beinhaltet Konsum, Investitionen, Staatsausgaben und Außenbeitrag (die Differenz der Importe und Exporte eines Staates). Eine veränderte Nachfrage kann sich nur aus einer Veränderung in einem dieser Bereiche ergeben.

Ein wirtschaftlicher Abschwung führt zum Beispiel dazu, dass die Konsumenten weniger kaufen. Aufgrund der geringeren Nachfrage investieren die Unternehmen weniger und entlassen Arbeitskräfte, was eine Abwärtsspirale in Gang setzt. Allein der Markt erzeugt extreme Auf- und Abschwünge in der Nachfrage. Um diese Schwankungen im Zaum zu halten, so Keynes, muss der Staat eingreifen.

Grundelemente

Die mathematischen Kernideen der keynesianischen Theorie waren der Multiplikator und der Akzelerator. Der Multiplikatoreffekt war Keynes' Formel für Staatsausgaben als Weg aus der Krise. Keynes argumentierte, dass ein Staat, der 50 Milliarden Pfund ausgibt, die Wirtschaft um viel mehr als 50 Milliarden Pfund anreichert, da das zusätzliche Geld die Nachfrage und den Konsum ankurbelt. Indem es die Nachfrage steigert, vervielfacht sich die Auswirkung dieser Staatsausgaben auf das Bruttoinlandsprodukt. Er stellte eine Formel auf, mit der man ausrechnen konnte, um wie viel.

Multiplikator = Änderung der Ausgaben/Änderung des Einkommens

Der keynesianische Multiplikator besagt, dass die Wirtschaft umso stärker floriert, je mehr der Staat ausgibt, und dass der Nettoeffekt größer ist als der genaue Betrag, der ausgegeben wird. Darum lohnt es sich aus Sicht des Staats, Schulden zu machen, da es als Investition in die Zukunft betrachtet wird.

Das ursprünglich von Thomas Nixon Carver und Albert Aftalion entwickelte Akzeleratorprinzip besagt, dass Kapitalinvestitionen durch Veränderungen des Volkseinkommens oder der Wirtschaftsleistung angetrieben werden können. Steigt das Volkseinkommen – gemessen beispielsweise am Bruttoinlandsprodukt (BIP) –, reagieren Unternehmen darauf mit einer Erhöhung ihrer Kapitalinvestitionen. Auch hier führte Keynes eine Formel an, die es den Finanzministerien ermöglichte, den Bedarf zu berechnen und ihr Vorgehen zu begründen.

$K = f(Y)$
Wobei K = Kapitalstock
f = Verhältnis zwischen Kapital und Produktion
Y = Produktion

Roosevelts große Ausgaben im Rahmen des New Deal, als die US-Regierung durch umfangreiche Investitionen die Wirtschaft ankurbeln wollte, bildeten die Vorlage für den Keynesianismus. Doch in den 1970er-Jahren litten viele fortgeschrittene Volkswirtschaften unter der sogenannten „Stagflation", einer Kombination aus wirtschaftlicher Stagnation und Inflation. Viele Anhänger der freien Marktwirtschaft argumentierten, dass das keynesianische Denken ein Problem sei und dass Volkswirtschaften „frei" sein sollten, um sich selbst zu regulieren. Doch die Weltfinanzkrise von 2007–2008 belebte den Keynesianismus gewissermaßen wieder neu. Die Kontroverse rund um Keynes' Ideen hält an, aber ihr Einfluss auf das wirtschaftliche Denken bleibt ebenfalls präsent.

Links: Die Weltwirtschaftskrise war der Anstoß für Keynes' Ideen. Die Armut war so groß, dass 1930 sogar der Gangsterboss Al Capone eine Suppenküche für die Arbeitslosen in Chicago eröffnete.

Lineare Algebra

Einfach ausgedrückt ist die lineare Algebra die Algebra linearer Beziehungen – Beziehungen, die den Regeln der Proportionalität und der Richtung folgen. Genauer gesagt handelt es sich um die Algebra der Vektoren, also von Größen, die sowohl einen Betrag als auch eine Richtung haben und oft als Pfeile im Raum dargestellt werden. Ihre Ursprünge liegen weit in der Vergangenheit, aber erst im frühen 20. Jahrhundert wurde sie als praktische Methode mit unzähligen Anwendungsmöglichkeiten geschätzt. Einer der Wegbereiter war der Mathematiker John von Neumann (1903–1957). Heute ist die lineare Algebra omnipräsent, ob in der Suchmaschine Google, bei Belastungstests für Flugzeuge, in der Kryptografie oder in bildgebenden Verfahren für die Medizin.

Der Schwerpunkt der linearen Algebra sind die Vektoren. Das sind im Prinzip Größen, die einen Betrag und eine Richtung besitzen, etwa Beschleunigung und Geschwindigkeit. In der Schulmathematik werden sie meist durch Pfeile dargestellt. Der Pfeil weist die Richtung und seine Länge zeigt den Betrag an. Bei der linearen Algebra wird berechnet, was herauskommt, wenn verschiedene Vektoren, zum Beispiel durch Addition, Subtraktion oder Multiplikation, miteinander kombiniert werden.

Die Mathematik der Vektoren besteht aus den Verknüpfungen zwischen Geometrie und Zahlen. Ihr Studium begann mit René Descartes' Erfindung des Koordinatensystems im 17. Jahrhundert [S. 208]. Vektoren lassen sich numerisch anhand von Koordinaten darstellen und in Gleichungen zur Berechnung und Analyse verwenden. Aber das war keine elegante Verknüpfung, schon gar nicht in Bezug auf die Position.

Hermann Grassmann (1809–1877) hatte sich vorgenommen, dieses Problem zu lösen, und zwar mithilfe der linearen Algebra. Sein Beitrag dazu wurde von seinen mathematischen Zeitgenossen aber fast gänzlich ignoriert, was ihn zum Kommentar veranlasste, dass „eine Zeit kommen wird, in der man ihn aus dem Staub des Vergessens hervorziehen wird und die hier niedergelegten Ideen werden Früchte tragen“. Und er sollte recht behalten.

Rechts: John von Neumann war ein genialer, aber kontroverser Mathematiker. Er war am Bau der Atombombe beteiligt und gilt als Pionier der linearen Algebra.

Ganz rechts: Der deutsche Universalgelehrte Hermann Grassmann hatte die Idee, dass Algebra mit Geometrie in Bezug auf Richtungen und Größen verknüpft werden sollte. Später entwickelte sich daraus die lineare Algebra.

Der Vektorraum

Die Stärken der linearen Algebra zeigten sich, als man die Möglichkeiten des „Vektorraums“ erkannte. Vektoren lassen sich einfach als Pfeile in zwei oder sogar drei Dimensionen darstellen – manchmal auch in vier, wenn man die Zeit mit einbeziehen will. Doch was geschieht, wenn es mehr als vier Dimensionen gibt? Man nutzt den „Vektorraum“.

Der Vektorraum besteht aus Vektoren in mehreren Dimensionen. Seine Bedeutung wurde im frühen 20. Jahrhundert allmählich erkannt, und zwar mit der Entdeckung eines Vektorraums mit unendlichen Dimensionen durch einen anderen deutschen Mathematiker, David Hilbert (1862–1943). Dieser Raum ist heute als Hilbert-Raum bekannt.

Die lineare Mathematik war das Mittel, mit dem der Hilbert-Raum erforscht werden konnte, und in den 1920er-Jahren begann John von Neumann mit der Entwicklung der linearen Algebra, um die Zusammenhänge zu ergründen. Heraus kam seine eigene Version der linearen Algebra, die später Von-Neumann-Algebra genannt wurde. Seine Arbeit gipfelte in dem Buch *Mathematische Grundlagen der Quantenmechanik* (1932), in dem Quantenzustände als Vektoren im Hilbert-Raum behandelt werden.

Von Neumann zufolge bewies er damit, dass es keine „verborgenen Variablen“ gab, die alles bestimmten, wie auch Einstein glaubte. Aber im Quantenuniversum sei nichts vorherbestimmt, nur alles wahrscheinlich. In den 1960er-Jahren zeigte der irischstämmige Physiker John Stewart Bell (1926–1990), dass von Neumanns Argumentation fehlerhaft war und stellte seinen eigenen Beweis auf.

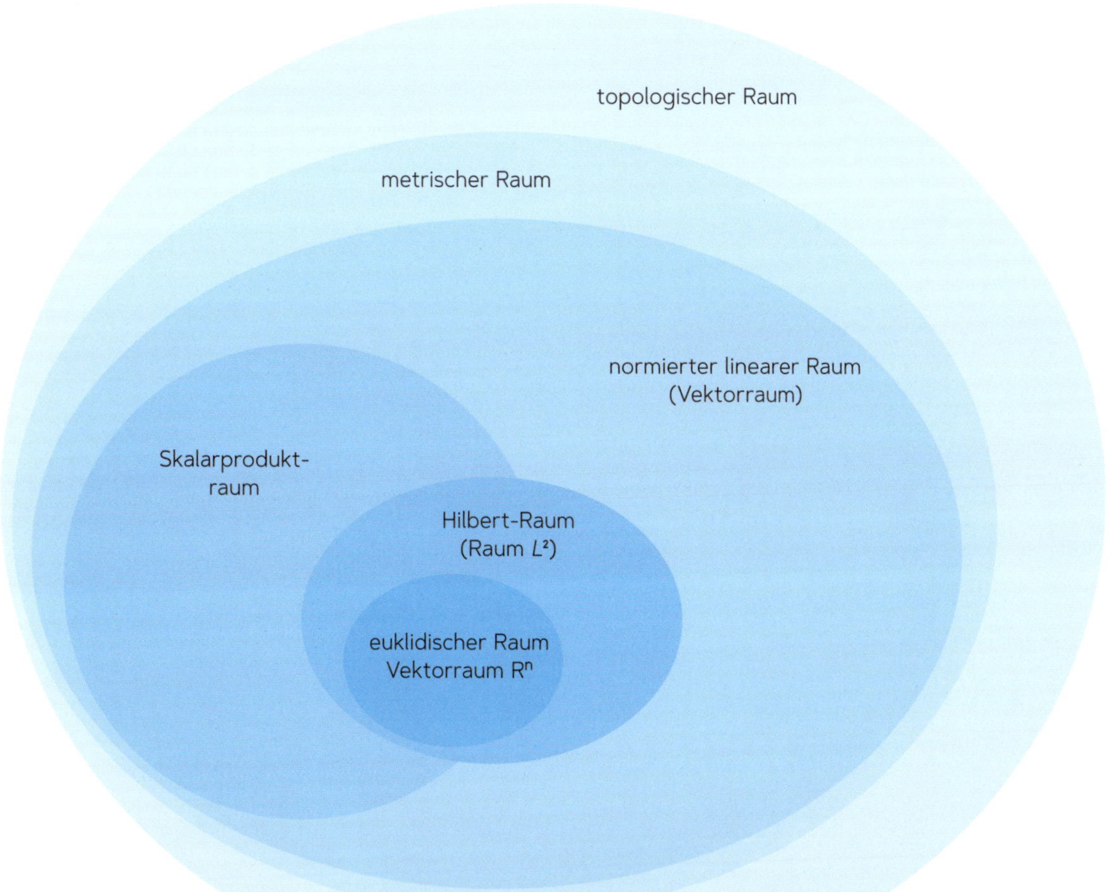

Links: Mathematiker erkannten mit der Zeit, dass es verschiedene Arten gab, den Raum zu betrachten. Und alle Räume sind in den topologischen Raum eingebettet.

Ökonometrie

Die Ökonometrie ist ein spezielles mathematisches Teilgebiet der Wirtschaftswissenschaften, das rein quantitativ arbeitet. Sie ermöglicht es, mithilfe von mathematischen und statistischen Methoden Theorien über wirtschaftliche Zusammenhänge abzuleiten und zu analysieren sowie Modelle für die Vorhersage ökonomischer Veränderungen zu entwickeln. Wenn Staaten große wirtschaftliche Entscheidungen treffen oder sich einen Überblick über die aktuelle Wirtschaftslage verschaffen wollen, werden in erster Linie Ökonometriker zurate gezogen.

Die Anfänge

Der Pionier der Ökonometrie, Jan Tinbergen (1903–1994), stieß fast zufällig auf den Zusammenhang zwischen Mathematik und Wirtschaftswissenschaften. Als er 1921 sein Studium an der Universität Leiden begann, wählte er Mathematik und Physik. Seine Doktorarbeit machte er beim genialen österreichischen Physiker Paul Ehrenfest (1880–1933), der ihm vorschlug, seine beiden Interessen zu verbinden.

Ehrenfest war ein führender Theoretiker der statistischen Analyse und der Quantenmechanik, und er riet Tinbergen, in seiner Dissertation die Gebiete Mathematik, Physik und Wirtschaft zu kombinieren. Das Kernthema der Arbeit ist rein mathematisch

Oben: Jan Tinbergen war ein Vorreiter der Ökonometrie.

Rechts: Tinbergen wurde von seinem Doktorvater Paul Ehrenfest (im Bild der Zweite von links, mit Einstein zu seiner Rechten) dazu animiert, höhere Mathematik mit Wirtschaftswissenschaften zu kombinieren.

und behandelt Minimierungsprobleme, aber Tinbergen ergänzte die Arbeit um zwei Anhänge – wovon einer die Anwendungsmöglichkeiten des Themas in der Physik beschreibt und der andere jene in den Wirtschaftswissenschaften.

Zu dieser Zeit arbeitete Tinbergen bereits beim statistischen Amt in Den Haag, was das perfekte Versuchsgelände für seine Ideen war. Er heuerte junge Ingenieure, Mathematiker und Physiker an und entwickelte mathematische Methoden, um ökonomische Theorien mithilfe von Statistik zu überprüfen.

Im Mittelpunkt seiner Innovationen in der Ökonometrie standen Mehrgleichungsmodelle, in die Daten über nationale Volkswirtschaften eingespeist wurden und von denen sie verarbeitet werden konnten – quasi die Vorläufer der heutigen Konjunkturprognosen, die mit Computern erstellt werden. Dabei interessierte sich Tinbergen nicht nur für nackte Zahlen – seine Idee war, die Ökonometrie zum Wohle der Gesellschaft zu nutzen.

Tinbergens Wunsch, die Welt zu verbessern, spiegelte sich in seinen Richtlinien zur Anwendung seiner Modelle wider, die er für die politischen Entscheidungsträger ausarbeitete. Diese wurden in der sogenannten „Tinbergen-Regel" zusammengefasst. Sie besagt, dass Regierungen mehrere politische „Instrumente" – also Maßnahmen – einsetzen müssen, wenn sie mehrere politische Ziele erreichen wollen. Zuerst müssen sie das Ziel auswählen und dann dieselbe Anzahl von Instrumenten einsetzen, um die Politik zu steuern.

Echte Daten

Die Ökonometrie funktioniert auf eine von zwei Arten: Entweder entwickelt sie auf der Grundlage bereits erfasster Daten neue Hypothesen (theoretische Ökonometrie) oder sie verwendet Echtzeitdaten, um bestehende Hypothesen oder ökonomische Annahmen zu überprüfen (angewandte Ökonometrie).

In den Wirtschaftswissenschaften stehen die Daten oft in Wechselbeziehungen zueinander. Wachsender Wohlstand kann beispielsweise mit einem Anstieg an tödlichen Autounfällen einhergehen. Der Grund dafür könnte sein, dass Personen, die plötzlich zu Wohlstand gelangen, oft schnelle Autos kaufen und unvorsichtiger fahren. Der Zusammenhang kann aber auch reiner Zufall sein.

Um die Wahrscheinlichkeit einer echten Verbindung zu ermitteln, verwenden Ökonometriker häufig die „Regressionsanalyse". Regressionen quantifizieren die Beziehung zwischen einer Variablen und anderen und versucht zu bestimmen, wie aussagekräftig dieser Zusammenhang ist. Sind zwei Variablen abhängig oder unabhängig? Und wenn sie abhängig sind, wie wirkt sich eine geringfügige Veränderung in einer Variable aus?

Bei der Ökonometrie geht es immer darum, die qualitativen Aussagen der Wirtschaftswissenschaften in konkrete Zahlen umzuwandeln, etwa die Idee, dass Investition in die Produktion die Entwicklung von Fabriken fördert: Für jede Million Euro, die investiert wird, werden drei neue Fabriken gebaut.

Statistik-Computerprogramme haben den Umfang und die Geschwindigkeit, mit der gerechnet wird, spürbar verbessert, was dazu führte, dass die politischen Entscheidungsträger der heutigen Zeit mit einer Fülle von Anleitungen, Daten und Prognosen ausgerüstet sind – falls sie sich dazu entscheiden, diese Informationen zu nutzen.

Die Input-Output-Analyse

Die Input-Output-Analyse ist ein wichtiges Modell zum Verständnis größerer ökonomischer Zusammenhänge – also der Wirtschaftssektoren auf der ganzen Welt. Entwickelt wurde sie in den 1930er-Jahren in den USA vom russischen Auswanderer Wassily Leontief (1906–1999). Er nutzte Matrizen (mathematische Tabellen), um darzustellen, wie die Veränderungen einer Variable viele andere Variablen beeinflussen konnten.

Wassily Leontief stammte aus St. Petersburg und schloss bereits im Alter von 19 Jahren sein Studium der Ökonomie ab. Nachdem er für kurze Zeit in Deutschland gearbeitet hatte, ging er in die USA, wo er den Rest seines Lebens verbrachte und an der Universität Harvard tätig war. Er war einer der führenden Wirtschaftswissenschaftler jener Zeit und obwohl er ein brillanter Mathematiker war, kritisierte er die mathematischen Konjunkturmodelle, die in den USA damals gerade in Mode kamen. Leontief war der Ansicht, dass sich Ökonomen nicht in ihrem Elfenbeinturm verschanzen und abstrakte Theorien aufstellen, sondern sich mit echten Daten aus der Praxis beschäftigen sollten.

Das Modell, das Leontief entwickelte, sollte die Fakten betrachten und die Zusammenhänge der Volkswirtschaften untersuchen. Es wurde „Input-Output-Analyse" („IO-Analyse") genannt. Diese Wechselwirkungen seien von größter Bedeutung, wie Leontief beharrte: „Mit der Input-Output-Analyse versuchen wir zu beschreiben, was in einer Volkswirtschaft geschieht. Wir zeigen, wie die Güter verteilt werden." Wenn beispielsweise die Autoverkäufe sinken, breiten sich die Auswirkungen davon über viele Sektoren aus, da ein Rückgang in der Automobilfertigung eine ganze Reihe verschiedener Zulieferer betrifft, von denen wiederum andere Prozesse in der Lieferkette abhängen.

Links: Wassily Leontief erhielt 1973 den Nobelpreis für Wirtschaftswissenschaften.

Die Macht der Matrix

Im Mittelpunkt der Input-Output-Analyse befindet sich eine mathematische Tabelle, eine sogenannte Matrix, in der die Variablen in Zeilen und Spalten aufgeschlüsselt sind. In Matrizen können die Wechselwirkungen zwischen den Variablen mithilfe von linearer Algebra ermittelt werden. Durch die neuen Entwicklungen in der linearen Algebra [S. 350] wurde Leontiefs Arbeit möglich gemacht.

Um die Matrizen zusammenzustellen, musste Leontief riesige Datenmengen aus allen Wirtschaftssektoren sammeln. Die Daten werden dann in den Zeilen und Spalten dargestellt, Sektor für Sektor, und jede Spalte zeigt die „Inputs" jedes Sektors, also was alles für die Produktion benötigt wird.

Mithilfe von linearer Algebra kann dann aus der Matrix berechnet werden, welche Auswirkungen die Veränderungen in einem Sektor auf die anderen Sektoren haben. Es gibt direkte, indirekte und induzierte Auswirkungen. Die direkten Auswirkungen, zum Beispiel zu Baubeginn eines Museums, wären die Ausgaben für Baumaterialien. Die indirekten Auswirkungen wären das Einstellen von Arbeitskräften durch die Zulieferer. Und die Arbeiter, die ihren Lohn für Waren und Dienstleistungen ausgeben, würden für die induzierten Auswirkungen sorgen.

Nobelpreis

Leontiefs Ideen sind kein allgemein anerkanntes Konzept, aber sie liefern Erklärungen, die von der herkömmlichen „neoklassischen" Wirtschaftstheorie nicht geboten werden. Manche Ökonomen vertraten zum Beispiel die Meinung, dass die Exporte eines Landes jene Güter sein sollten, deren Produktionsfaktoren am reichlichsten vorhanden seien, wie etwa Arbeit oder Kapital. Diese Ansicht ignorierte jedoch die Tatsachen und Leontief wies darauf hin, dass die USA mehr Kapital als die meisten anderen Länder besaß, aber dennoch der Großteil der Exporte aus arbeitsintensiv hergestellten Gütern bestand. Die Importe hingegen machten vorwiegend kapitalintensive Güter aus. Die etablierten Ökonomen beschrieben das als „Leontief-Paradoxon", aber für Leontief war es alles andere als paradox, wenn man in allen Sektoren die Auswirkungen des Inputs auf den Output betrachtete.

Im Jahr 1973 erhielt Leontief den Nobelpreis für Wirtschaftswissenschaften und das Komitee sagte: „Professor Leontief ist der alleinige und unangefochtene Erfinder des Input-Output-Prinzips. Diese wichtige Innovation bietet den Wirtschaftswissenschaften eine empirisch nützliche Methode, um die Wechselbeziehungen im Produktionssystem einer Gesellschaft hervorzuheben."

INPUT	PROZESS	OUTPUT
Rohstoffe	Fertigung	fertiges Produkt
Arbeit	Instandhaltung	Abfall
Energie	Qualitätskontrolle	Schrott
Betriebsmittel		
Spezifikationen		

Links: Ein IPO-Modell (Input, Prozess, Output) hilft bei der Darstellung von Wechselbeziehungen in einem System – ganz gleich, ob das System ein Staat oder ein Unternehmen ist.

Rechts: Der US-amerikanische Mathematiker John Nash gilt als Pionier der Spieltheorie.

Spieltheorie

Die Spieltheorie ist eine Möglichkeit, Situationen und Interaktionen auf mathematische Weise so zu untersuchen, als wären sie ein Strategiespiel mit zwei Spielern, von denen jeder gewinnen möchte. Die Grundlage dazu legte John von Neumann (1903–1957), der am Manhattan-Projekt gearbeitet hatte, aber entwickelt wurde die Idee von John Nash (1928–2015), dem Mathematiker, dessen Geschichte im Film *A Beautiful Mind* erzählt wurde.

Der in Ungarn geborene von Neumann wurde beim Pokern auf die Spielidee gebracht, als er erkannte, dass es bei dem Kartenspiel nicht nur um Zufälle und Wahrscheinlichkeiten ging. Gute Pokerspieler gewinnen, indem sie bluffen und ihren Gegnern Informationen unterschlagen. Von Neumann wollte diese Strategie genauer definieren und stellte im Jahr 1928 seine „Spieltheorie“ auf: Um gut zu spielen dürfe man nicht spielen, um zu gewinnen, sondern muss die eigenen Verluste möglichst gering halten. Darum sei die beste Taktik jene, bei der das am wenigsten schlimme Worst-Case-Szenario herauskommt. Diese sogenannte „Minimax“-Strategie minimiert den möglichen maximalen Verlust.

Die Regeln des Spiels

Ein österreichischer Wirtschaftswissenschaftler der Universität Princeton, Oskar Morgenstern, überzeugte von Neumann davon, dass diese Theorie noch viele weitere Anwendungsmöglichkeiten bot. In ihrem Buch *Theory of Games and Economic Behaviour* (*Spieltheorie und wirtschaftliches Verhalten*)behaupteten von Neumann und Morgenstern, dass jede wirtschaftliche Situation als Ergebnis eines Spiels zwischen zwei oder mehr Spielern definiert werden konnte. Das Buch wurde 1944 veröffentlicht und erregte Aufsehen.

Trotz des großen Anklangs ist von Neumanns Minimax-Strategie nur wirklich sinnvoll, wenn man absolut nichts über den Gegner weiß – man sollte also auf Nummer sicher gehen, wenn man nichts weiß, aber meistens besitzen wir einige Informationen, auch wenn sie unvollständig sind. Erst der geniale John Nash erweiterte die Spieltheorie um ein entscheidendes Element.

Nash konzentrierte sich auf die Idee, dass jeder Spieler eine ganz gute Vorstellung davon hat, wie seine Gegner das Spiel spielen werden und dass es ihnen nichts bringt, ihre Strategie zu ändern. So entsteht eine Pattsituation, in der kein Spieler mehr als die anderen gewinnt oder verliert. Dieses Strategienpaar ist heute als „Nash-Gleichgewicht“ bekannt.

Ein berühmtes Beispiel dafür ist das „Gefangenendilemma“. Stellen Sie sich vor, Sie und ein Komplize werden verhaftet und in zwei separate Zellen gesteckt. Wenn Sie beide schweigen und einander schützen (was in der Spieltheorie „Kooperation“ genannt wird), reicht die dürftige Beweislage nur für eine fünfjährige Gefängnisstrafe. Gesteht Ihr Komplize das Verbrechen („Defektion“ in der Spieltheorie), wird er freigelassen und Sie müssen 20 Jahre absitzen. Wenn Sie beide gestehen, muss jeder für 10 Jahre ins Gefängnis.

Die Spieltheorie geht davon aus, dass jeder das beste Ergebnis für sich selbst erzielen möchte. Die möglichen Resultate für jede Strategie können Zahlenpaaren zugeordnct und mathematisch analysiert werden. Als Antwort kommt heraus, dass Sie gestehen sollten. Dann müssen Sie zwar für 10 Jahre ins

Gefängnis, was jedoch besser ist, als das Risiko einzugehen, dass Ihr Komplize gesteht und Ihnen 20 Jahre Freiheitsentzug beschert. Dieses Ergebnis ist der geringstmögliche Worst Case – der Minimax.

Betrachtet man die Lage nur aus einem Blickwinkel, wie im Neumann-Minimax, erscheint es sinnvoll, das Verbrechen zu gestehen und den Schaden zu minimieren. Doch Nash erkannte, dass jeder Gefangene die Strategie des Komplizen erraten würde oder man sie vielleicht schon vorab besprochen hatte. Das Ergebnis wäre dasselbe, aber für Nash war entscheidend, dass es dazu kommt, weil keiner der Gefangenen von einer Änderung der Strategie profitieren und schweigen würde. Das ist ein Gleichgewicht des Nutzens: ein Nash-Gleichgewicht.

Menschliches Verhalten

Nashs Gleichgewichtsprinzip zeigte, wie man mithilfe der Spieltheorie menschliches Verhalten vorhersagen konnte. Kein Wunder, dass sie schnell vom Militär und von Ökonomen übernommen und schon bald in die Psychologie, die Evolutionsbiologie und viele andere Disziplinen integriert wurde. Bis vor Kurzem bezogen sie auch fast alle Nobelpreisträger der Wirtschaftswissenschaften in ihre Arbeit ein.

Erst in jüngster Zeit erkannten Mathematiker, dass es sehr lange dauern könnte, ein Nash-Gleichgewicht zu erreichen, außer die Spieler teilen sich wirklich alles mit. Darüber hinaus ergaben Studien zum Gefangenendilemma, dass Menschen loyal sind und nur selten die egoistische Nash-Strategie wählen. Sogar Nash selbst, der unter Schizophrenie litt, als er seine Theorie entwickelte, gab das 1994 in seiner Nobelpreisrede zu: „… allmählich begann ich einige der wahnhaft beeinflussten Gedankengänge, die für meine Ausrichtung charakteristisch waren, mit dem Verstand abzulehnen.“

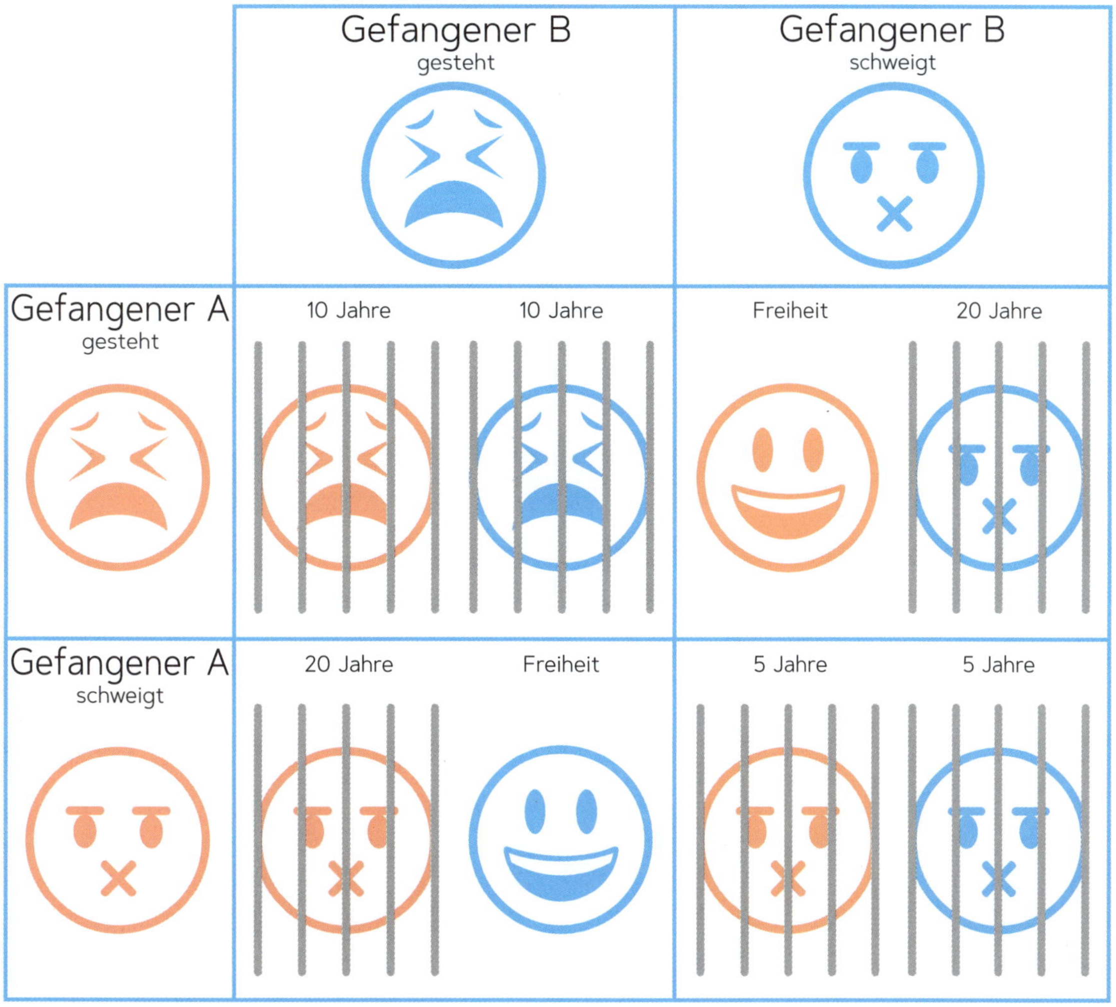

Links: Grafische Darstellung des Gefangenendilemmas. Was sollte jeder Gefangene tun, um das am wenigsten schlimme Ergebnis zu erlangen?

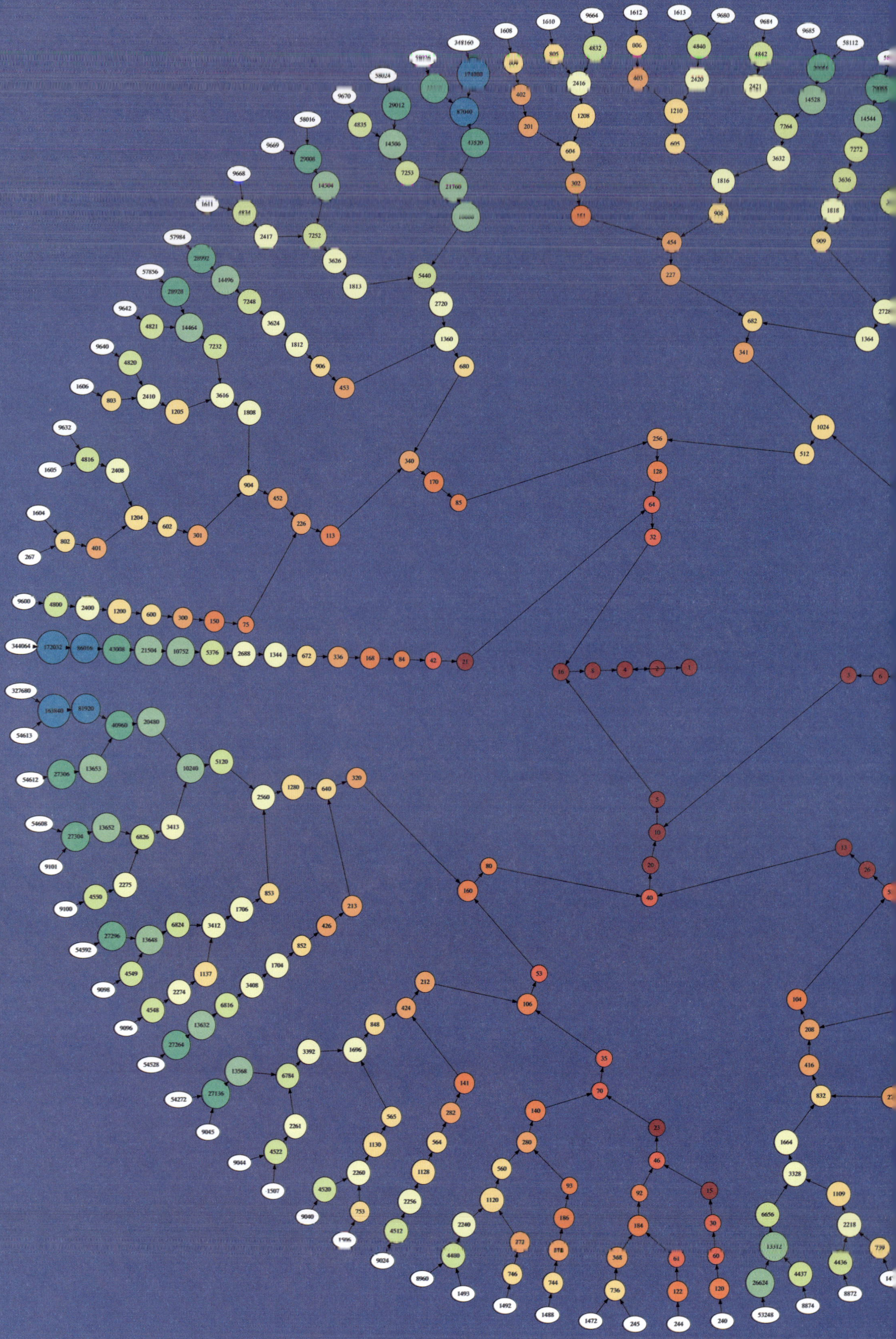

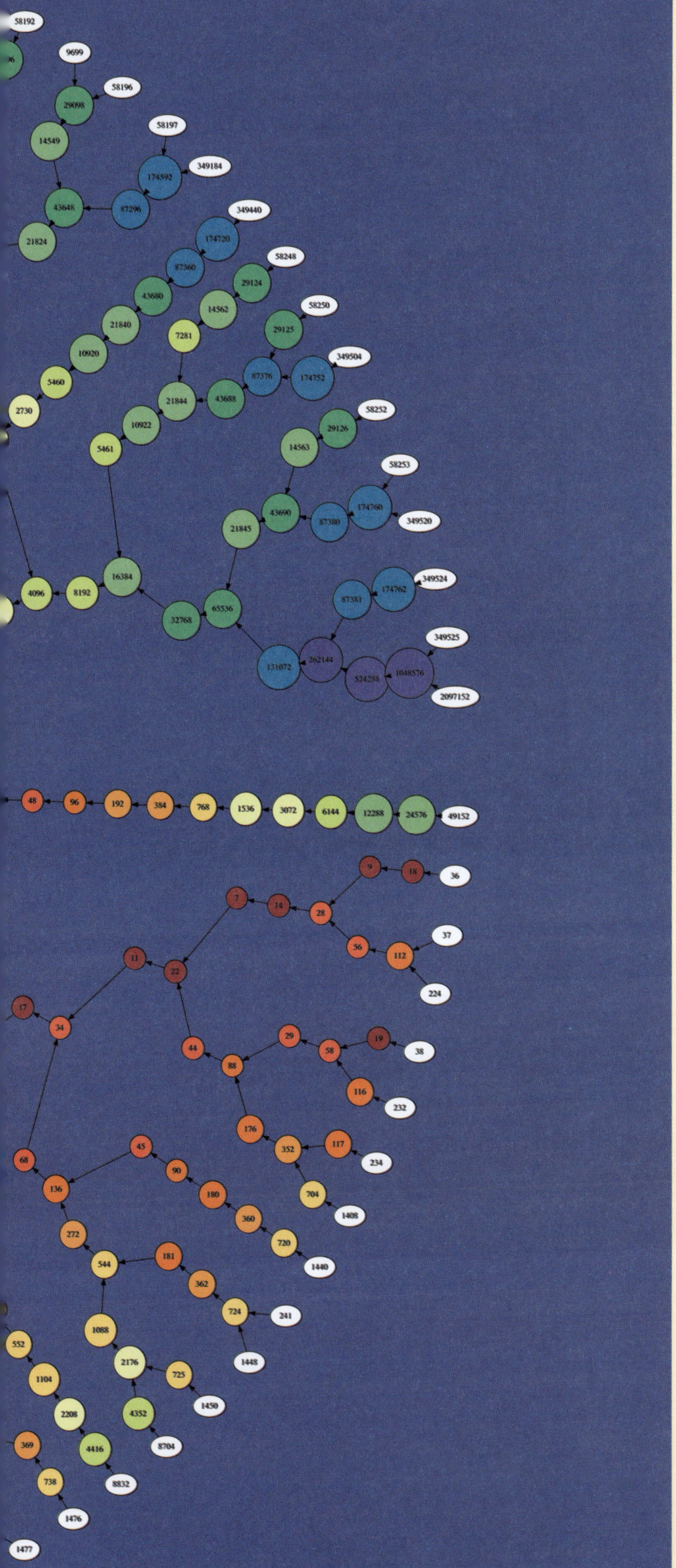

KAPITEL EINUNDZWANZIG

REINE MATHEMATIK

Bisher haben wir die Mathematik mit konkreten Anwendungsgebieten in Verbindung gebracht – mit dem, wofür die Mathematik erfunden wurde, und mit den Problemen, die mit ihrer Hilfe gelöst werden können. Für einen Großteil der modernen Mathematik gibt es jedoch keine praktische Anwendung.

Diese „reine Mathematik" wird nur um ihrer selbst willen praktiziert, was jedoch nicht heißt, dass sie keinen Nutzen hat. Viele große mathematische Entdeckungen hielt man anfangs nur für eine Kuriosität, aber mittlerweile bilden sie die Grundlage wichtiger moderner Prinzipien. Ein Beispiel ist die Homologie, eine mathematische Methode, um Löcher innerhalb von Formen zu beschreiben, die schließlich hilfreich war, um Gebiete mit einer geringen Mobilfunk-Netzabdeckung aufzuspüren und wissenschaftliche Simulationssoftware zu verbessern.

Selbst wenn die reine Mathematik, die an Universitäten auf der ganzen Welt gelehrt wird, nicht zufällig die Energiekrise lösen oder Raumfahrt-KI entwickeln sollte, lohnt es sich, sie zu studieren. Wie die arabischen Gelehrten, die sich durch das Streben nach Wissen dem Göttlichen nähern wollten [S. 112], wollen die heutigen Wissenschaftler und Mathematiker das Wissen um seiner selbst willen erlangen.

Diese hohen Ideale mögen in einer Disziplin, in der mit Zahlen und Variablen jongliert wird, übertrieben erscheinen, aber das Gebiet der reinen Mathematik offenbart oft die eigenartige und überraschend elegante Struktur der Mathematik selbst. Es ist noch nicht geklärt, ob die Mathematik ein fester Bestandteil des Universums ist oder nur eine menschgemachte Methode, um es wahrzunehmen.

Das heißt, dass die mathematischen Konzepte, die in diesem Kapitel vorgestellt werden, nur selten eine vollständige Erklärung haben. Um die Besonderheiten auch nur eines dieser Themen wirklich zu verstehen, müsste man es studieren und gegebenenfalls jahrzehntelang erforschen. Die Beispiele auf den folgenden Seiten sollen daher nur einen groben Überblick über die Arbeit der reinen Mathematiker geben, der für Laien nachvollziehbar, wenn auch nicht komplett verständlich ist.

Rechts: Eine Reihe von homologen Zykeln auf verschiedenen Flächen. Diese seltsam anmutenden Formen sagen überraschend viel darüber aus, wie Mathematik funktioniert.

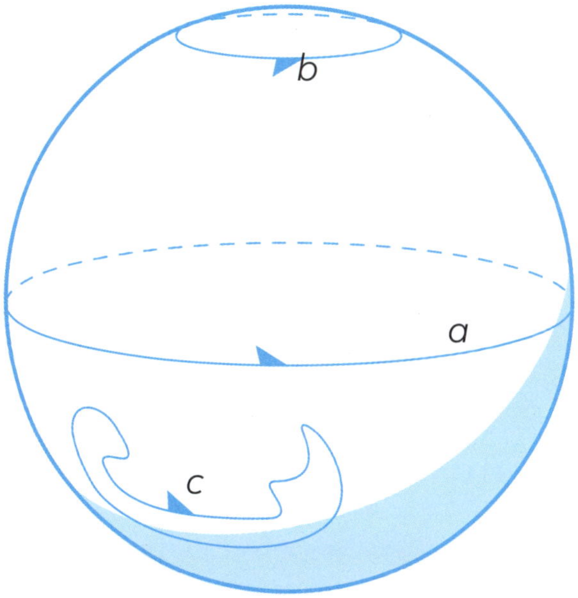

Zykel auf einer 2-Sphäre S^2

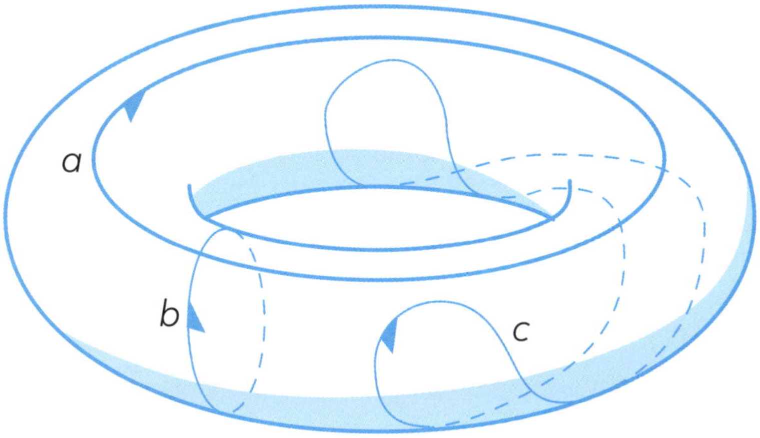

Zykel auf einem Torus T^2

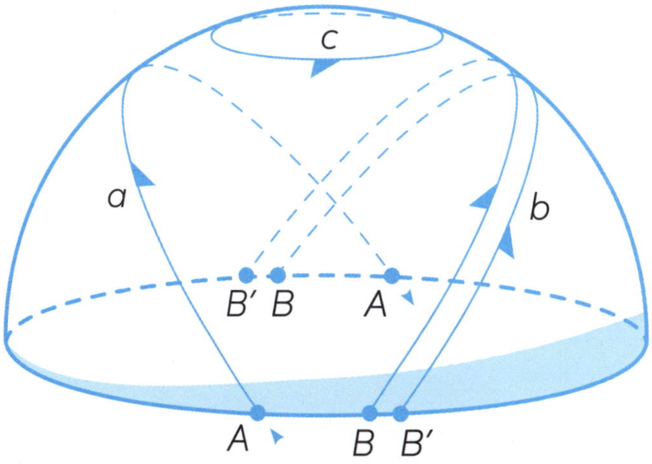

Zykel auf einer hemisphärischen projektiven Ebene P^2

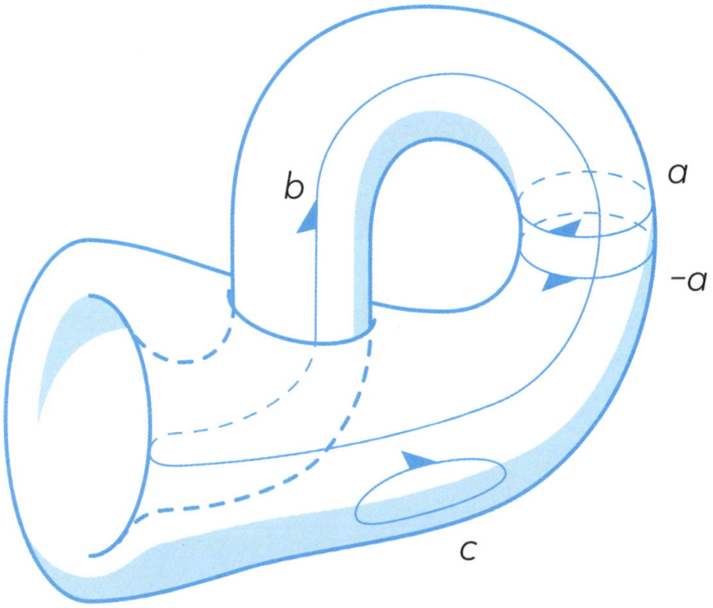

Zykel auf einer kleinschen Flasche K^2

Srinivasa Ramanujan

Srinivasa Ramanujan (1887–1920) wurde in eine Familie der Arbeiterklasse in Britisch-Indien geboren. Er besuchte die lokale Grundschule, bevor er auf der High School schon bald als mathematisches Wunderkind auffiel.

Er sog sämtliches mathematisches Wissen in sich auf. Den Studenten, die bei seiner Familie zur Untermiete wohnten, fragte er Löcher in den Bauch. Er las anspruchsvolle Lehrbücher, stellte eigene mathematische Sätze auf und löste Probleme. Sein Genie wurde erkannt und er erhielt ein College-Stipendium, aber da er sich nur auf Mathematik konzentrierte und in allen anderen Fächern durchfiel, musste er das Studium abbrechen. An anderen Hochschulen erging es ihm gleich, sodass er in Armut lebte, während er an seinen mathematischen Ideen feilte.

Im Jahr 1910 trat Ramanujan einen Job im Finanz- und Zollamt an. Dort begegnete er V. Ramaswami Aiyar (1871–1936), dem Gründer der Indian Mathematical Society. Aiyar machte Ramanujan mit der Mathematikergesellschaft bekannt, teilte einige seiner Ideen mit ihm und verhalf ihm schließlich zu einer Forschungsstelle an der Universität von Madras.

Um Ramanujans Genie besser zu fördern, versuchten er und einige seiner Freunde im Jahr 1913 mehrere britische Mathematiker für ihn zu begeistern, aber viele sahen nur seine mangelnde Bildung und manche schickten seine Arbeiten ungelesen zurück. Nur G. H. Hardy (1877–1947) war erstaunt und schwer beeindruckt, als er eine der Arbeiten erhielt, und holte Ramanujan nach England, um dort zusammen mit ihm an der Cambridge University zu arbeiten.

In den nächsten fünf Jahren forschten die beiden gemeinsam und Hardy verfeinerte Ramanujans brandneue Ideen mit mathematischer Genauigkeit und Beweisfindung. Im Laufe seines Lebens formulierte Ramanujan tausende Gleichungen und Ideen, die viele Bereiche der Mathematik revolutionierten.

Ramanujan litt zeit seines Lebens unter gesundheitlichen Problemen und starb 1920. Als Ursache wird heute eine parasitäre Infektion des Darms angenommen. Wer weiß, welche mathematischen Großtaten er noch begangen hätte, wäre er nicht so jung verstorben.

Links: Das Trinity College der Universität Cambridge zählt seit Jahrhunderten zu einem der führenden Mathematikinstitute der Welt.

Oben: Obwohl er keine Hochschulbildung hatte, entwickelte sich Srinivasa Ramanujan zu einem der weltbesten Mathematiker.

AUSSENSEITER DER MATHEMATIK

Srinivasa Ramanujans fehlende mathematische Hochschulbildung war vielleicht seine größte Stärke. Da er kaum Unterricht erhalten hatte, wusste er verhältnismäßig wenig.

Das bedeutete jedoch, dass er nicht von den Formalismen und Prinzipien der studierten Mathematiker eingeschränkt war. Er hatte die Freiheit, mathematische Konzepte aus gänzlich neuen Blickwinkeln zu betrachten und Methoden auszuprobieren, die andere nicht einmal in Betracht zogen.

Das macht Ramanujan fast einzigartig in der Geschichte der Mathematik. Denn auch wenn ein Mangel an Bildung neue Denkweisen ermöglichen kann, bedeutete das oft, neu zu erfinden, was unzählige Mathematiker im Laufe von hunderten Jahren entwickelt hatten.

Das zipfsche Gesetz

Das zipfsche Gesetz stammt eigentlich nicht aus der Mathematik, sondern aus der Sprachwissenschaft und wurde 1916 vom Stenografen Jean-Baptiste Estoup (1868–1950) entdeckt und nach dem Linguisten George Zipf benannt, der das Gesetz im Jahr 1935 schließlich formalisierte.

Es besagt, dass man eine große Menge von schriftlichen Texten (Bücher, Zeitungsartikel, Gesprächsprotokolle) analysieren und die darin vorkommenden Wörter nach ihrer Häufigkeit ordnen kann. Das häufigste Wort in der englischen Sprache ist der Artikel „the“, der etwas häufiger als einmal unter 16 Wörtern vorkommt. Das gilt für die zehn häufigsten Wörter der englischen Sprache.

Besonders bemerkenswert ist, dass der Rang eines Wortes seiner Häufigkeit entspricht. Das heißt, die Präposition „of“ wird halb so oft verwendet wie „the“; das Wort „in“ wird ungefähr 1/6-mal so oft verwendet und „that“ 1/9-mal. Jede Sprache weist dieses Muster auf.

Das zipfsche Gesetz taucht aber auch außerhalb der Linguistik auf. Erstmals wurde es in Bevölkerungsverteilungen gesehen und trifft auch heute noch zu, wie man an den fünf größten Städten der USA in der Liste rechts sehen kann.

Wie kommt es dazu?

Niemand versteht wirklich, warum das zipfsche Gesetz existiert. Mathematisch-statistische Erklärungsversuche basierten auf der Idee, dass die Wahrscheinlichkeit, beim Tippen auf einer Tastatur mit 27 Tasten (die 26 Buchstaben der englischen Sprache und eine Leertaste) ein Wort aus einem Buchstaben zu schreiben, größer ist als die, ein bestimmtes Wort aus zwei Buchstaben zu schreiben, und die wiederum größer ist, als ein bestimmtes Wort aus drei Buchstaben zu schreiben und so weiter. Daraus entsteht die mathematische Zipf-Verteilung.

Rechts: Das Zipfsche Gesetz lässt sich anhand der Häufigkeit der Wörter in der englischen Sprache veranschaulichen.

Rang	Wort
1	The
2	Of
3	And
4	To
5	A
6	In
7	Is
8	I
9	That
10	It

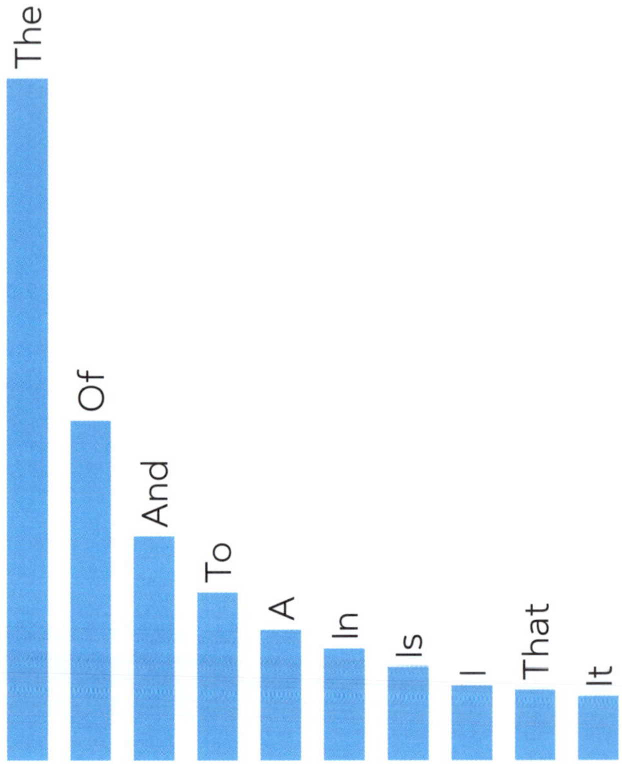

Stadt	Einw. 2022 (Millionen)	Ungefährer %-Anteil an Rang 1
New York	8,3	-
Los Angeles	3,9	47 %
Chicago	2,7	33 %
Houston	2,3	28 %
Phoenix	1,6	19 %

Links: Die Bevölkerungsverteilung der fünf größten Städte der USA folgt dem zipfschen Gesetz.

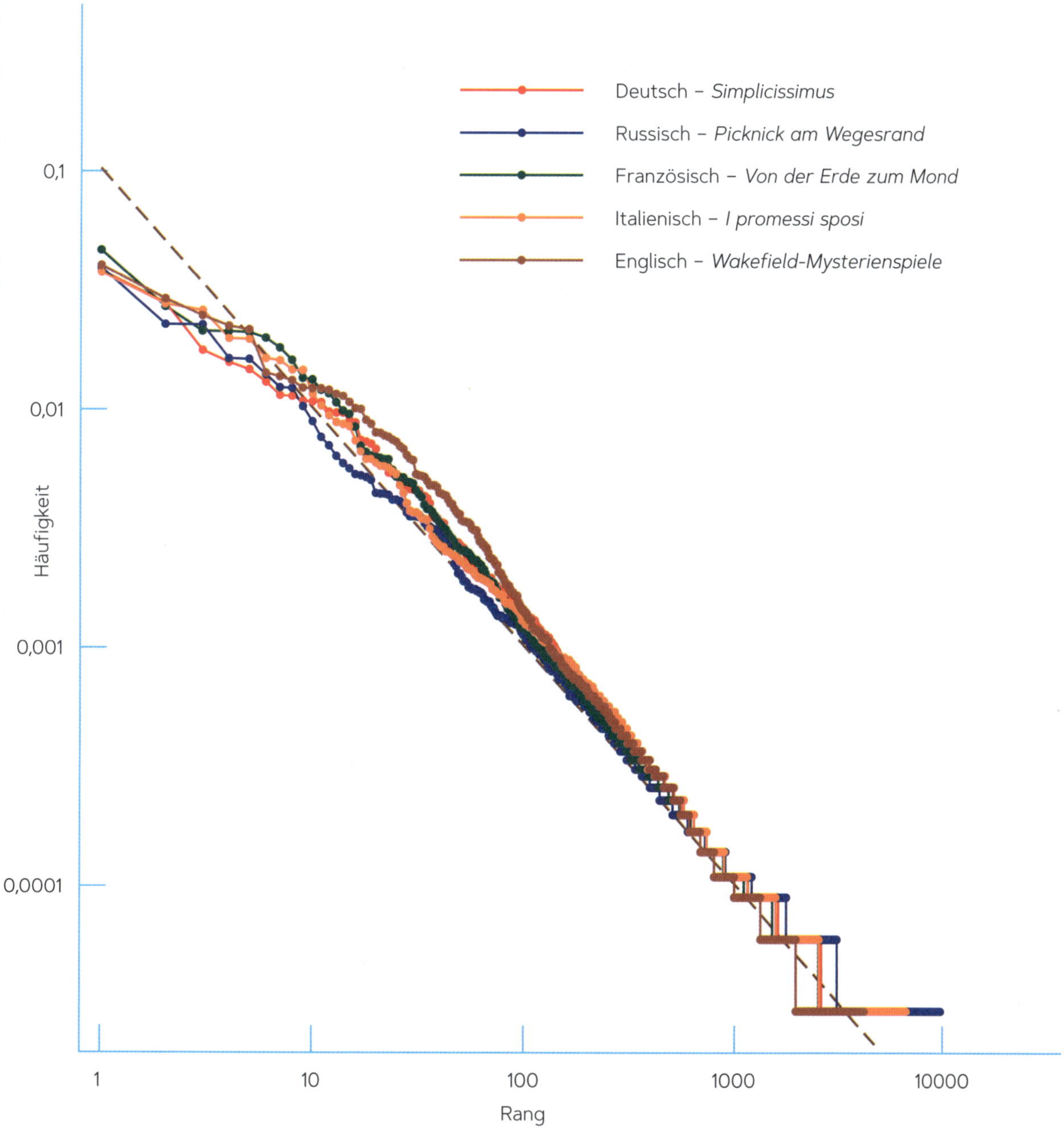

Links: Das Diagramm zeigt die Häufigkeit der Wörter, die in fünf verschiedenen Texten aus fünf verschiedenen Sprachen vorkommen. (Hinweis: Die logarithmische Darstellung lässt die Zipf-Verteilung gerader aussehen.)

1 + 1 = 2

Eine der ersten Rechnungen, die wir in der Mathematik lernen ist 1 + 1 = 2. Sie ist intuitiv, einfach und ihr Ergebnis wird von niemandem angezweifelt. Für manche war das jedoch nicht gut genug. Im Jahr 1910 publizierten Alfred North Whitehead (1861–1947) und Bertrand Russell (1872–1970) den ersten Band der Buchreihe *Principia Mathematica*, dessen Titel sich bewusst auf das gleichnamige Werk von Isaac Newton bezog.

Whitehead und Russell waren fähige Mathematiker, aber ihr Hauptinteresse galt der Philosophie und darin, alles von Grund auf zu verstehen und dabei so wenig wie möglich als gegeben anzunehmen. Sie verwendeten den Begriff „Logik", den sie mitentwickelt hatten, um der Mathematik eine fundierte Struktur zu geben.

Der komplette Text, der aus drei Bänden mit insgesamt fast 2000 Seiten besteht, kann praktisch nur von eingefleischten Logikern und Philosophen verstanden werden. Die Symbole und Begriffe wirken auf Laien wie obskure Zeichen und unzusammenhängendes Gefasel.

Doch nach mehreren hundert Seiten akribischer Schlussfolgerungen und symbolischer Algebra gelangen Whitehead und Russell schließlich an den Punkt, an dem sie zweifelsfrei beweisen können, dass eins plus eins tatsächlich zwei ergibt.

Oben rechts: Der Philosoph Bertrand Russell nutzte seine bemerkenswerten Talente im logischen Verständnis in vielen Disziplinen, auch in der Mathematik.

Unten: Diese entscheidende Passage aus *Principia Mathematica* beweist, dass 1 + 1 = 2. Sie ist in einer logischen Sprache verfasst.

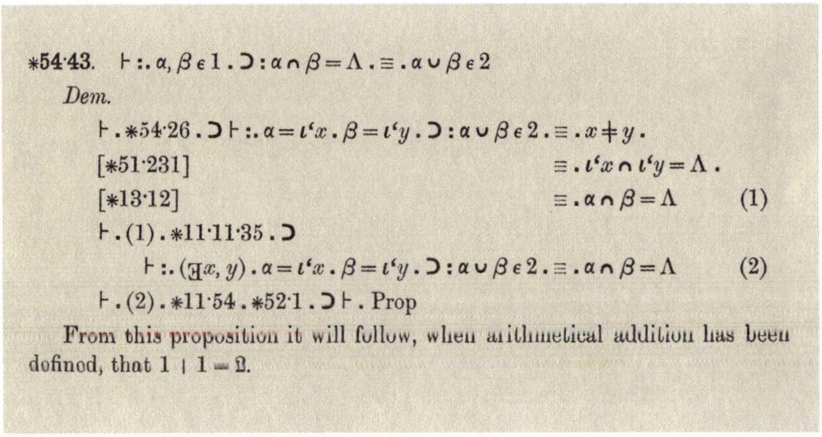

∗54·43. $\vdash :. \alpha, \beta \in 1 . \supset : \alpha \cap \beta = \Lambda . \equiv . \alpha \cup \beta \in 2$

Dem.

$\vdash . *54{\cdot}26 . \supset \vdash :. \alpha = \iota`x . \beta = \iota`y . \supset : \alpha \cup \beta \in 2 . \equiv . x \neq y .$

[∗51·231] $\equiv . \iota`x \cap \iota`y = \Lambda .$

[∗13·12] $\equiv . \alpha \cap \beta = \Lambda$ (1)

$\vdash . (1) . *11{\cdot}11{\cdot}35 . \supset$

$\vdash :. (\exists x, y) . \alpha = \iota`x . \beta = \iota`y . \supset : \alpha \cup \beta \in 2 . \equiv . \alpha \cap \beta = \Lambda$ (2)

$\vdash . (2) . *11{\cdot}54 . *52{\cdot}1 . \supset \vdash .$ Prop

From this proposition it will follow, when arithmetical addition has been defined, that 1 + 1 = 2.

Ein plötzliches Ende

Principia Mathematica hat bekanntlich ein abruptes Ende. Nach der Fertigstellung des letzten Beweises in Band III hört das Buch auf, ohne Schlusswort, Diskussion oder Rückblick auf das vollendete Werk. Dieses plötzliche Ende ließ viele Leser vermuten, dass es sich um einen unvollendeten Text handele.

Principia bietet nur eine formale Grundlage für die Kardinalzahlen (natürliche Zahlen); die Ordinalzahlen (die Positionen wie Erster, Zweiter usw. anzeigen); die reellen Zahlen (jede Zahl, die auf einer Zahlengeraden darstellbar ist, etwa e oder π); sowie die Mengenlehre [S. 270].

Whitehead arbeitete weiterhin daran, die formale Logik in der Geometrie zu etablieren, aber wie auch Russell wandte er sich weitgehend anderen Forschungsbereichen zu und überließ den Rest anderen. Den Nachfolgern der beiden gelang es, die formale Logik als legitime mathematische Methode zu verbreiten und ihre Verwendung auf fast jedes Teilgebiet der modernen Mathematik auszuweiten.

Unvollständigkeitssatz

Bei all der kuriosen und erstaunlichen Mathematik, die es gibt, erscheint es fast, als gäbe es nichts, was die Mathematik nicht kann. Doch im Jahr 1931 entwickelte Kurt Gödel (1906–1978) auf der Basis der formalen Logik von Whitehead und Russell einen Meilenstein der Mathematik – seinen Unvollständigkeitssatz, den er in seiner Arbeit *Über formal unentscheidbare Sätze der Principia Mathematica und verwandter Systeme I* veröffentlichte.

Der Satz besagt:
(1) Jedes konsistente formale System (F), in dem ein gewisses Maß an elementarer Arithmetik ausgeführt werden kann, ist unvollständig.
(2) Angenommen, F ist ein konsistentes formales System, das elementare Arithmetik beinhaltet. Dann beweist F nicht, das F konsistent ist.

Das bedeutet, wenn ein mathematisches System konsistent ist, kann es nicht vollständig sein, und dass Axiome (als wahr akzeptierte Aussagen) nicht in ihrem eigenen System bewiesen werden können.

Der Unvollständigkeitssatz meint damit, dass es zwangsläufig immer Probleme geben wird, die von der Mathematik in diesem formalen System nicht gelöst werden können. Nehmen wir zum Beispiel diese simple Gleichung:

$$1 \div 0 = x$$

Das ist eine formal korrekte Gleichung, aber sie hat dennoch keine Lösung, da es für x keinen möglichen Wert gibt. Dieses Problem gab es schon früher, etwa bei den imaginären Zahlen [S. 192], aber Gödel sagt uns, dass auch in Zukunft immer wieder Fragen auftreten werden, auf die es keine Antwort gibt.

Oben: Kurt Gödels Unvollständigkeitssatz zählt zu den wichtigsten Meilensteinen in der Mathematik des 20. Jahrhunderts.

Kurt Gödel

Kurt Gödel (1906–1978) wurde im heutigen Tschechien geboren. Als Kind war er kränklich, aber entwickelte sich dennoch gut. Er studierte erst Physik, dann Mathematik. Nachdem er seinen Doktorgrad der Mathematik erlangte, nahm er eine Stelle an der Universität Wien an.

Nur ein Jahr später vervollständigte er seine bahnbrechende Arbeit zum Unvollständigkeitssatz, die ihm internationale Bekanntheit verschaffte. Er wurde auf lange Vorlesungsreisen ins Ausland eingeladen, häufig in die USA, wo er sich mit anderen Größen der Mathematik anfreundete, darunter Albert Einstein.

Nachdem seine Heimat Österreich von den Nazis eingenommen worden und der Zweite Weltkrieg ausgebrochen war, flüchtete Gödel (der in jüdischen Kreisen verkehrte, aber selbst kein Jude war) in die USA. Dort verhalf ihm Einstein zu einer Anstellung an der Princeton University, wo Gödel weiterhin wichtige Arbeiten in der Mathematik veröffentlichte. Sein Interesse an der Philosophie wuchs und auch zu diesem Thema verfasste er zahlreiche Schriften, aber seine späteren Theorien erlangten keine größere Bekanntheit.

Gödel litt unter extremen Anfällen von Paranoia und dachte, dass ihn jemand vergiften wollte. Er verzehrte nur Speisen, die seine Frau zubereitet hatte. Als sie für längere Zeit ins Krankenhaus musste, verweigerte er das Essen und starb schließlich an Unterernährung. Zuletzt wog er nur noch 30 Kilogramm.

Rechts: Diese Grafik der Zahlenfolge aus dem Collatz-Problem beginnt bei 17 und zeigt den Zyklus, der sich ständig wiederholt.

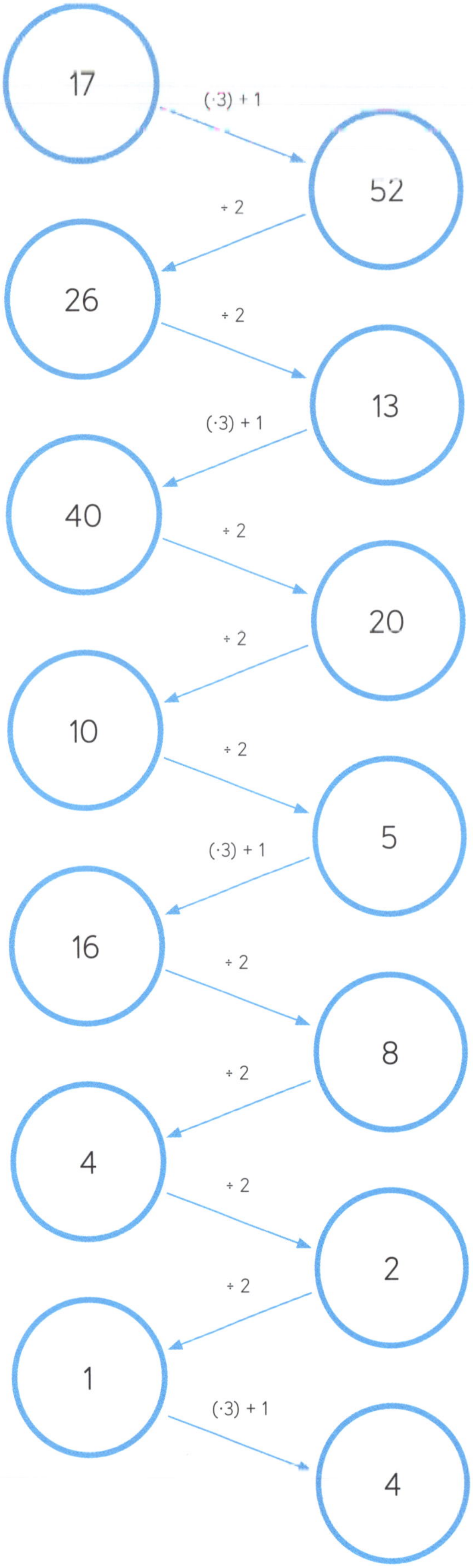

Das Collatz-Problem

Das Collatz-Problem ist eine simple Rechenaufgabe, die aussieht, als wäre sie längst allgemein bekannt. Doch bis heute ist sie ungelöst.

Wählen Sie irgendeine beliebige Zahl und wenden Sie die folgenden Regeln darauf an:

(1) Ist die Zahl gerade, durch 2 dividieren.
(2) Ist die Zahl ungerade, mit 3 multiplizieren und anschließend 1 hinzuzählen.

Wenn Sie diese einfachen Schritte immer wieder befolgen, wird Ihnen etwas Seltsames auffallen.

Nehmen wir als Beispiel die Zahl 17. Mit 3 multiplizieren und 1 hinzuzählen ergibt 52, was durch 2 dividiert wird und 26 ergibt. Teilt man 26 durch 2, erhält man 13. Dann mit 3 multiplizieren und 1 hinzuaddieren, um 40 zu erhalten. Geht man immer weiter so vor, wie die Grafik links zeigt, erhält man irgendwann die Zahl 4. An diesem Punkt wiederholen sich die Zahlen 4, 2 und 1 in einer ewigen Abfolge, die kein Ende hat.

Ganz rechts: Lothar Collatz

Das Collatz-Problem wurde 1937 vom deutschen Mathematiker Lothar Collatz (1910–1990) gestellt. Es besagt, dass es keine Rolle spielt, mit welcher Zahl man beginnt (solange es eine reelle, positive, ganze Zahl ist), die Zahlenfolge führt irgendwann immer zur 4 und ab da wiederholt sich die Endlosschleife. Das kann man mit einer beliebig großen Zahl ausprobieren, zum Beispiel mit 75 839 209, die nach 153 Schritten im 4-2-1-Zyklus mündet.

Eine Lösung für das Unlösbare

Fast hundert Jahre später ist das Collatz-Problem noch immer ungelöst und selbst der Versuch, es zu lösen, wird als vergebliche Mühe angesehen. Einige bekannte Mathematiker behaupten, dass die heutige Mathematik noch nicht ausreichend entwickelt ist, um das Problem zu lösen, und dass wir erst einen neuen Durchbruch von der Art der imaginären Zahlen oder etwas Ähnliches brauchen.

Trotzdem gab es Fortschritte und Entdeckungen beim Versuch, das Problem zu lösen – etwa die unterschiedlich langen Wege, die verschiedene Zahlen brauchen, um den Endloszyklus zu erreichen; die größte erreichte Zahl; und die Häufigkeit der Anfangsziffer in jeder Zahl einer Abfolge. Die mathematischen Muster, die bei der Untersuchung des Collatz-Problems zutage kommen, tauchen in der gesamten Mathematik immer wieder auf und zeigen, dass die Mathematik, die wir verwenden, noch weiter in die Tiefe geht, als zuvor angenommen.

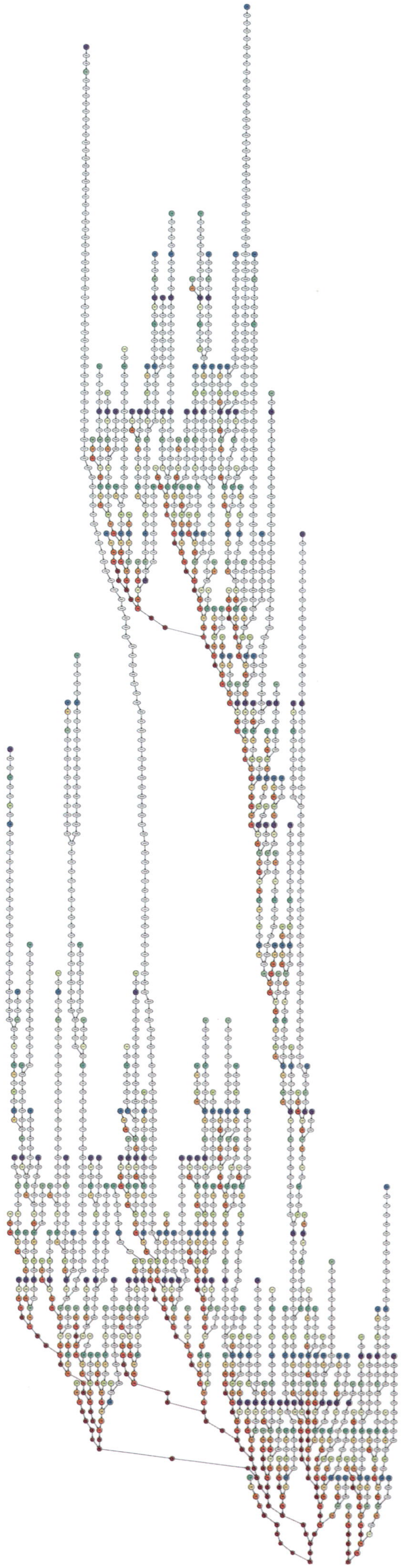

Links: Das Diagramm zeigt die Collatz-Folgen der ersten tausend Zahlen.

Der Vierfarbensatz

Vieles in der modernen Mathematik wirkt recht einfach und sogar spielerisch, wie ein lustiges Rätsel (etwa das Ziegenproblem [S. 386]). Hinter den kreativen Lösungen versteckt sich jedoch eine überraschende mathematische Komplexität.

Ein Beispiel dafür ist der Vierfarbensatz. Er besagt, dass man für jede „Landkarte" (also ein zweidimensionales Bild), egal wie abstrakt oder kompliziert sie auch ist, nur vier Farben benötigt, um zu garantieren, dass keine zwei aneinander angrenzenden Formen dieselbe Farbe haben.

Dieses Phänomen wurde bereits im 19. Jahrhundert entdeckt, als ein Kartograf eine Landkarte von England einfärbte. Er teilte seine Erkenntnis seinem Bruder mit, der an der Universität studierte und sie an seine Professoren weitergab. Von da an wurde das Thema in akademischen Kreisen behandelt.

Das Erstellen einer vierfarbigen Karte kann spannend sein. Man muss nur verschiedene Formen mehr oder weniger wahllos auf ein Blatt Papier zeichnen und die Farbregel für das gesamte Bild beachten – und man wird sehen, dass es möglich ist. Eine beliebige Karte auf diese Weise einzufärben, ist eine interessante Denkaufgabe, aber einen mathematischen Beweis für die allgemeine Gültigkeit des Vierfarbensatzes zu finden, ist weitaus schwieriger.

Im Jahr 1890 bewies Percy Heawood (1861–1955) den Fünffarbensatz (das gleiche Prinzip wie der Vierfarbensatz, nur mit einer zusätzlichen Farbe) – und zwar mit einem Widerspruchsbeweis. Doch obwohl er sein ganzes Leben daran arbeitete, gelang es ihm nicht, auch die Gültigkeit des Vierfarbensatzes auf diese Weise zu bestätigen.

Unten: Diese Karte der USA wurde nach dem Vierfarbensatz gestaltet, damit keine zwei benachbarten Bundesstaaten dieselbe Farbe haben.

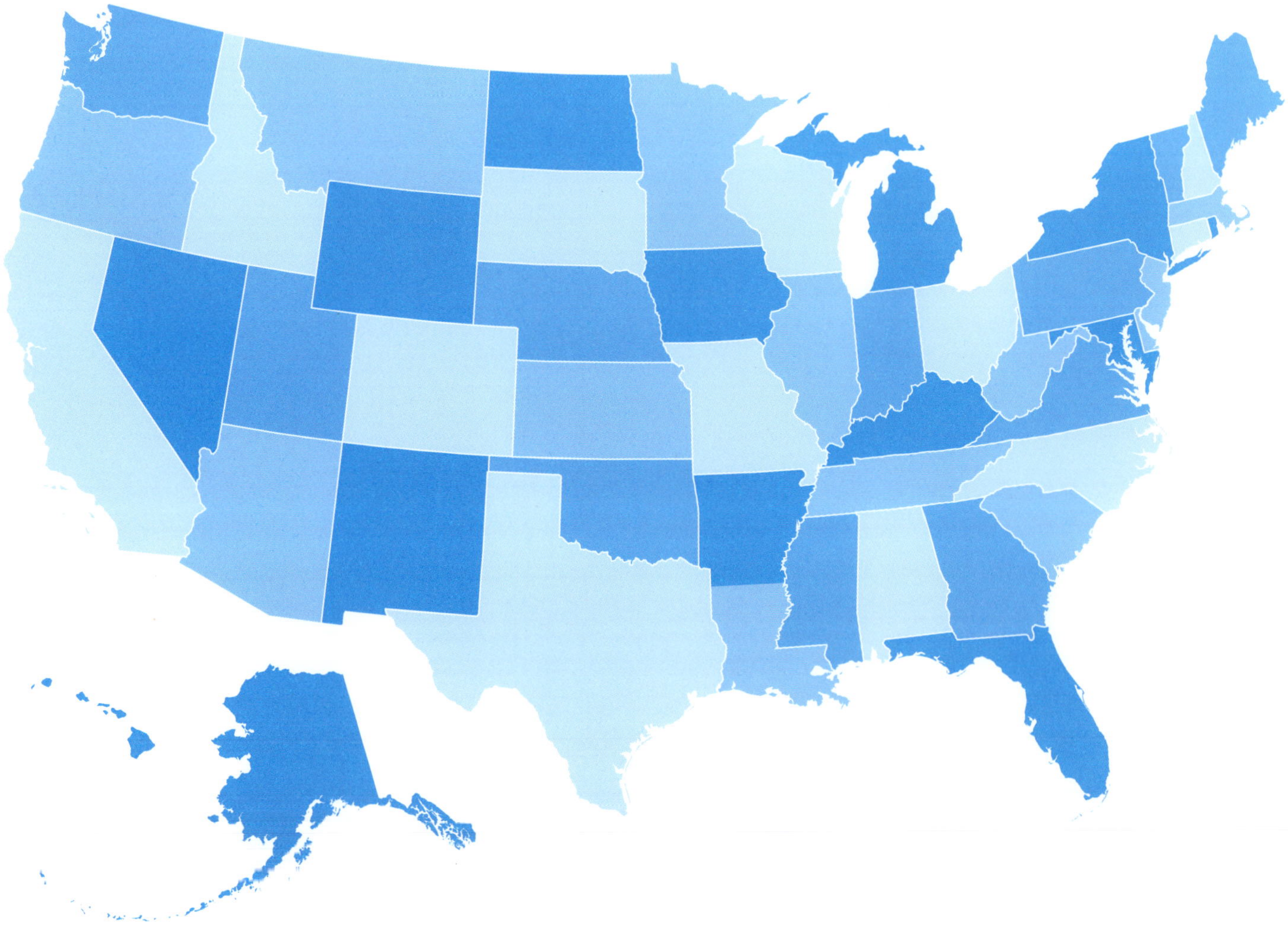

Computerlösung

Die endgültige Lösung des Vierfarbensatzes war der erste mathematische Beweis, der mithilfe eines Computers aufgestellt wurde. Im Jahr 1976 gaben Kenneth Appel (1932–2013) und Wolfgang Haken (1928–2022) von der University of Illinois bekannt, dass sie eine Lösung gefunden hatten.

Diese Aussage war kontrovers und wurde nicht allgemein akzeptiert. Viele Kritiker (unter anderem der Philosoph Thomas Tymoczko) behaupteten, der Beweis wäre so lang und komplex und bestünde aus so vielen Berechnungen, dass es praktisch unmöglich war, ihn auf dem Papier zu überprüfen.

Das war ein Wendepunkt für die Mathematik, da man erkannte, dass manche Probleme nur vom Computer und nicht rein im Kopf gelöst werden konnten.

Oben: Kenneth Appel und Wolfgang Haken waren die Ersten, die den Vierfarbensatz beweisen konnten.

Links: Ein komplizierteres, abstrakteres Beispiel für den Vierfarbensatz. Aber auch hier reichen vier Farben völlig aus.

Terence Tao

Terence Tao (geb. 1975) wurde in Australien als Sohn von Einwanderern aus Hongkong geboren. Die Akademikerfamilie unterstützte den Jungen, der ein mathematisches Wunderkind war.

Im Alter von neun Jahren besuchte er bereits Mathematikkurse auf Universitätsniveau und mit 13 Jahren war er der jüngste Gewinner der Internationalen Mathematik-Olympiade (und ist noch immer Rekordhalter). Seine Bachelor- und Master-Abschlüsse machte er mit 16, und seinen Doktortitel von der Universität Princeton erhielt er im Alter von 21 Jahren, bevor er eine Stelle am Mathematikinstitut der University of California in Los Angeles annahm. Mit 24 Jahren wurde er zum ordentlichen Professor ernannt – und war damit die jüngste Person, der das gelang.

Tao ist ein Mathegenie durch und durch. Er erhielt internationale Auszeichnungen und zahlreiche Preise, unter anderem eine Fields-Medaille im Jahr 2006 [S. 296]. Seine Arbeit zu dynamischen Systemen, zur Zahlentheorie und zu den partiellen Differenzialgleichungen brachte ihm den Ruf ein, der beste lebende Mathematiker zu sein.

Ein moderner Mathematiker

Viele Genies wirken unverständlich und abgehoben, aber Tao ist stets bemüht, seine höchst anspruchsvolle Forschungstätigkeit für die Allgemeinheit zugänglicher zu machen.

Das macht er vorwiegend über seinen Blog (terrytao.wordpress.com). Wenn er eine neue wissenschaftliche Arbeit publiziert, veröffentlicht er dazu oft auch einen begleitenden Blogbeitrag, der das Thema einfacher erklärt, als es für eine Fachzeitschrift angemessen wäre.

Die Blogartikel sind nicht ganz so akademisch wie seine wissenschaftlichen Arbeiten, erfordern für ihr Verständnis dennoch ein mathematisches Hochschulniveau oder eine Leserschaft aus „mathematisch interessierten Laien" und sind nichts für Mathe-Verweigerer.

Links: Terence Tao gilt als einer der besten lebenden Mathematiker der Welt.

Der Satz von Green-Tao

Die vielleicht bedeutendste Entdeckung, die das mathematische Genie Terence Tao (geb. 1975) machte, gelang ihm in Zusammenarbeit mit dem britischen Mathematiker Ben Green (geb. 1977): der Satz von Green-Tao, wie er genannt wird. Er besagt:

> ***Die Menge der Primzahlen enthält beliebig lange arithmetische Folgen.***

Eine arithmetische Folge ist eine Zahlenfolge, bei der die Zahlen immer den gleichen Abstand haben: zum Beispiel haben 2, 4, 6, 8 den Abstand 2. Es gibt auch arithmetische Folgen aus lauter Primzahlen, etwa:

5, 11, 17, 23, 29

Hier beträgt der Abstand stets 6 und jedes Glied der Folge ist eine Primzahl.

Als Tao und Green ihre Arbeit veröffentlichten, hatte die längste bekannte arithmetische Folge eine Länge von 23 Primzahlen und eine arithmetische Differenz von 2 124 513 401 010, doch der Satz von Green-Tao beweist, dass es unendlich viele Primzahlenfolgen gibt, die beliebig lang sein können. Die heute längste bekannte Folge besteht zwar aus nur 27 Primzahlgliedern, dennoch war die Erkenntnis hinter dem Satz ein enormer Durchbruch in der Zahlentheorie.

Rechts: Diese Werte ergeben durch das Hinzuaddieren von *n* die kleinsten Größen für arithmetische Primzahlfolgen. Für *k* von 12 ist die erste Primzahl 110437+(13860*1), die zweite 110437+(13860*2) usw., bis 110437+(13860*11).

k	Primzahlen für $n = 0$ bis $n = k-1$
3	$3 + 2n$
4	$5 + 6n$
5	$5 + 6n$
6	$7 + 30n$
7	$7 + 150n$
8	$199 + 210n$
9	$199 + 210n$
10	$199 + 210n$
11	$110437 + 13860n$
12	$110437 + 13860n$
13	$4943 + 60060n$
14	$31385539 + 420420n$
15	$15453391 + 4144104n$

BAR
BAR

Kapitel zweiundzwanzig

Wahrscheinlichkeit und Statistik

Die Wahrscheinlichkeit ist ein theoretisches Teilgebiet der Mathematik, das sich mit Zufällen beschäftigt – also wie stark erwartet wird, dass ein Ereignis eintritt. Die Statistik ist ein angewandter Zweig der Mathematik und befasst sich mit der Analyse und Interpretation gesammelter Daten. Da sich die Statistik oft auf Wahrscheinlichkeiten stützt, sind beide Disziplinen eng miteinander verknüpft.

Statistiken spielen in allen Bereichen der modernen Welt eine wichtige Rolle und aus diesen Statistiken werden Wahrscheinlichkeiten errechnet. Ursprünglich begann die Wahrscheinlichkeitstheorie als Strategie, um häufiger beim Karten- oder Würfelspiel zu gewinnen, aber Statistik wird heute unter anderem verwendet, um Verkehrswege auszubauen und die Regale im Supermarkt zu füllen. Sogar die Art der medizinischen Behandlung, die ein Patient erhält, wird oft auf Basis statistischer Daten ermittelt. Dazu werden hauptsächlich „statistische Modelle" verwendet, deren Struktur und Funktionsweise sehr komplex sind, aber die dasselbe Ziel verfolgen: auf der Basis der vorhandenen Informationen eine Vorhersage über das wahrscheinlichste Ergebnis in einem bestimmten Szenario zu treffen.

Mit der Verbreitung der KI wird die statistische Mathematik wichtiger denn je, da das maschinelle Lernen und die Big-Data-Modelle letzten Endes nicht viel mehr als komplexe Statistik sind.

Die Ursprünge

Manchen Berichten zufolge existierte eine frühe Form von Statistik bereits vor Jahrtausenden: Schon zur Zeit der Babylonier sammelten und analysierten die Menschen mithilfe von Volkszählungen größere Mengen von Daten, etwa über die Bevölkerung oder Steuerzahlungen. Im Großbritannien des 17. Jahrhunderts erlebte die Statistik einen Aufschwung, da Reeder anfingen, ihre Schiffe zu versichern, um sich vor den verheerenden Verlusten im Falle eines Schiffbruchs zu schützen. Oft hatten die Schiffe mehrere Versicherungsgeber, um das Risiko auf mehrere Personen aufzuteilen. Aus dieser Entwicklung entstand zu jener Zeit auch der Beruf des Versicherungskaufmanns, der Daten auswertete, um die Wahrscheinlichkeit solcher Verluste zu ermitteln und seine Entscheidung dementsprechend anzupassen – eine frühe Form der Statistik.

Im 17. Jahrhundert entwickelte sich auch die Wahrscheinlichkeitstheorie. Besonders bedeutend war der Briefwechsel zwischen Blaise Pascal (1623–1662) und Pierre de Fermat (1601–1665), die ein Spielproblem erörterten (heute als „Teilungsproblem" bekannt): Dabei ging es um die Frage, wie ein Gewinn aufzuteilen war, sollte ein Spiel vor seinem eigentlichen Ende abgebrochen werden [S. 212]. Die Diskussion zwischen Fermat und Pascal schuf die Basis für die Wahrscheinlichkeitstheorie.

Doch erst im frühen 19. Jahrhundert entwickelte sich die Statistik zur Wissenschaft, und erst 1911 erweckte sie professionelles Interesse, als Karl Pearson das erste Statistikinstitut einer Universität gründete.

Karl Pearson

Karl Pearson (1857–1936) wurde in England als Sohn eines Anwalts geboren. Sein Vater sorgte dafür, dass er die besten Schulen des Landes besuchen konnte. Später reiste er durch Deutschland, wo er Physik, Philosophie und Geschichte studierte. Nachdem er sich als Experte für die Erforschung des deutschen Volkes etabliert hatte, wurde er zurück an seine Alma Mater eingeladen – das King's College in Cambridge.

Nach einem kurzen Versuch, Jura zu studieren, um in die Fußstapfen seines Vaters zu treten, entschied sich Pearson für ein Studium der Mathematik und brachte es bis zur Professur. Seine breitgefächerten Interessen führten ihn zur Überlegung, wie er die Mathematik auf diese Bereiche anwenden konnte, etwa auf Biologie, Psychologie und die Geschichte verschiedener Menschengruppen.

Im Jahr 1901 gründete er die Fachzeitschrift *Biometrika,* die Daten über Menschen und Tiere verglich. Der Gedanke dahinter war, diese Daten zu nutzen, um verschiedene Probleme zu lösen. Die ersten Ausgaben behandelten Themen wie: „Über die Vererbung der Lebensdauer", „Statistische Beobachtungen über Termiten" oder „die Fruchtbarkeit von Schweinen".

Diese Arbeit führte dazu, dass Pearson im Jahr 1911 an der University of London das erste Institut für Statistik ins Leben rief. Dort entwickelte man mathematische Methoden für die Analyse und Anwendung gesammelter Daten, um verschiedene Beobachtungen und Vorhersagen machen zu können, ähnlich wie auch die anderen Teilgebiete der Mathematik genutzt wurden.

Karl Pearsons Arbeit basierte jedoch nicht auf den edlen mathematischen Prinzipien vieler seiner Vorgänger. Pearson war ein Eugeniker und vertrat die Ansicht, die menschliche Rasse sollte genetisch verbessert werden, indem reguliert wurde, welche Menschen sich fortpflanzen dürfen.

Diese Ideen waren der Antrieb hinter dem Großteil seiner statistischen Arbeit. Er nutzte seine Erkenntnisse, um rassistische Theorien wissenschaftlich zu untermauern, und sah sich als Kreuzritter gegen die „minderwertigen Rassen" – eine Ansicht, die auch fürchterlichen Antisemitismus beinhaltete. Heute sind Pearsons Ideen schockierend, aber damals waren sie erschreckend verbreitet und akzeptiert. Seine Position an der University of London, die es ihm ermöglicht hatte, das Statistik-Institut einzurichten, nannte sich sogar „Lehrstuhl der Eugenik" und war eine angesehene Stellung in einer Zeit, in der Sozialdarwinismus ein allgegenwärtiges Thema war.

Pearsons Geschichte soll uns daran erinnern, dass selbst in der Mathematik, von der man vielleicht meint, ihre objektive Zahlenwelt könne uns von allen kulturellen und politischen Einflüssen befreien, jeder Mensch von seinem Umfeld und der Zeit, in der er lebt, stark geprägt ist.

Links: Karl Pearson wird oft als Begründer des Fachgebiets der Statistik angesehen.

Statistik in der Medizin

Im Jahr 1662 veröffentlichte der britische Kurzwarenhändler John Graunt (1620–1674) das Buch *Natural and Political Observations ... made upon the Bills of Mortality* (*Natürliche und politische Beobachtungen ... zu den Sterbeverzeichnissen*), in dem er die Muster der Todesstatistik der Londoner Bevölkerung analysierte. Basierend auf den vorhandenen Daten erstellte er eine „Sterbetafel", die zu jedem Lebensalter den Prozentsatz der Menschen angab, die dieses Alter wahrscheinlich erreichen würden. In Folge wurden die Sterbetafeln von Versicherungsgesellschaften herangezogen, um Lebensversicherungen zu berechnen. Bald darauf setzten sich Wegbereiter wie die Krankenschwester Florence Nightingale (1820–1910) [S. 235] für die Verwendung der Statistik in der Medizin ein.

Heute wird die statistische Modellierung unter anderem auch zur Vorhersage der Folgen und Kontrolle der Ausbreitung von Krankheiten eingesetzt, wie etwa während der COVID-19-Pandemie, wo man mithilfe statistischer Daten die Verbreitung des Virus einschätzte und Prognosen für zukünftige Entwicklungen erstellte. Auch die Maßnahmen für die Bekämpfung der Seuche wurden auf der Grundlage von Statistiken entschieden.

Wetterstatistik

Die Medizin ist bei weitem nicht der einzige Bereich des Alltags, in dem statistische Methoden angewendet werden. Man muss nur den Wetterbericht lesen, um die Statistik in der Praxis zu sehen.

Die Vorhersage des Wetters ist bekanntermaßen keine einfache Angelegenheit, denn das chaotische System, aus dem das Wetter entsteht, ist gleichzeitig sehr global (weltumspannende Wettermuster) und stark von lokalen Gegebenheiten bedingt (Einflüsse von Höhe, Gelände, nahen Gewässern oder auch das Vorhandensein von Gebäuden).

Aus diesem Grund greifen Meteorologen auf Statistiken zurück. Wettermuster können durch Sammlungen von Gleichungen beschrieben werden, aus denen Computerprogramme „Simulationen" erstellen – das heißt, annähernde Lösungen für diese Gleichungen. Diese statistischen Modelle stützen sich auf physikalische Gesetze. Sie führen zahlreiche Simulationen durch, stets mit winzigen Änderungen, die unterschiedliche Ergebnisse erzeugen. Das ermöglicht es Meteorologen, statistische Modelle wie die Bayes-Statistik [S. 280] zu verwenden, um die wahrscheinlichsten Wetterereignisse sowie die Genauigkeit der Prognose zu bestimmen.

Neueste Fortschritte im 21. Jahrhundert – in der Mathematik und Statistik wie auch in der Erfassung und Berechnung von Daten – führten zu immensen Verbesserungen der Wettervorhersagen. In vielen Gebieten kann das Leben retten, da man Unwetter wie Überschwemmungen oder Tornados mittlerweile häufig vorhersagen kann.

Rechts: Ein Computer-Vorhersagemodell für das Sturmtief Elliot, das am 23. Dezember 2022 über Nordamerika zog. Das Modell errechnete mithilfe von statistischen Methoden die wahrscheinlichsten Ergebnisse.

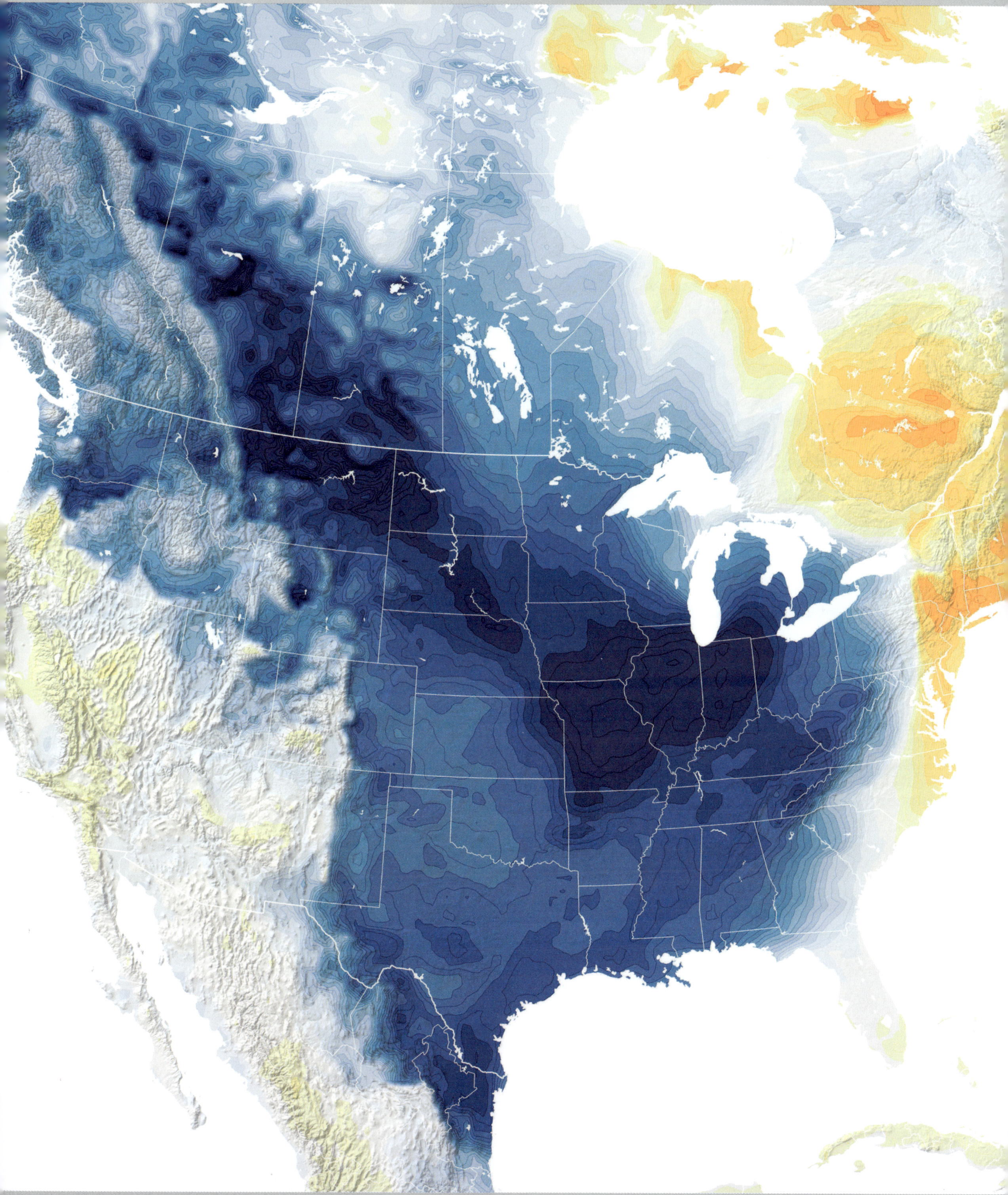

Bayes-Statistik

Die Bayes-Statistik beruht auf einem System aus „Überzeugungen“, die mit immer neuen Informationen aktualisiert werden, um mehr und genauere Ergebnisse zu liefern.

Die Grundlage für diese Statistik bildet der Satz von Bayes. In seiner einfachsten Form besagt er:

$$\text{Die Wahrscheinlichkeit von } A\text{, wenn } B = \frac{\text{W von } A \cap B}{\text{W von } B}$$

Betrachten wir dazu ein Beispiel: Stellen Sie sich vor, Sie gehen zur Krebsvorsorge und das Testergebnis ist positiv. Bestimmt wären Sie besorgt, aber die Statistik dazu wird Sie vielleicht überraschen.

Zuerst muss berücksichtigt werden, dass für einen Erwachsenen die Wahrscheinlichkeit, an Krebs zu erkranken, ungefähr 5 % beträgt. Zweitens ist die Genauigkeit keiner diagnostischen Methode perfekt. Nehmen wir an, der im Beispiel verwendete Test erkennt 90 % aller positiven Fälle und zeigt bei Personen, die keinen Krebs haben, in 8 % der Fälle ein positives Ergebnis. Das kann man so formulieren:

Wahrscheinlichkeit, Krebs zu haben: $P(A) = 0{,}05$

Wahrscheinlichkeit eines positiven Tests, wenn Krebs: $P(B|A) = 0{,}9$

Wahrscheinlichkeit eines positiven Tests, wenn kein Krebs: $P(B|\text{nicht}A) = 0{,}08$

Daraus kann man schnell Folgendes errechnen:

Wahrscheinlichkeit eines positiven Tests: $P(B) = 0{,}05 \cdot 0{,}9 + 0{,}95 \cdot 0{,}08 = 0{,}121$

Diese Zahlen können wir nun in die Formel einset-

PRIESTER UND GELEHRTER

Die Bayes-Statistik ist nach einem Priester aus dem 18. Jahrhundert benannt: Thomas Bayes (ca. 1701–1761) entwickelte seinen Satz auf der Grundlage seiner philosophischen und theologischen Ideen. Seine Theorie wurde von anderen aufgegriffen und ausgebaut, darunter bedeutende Mathematiker wie Pierre-Simon Laplace (1749–1827).

Bis Mitte/Ende des 20. Jahrhunderts blieb sie eine relativ unbekannte und hoch spezialisierte Form der Mathematik. Ein Wendepunkt war das Jahr 1969, als eines der ersten weit verbreiteten Lehrbücher über die Bayes-Statistik veröffentlicht wurde. Der Autor war David Blackwell (1919–2010).

Blackwell erlangte 1941 im Alter von nur 22 Jahren seinen Doktorgrad und war damit der erst siebte afroamerikanische Doktor der Mathematik. Er zeichnete sich schnell in vielen Bereichen der mathematischen Optimierung aus, unter anderem in Statistik, und war der erste Afroamerikaner, der als Mitglied in die *National Academy of Sciences* aufgenommen wurde.

Oben: David Blackwell hält 1963 eine Vorlesung an der University of California.

zen, um die Wahrscheinlichkeit, dass Sie bei einem positiven Testergebnis tatsächlich Krebs haben, wie folgt berechnen:

$$P(A|B) = \frac{P(B \cup A) \cdot P(A)}{P(B)} = \frac{0{,}9 \cdot 0{,}05}{0{,}121} = 37{,}2\ \%$$

Das ist vielleicht nicht intuitiv verständlich, gibt uns jedoch einen Einblick in die Art und Weise, wie man mithilfe solcher Methoden komplexe Zusammenhänge ergründen kann.

Der besondere Nutzen der Bayes-Statistik besteht darin, dass die vorhergehende Berechnung immer wieder mit neuen Informationen durchgeführt werden kann. Um das Ergebnis noch genauer zu machen, können die Wahrscheinlichkeiten verschiedener Risikofaktoren in die Gleichung eingefügt werden, entweder, ob man Raucher, übergewichtig oder genetisch vorbelastet ist.

Standardabweichung

In der Statistik zeigt sich oft, dass ein Ergebnis häufiger vorkommt als andere, und dass die Ergebnisse, die sich ihm annähern, wahrscheinlicher vorkommen als solche, die weiter entfernt sind. Das ist vergleichbar mit der Ankunftszeit eines Zugs im Bahnhof: Meistens kommt er zur exakt gleichen Zeit an, aber manchmal auch ein paar Minuten früher oder später, und gelegentlich sehr viel früher oder später.

Die Verteilung der möglichen Ergebnisse kann in Abhängigkeit von der Häufigkeit ihres Auftretens mit einem Diagramm dargestellt werden. Eine der Kurven, die dabei herauskommen kann, hat eine Glockenform und wird „Normalverteilung“ genannt.

Die Standardabweichung ist ein Maß, das angibt, wie unwahrscheinlich ein bestimmtes Ergebnis ist. Bei der Normalverteilung besitzt jedes Ergebnis, das außerhalb einer Standardabweichung liegt, eine 32%ige Wahrscheinlichkeit aufzutreten. Es besteht eine 5%ige Wahrscheinlichkeit, dass ein Ergebnis außerhalb von zwei Standardabweichungen liegt, und nur eine 0,3%ige dass es außerhalb von drei liegt. (In unserem Beispiel wäre Letztere die Wahrscheinlichkeit, dass ein Zug mehr als eine halbe Stunde zu früh oder zu spät kommt.).

Diese Methode kann überall angewendet werden, von der Schätzung, wie viele Tiere jedes Jahr auf einem Bauernhof geboren werden, bis hin zur Berechnung von Versicherungsprämien aufgrund der Wahrscheinlichkeit, dass jemand einen Autounfall haben wird.

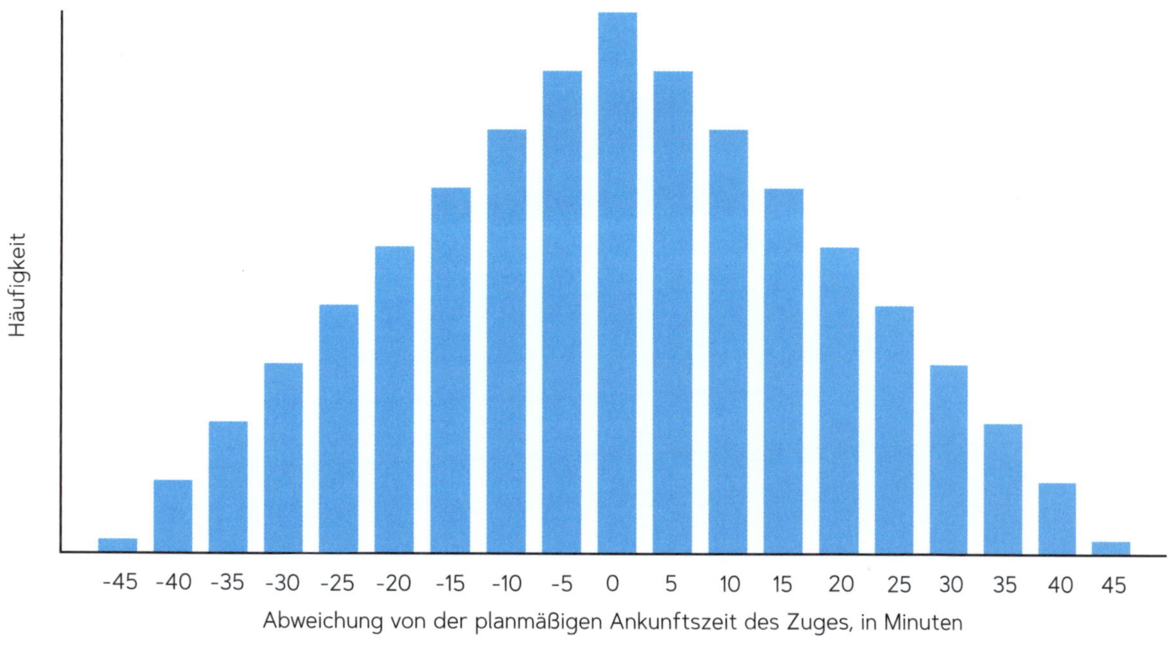

Links: Dieses Histogramm zeigt die Wahrscheinlichkeit, dass ein Zug pünktlich am Bahnhof ankommt (wobei die Pünktlichkeit das häufigste Ereignis ist, hier mit 0 angegeben).

Rechts: Mit einem Galtonbrett können die Prinzipien der Wahrscheinlichkeitsverteilung und die Standardabweichung anschaulich dargestellt werden.

Zufallsbrett

Francis Galton (1822–1911) war ein Mann mit vielen Talenten und einem Interesse an Statistik. Er prägte den Begriff des „Mittelwerts" für den Durchschnitt. Im Rahmen seiner Forschung entwickelte er ein Gerät, das einem senkrechten Nagelbrett ähnelte und in das man Kugeln warf, die dann zwischen den Nägeln hin und her hüpften und schließlich in eines der Fächer am unteren Ende fielen.

Wenn eine Kugel auf einen Nagel trifft, hüpft sie entweder zur linken oder rechten Seite – gehen wir der Einfachheit halber von einer 50:50-Chance aus. Die Wahrscheinlichkeit ist also für beide Seiten gleich groß, was bedeutet, dass die Kugel am ehesten wieder in der Mitte oder etwas weiter seitlich landet, da jeder folgende Abprall in die entgegengesetzte Richtung geht.

Statistisch gesehen werden manche Kugeln jedoch häufiger nach links als nach rechts springen. Und eine kleine Anzahl von ihnen wird nur in eine Richtung hüpfen und schließlich in die Fächer ganz am Rand fallen. Beobachtungen dieser Art machten Galton zu einem Pionier der Standardabweichung.

Kolmogorow-Axiome

Die Wahrscheinlichkeitstheorie ist die Formalisierung der Wahrscheinlichkeit als modernen Zweig der Mathematik, mit der ganzen mathematischen Genauigkeit, die dazugehört. Mit der Arbeit von Andrei Kolmogorow (1903–1987) erreichte sie das gleiche Niveau wie andere Teilgebiete, etwa die Zahlentheorie oder die Mengenlehre.

In *Grundbegriffe der Wahrscheinlichkeitsrechnung* präsentierte Kolmogorow das Konzept des „Wahrscheinlichkeitsraums", der alle möglichen Folgen eines beliebigen statistischen Ereignisses umfasst. Dazu stellte er drei Axiome auf. Nur diese drei Aussagen müssen als wahr vorausgesetzt werden, damit die Statistik funktioniert.

1. Die Wahrscheinlichkeit eines Ergebnisses ist eine positive reelle Zahl (einschließlich 0).
2. Die Summe aller Wahrscheinlichkeiten ist 100 %.
3. Die Vereinigung von zwei Wahrscheinlichkeiten ist gleich der Summe dieser Wahrscheinlichkeiten (d. h., wenn Ergebnis 1 mit einer 20%igen Chance und Ergebnis 2 mit einer 30%igen Chance eintrifft, besteht eine 50%ige Chance, dass eines der beiden Ereignisse eintrifft).

Andrei Kolmogorow

Andrei Kolmogorow (1903–1987) wurde in Westrussland geboren; er war der Enkel eines niederen Adeligen. Schon in jungen Jahren zeigte er ein großes Interesse an der Mathematik und auch das Talent dafür. Er zog mit seiner Tante nach Moskau, wo er sich im Alter von 17 Jahren an zwei Universitäten einschrieb.

Er veröffentlichte in verschiedenen akademischen Bereichen und erlangte 1922 eine gewisse Bekanntheit für seine Arbeit zu den Fourierreihen [S. 255]. Von da an konzentrierte er sich hauptsächlich auf die Mathematik, mit Schwerpunkt auf Statistik. Seine Forschung gipfelte 1933 in seinem wichtigsten Werk, *Grundbegriffe der Wahrscheinlichkeitsrechnung,* das zur Basis der modernen Wahrscheinlichkeitstheorie wurde.

Als Akademiker, bekannter Angehöriger der Bourgeoisie und möglicherweise bisexueller Mann hatte es Kolmogorow zur Zeit des Stalin-Regimes wohl alles andere als einfach gehabt, als schon jedes einzelne dieser Merkmale öffentlich verurteilt wurde.

Trotz dieser Hindernisse setzte sich Kolmogorow weiterhin für die Verbesserung der Sowjetunion ein, indem er bei der Reform des Bildungssystems half, Enzyklopädien publizierte und Zeitschriftenartikel verfasste, um seine Begeisterung für Mathematik zu teilen. Seine Arbeit hatte jedoch auch Schattenseiten, da er im Auftrag der Regierung an der Entwicklung statistischer Modelle für die Verbesserung des Artilleriebeschusses arbeitete.

Für seine verschiedenen Arbeiten und mathematischen Entdeckungen wurde er mit einer Reihe von Mathematikpreisen und Mitgliedschaften geehrt und gehörte zu einem der wenigen Nicht-Briten, die in die Royal Society of London aufgenommen wurden.

Rechts: Andrei Kolmogorow entwickelte neue Methoden zur verständlicheren Darstellung von Statistik.

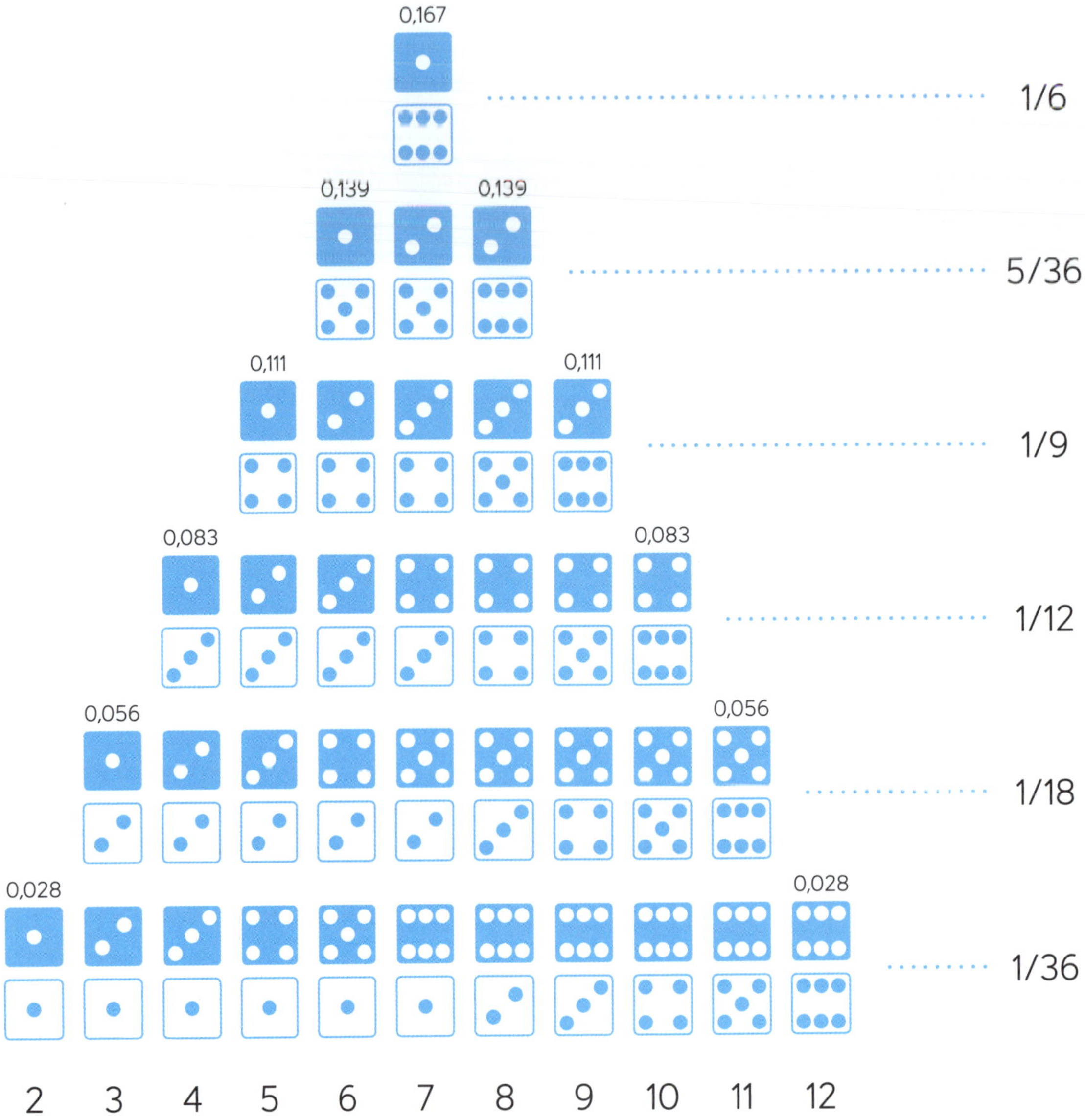

Rechts: Eine Wahrscheinlichkeitstabelle der möglichen Ergebnisse beim Werfen zweier Würfel. Hier werden sie ermittelt, indem jede Möglichkeit berücksichtigt wird, aber in einem Szenario, wo es zu viele Würfel gäbe, können die Wahrscheinlichkeiten mithilfe einer Monte-Carlo-Simulation ermittelt werden.

Monte-Carlo-Simulation

Es gibt nicht „die" Monte-Carlo-Simulation. Der Begriff bezeichnet einen Algorithmus, der es ermöglicht, Wahrscheinlichkeiten bestimmter Ergebnisse zu ermitteln, die aufgrund der Zufälligkeit der Eingaben normalerweise schwieriger vorherzusagen sind.

Nehmen wir als Beispiel ein Spiel mit zwei Würfeln, bei dem man je nach Wurf verschiedene Punkte erhält. Ein einfaches statistisches Modell könnte alle möglichen Würfe und ihre Wahrscheinlichkeiten berechnen. Ein Wurf mit zwei Würfeln hat eine Chance von $^6/_{36}$, eine Augensumme von 7 zu ergeben, aber nur eine Chance von $^1/_{36}$ auf eine Summe von 12.

Stellen Sie sich nun vor, statt zwei Würfeln wären es eine Milliarde oder gar eine Billion Würfel, und gleichzeitig würden noch Münzen geworfen, Karten gezogen und Spielautomaten bedient. In diesem Fall gäbe es mehr Möglichkeiten, als man selbst mit dem leistungsstärksten Computer berechnen könnte.

Auch wenn sich die Einzelheiten stark unterscheiden, besteht die Grundidee einer Monte-Carlo-Simulation darin, die Situation immer wieder und wieder durchzuspielen, um eine große Anzahl möglicher Ergebnisse zu erhalten. Zwar enthält sie nicht jede Möglichkeit, aber genug, um einigermaßen genau Vorhersagen zu treffen. Für das Beispiel mit den zwei Würfeln könnte sie sagen, dass die Punktzahl 7 ungefähr sechsmal wahrscheinlicher ist als eine 12, aber ohne die genauen Chancen zu nennen.

Am häufigsten wird dieses Modell in der Finanz- und Geschäftswelt angewendet. Mithilfe raffinierter Simulationen versucht man, den unberechenbaren Aktienmarkt zu verstehen, um wahrscheinliche Szenarien zu analysieren und Risiken einzuschätzen.

Ein nukleares Geheimnis

Erfunden wurde die Monte-Carlo-Methode von Stanisław Ulam (1909–1984), der damals gerade im Los Alamos National Laboratory an der Entwicklung der Atombombe arbeitete. Seine Aufgabe war es, die Eigenschaften von Neutronen im Inneren einer gezündeten Bombe zu bestimmen, um herauszufinden, welche Neutronendichte für die benötigte Kettenreaktion erforderlich war.

Die wissenschaftlichen Daten, die man für die Berechnungen brauchte, waren zwar vorhanden, aber sie waren so umfangreich, dass es einfach nicht möglich war, sich durch die ganze Mathematik durchzuarbeiten, nicht einmal mit den brandneuen, hochmodernen Computern, die Ulam und seinem Team zur Verfügung standen.

Stattdessen entwickelte Ulam zusammen mit seinem Kollegen John von Neumann die statistische Methode als eine Möglichkeit, verschiedene Variablen nach dem Zufallsprinzip zu prüfen und daraus eine Lösung zu errechnen, auch ohne jedes mögliche Ergebnis auszuarbeiten.

Der Name der Simulation stammt von einem anderen Kollegen Ulams, der als Vorschlag für den erforderlichen Decknamen des Projekts das berühmte Casino in Monaco erwähnte und die statistische Methode als eine Art Glücksspiel bezeichnete.

Links: Stanisław Ulam mit seiner Tochter Claire am Bedienfeld des MANIAC-Computers am Tag der offenen Tür im Los Alamos National Laboratory (1955).

Das Ziegenproblem

Im Jahr 1975 gab der Statistiker Steve Selvin das folgende Rätsel auf: Der Kandidat einer TV-Spielshow muss aus drei Türen eine wählen. Hinter einer der Türen befindet sich ein neues Auto, aber hinter den beiden anderen stehen nur Ziegen. Das Spiel ist simpel – der Kandidat muss eine Tür auswählen und gewinnt dann das, was dahinter ist.

Es gibt jedoch einen Haken. Sobald sich der Kandidat für eine Tür entschieden hat, öffnet der Moderator (der weiß, was hinter jeder Tür ist), eine der verbleibenden zwei Türen, hinter der sich eine Ziege befindet. Dann fragt er den Kandidaten, ob er seine Auswahl tauschen möchte. Nun stellt sich die Frage: Was ist statistisch gesehen die beste Wahl?

Auf den ersten Blick scheint es keinen Unterschied zu geben. Der Kandidat hat nur noch zwei Möglichkeiten zur Auswahl – eine 50:50-Chance. Aber Selvin zufolge war ein Tausch immer von Vorteil, da dann die Chance, das Auto zu gewinnen, auf zwei Drittel steigen würde.

Nicht überzeugt? Dann sind Sie nicht allein. Als Selvin sein Rätsel veröffentlichte, erhielt er Tausende Zuschriften von einigen der wichtigsten Persönlichkeiten der Statistik, die selbst angesichts von mathematischen Beweisen immer noch behaupteten, dass ein Tausch keinen Vorteil brachte.

Mehr Ziegen

Statt die komplizierten mathematischen Beweise hier wiederzugeben, können wir die Statistik hinter dem Problem leichter verstehen, indem wir es auf 99 Ziegen und 100 Türen ausweiten.

Stellen Sie sich vor, Sie müssten aus 100 Türen eine auswählen, von der Sie denken, dass sich dahinter das Auto befindet. Dann würde der Moderator 98 der verbleibenden Türen öffnen und eine ganze Reihe Ziegen offenbaren. Nun bleiben nur noch die Tür, die Sie gewählt haben, und eine andere übrig.

In diesem Szenario erkennt man sofort, warum ein Tausch der Tür von Vorteil wäre. Die Wahrscheinlichkeit, dass man bei der ersten Auswahl die Tür mit dem Auto richtig errät, ist sehr gering, darum besteht nun eine große Chance, dass sich das Auto hinter der anderen Tür befindet. Durch den Tausch wählen Sie gewissermaßen alle anderen Türen, von denen Sie ja wissen, dass hinter den meisten eine Ziege steht, und die Wahrscheinlichkeit, ein Auto zu gewinnen, steigt auf 99/100.

Gegenüber: Die Grafik zeigt, wie das Ziegenproblem aufgebaut ist und warum es immer besser ist, die Auswahl noch zu tauschen, um das Auto zu gewinnen.

Rechts: Monty Hall, der Moderator der Spielshow *Let's Make a Deal* – die Inspiration für das Ziegenproblem.

Tauschen
und gewinnen
Tauschen
und gewinnen
Behalten
und gewinnen
Erste Wahl des
Kandidaten, bevor die
Tür geöffnet wird.

Kapitel dreiundzwanzig

Quanten-mechanik

In keinem anderen Wissensbereich hat sich die Mathematik als so wichtig herausgestellt wie in der Quantenmechanik. Bei der Quantenmechanik geht es um die Welt der subatomaren Teilchen – eine Welt so klein und rätselhaft, dass sie nur in Form von Mathematik erforscht werden kann. Selbst das Wort „Quanten" ist keine Beschreibung von etwas, sondern ein Begriff für eine Größe. Und trotzdem formt die Quantenwelt alles, was wir als Realität wahrnehmen, und ihr Einfluss auf unser Verständnis der Wirklichkeit ist unermesslich.

Die Quanten-Mikrowelt besteht aus den Interaktionen subatomarer Teilchen. Im 19. Jahrhundert glaubte man noch, dass die Materie aus kleinen, festen Kügelchen bestand – den Atomen. Doch wie sich herausstellte, waren Atome alles andere als fest. Materie besteht aus einem riesigen Mikrokosmos aus viel kleineren Teilchen und in jedem Jahrzehnt werden neue entdeckt. Diese Teilchen haben mit festen Billardkugeln nichts gemeinsam – sie sind konzentrierte Energie, die auftauchen und wieder verschwinden kann. Doch sie sind nur mathematische Wahrscheinlichkeiten. Ihre Existenz ist so schwer zu fassen, dass man kaum mit Sicherheit sagen kann, ob es sie gibt oder nicht.

Einstein war von diesem hohen Grad der Ungewissheit so schockiert, dass er gegen die probabilistische Interpretation der Quantenphysik wetterte: „Gott würfelt nicht!" Aber obwohl wir die Quantenwelt nicht klar definieren können, beweist sie ihre Existenz immer wieder und das oft auf sehr bizarre Weise. Aus diesem Grund haben sich Mathematiker und andere Wissenschaftler zusammengetan, um die komplexe Mathematik zu entwickeln, mit deren Hilfe wir die Quantenwelt erforschen können.

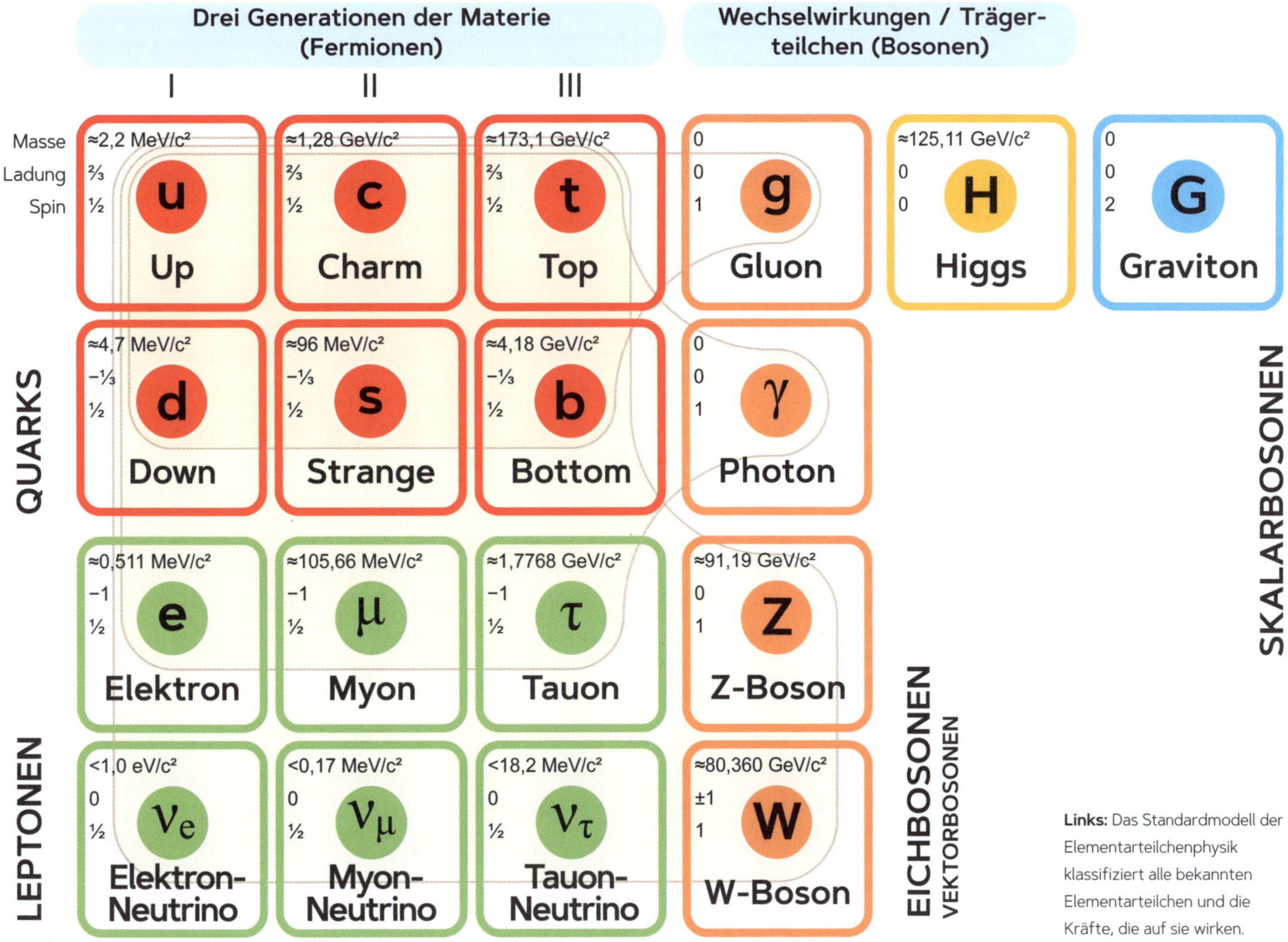

Links: Das Standardmodell der Elementarteilchenphysik klassifiziert alle bekannten Elementarteilchen und die Kräfte, die auf sie wirken.

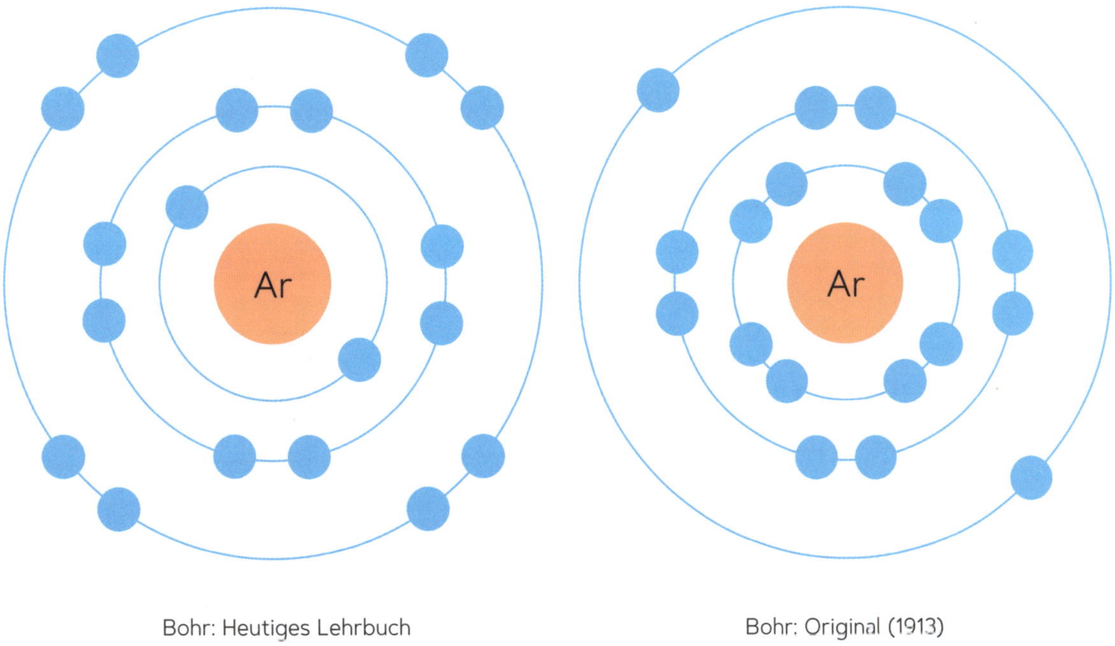

Links: Das Atommodell nach Niels Bohr aus dem Jahr 1913 [S. 396] bot die Grundlage für das aktualisierte Atommodell, das heute verwendet wird.

Quanten

Die Quantentheorie hat ihre Ursprünge im späten 19. Jahrhundert, als Wissenschaftler zu definieren versuchten, was Licht eigentlich ist. Sie wussten, dass es von Atomen abgestrahlt wurde, und glaubten, es bewegte sich in Wellen fort, wobei jede Farbe eine eigene Wellenlänge hatte. Sie wussten auch, dass die Energie des Lichts vom roten Ende des Spektrums bis zum violetten hin zunahm. Da lag es nahe, die Beziehung zwischen Farbe und Energie des von einem Atom abgegebenen Lichts in einer mathematischen Gleichung ausdrücken zu wollen.

Im Jahr 1899 beschäftigte sich der deutsche Wissenschaftler Max Planck (1858–1947) mit der Idee eines „schwarzen Körpers". Vierzig Jahre zuvor definierte der Physiker Gustav Kirchhoff (1824–1887) einen schwarzen Körper als etwas, das sämtliche auftreffende Strahlung absorbiert und wieder abgibt, einschließlich aller Frequenzen (oder Wellenlängen) des Lichts.

Das plancksche Strahlungsgesetz

Zu der Zeit, als Planck sich damit befasste, hatten Wissenschaftler wie etwa Wilhelm Wien (1864–1928) bereits versucht, zu bestimmen, wie viel Energie bei unterschiedlichen Frequenzen bei bestimmten Temperaturen wieder abgegeben wird. Wien glaubte, dass ein schwarzer Körper, wenn er erwärmt wird, alle Frequenzen gleichmäßig abstrahlen sollte. Doch die beobachtete Energie stimmte nie mit den theoretischen Vorhersagen überein. Die Gleichungen, die Wien und andere Wissenschaftler aufstellten, funktionierten für hohe Frequenzen, aber nicht für niedrige Frequenzen.

Unten: Diese abstrakte Darstellung zeigt Quantenfluktuationen – temporäre Veränderungen der Energie eines Punktes im Raum.

Gegen Ende des Jahres 1900 gelang Planck ein überraschender Durchbruch, als er die Formel entdeckte, die heute als plancksches Strahlungsgesetz bekannt ist und die für alle Frequenzen gilt. Um sie aufzustellen, musste er jedoch die weitverbreitete Interpretation des zweiten Hauptsatzes der Thermodynamik ignorieren, die besagte, dass Strahlung in Form von kontinuierlichen Wellen ohne Unterbrechungen absorbiert und wieder abgegeben wird.

In den 1860er- und 1870er-Jahren hatte Ludwig Boltzmann (1844–1906) bereits angedeutet, dass man die Hauptsätze der Thermodynamik auch ganz anders verstehen konnte und sie nicht als allgemein gültig, sondern als statistische Wahrscheinlichkeiten anzunehmen waren. Und genau darin lag Plancks Lösung begründet. Er musste aufhören, nach der zur Wellentheorie passenden Gleichung zu suchen, wie es alle anderen taten, sondern eine Gleichung finden, die mit den Beobachtungen übereinstimmte. Und das gelang ihm, indem er die abgegebene Strahlung nicht als kontinuierliche Wellen ansah, sondern als kleinere Energiepakete. Diese Pakete nannte er „Quanten“, vom lateinischen Wort für „wie viel“.

Plancks Formel zeigte, dass die Wärmestrahlung eines Körpers genau proportional zur Frequenz seiner Strahlung ist. Anders gesagt, ein schwarzer Körper strahlt nicht alle Frequenzen gleichmäßig ab. Bei seiner Erwärmung gibt er Energie in größeren Dosen ab, erst oranges, dann gelbes und schließlich blaues Licht.

Um die Formel herleiten zu können, musste Planck einfach eine Konstante (h) einfügen, die zu den statistischen Ergebnissen der Beobachtungen passte. Multiplizierte man die Frequenz mit dieser Konstante, kam eine perfekte Übereinstimmung der Energie heraus. Diese Konstante (h), die heute als Planck-Konstante bekannt ist, zählt mittlerweile zu den fundamentalen Naturkonstanten.

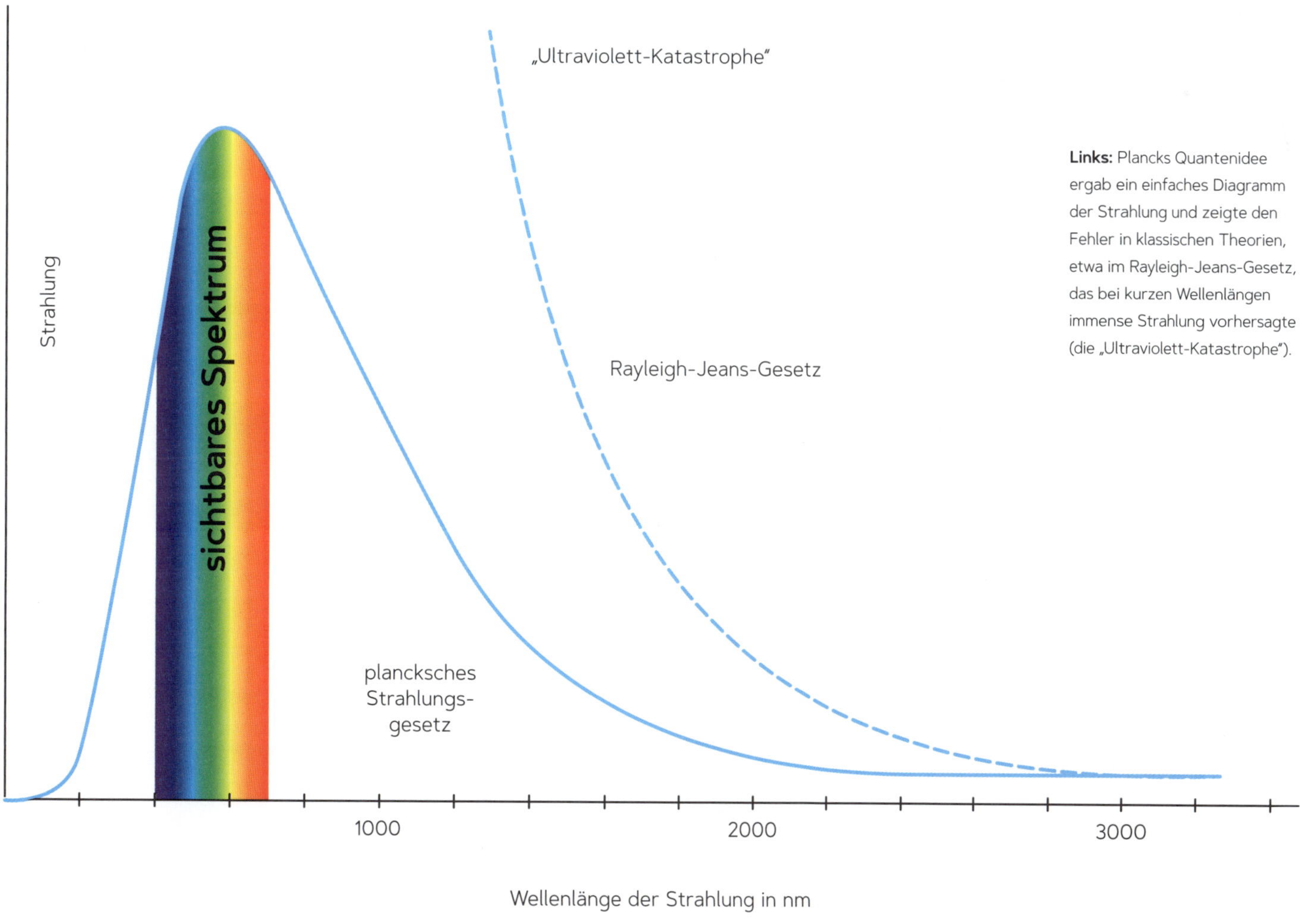

Links: Plancks Quantenidee ergab ein einfaches Diagramm der Strahlung und zeigte den Fehler in klassischen Theorien, etwa im Rayleigh-Jeans-Gesetz, das bei kurzen Wellenlängen immense Strahlung vorhersagte (die „Ultraviolett-Katastrophe“).

Max Planck

Der deutsche Physiker Max Planck (1858–1947) war ein anerkannter Wissenschaftler mit einer langen Karriere. Vor allem kennt man ihn jedoch als Pionier der Quantenphysik, der er interessanterweise immer skeptisch gegenüberstand.

Planck wurde am 23. April 1858 als sechstes Kind eines Professors der Universität Kiel geboren. Als er neun Jahre alt war, zog die Familie nach München, wo Planck das Maximiliansgymnasium besuchte. Dort weckte ein Lehrer sein Interesse an Mathematik und Physik. Planck war auch ein herausragender Klavierspieler, aber nach seinem Schulabschluss entschied er sich für ein Studium der Physik. Seinen Doktortitel machte er mit nur 21 Jahren, und mit 27 arbeitete er als außerordentlicher Professor an der Universität Kiel. Im Jahr 1889 wurde er zu einem der ersten Professoren für theoretische Physik an der Universität zu Berlin ernannt und gleichzeitig auch zum Direktor des Instituts für theoretische Physik.

Plancks erstes Forschunginteresse galt der Thermodynamik: Er untersuchte die Verteilung von Strahlungsenergie im Zusammenhang mit Wellenlängen, vor allem die von theoretischen schwarzen Körpern. Wilhelm Wien und Lord Rayleigh (John William Strutt) hatten zuvor schon Gleichungen aufgestellt, die Hinweise darauf gaben, aber keine stimmte mit den beobachteten Ergebnissen überein. Im Jahr 1900 gelang Planck nach mühsamer Lösungssuche endlich der große Durchbruch: Er unterteilte die Strahlung mathematisch in kleinere Energiepakete, die er „Quanten" nannte.

Im Jahr 1918 wurde ihm für diese Errungenschaft der Nobelpreis für Physik verliehen. An der darauffolgenden außergewöhnlichen Entwicklung der Quantentheorie spielte er jedoch nur eine kleine Rolle; die Vorreiter waren Einstein mit seiner Theorie der Lichtquanten (Photonen), Bohr mit dem Quanten-Atommodell sowie Paul Dirac und Werner Heisenberg. Planck blieb eine wichtige Persönlichkeit der Physik als einer der Gründer der Kaiser-Wilhelm-Gesellschaft, einer Vereinigung aus führenden Forschungsinstituten in Deutschland, die 1910 ins Leben gerufen wurde.

Plancks Privatleben war von schweren Schicksalsschlägen gezeichnet. Seine Frau und seine beiden Zwillingstöchter starben zwischen 1909 und 1919. Einer seiner Söhne wurde im Ersten Weltkrieg getötet, sein anderer Sohn Erwin wurde von der Gestapo hingerichtet, da er an einem Attentat auf Hitler beteiligt gewesen war. Plancks Haus in Berlin und ein großer Teil seiner Arbeit wurde bei einem Luftangriff im Jahr 1944 völlig zerstört. Nur ein Sohn aus seiner zweiten Ehe überlebte ihn.

Nach dem Krieg wurde Planck von den Alliierten nach Göttingen gebracht. Von dort aus wirkte er selbst im Alter von 87 Jahren noch als Präsident der Kaiser-Wilhelm-Gesellschaft an der Spitze der deutschen Wissenschaft. Nach seinem Tod im Jahr 1947 wurde daraus die Max-Planck-Gesellschaft zur Förderung der Wissenschaften.

Links: Der deutsche Wissenschaftler Max Planck legte den Grundstein für die Quantenphysik, als er erkannte, dass die Berechnungen für die Strahlungsverteilung nur aufgingen, wenn die Strahlung als kleine Energiepakete, sogenannte „Quanten" betrachtet wurde.

Der photoelektrische Effekt

Für Planck waren Quanten nur eine mathematische Illusion, keine physikalische Wahrheit. Doch bald darauf, im Jahr 1905, zeigte Albert Einstein (1879–1955), dass sogar viel mehr dahintersteckte. Im Jahr 1902 bemerkte der ungarische Physiker Philipp Lenard (1862–1947) etwas Seltsames an der Art und Weise, wie eine kleine Menge Elektrizität erzeugt wird, wenn bestimmte Wellenlängen von Licht auf Metallatome treffen und Elektronen aus ihnen herausschlagen: den photoelektrischen Effekt. Die Energie der abgelösten Elektronen hängt dabei nicht von der Stärke des Lichts ab, sondern nur von seiner Farbe. Das schien bizarr – als würde eine Welle am Strand jedes Mal die exakt gleiche Menge Sand wegspülen, ganz gleich, wie groß die Welle ist.

Einstein realisierte, dass Lenards Beobachtung einen Sinn ergab, wenn das Licht nicht aus Wellen, sondern aus Energiepaketen wie Plancks Quanten bestand. In diesem Fall waren Quanten also nicht nur eine mathematische Illusion, sondern reale Lichtteilchen, die später Photonen genannt wurden.

Links: Der österreichisch-ungarische, später deutsche Physiker Philipp Lenard entdeckte den photoelektrischen Effekt.

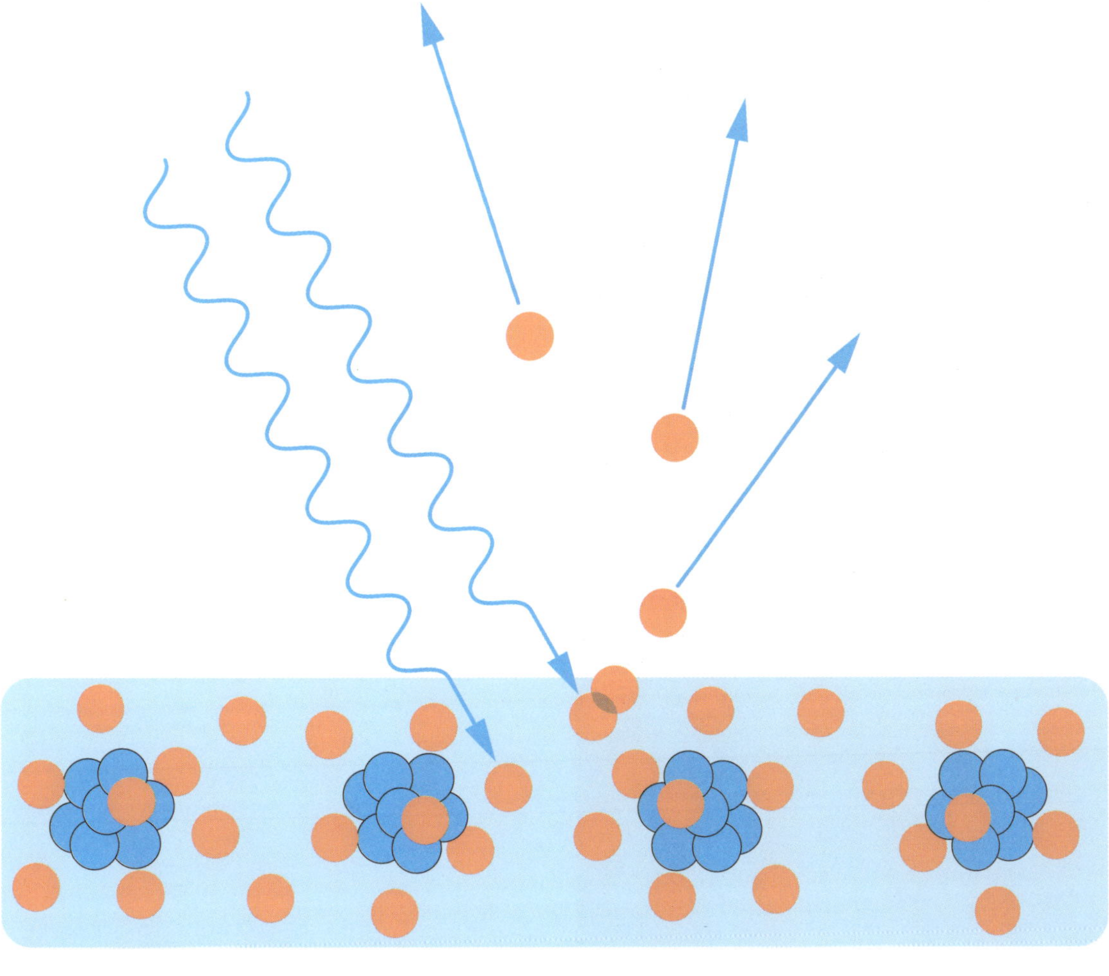

Links: Beim photoelektrischen Effekt werden die Elektronen nur herausgelöst, wenn das Licht bestimmte Frequenzen erreicht. Einstein bewies damit, dass Licht tatsächlich aus Teilchen – Quanten – bestand und nicht nur aus Schwingungswellen.

Energiezustände

Im Jahr 1911 erkannte der dänische Physiker Niels Bohr (1885–1962), dass das Konzept der Quanten nicht nur für Strahlungsteilchen galt – sondern etwas über das grundlegende Wesen der Materie und besonders über die Struktur von Atomen offenbarte. Im Inneren jedes Atoms befinden sich Elektronen, kleine subatomare Teilchen, die sich in verschiedenen Energiezuständen herumbewegen, und diese Zustände bestimmen, welche Strahlung das Atom absorbiert und abgibt.

Acht Jahre zuvor hatte Einstein gezeigt, dass Quanten nicht nur eine mathematische Illusion, sondern real existierende Teilchen waren, und zwar Strahlungsteilchen, die Photonen genannt werden. Nun fragte sich Bohr, was diese Erkenntnis über den Aufbau der Atome verriet.

Lange Zeit hielt man Atome für die kleinsten Bestandteile der Materie – unvorstellbar winzige, aber feste Kugeln. Im Jahr 1897 untersuchte der englische Physiker Joseph John Thomson (1856–1940) den glühenden Strahl aus elektrischer Ladung, der von heißem Metall in einer Vakuumröhre erzeugt wurde. Thomson erkannte, dass die Ladung aus kleinen negativ geladenen Teilchen bestand, deren Größe nur ein winziger Bruchteil eines Wasserstoffatoms ausmachte. Er wusste nun, dass das Atom nicht das kleinste Teilchen war. Und da es, wie es schien, diese winzigen Elektronen abgab, konnte es auch kein fester Körper sein.

Links: Mit seiner Erklärung der diskreten Energiezustände von Elektronen innerhalb eines Atoms gab der dänische Physiker Niels Bohr den Anstoß für die Quantentheorie.

Niels Bohr

Der dänische Physiker Niels Bohr (1885–1962) zählte zu den bedeutendsten Wissenschaftlern des 20. Jahrhunderts. Er war ein Pionier der Idee, Elektronen in Quantenbegriffen zu verstehen, und ermöglichte eine ganz neue Sicht auf das Atom, die ihm 1922 den Nobelpreis für Physik einbrachte. Später wurde er zu einer der führenden Persönlichkeiten bei der Entwicklung der Quantenphysik und dem Bau der Atombombe, war aber auch einer der größten Verfechter der Kontrolle von nuklearen Waffen.

Bohr studierte Physik an der Universität Kopenhagen. Nachdem er 1911 seinen Doktortitel erlangt hatte, ging er nach England, wo er am Labor von J. J. Thomson arbeitete. Thomson hatte 15 Jahre zuvor das Elektron entdeckt.

In England studierte der 26-jährige Bohr die Struktur des Atoms. Ernest Rutherford hatte erst kürzlich den Atomkern entdeckt und vermutete, dass er von einer Wolke aus nahezu schwerelosen Elektronen umgeben war. Doch das warf die Frage auf: Warum kreiseln die Elektronen nicht einfach in den Atomkern hinunter? Im Jahr 1913 vermutete Bohr, dass die Antwort etwas mit den Quanten zu tun hatte. Er glaubte, dass Elektronen auf bestimmten Energieniveaus existierten und sich in einem festgelegten Abstand vom Atomkern bewegten. Diese Idee war im Grunde richtig und stimmte mit den experimentellen Beobachtungen überein.

Im folgenden Jahr kehrte Bohr nach Dänemark zurück, wo er erst als Dozent und dann als Professor an der Universität Kopenhagen arbeitete. Im Jahr 1920 gründete er das Institut für theoretische Physik, das von der Brauerei Carlsberg gesponsert wurde. In den 1920er- und 1930er-Jahren war er einer der führenden Wissenschaftler beim Aufbau der Quantenmechanik und bei der Erforschung der Atomstruktur. Er stellte die Theorie des Atomkerns als Flüssigkeitstropfen auf und auch das „Komplementaritätsprinzip". Letzteres besagt, dass subatomare Teilchen gleichzeitig Teilchen und Welle sein können, aber wir immer nur eine der beiden Eigenschaften beobachten können.

Nachdem in Deutschland Adolf Hitler an die Macht gekommen war, richtete Bohr in Kopenhagen einen Zufluchtsort für jüdische Wissenschaftler wie Werner Heisenberg ein. Im Jahr 1940 wurde Dänemark jedoch von den Nazis besetzt. Drei Jahre später flüchtete Bohr mit seiner Familie in einem Fischerboot nach Schweden. Er war entschlossen, den Alliierten zu helfen, den Krieg zu gewinnen, und wurde in der Bombenaufhängung eines britischen Bombers aus Schweden ausgeflogen. Er kam rechtzeitig in den USA an, um die Wissenschaftler des Manhattan-Projekts bei der Arbeit an der Atombombe zu unterstützen. Später kamen ihm Zweifel an der Bombe und 1955 organisierte er die Genfer Atomkonferenz, die sich mit der friedlichen Nutzung von Atomenergie befasste. Niels Bohr starb am 18. November 1962 im Alter von 77 Jahren in Kopenhagen.

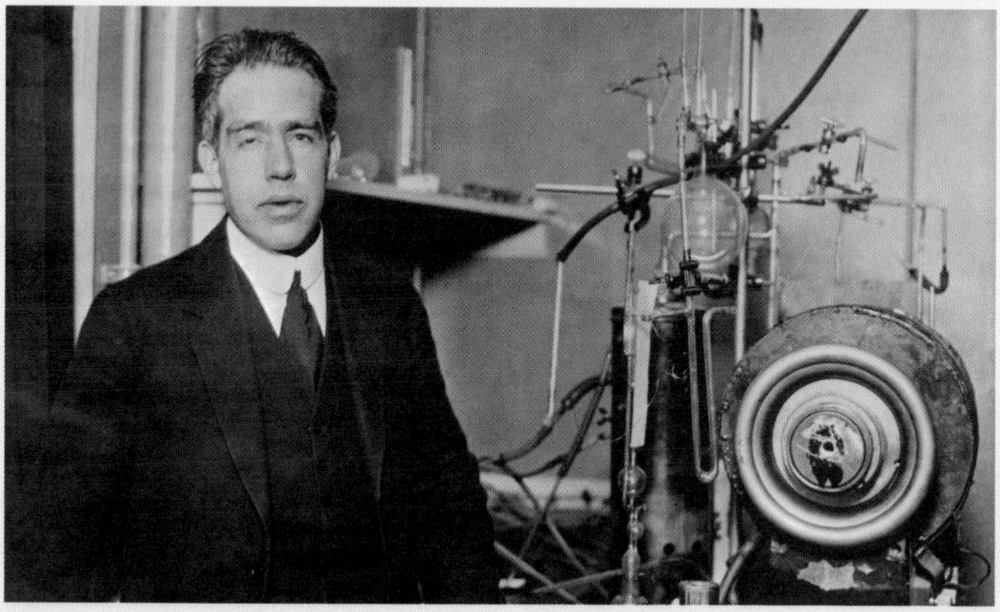

Links: Niels Bohr ist nicht nur für seinen bedeutenden Beitrag zur Wissenschaft bekannt, sondern auch für seine Unterstützung der Alliierten im Zweiten Weltkrieg.

Thomsonsches Atommodell 1904

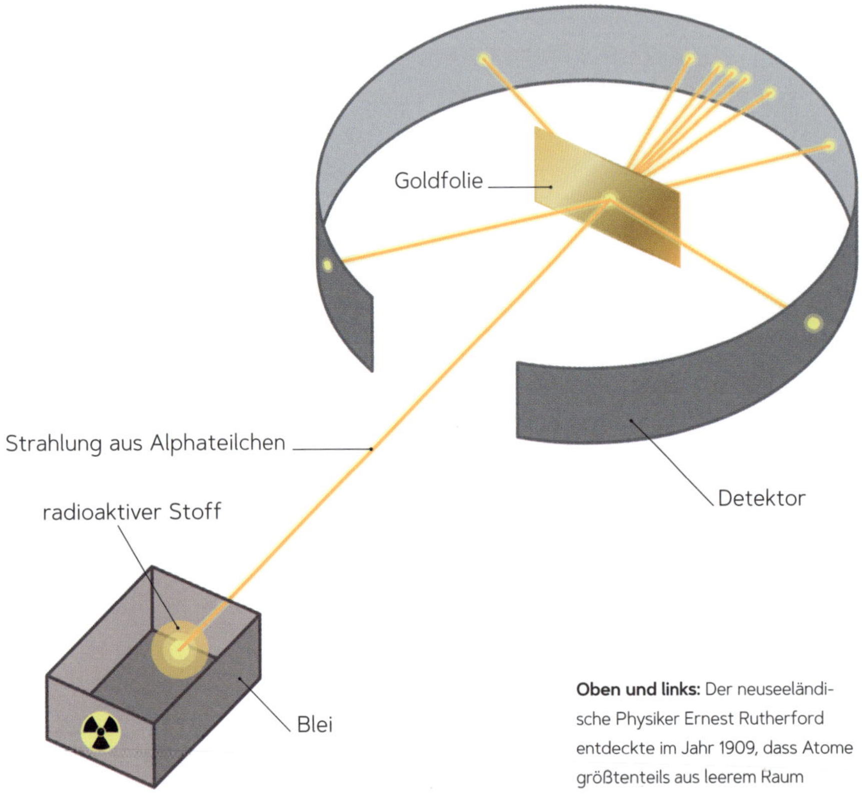

Oben und links: Der neuseeländische Physiker Ernest Rutherford entdeckte im Jahr 1909, dass Atome größtenteils aus leerem Raum bestanden und einen winzigen, dichten Atomkern besaßen.

Thomson stellte sich das Atom wie einen Früchtekuchen vor, in dem die Elektronen wie Rosinen im Teig eingebacken waren. Aber sogar das war falsch. Zwei Jahre später entdeckte der neuseeländische Physiker Ernest Rutherford (1871–1937) noch weitere Teilchen, die später Alphateilchen genannt wurden. Sie waren fast genauso klein wie die Elektronen und wurden von manchen radioaktiven Stoffen abgegeben – Stoffe, deren Atomkerne von selbst zerfallen und Teilchen freisetzen.

Rutherford führte 1911 ein Experiment durch, bei dem er Alphateilchen auf eine Goldfolie schoss. Zu seinem Erstaunen durchdrangen die meisten die Folie, als wäre sie gar nicht da. Aber einige prallten ab, wie von etwas Festem zurückgeworfen. Rutherford zog daraus den Schluss, dass Atome größtenteils aus leerem Raum bestehen mussten und nur in der Mitte einen winzigen Kern hatten. Die Teilchen,

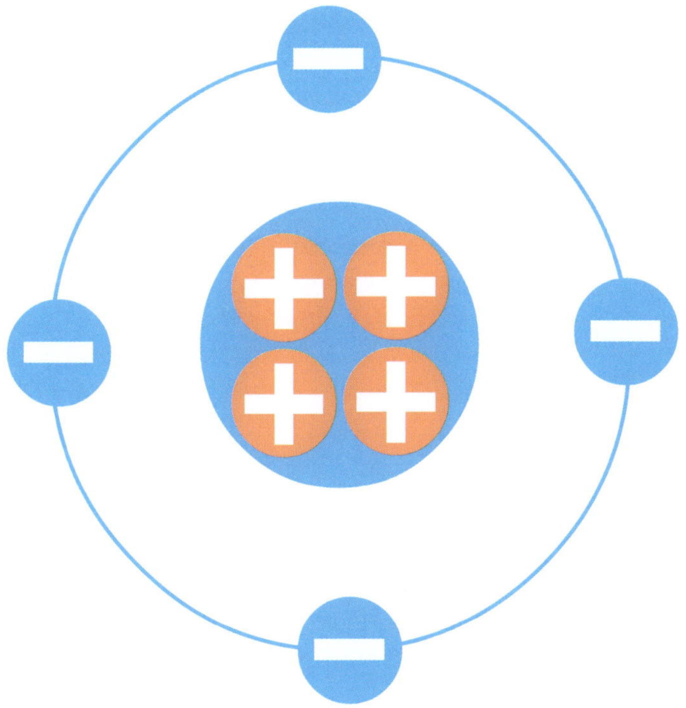

Rutherfordsches Atommodell 1911

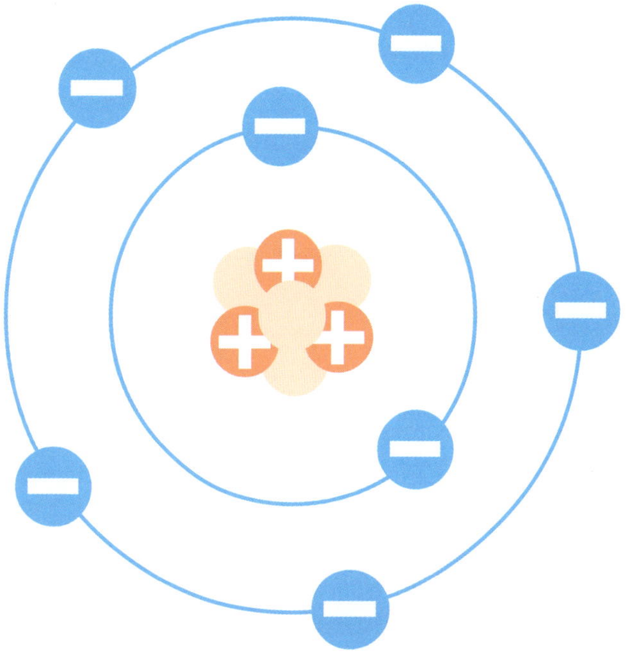

Bohrsches Atommodell ab 1913

die abprallten, trafen auf diesen Kern. Erst später fand man heraus, dass der Kern aus noch kleineren Teilchen bestand: Protonen und Neutronen.

Quantendämmerung

Unterdessen fragte sich Bohr, was diese Entdeckung für die Strahlung bedeutete. Sämtliche Strahlung kommt aus Atomen, aber welche Struktur darin ermöglicht das Abgeben und Absorbieren verschiedener Frequenzen? Warum schien jedes Atom nur das Licht bestimmter Wellenlängen (sogenannten Spektrallinien) abzugeben und zu absorbieren, aber nicht alle? Und was hatten die Elektronen damit zu tun? Sie waren eindeutig mit der Strahlung verbunden, aber was taten sie, wenn sie Energie abgaben (beziehungsweise Photonen, die kurz zuvor von Einstein entdeckt worden waren)?

Dann dämmerte es Bohr: Alles ergab einen Sinn, wenn man in Quantenbegriffen dachte. Elektronen konnten nur bestimmte Bahnen oder „Energieniveaus“ um den Atomkern besetzen, als hätte jedes ein Ticket für einen bestimmten Platz im Stadion. Wenn Photonen auf ein Atom treffen, stoßen sie die Elektronen einige Niveaus höher – wenn Elektronen ein oder zwei Energiezustände tiefer fallen, wird Licht abgegeben. Die Farbe des Lichts hängt von der Tiefe des Falls ab. Jedes Atom verfügt über ein individuelles Muster aus Energiezuständen und strahlt daher ein einzigartiges Farbspektrum aus.

Diese außergewöhnliche Erkenntnis brachte Bohr 1922 den Nobelpreis für Physik ein und bildete die Grundlage für das heutige Atommodell, auch wenn es seit damals erheblich verändert wurde.

Die Unschärferelation

Die traditionelle Wissenschaft stützte sich auf Genauigkeit, Gewissheit und Regeln, doch mit der Quantentheorie änderte sich das, denn auf der Ebene der subatomaren Teilchen sind die Dinge nur wahrscheinlich und nicht festgelegt. Im Jahr 1927 ging der deutsche Physiker Werner Heisenberg (1901–1976) noch einen Schritt weiter, indem er zeigte, dass man nie zwei Eigenschaften eines Teilchens gleichzeitig beobachten oder bestimmen konnte – eine von beiden ist immer unbestimmt.

Der Fortschritt in der Quantenphysik im frühen 20. Jahrhundert war erstaunlich, doch warf sie genauso viele Fragen auf, als sie beantwortete.

In den 1920er-Jahren zeigte der französische Physikstudent Louis de Broglie (1892–1987), dass Elektronen – die als Teilchen klassifiziert waren – die Eigenschaften von Wellen aufweisen konnten. Darüber hinaus schienen Licht und Materie zwischen beiden Zuständen hin- und herzuwechseln, je nachdem, wie sie beobachtet wurden.

Allmählich verstanden die Physiker, dass dieser Widerspruch verschwand, wenn man in Quanten und Wahrscheinlichkeiten dachte. Werner Heisenberg erkannte eine rätselhafte Tatsache: Man kann beispielsweise den Impuls eines Photons messen, wenn es sich als Welle bewegt, oder seine Position als Teilchen. Aber man kann nie beide Eigenschaften gleichzeitig bestimmen, denn sobald man versucht, ein Photon als Teilchen zu messen, verhält es sich wie eine Welle und umgekehrt.

Heisenberg zufolge sollte man nicht davon ausgehen, dass die Bahnen, auf denen die Elektronen um den Atomkern kreisten, tatsächlich existierten, da man nie gleichzeitig die Geschwindigkeit und den Ort der Elektronen beobachten konnte. Er schlug vor, Atome und Elektronen stattdessen als abstrakte mathematische Strukturen – „Matrizen" – zu betrachten und stellte seine neue Theorie in Form von Matrizengleichungen auf.

Diese Erkenntnis, genannt die Unbestimmtheits- oder Unschärferelation, ist nicht nur ein Messproblem. Zwar ist die Unbestimmtheit zu gering, um für Menschen von Bedeutung zu sein, aber sie ist eine grundlegende Eigenschaft aller subatomarer Teilchen. Für Quantenwissenschaftler bedeutet das, dass sie in Wahrscheinlichkeiten denken müssen, nicht in Gewissheiten. Diese Voraussetzung bildete den Kern der Quantenmechanik, dieser neuen Wissenschaft, die vorwiegend von Heisenberg und Bohr im Jahr 1927 in Kopenhagen entwickelt wurde und heute als „Kopenhagener Deutung der Quantenmechanik" bekannt ist.

Links: Der deutsche Physiker Werner Heisenberg zeigte, dass man nie gleichzeitig den Impuls und den Ort eines Teilchens bestimmen konnte. Diese Aussage wird als Unschärferelation bezeichnet.

Oben: Der französische Physikstudent Louis de Broglie zeigte, dass sich Elektronen manchmal wie Wellen und manchmal wie Teilchen verhalten, so wie Einstein zeigte, dass das Licht Teilchen- oder Welleneigenschaften haben konnte.

QUANTENWELT

Rund hundert Jahre später hat sich die Theorie der Quantenmechanik in alle Bereiche der Wissenschaften ausgedehnt.

Da sie die Gesetze der klassischen Physik und das deterministische Universum, das diese abbilden, auf den Kopf zu stellen scheint, wurden schon einige außergewöhnliche Meinungen durch die Quantentheorie gestützt. Der Determinismus der herkömmlichen Naturgesetze lässt es fast nicht zu dass der Mensch einen freien Willen hat, da jede Handlung durch die vorausgegangenen Ereignisse vollständig vorbestimmt ist. Aber die Quantentheorie mit ihren unendlichen Möglichkeiten scheint einen freien Willen jedoch zu ermöglichen.

Andere sehen darin das Wirken mystischer Kräfte und verwenden (oder missbrauchen) die Quantentheorie, um alle möglichen abwegigen Ideen zu erklären oder zu rechtfertigen. Manche halten die Quantentheorie sogar für eine Möglichkeit, wissenschaftliches und religiöses Gedankengut zu vereinen. Das dürfte unwahrscheinlich sein, aber es besteht kein Zweifel, dass unsere Reise in die außergewöhnliche Welt der Quanten gerade erst begonnen hat.

Rechts: Schrödingers Katze ist ein Gedankenexperiment, das Fehler in der Quantentheorie bloßstellen sollte.

Schrödingers Katze

Mit ihrer Kopenhagener Deutung von 1927 hatten Bohr und Heisenberg die Quantenmechanik in der Wissenschaft verankert. Doch für den österreichischen Quantentheoretiker Erwin Schrödinger (1887–1961), enthielt die Idee einen wesentlichen logischen Fehler, den er in dem berühmten Gedankenexperiment „Schrödingers Katze“ darstellte.

Die konventionelle Wissenschaft erklärt die Welt, indem sie zeigt, wie eine Sache unweigerlich zu einer anderen führt. Aber wenn man das nicht sehen kann, wie es die Quantentheorie behauptet, was erklärt sie dann überhaupt? Das Problem, wenn man alles als Wahrscheinlichkeiten betrachtet, ist, dass es sich um ein rein mathematisches Konzept handelt. Die Quantentheorie spricht zum Beispiel von der Superposition: Ein Teilchen kann mit einer 50%igen Wahrscheinlichkeit hier und mit einer 50%igen Wahrscheinlichkeit woanders sein. Mathematisch ist das korrekt, aber es bedeutet, dass sich das Teilchen sowohl an einem Ort befindet als auch nicht. Wo es ist, weiß man erst, wenn man es beobachtet.

Um zu illustrieren, wie problematisch die Idee war, dass etwas gleichzeitig irgendwo sein und nicht sein kann, ersann Schrödinger 1935 in einem Briefwechsel mit Einstein ein Gedankenexperiment. Darin wird eine Katze von der Außenwelt isoliert in eine Kammer gesperrt. In der Kammer, in die man nicht hineinsehen kann, befinden sich auch ein Geigerzähler mit einem radioaktiven Stoff und eine Flasche Gift. Im Laufe einer Stunde kann die radioaktive Substanz zerfallen oder nicht – mit gleicher Wahrscheinlichkeit. Zerfällt ein Atom der Substanz, misst das der Geigerzähler und aktiviert ein Relais, das wiederum einen Hammer betätigt, der die Flasche zerschlägt. Das freigesetzte Gift tötet die Katze.

Das Problem: Es gibt keine Möglichkeit, zu wissen, ob das Atom zerfallen ist und ob die Katze tot oder lebendig ist, bis man die Tür öffnet. Doch wenn man die Tür öffnet, stört man das Experiment, was der Quantentheorie zufolge das Ergebnis beeinflusst. Das heißt, was immer man auch vorfindet, man kann nie mit Sicherheit sagen, ob die Katze tot oder lebendig war, bevor man eingegriffen hat.

Die Quantentheorie der Superposition scheut sich nicht, zu behaupten, dass die Katze in der versiegelten Kammer gleichzeitig tot und lebendig ist. Aber selbst wenn das so ist, scheint es keinen Unterschied zwischen Realität und Nicht-Realität zu geben. Wie kann man behaupten, die Katze in der Kammer ist real, wenn man das nicht einmal überprüfen kann? Diese Frage wird aber nicht gestellt, nur, ob die Katze tot oder lebendig ist.

Um die Ecke denken

Seit 1935 hat Schrödingers Katze als Sinnbild für die Widersprüche der Quantentheorie Kultstatus erlangt, während die Quantentheorie selbst immer größere Fortschritte machte. Kein Wunder, dass zahlreiche Wissenschaftler eigene Interpretationen vorgeschlagen haben, aber keiner eine endgültige Lösung gefunden hatte. Im Jahr 1957 legte Hugh Everett (1930–1982) die „Viele-Welten-Interpretation“ vor, die besagt, dass beide Möglichkeiten real sind, auch wenn man nur eine beobachtet; sie teilen sich einfach in zwei Zustandswelten. In einer Welt ist die Katze tot und in der anderen lebt sie. Durch die Beobachtung verschränkt man sich mit der Welt der toten Katze – und kann keine Verbindung zur Welt der lebendigen Katze haben, was in der Quantenmechanik als Dekohärenz bezeichnet wird.

Das Problem ist jedoch nach wie vor ungelöst und stellt die Vorstellung, die Wissenschaftler von der Realität haben, in Frage. Das Thema wird also nach wie vor intensiv diskutiert.

Unten: Wendet man Hugh Everetts „Viele-Welten-Interpretation“ auf menschliche Beziehungen an, sieht man die vielen möglichen Parallelwelten, die durch eine Veränderung des Beziehungsstatus entstehen.

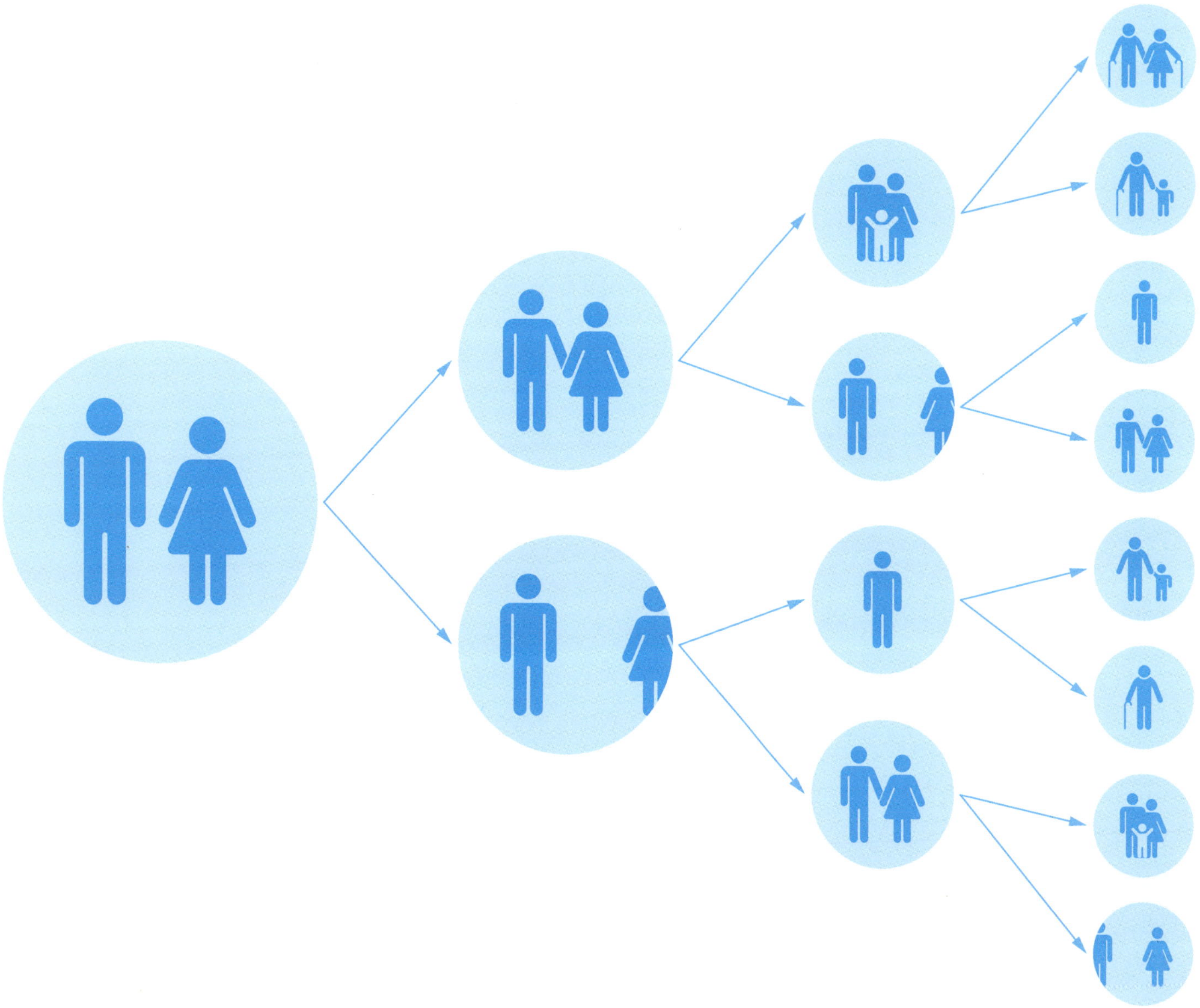

Literatur

Berlinghoff, William P. *Math Through the Ages.* Dover Publications: New York, 2019.

Bhattacharya, Ananyo. *The Man from the Future. The Visionary Life of John von Neumann.* Penguin: London, 2022.

Bird, Kai und Sherwin, Martin J. *J. Robert Oppenheimer. Die Biographie.* Ullstein: Berlin, 2023.

Boyer, Carl B. und Merzbach, Uta C. *A History of Mathematics, Third Edition.* Jossey-Bass: San Francisco, 2010.

Brooks, Michael. *The Maths That Made Us.* Scribe UK: London, 2022.

Bunt, Lucas N. H., Jones, Phillip S., Bedient, Jack D. *The Historical Roots of Elementary Mathematics.* Dover Publications: New York, 2012.

Burton, David. *The History of Mathematics: An Introduction, Seventh Edition.* McGraw-Hill Higher Education: New York, 2010.

Carroll, Sean. *Was ist die Welt und wenn ja, wie viele: Wie die Quantenmechanik unser Weltbild verändert.* Klett-Cotta: Stuttgart, 2021.

Carter, Zachary D. *The Price of Peace: Money, Democracy, and the Life of John Maynard Keynes.* Random House: New York, 2021.

Cheng, Eugenia. *Das Buch, von dem du dir wünschst, dein Mathelehrer hätte es gelesen.* C. H. Beck: München, 2024.

Deutsch, David. *Die Physik der Welterkenntnis: Auf dem Weg zum universellen Verstehen.* Springer: Basel, 1996.

Du Sautoy, Marcus. *Die Musik der Primzahlen: Auf den Spuren des größten Rätsels der Mathematik.* dtv: München, 2006.

Dyson, George. *Turings Kathedrale: Die Ursprünge des digitalen Zeitalters.* Ullstein: Berlin. 2016.

Field, J. V. *The Invention of Infinity.* OUP Oxford: Oxford, 1997.

Gardner, Martin. *My Best Mathematical and Logic Puzzles.* Dover: New York, 2016.

Gleick, James. *Chaos – die Ordnung des Universums.* Knaur: München, 1988.

Gribbin, John. *Auf der Suche nach Schrödingers Katze. Quantenphysik und Wirklichkeit.* Piper: München, 2011.

Hodges, Andrew. *Alan Turing, Enigma.* Springer: Wien, 1994.

Jones, Steve. *No Need for Geniuses: Revolutionary Science in the Age of the Guillotine.* Little, Brown: London, 2016.

Kaku, Michio. *Wettlauf um die Zukunft: Wie der Quantencomputer die Probleme der Menschheit lösen wird.* Rowohlt: Hamburg, 2023.

Kumar, Manjit. *Quanten: Einstein, Bohr und die große Debatte über das Wesen der Wirklichkeit.* Berlin Verlag: Berlin, 2011.

Mack, Katie. *Das Ende von allem*: *astrophysikalisch betrachtet.* Piper: München, 2021.

Mandelbrot, Benoît B. *Die fraktale Geometrie der Natur.* Birkhäuser: Basel, 1991.

Marglin, Stephen. *Raising Keynes: A Twenty-First-Century General Theory.* Harvard University Press: Cambridge, 2020.

Mindell, David A. *Digital Apollo: Human and Machine in Spaceflight.* MIT Press: Cambridge, 2011.

Nasar, Sylvia. *Genie und Wahnsinn: Das Leben des genialen Mathematikers John Nash.* Piper: München 2002.

Paul, Richard & Moss, Steven. *We Could Not Fail: The First African Americans in the Space Program.* University of Texas Press: Austin, 2016.

Pratt, Carl J. *Quantum Physics for Beginners.* Independently published: UK, 2021.

Rudman, Peter S. *How Mathematics Happened: The First 50,000 Years.* Prometheus: New York, 2006.

Singh, Simon. *Fermats letzter Satz: Die abenteuerliche Geschichte eines mathematischen Rätsels.* dtv: München, 2000.

Stewart, Ian. *Professor Stewarts Mathematisches Sammelsurium.* Rowohlt: Hamburg, 2011.

Glossar

Ableitung
In der Analysis eine mathematische Funktion, die aus Grenzwerten abgeleitet ist und den Grad der Veränderung einer Funktion an einem bestimmten Punkt angibt.

Agrargesellschaft
Eine Gesellschaft, die hauptsächlich Landwirtschaft betreibt und daher das ganze Jahr an einem Ort sesshaft ist.

Akzeleratoreffekt
Wenn eine Erhöhung des Volkseinkommens zu höheren Investitionsausgaben führt.

Algebra
Teilgebiet der Mathematik, das sich mit der Untersuchung und Anwendung mathematischer Symbole für variable oder unbekannte numerische Größen beschäftigt.

Algebraische Geometrie
Sie befasst sich mit Kurven oder Oberflächen, die gleichzeitig geometrische Objekte und Lösungen algebraischer (vor allem polynomischer) Gleichungen sind.

Alphastrahlung
Die Teilchen, die von manchen radioaktiven Stoffen abgegeben werden.

Amerikanischer Unabhängigkeitskrieg (1775–1783)
Dreizehn amerikanische Kolonien kämpften um ihre Unabhängigkeit von der britischen Herrschaft, was schließlich in der Gründung der Vereinigten Staaten von Amerika gipfelte.

Analysis
Teilgebiet der Mathematik, das Veränderungen untersucht, unter anderem Konzepte wie Grenzwerte, Ableitungen und Integrale.

Analytische Maschine
Weiterentwicklung der Differenzmaschine, die komplett programmierbar sein und theoretisch jede Berechnung durchführen können sollte.

Arabische Zahlschrift
Ein Zahlensystem, das aus der Kombination indischer und arabischer Ziffern entstand.

Arithmetik
Ein Teilgebiet der Mathematik, das sich mit dem Rechnen mit Zahlen und mit ihren Eigenschaften befasst.

Arithmetisches Dreieck
Eine mathematische Methode zur Darstellung algebraischer Gleichungen.

Astronomie
Die Wissenschaft der Himmelskörper.

Bambusstreifen
Dünne, miteinander verbundene Holzstreifen, auf die vor der Erfindung des Papiers geschrieben wurde.

Bill (engl.)
Vorlage für ein neues Gesetz.

Binärsystem
Ein Zahlensystem, in dem es nur die Ziffern 0 und 1 gibt – statt der gewohnten Dezimalziffern.

Blütezeit des Islam
Zeit des kulturellen, wirtschaftlichen und wissenschaftlichen Wachstums in der islamischen Welt.

Boolesche Algebra
Eine mathematische Struktur, die logische Operatoren durch binäre Variablen darstellt.

Brahmi-Ziffern
Die Zahlzeichen des alten Indiens; Vorgänger der indisch-arabischen Ziffern.

Breitengrad (geografische Breite)
Misst die nördliche oder südliche Entfernung eines Punkts vom Äquator.

Bronzezeit
Historische Epoche, in der bereits Werkzeuge und Waffen aus Bronze verwendet wurden.

Chaostheorie
Die Idee, dass kleine, scheinbar zufällige Unterschiede in Systemen, die deterministischen Gesetzen unterliegen, enorme unvorhersehbare Folgen haben können.

Chern-Klassen
Formen im Raum, die anhand ihrer Verdrehung in verschiedene Dimensionen klassifiziert sind.

Computermathematik
Computerunterstützte Mathematik, bei der nach Algorithmen für Logik, Kombinatorik, Zahlentheorie usw. gesucht wird.

Computus
Mathematische Berechnung, mit der das Osterdatum ermittelt wird.

Deduktion
Eine Schlussfolgerung auf der Grundlage von Fakten und logischen Annahmen treffen.

Demokratie
Regierungsform, bei der die Bürger politische Entscheidungen treffen, meist durch Wahlen.

Dezimaltrennzeichen
Ein Symbol, das den ganzzahligen Teil vom gebrochenen Teil einer Zahl abtrennt.

Differenzialgeometrie
Die Geometrie der Kurven und anderer gekrümmter Formen, die als Mannigfaltigkeiten bezeichnet werden.

Differenzmaschine
Charles Babbages Entwurf für eine mechanische Rechenmaschine, die komplexe Gleichungen für trigonometrische und logarithmische Tabellen erstellen konnte.

Diophantische Gleichung
Eine Gleichung, bei der es zwei oder mehr Unbekannte und eine ganzzahlige Lösung gibt, benannt nach dem griechischen Mathematiker Diophantos.

Dogma
Strenges Festhalten an bestimmten Prinzipien, besonders an religiösen oder moralischen.

Doppelte Buchführung
Die Aufzeichnung von Geschäftsvorgängen in zwei Spalten, um sicherzustellen, dass jede Transaktion doppelt vermerkt ist und genauer nachvollzogen werden kann.

Dreikörperproblem
Berühmtes Problem, die Bahnverläufe dreier Himmelskörper im Raum vorherzusagen.

Dunkles Zeitalter
Periode im Westeuropa des Mittelalters, die auf den Untergang des Römischen Reichs folgte und aus der es kaum historische Aufzeichnungen gibt. Oft ist mit dem Begriff auch ein kultureller und wissenschaftlicher Rückschritt in dieser Zeit gemeint, der jedoch nicht belegt ist.

Elektron
Das leichteste stabile Teilchen eines Atoms. Es ist negativ geladen und bewegt sich um den positiv geladenen Atomkern.

Energieniveau
Elektronenkonfiguration. Verteilung der Elektronen auf bestimmte Energiezustände im Abstand zum Atomkern.

Ensembleprognose
Eine Reihe von mathematisch berechneten Wettervorhersagen, die die Wahrscheinlichkeiten zukünftiger Wetterereignisse anzeigen.

Entscheidungsproblem
Die Suche nach einem Algorithmus, um zu entscheiden, ob eine Aussage auf Basis der Grundaxiome und mit den Regeln der Logik bewiesen werden kann.

Enzyklopädie
Umfangreiches Nachschlagewerk, das Wissen zu vielen verschiedenen Themen enthält.

Euklidischer Raum
Ein zwei- oder dreidimensionaler Raum aus einfachen geometrischen Elementen, in dem die euklidischen Axiome und Postulate gelten und jedem Punkt eine Koordinate zugewiesen werden kann (eine für jede Dimension).

Eulersche Formel
Mathematische Gleichung, die komplexe Exponentialfunktionen, Trigonometrie und imaginäre Zahlen miteinander verbindet.

Experimentelle Mathematik
Teilgebiet der Mathematik, das mithilfe von Computern und Experimenten mathematische Strukturen untersucht und grundlegende Eigenschaften und Muster identifiziert.

Fachzeitschrift
Regelmäßig erscheinende Zeitschrift, in der die wissenschaftliche Forschung eines Fachgebiets behandelt und publiziert wird.

Fénshu kengrú
Autoritäre Maßnahme in China, bei der Bücher verbrannt und Gelehrte hingerichtet wurden.

Fluchtpunkt
Punkt am Horizont, in dem parallele Linien scheinbar zusammenlaufen.

Formeln
Mathematische Ausdrücke, um Naturgesetze oder wissenschaftliche Prinzipien zu beschreiben.

Fourier-Transformation
Mathematisches Modell zur Umwandlung von Signalen, etwa von analog in digital.

Französische Revolution (1789–1799)
Zeit der radikalen gesellschaftlichen und politischen Umbrüche in Frankreich, gekennzeichnet durch den gewaltsamen Sturz der Monarchie, die von einer revolutionären Republik abgelöst wurde.

Gammastrahlung
Teilchen, die beim Elektronenzerfall in der Sonne und anderen radioaktiven Strahlungsquellen abgegeben werden.

Geodäte
Eine Kurve, die den kürzesten Weg zwischen zwei Punkten auf einer Fläche oder Mannigfaltigkeit darstellt.

Geometrie
Teilgebiet der Mathematik, das sich mit Formen und ihren Eigenschaften befasst.

Geometrische Analysis
Die Anwendung von Differenzialgleichungen, vor allem elliptischen partiellen Differenzialgleichungen (PDG), um neue Ergebnisse in der Differenzialgeometrie und -topologie zu finden.

Geometrische Muster
Muster, die aus einfachen Formen und Winkeln bestehen.

Geozentrisches Weltbild
Der Glaube, dass die Erde im Mittelpunkt des Universums steht und die Himmelskörper um sie kreisen.

Gesamtwirtschaftliche Nachfrage
Die gesamten Ausgaben aller Haushalte, Unternehmen und des Staats.

Globale Datensphäre
Die gesamten digitalen, elektronischen Daten, die auf der Welt gespeichert sind.

Goldener Schnitt
Ein Teilungsverhältnis von ungefähr 1,618, das durch die Zahl Phi (φ) dargestellt wird.

Goldenes Zeitalter
Eine Epoche größter kultureller, künstlerischer und wissenschaftlicher Fortschritte, die es in verschiedenen Kulturen gab.

Graphentheorie
Teilgebiet der Mathematik, das Graphen als mathematische Strukturen untersucht.

Gregorianischer Kalender
Kalender, der im späten 16. Jahrhundert von Papst Gregor XIII. eingeführt wurde und dessen Jahreslänge besser auf den Umlauf der Erde um die Sonne abgestimmt war.

Grenzwert
Auch „Limes" genannt. Mathematisches Konzept, das beschreibt, wie sich eine Funktion einem bestimmten Wert annähert und Informationen über das Verhalten von Funktionen liefert.

Großreich
Große politische Gebiete, die von einer zentralen Obrigkeit beherrscht werden.

Haus der Weisheit
Berühmtes Zentrum für Lernen und Wissen in Bagdad während der Blütezeit des Islam.

Heliozentrik
Weltbild, das die Sonne als Mittelpunkt des Universums sieht, den die Planeten umkreisen. Es entspricht dem heutigen Verständnis, das der Sonne außerhalb des Sonnensystems keine größere Bedeutung beimisst.

Hexaflexagon
Sechsseitige Objekte aus gefaltetem Papier, die durch Manipulation umgeformt werden können und dann neue Flächen offenbaren.

Hieratische Schrift
Vereinfachte und praktische Version der Hieroglyphen, die im Alltag verwendet wurde.

Hieroglyphen
Bilderschrift aus dem alten Ägypten, die oft für Inschriften auf Monumenten verwendet wurde.

Hilbert-Raum
Eine algebraische Struktur, bei dem die Mathematik zwei- und dreidimensionaler Räume beschreibt, was in Räumen mit mehr als drei Dimensionen geschieht.

Himmelsrichtungen
Die vier Hauptrichtungen am Kompass: Norden, Süden, Osten und Westen.

Hodge-Vermutung
Betrifft die Form von Mannigfaltigkeiten, die durch das Zusammenfügen einfacher geometrischer Elemente in zunehmenden Dimensionen konstruiert werden.

Humanismus
Geisteshaltung, die das Wohle des Menschen und die Verbesserung der Gesellschaft zum Schwerpunkt hat.

Hyperbolische Fläche
Eine Fläche, die sich an jedem Punkt von sich selbst wegkrümmt, etwa eine Sattelfläche.

Imaginäre Zahl
Eine Zahl, dessen Quadrat gleich minus eins ist (i) und die zu den komplexen Zahlen gehört.

Indische Zahlschrift
Zahlensystem aus Indien, das die Grundlage der indisch-arabischen Zahlen bildete.

Induktion
Eine Methode der Logik, bei der man aus einem Teil auf etwas Ganzes schließt, vom Speziellen zum Allgemeinen, vom Individuellen zum Universellen. Experimente sind induktiv.

Industrielle Revolution
Zeit der schnellen Industrialisierung, die im späten 18. Jahrhundert in Großbritannien begann; Übergang von einer Wirtschaft, die auf Landwirtschaft und Handarbeit basiert, zu einer Industriegesellschaft, die Maschinen nutzt.

Infinitesimalrechnung
Alte Methode der Analysis, die mit unendlich kleinen Größen rechnet.

Infografik
Visuelle Darstellungen von Informationen in Form von Diagrammen, Karten und Schaubildern um die Inhalte anschaulicher und verständlicher zu machen.

Informationstheorie
Die Lehre der Übertragung, Verarbeitung, Extraktion und Nutzung von Informationen als Grundlage der Kommunikationstechnik.

Input-Output-Analyse
Input sind alle Mittel, die für die Produktion einer Ware oder Dienstleistung aufgewendet werden; Output ist das fertige Produkt. Dieses Modell unterteilt die Wirtschaft in Sektoren, von denen jeder Güter und Dienstleistungen nicht nur für sich selbst, sondern auch für andere Sektoren erzeugt.

Integral
Das Gegenstück zur Ableitung, aus dem man die Fläche unter einer Kurve berechnet.

Irrationale Zahl
Eine Zahl, die nicht als Bruch zweier ganzer Zahlen dargestellt werden kann.

Islamischer Kalender (Dschalali-Kalender)
Kalender, der während der Blütezeit des Islam entwickelt wurde und viel genauer als der gregorianische Kalender war.

Julia-Menge
Diese Menge, benannt nach dem französischen Mathematiker Gaston Julia, ergibt sich aus einer komplexen Zahl z, die zum Quadrat genommen und durch eine Konstante ergänzt wird. Sie ist eine Vorläuferin der Mandelbrot-Fraktale.

Julianischer Kalender
Der Kalender, der 45 v. Chr. von Julius Caesar eingeführt wurde. Um das Kalenderjahr auf den Umlauf der Erde um die Sonne anzupassen, fügte er alle vier Jahre einen Schalttag ein.

Jungsteinzeit
Letzter Abschnitt der Steinzeit; Übergang vom Nomadentum zur Agrargesellschaft.

Kalifat
Regierungsform des Islam, in der ein Kalif das politische und religiöse Oberhaupt darstellt.

Kanon der Mathematik
Sammlung grundlegender Schriften der Mathematik, die aufgrund ihres Einflusses und ihrer Bedeutung allgemein anerkannt sind.

Kartesisches Koordinatensystem
Das Koordinatensystem nach René Descartes, bei dem der Raum mithilfe von senkrechten und waagerechten Linien definiert wird und das heute am häufigsten verwendet wird.

Keilschrift
Altes sumerisches Schriftsystem mit keilförmigen Zeichen.

Klassische Zeit
Periode im antiken Griechenland (ca. 500 v. Chr. bis 323 v. Chr.), die vom kulturellen und intellektuellen Wachstum der griechischen Stadtstaaten geprägt war.

Kolonialismus
Die Politik der Inbesitznahme von Kolonien, die durch die Unterwerfung oder Ausbeutung fremder Territorien und ihrer Bevölkerung durch eine andere Nation gekennzeichnet wird.

Kolonien
Gebiete und Staaten, die von einer auswärtigen Macht regiert und ausgebeutet werden.

Kombinatorik
Die Mathematik der Permutationen – der verschiedenen Arten, wie Objekte angeordnet werden können.

Komputistik
Die Berechnung des Jahreskalenders, meist bezogen auf das Osterdatum.

Königliche Elle
Längenmaß (mit leicht abweichenden Maßen), das ungefähr die Länge eines Unterarms hat.

Koordinaten
Ein System zur Darstellung von Positionen im Raum mithilfe von Zahlen.

Kryptografie
Die Wissenschaft von der Verschlüsselung, Entschlüsselung und Sicherung von Informationen.

Kubische Gleichungen
Mathematische Gleichungen der Form $ax^3 + bx^2 + cx + d = 0$, wobei x für eine unbekannte Variable steht.

Kultureller Rückstrom
Der Austausch kultureller Elemente und der Einfluss einer Kultur auf die andere, vor allem wenn eine Kultur die andere politisch beherrscht.

Längengrad (geografische Länge)
Misst die östliche oder westliche Entfernung eines Punkts vom Nullmeridian.

Lascaux-Höhlen
Höhlensystem im französischen Département Dordogne, wo sich weltberühmte Höhlenmalereien aus der Jungsteinzeit befinden.

Lineare Algebra
Beschäftigt sich mit Vektoren und linearen Abbildungen, die in linearen Gleichungen behandelt werden, und bildet die Grundlage der meisten mathematischen Teilgebiete.

Linearer Raum
Auch Vektorraum genannt. Ein Raum ist eine Menge von Vektoren – Elementen, die addiert oder mit Zahlen (Skalaren) multipliziert werden.

Liturgischer Kalender
Ein Kalender, der für religiöse oder zeremonielle Zwecke verwendet wird.

Logarithmus
Eine Rechenoperation, um sehr große und sehr kleine Zahlen zu vereinfachen.

Logik
Die Lehre der Grundsätze für gültiges Schlussfolgern und korrektes Argumentieren.

Makroökonomie
Die Wissenschaft von der Gesamtwirtschaft, einschließlich Produktion, Inflation, Verzinsung, Wechselkurse oder Zahlungsbilanz.

Mandelbrot-Menge
Ein komplexes Fraktal, benannt nach Benoît Mandelbrot. Es besteht aus unendlich kleinen, in Spiralen angeordneten Elementen, die alle Julia-Mengen beinhalten.

Mannigfaltigkeit
Eine abstrakte mathematische Form, die in verschiedenen Dimensionen existiert. Sie sieht aus wie die Formen der euklidischen Geometrie, die mathematisch gesehen nur Variationen voneinander sind.

Maßeinheiten
Ein System aus eindeutig definierten Werten, um die Eigenschaften von Objekten zu messen und miteinander vergleichen zu können.

Mathematischer Kommentar
Reproduktion eines älteren Textes, der durch zusätzliche Erklärungen erweitert wird.

Matrix
Eine mathematische Tabelle, in der Variablen in Zeilen und Spalten angeordnet sind und mithilfe von linearer Algebra berechnet werden können.

Maya-Ziffern
Zahlensystem der Maya, bei dem Ziffern durch Punkte und Linien dargestellt wurden.

Megalithen
Große Steinblöcke, die allein oder als Teil von Monumenten aufgestellt wurden.

Meiji-Restauration
Zeit der raschen Modernisierung in Japan nach der erzwungenen Öffnung des Landes durch westliche Mächte in der Mitte des 19. Jahrhunderts. Sie führte zu kulturellen und gesellschaftlichen Umbrüchen.

Mengenlehre
Teilgebiet der Mathematik, das Mengen und ihre Eigenschaften untersucht.

Metrisches System
Auf dem Dezimalsystem basierende Maßeinheiten, die zur Standardisierung eingeführt wurden und in der Wissenschaft wie auch im Alltag verwendet werden.

Minimax
Der geringstmögliche maximale Verlust in der Spieltheorie.

Möbiusband
Fläche, die entsteht, wenn man die Enden eines Papierstreifens zusammenklebt, aber ein Ende verdreht. Entdeckt wurde sie 1858 von Johann Benedict Listing und August Ferdinand Möbius.

Mondkalender
Methode, die Länge eines Jahrs auf der Grundlage der Mondphasen zu messen.

Multiplikatoreffekt
Die Wirkung einer Finanzspritze des Staats in die Wirtschaft wird durch Folgeeffekte in anderen Wirtschaftssektoren vervielfacht.

Näherungswert
Ein Ergebnis, das dem exakten Wert, sehr nahe kommt, ihm also angenähert ist.

Nash-Gleichgewicht
Ein nach John Nash benannter Zustand in der Spieltheorie, bei dem kein Spieler mehr gewinnt oder verliert als die anderen.

Neutronen
Teilchen, die zusammen mit den Protonen den Kern jedes Atoms bilden (mit Ausnahme von Wasserstoff). Im Gegensatz zu Protonen tragen sie keine elektrische Ladung.

Nichteuklidische Geometrie
Geometrische Systeme, die von den Postulaten Euklids abweichen, vor allem von dem, das besagt, dass zwei parallele Gerade sich irgendwann schneiden müssen.

Nomadentum
Lebensweise, die nicht sesshaft ist. Nomaden ziehen über ein größeres Gebiet und leben im Laufe des Jahres an verschiedenen Orten.

Notation
Standardisierte Symbole und Formeln, die in der Mathematik als Abkürzungen dienen.

Null
Ein Zahlzeichen, das die Abwesenheit von etwas oder das Nichts symbolisiert.

Ökonometrie
Teilgebiet der Wirtschaftswissenschaften, das mithilfe von mathematischen und statistischen Methoden ökonomische Theorien erstellt und überprüft, um Modelle für die Vorhersage wirtschaftlicher Veränderungen zu konstruieren.

Olmeken
Alte Hochkultur, die im heutigen Mexiko zwischen 1600 und 400 v. Chr. existierte.

Oxford Calculators
Eine Gruppe von Mathematikern am Merton College der Universität Oxford. Sie waren bekannt dafür, philosophische Probleme mathematisch lösen zu wollen.

Parallelogramm
Ein Viereck, bei dem die gegenüberliegenden Seiten parallel zueinander stehen und die gegenüberliegenden Winkel gleich groß sind.

Parallelverarbeitung
Die Aufteilung einer Aufgabe auf zwei oder mehrere Mikroprozessoren, um den Rechenvorgang zu beschleunigen.

Parkettierung
Auch „Kachelung“ genannt. Die lückenlose und überlappungsfreie Überdeckung einer Fläche, häufig einer Ebene, durch eine oder mehrere geometrischen Formen („Kacheln“).

Partielle Differenzialgleichungen
Gleichungen, die partielle Ableitungen enthalten. In der Physik äußerst wichtig.

Perspektive
Eine Methode in der Kunst, um den Motiven zweidimensionaler Bilder einen räumlichen Eindruck zu verleihen.

Philosophie
Das Ergründen tiefgreifender Fragen in Bezug auf Existenz, Wissen, Werte, Logik, Denken und Sprache.

Photoelektrischer Effekt
Die Abgabe von Elektronen aus einem Material, wenn es von elektromagnetischer Strahlung getroffen wird.

Photon
Lichtteilchen. Ein winziges Energiepaket aus elektromagnetischer Strahlung.

Pi
Das Verhältnis zwischen dem Umfang eines Kreises und seinem Durchmesser (ungefähr 3,1415926). Die Kreiszahl Pi wird für viele verschiedene Berechnungen benötigt.

Plateau-Problem
Das Problem, eine Minimalfläche zu finden – also den geringstmöglichen Flächeninhalt. Beschrieben von Joseph Plateau, der die Formen von Seifenblasen untersuchte.

Polynom
Mathematische Funktion aus mehreren Termen.

Polyomino
Eine geometrische Fläche, die aus gleich großen, zusammenhängenden Quadraten besteht.

Präkolumbisch
Die Zeit vor der Ankunft von Christoph Kolumbus in Amerika.

Primzahlen
Zahlen, die nur durch eins und sich selbst geteilt werden können.

Protestantismus
Christliche Konfession, die sich von gewissen Bräuchen und Doktrinen der römisch-katholischen Kirche losgesagt hat, zugunsten einer simpleren Ausübung der Religion und einer persönlichen Beziehung zu Gott.

Protonen
Teilchen, die zusammen mit den Neutronen den Kern jedes Atoms bilden. Sie tragen eine positive elektrische Ladung.

Public-Key-Kryptografie
Ein Verschlüsselungsverfahren, bei dem durch die Multiplikation von Primzahlen eine neue Zahl erzeugt wird.

Pythagoreisches Tripel
Eine Menge aus drei positiven ganzen Zahlen, die den Satz des Pythagoras a2 + b2 = c2 erfüllt.

Quadratische Gleichungen
Mathematische Gleichungen der Form $ax^2 + bx + c = 0$.

Quadratur des Kreises
Das geometrische Problem, in einem gegebenen Kreis nur mit Zirkel und Lineal ein Quadrat mit der gleichen Fläche zu konstruieren. Als Redewendung ist es heute eine Metapher für den Versuch, das Unmögliche zu schaffen.

Quadratwurzel
Eine Zahl, die mit sich selbst multipliziert wieder die Ausgangszahl ergibt.

Quant/Quanten
Die kleinste Energieeinheit einer bestimmten Art. Lichtquanten sind Photonen, Elektrizitätsquanten sind Elektronen.

Quark
Eines von sechs winzigen Elementarteilchen, die in Kombination mit Elektronen fast die gesamte Materie bilden.

Qubit
Die Grundeinheit der Information in der Quanteninformatik.

Quipu
Knotenschrift, mit der auch Zahlen dargestellt und aufgezeichnet werden konnten.

Quipucamayoc
Spezieller Mathematiker und Kundiger der Knotenschrift, der mit Quipus arbeitete.

Rationale Zahlen
Bruchzahlen. Zahlen, die als Verhältnis zweier ganzer Zahlen dargestellt werden können.

Raumschiff
Muster in Conways Spiel des Lebens. Es sieht aus, als bewegte es sich über das Spielfeld.

Rayleigh-Jeans-Gesetz
Es sagt vorher, dass die Strahlungsintensität, die von einem schwarzen Körper abgegeben wird, direkt proportional zur Temperatur und umgekehrt proportional zur Wellenlänge hoch vier ist. Bei großen Wellenlängen stimmt es mit den Messungen überein, aber bei kleinen überhaupt nicht, sodass es eine „Ultraviolett-Katastrophe“ ausgibt.

Rechenmaschinen
Maschinen, die auf mechanische oder digitale Weise Berechnungen durchführen können.

Rechenstäbchen
Ein chinesisches Stellenwertsystem, bei dem mithilfe von Zählstäbchen gerechnet wurde.

Reformation
Eine religiöse und kulturelle Bewegung im 16. Jahrhundert, die eine Reform der römisch-katholischen Kirche anstrebte und schließlich zur Gründung des Protestantismus führte.

Regressionsanalyse
Quantifiziert die Beziehungen zwischen einer Variable und anderen Variablen und versucht die Aussagekraft dieser Beziehung einzuschätzen.

Renaissance
Epoche der kulturellen, künstlerischen und wissenschaftlichen Wiedergeburt in Europa, gekennzeichnet von der Wiederbelebung der Ideen aus der griechischen und römischen Antike. Sie begann im späten 14. Jahrhundert in den italienischen Stadtstaaten.

Riemannsche Vermutung
Diese bisher unbewiesene Idee wurde 1859 von Riemann beschrieben und besagt, dass alle „nicht eindeutigen“ Nullen der Zeta-Funktion komplexe Zahlen mit dem Realteil ½ sind.

Römische Zahlen
Das Zahlensystem des alten Roms.

Sattel
Ein Punkt, an dem die partiellen Ableitungen einer Funktion aus zwei Variablen gleich null sind, aber weder einen Maximal- noch einen Minimalwert haben, und grafisch als gekrümmtes Tal zwischen zwei Hügeln dargestellt wird.

Schaltjahr
Ein Jahr, das einen Schalttag enthält.

Schalttag
Zusätzlicher Tag, der dem Kalender alle vier Jahre hinzugefügt wird, um die Länge des Sonnenjahrs im Verhältnis zum Umlauf der Erde um die Sonne auszugleichen.

Schwarzer Körper
Ein theoretisches Objekt, dass sämtliche Strahlung, die auf es trifft, absorbiert und wieder abgibt – einschließlich aller Frequenzen (oder Wellenlängen) des Lichts.

Seltsamer Attraktor
Ein Attraktor ist eine Anzahl von Zuständen, auf die sich ein System mit der Zeit zubewegt. Bei einem seltsamen Attraktor sind diese Zustände fraktal und selbstähnlich.

Sexagesimalsystem
Zahlensystem mit der Basis 60 – das heißt, es gibt 60 verschiedene Zeichen zur Darstellung von Zahlen.

Sierpinski-Dreieck
Ein fraktales Muster, in dem immer kleiner werdende gleichseitige Dreiecke ineinander verschachtelt sind.

Skalarproduktraum
Eine spezielle Art des Vektorraums, in dem zwei Vektoren miteinander kombiniert werden.

Soliton
Ein Wellenpaket, das seine Form und sein Tempo beibehält, während es sich mit konstanter Geschwindigkeit ausbreitet.

Sonnenkalender
Ein Kalender, der sich nach dem Lauf der Erde um die Sonne richtet.

Sonnenwende
Ein astronomisches Ereignis, das den längsten oder kürzesten Tag des Jahres markiert.

Spanische Armada
Spanische Schiffsflotte, die 1588 ausgesandt wurde, um England zu erobern und die Macht der katholischen Kirche wiederherzustellen, aber von der englischen Kriegsflotte besiegt wurde.

Spieltheorie
Die Idee, Interaktionen als mathematische und logische Spiele und Interessenskonflikte zwischen den Spielern zu betrachten.

Stellenwertsystem
Zahlensystem, bei dem der Wert einer Ziffer von ihrer Position in der Zahl bestimmt wird.

Superposition
Die Vorstellung, dass sich ein Teilchen gleichzeitig in mehreren Zuständen oder an mehreren Orten befinden kann.

Sutras
Religiöse Texte, die wichtige Lektionen oft in Dichtung oder Allegorien verpackt.

Symbole
Sinnbilder mit abstrakten Bedeutungen.

Symbolische Algebra
Mathematische Gleichungen, deren Elemente durch Symbole dargestellt werden, etwa das Plus durch „+“ und das Minus durch „–“.

Systematisierung
Das strukturierte Organisieren oder Anordnen.

Textaufgaben
Rechenaufgaben in Form von Fließtext, die in realitätsbezogene Situationen verpackt sind. Oft werden sie im Unterricht verwendet, um die Mathematik darin weniger abstrakt und leichter verständlich zu machen.

Topologie
Die „Gummi-Geometrie“, in der Gebilde im Raum in jede Dimension verbogen, verdreht, gestreckt und geschrumpft, aber nie zerteilt werden können.

Torus
Eine Fläche mit der Form eines Donuts oder Rettungsrings, die erzeugt wird, indem man einen Kreis im dreidimensionalen Raum um eine Achse rotieren lässt.

Trigonometrie
Teilgebiet der Mathematik, das sich mit den Längen und Winkeln von Dreiecken und ihren Beziehungen zueinander beschäftigt.

Ultraviolett-Katastrophe
In der klassischen Elektrodynamik die Vorhersage, dass die Intensität der Strahlung, die von einem schwarzen Körper abgegeben wird, mit abnehmender Wellenlänge gegen unendlich geht (Rayleigh-Jeans-Gesetz).

Unendliche Reihen
Eine Zahlenfolge, die unendlich weit fortgesetzt wird und keinen Endpunkt hat.

Unendlichkeit
Ein mathematisches Konzept, das für eine grenzenlose, endlose Menge steht und oft durch das Symbol ∞ ausgedrückt wird.

Universalgelehrte
Personen mit großen Kenntnissen auf mehreren Gebieten der Wissenschaft.

Unschärferelation
Die Aussage von Werner Heisenberg, dass bestimmte Paare physikalischer Eigenschaften, etwa Ort und Impuls, nicht gleichzeitig gemessen werden können.

Unsichtbares Collegium
Ungezwungene Verbindung zwischen Gelehrten und Denkern während der Renaissance, die meist in Form von Briefwechseln die Zusammenarbeit und den Wissensaustausch ermöglichte.

Variationsrechnung
Mathematisches Teilgebiet der Analysis, bei dem das Verhalten von Funktionen bei kleinen Änderungen der Eingabe untersucht wird.

Vatikan
Der Hauptsitz der römisch-katholischen Kirche, der sich in der Vatikanstadt befindet, sowie die religiöse und politische Einheit der katholischen Kirche, an deren Spitze der Papst steht.

Vektor
Eine Größe, die einen Betrag und eine Richtung besitzt. Oft wird die Richtung durch einen Pfeil und der Betrag durch eine Linie dargestellt.

Vektorraum
Auch linearer Raum genannt. Eine Menge von Vektoren – Elementen, die addiert oder mit Zahlen (Skalaren) multipliziert werden.

Verschränkung
Zwei oder mehrere Quantenteilchen sind so stark miteinander verbunden sind, dass sie sich identisch verhalten, auch wenn sie weit voneinander entfernt sind.

Vier große Erfindungen
Papier, Kompass, Schwarzpulver und der Buchdruck – die vier Erfindungen, die China von ca. 100 v. Chr. bis ins frühe 15. Jahrhundert die kulturelle und wissenschaftliche Vorherrschaft ermöglichten.

Vollständige Induktion
Mathematisches Methode, bei der die Gültigkeit einer Aussage für einen grundlegenden Fall bewiesen wird und auch für alle nachfolgenden Fälle gilt.

Wahrscheinlichkeitstheorie
Ein Teilgebiet der Mathematik, das sich mit Zufällen und Wahrscheinlichkeiten befasst.

Wavelet
Eine wellenartige Funktion, die kurz andauert, beginnt, schnell ansteigt und dann einmal oder mehrere Male wieder auf Null abfällt.

Wissenschaftliche Revolution
Zeit, die im 16. Jahrhundert begann, und in der bedeutende wissenschaftliche Fortschritte gemacht wurden. Auf die Anwendung der wissenschaftlichen Methode, Experimente und der Reproduzierbarkeit von Versuchen wurde großer Wert gelegt.

Zahlentheorie
Teilgebiet der reinen Mathematik, das sich vor allem mit ganzen Zahlen und arithmetischen Funktionen befasst und Zusammenhänge zwischen verschiedenen Zahlen sucht.

Zahlenvergleich
Das Vergleichen verschiedener Zahlen oder Mengen.

Zeit der Streitenden Reiche (475–221 v. Chr.)
Eine Periode der Konflikte im alten China, die schließlich zur Vereinigung des Landes führte.

Zentralperspektive
Eine Methode, um in einem zweidimensionalen Bild mithilfe von Fluchtlinien und -punkten einen räumlichen Eindruck zu erzeugen.

Zeta-Funktion
Auch bekannt als riemannsche Zeta-Funktion. Sie besagt, dass jede positive ganze Zahl ein einzigartiges Produkt einer endlichen Menge von Primzahlen ist.

Zinseszins
Ein Konzept aus dem Finanzwesen, bei dem nicht nur der Kapitalvertrag verzinst werden, sondern auch die bereits angefallenen Zinsen.

Über die Autoren

Dr. James Lees

Allgemeine Einleitung, Teil 1, Teil 2, und Kapitel 21 und 22.

Dr. James Lees erlangte seinen Doktorgrad in Physik von der University of York. Er studierte anschließend an der amerikanischen Stanford University, bevor er nach Großbritannien zurückkehrte und als Dozent in York lehrte. Seine Forschungsarbeit umfasst ein breites Themenspektrum, das Astronomie, Kernphysik, kondensierte Materie, medizinische Physik und in jüngster Zeit auch erweiterte Datenspeicherung und Spintronik beinhaltet.

Während seiner gesamten Laufbahn hat er sich immer für die Wissenschaft ausgesprochen und in seiner Tätigkeit als Vortragender und Autor versucht, die kuriose und wunderbare Welt der Wissenschaft für Laien verständlicher zu machen.

Eines seiner größten Interessen gilt der Geschichte der Wissenschaft und Mathematik, und er hat bereits an mehreren Büchern zum Thema mitgewirkt, die von den Anfängen der Geschichte bis zur heutigen Zeit alle Epochen abdecken.

John Farndon

Einleitung Teil 3, Kapitel 16–20, und Kapitel 23.

John Farndon ist als Autor, Dramatiker, Dichter und Übersetzer tätig. Aus seiner Feder stammen über tausend Sachbücher, unter anderem zu den Themen Wissenschaft, Natur und Geschichte, darunter zahlreiche internationale Bestseller. Bereits fünfmal war er in der engeren Wahl für den Young People's Science Book Prize.

Er war der Hauptautor von *The Maths Book: Big Ideas, Simply Explained* und der Ghostwriter von *Fibonaccis Kaninchen: und 49 andere Entdeckungen, die die Mathematik revolutionierten.* Seine Übersetzung des Romans *The Devils' Dance* des usbekischen Autors Hamid Ismailov brachte ihm 2019 den EBWE-Literaturpreis ein und er war Finalist beim US Pen Translation Prize 2020.

Register

Seitenzahlen in *kursiv* verweisen auf Bilder oder Bildtexte.

O

P

Q

R

S

Bildnachweis

Alamy/Art Collection 2: 203 (oben links), 214 (oben); CPA Media Pte Ltd: 279 (unten, Mitte links), 303 18 (oben links); Ian Dagnall Computing: 136; Dinodia Photos: 18 (oben rechts), 90; DPA Picture Alliance: 347; Adam Ján Figeł: 37; GL Archive: 218; The Granger Collection: 10 (links), 76, 170, 247 (unten), 269 (oben); NBC: 386; Painting: 177 (oben links); Pictorial Press Ltd: 253; The Picture Art Collection: 81; The Print Collector: 128-129; Dominic Robinson: 20-21; Science History Images: 80, 207, 217, 227 (oben links), 227 (unten rechts), 228, 239, 242, 279 (oben links), 312, 367; Sipa US: 283 (oben), 336; Süddeutsche Zeitung Photo: 350 (rechts); World History Archive: 53.

Art Institute of Chicago: 132.

Bayerische Staatsbibliothek: 195.

Bibliothèque nationale de France: 109, 116, 117, 131, 134, 152, 164, 183 (oben), 197 (oben), 209 (links), 209 (rechts), 224-225, 226 (oben links), 227 (unten links), 233, 234 (oben), 234 (unten), 236 (rechts), 246 (oben links), 251, 257.

Biodiversity Heritage Library/MBLWHOI Library: 246 (unten rechts), 262.

Bridgeman Images: 158, 202 (unten), 211; Alinari: 154-155; © Archives Charmet: 254 (unten); aus dem Archiv der British Library: 175 (oben), 91, 140-141 150; © Christie's Images: 178-179; National Museum of Asian Art, Smithsonian Institution: 162; San Diego Museum of Art/Edwin Binney 3rd Collection: 114; © Veneranda Biblioteca Ambrosiana/Mondadori Portfolio: 118, 230.

British Library: 144, 145, 160 (oben), 165.

© The Trustees of the British Museum: 52 (oben), 52 (unten).

Bundesarchiv, Bild 146-1978-069-26A, CC BY-SA: 395 (oben).

Courtesy of the Caltech Archives and Special Collections: 318.

Rare Book & Manuscript Library, Columbia University in the City of New York: 94 (oben), 94 (unten), 126.

© EPFL/Fred Merz (Lundi13), CC BY-SA: 296.

ETH-Bibliothek Zürich/Rar 246: 2: 214 (unten); Photograph: Johannes Meiner/ Portr_10680-FL: 280 (oben Mitte), 324 (links).

European Mathematical Society/Karine Chemla, All roads come from China – For a theoretical approach to the history of mathematics. Eur. Math. Soc. Mag. 119 (2021), S. 23–30, CC BY: 111.

Freer Gallery of Art: 99.

Getty Images: 280 (unten rechts), 325, 356; Art Images: 146; Bettmann: 19 (oben rechts), 148, 278 (unten rechts), 288, 396, 400; Bletchley Park Trust: 302; Boston Globe: 354; Brandstaetter Images: 202 (oben rechts), 209; Jon Brenneis: 380; Christophel Fine Art: 12-13; Daily Herald Archive: 9, 323; De Agostini: 167 (unten); DEA Picture Library: 202 (oben links), 207, 70-71; DEA/G. Dagli Orti: 3, 19 (oben links), 61, 137, 143; Vincenzo Fontana: 160 (unten links), 167 (oben); Heritage Images: 6, 16 (unten rechts), 50, 161 (unten links), 166, 170, 183 (unten), 197 (unten), 200-201, 236 (links); Hulton Deutsch: 279 (unten links), 348; JHU Sheridan Libraries/Gado: 263; Keystone: 280 (oben rechts), 306; Keystone-France: 279 (unten rechts), 383, 401; Leemage: 163 (oben); Molteni Motta: 212; Mondadori Portfolio 175 (unten), 247 (oben), 270; Photo 12: 66; Photo Josse/ Leemage: 63; PhotoQuest: 274-275; Pictures from History: 250; Portland Press Herald: 281 (unten links), 292; Print Collector: 78, 248, 352 (unten); Richard Hartog: 283 (unten), 372; Massimo Ravera: 29; Science & Society Picture Library: 104, 244-245, 246 (oben rechts), 246 (oben Mitte), 258 (oben), 258 (unten), 259, 260 (unten), 261; Ullstein Bild: 286; Universal History Archive: 56-57, 139; Werner Forman: 138.

Getty Research Institute: 67, 161 (unten rechts).

ICM 2018: 282 (unten), 316.

IHES © René Bouillot – IHES, 1961-1963: 281 (oben links), 341.

Institute for Advanced Study/Andrea Kane: 382 (oben), 342.

iStock/Thoth_Adan: 102.

Leiden University Libraries, CC BY: 181 (oben rechts), 194.

Library of Congress, Washington DC: 82-83, 169, 181 (unten links), 184, 185, 186, 189, 198, 238, 249, 252, 271, 362.

The Linda Hall Library of Science, Engineering & Technology, CC BY: 181 (oben links), 192, 193, 210, 215.

Los Alamos National Laboratory, CC BY: 279 (oben rechts), 289, 350 (links).

© Magnum Photos/Elliott Erwitt: 291.

Matemateca (IME/USP)/Rodrigo Tetsuo Argenton, CC BY-SA: 382.

Metropolitan Museum of Art: 17, 34 (links), 34 (rechts), 35, 40-41, 74, 75 (oben), 77, 116, 163 (unten).

Su concessione del Ministero della Cultura/Biblioteca Nazionale Centrale di Firenze: 149.

Minneapolis Institute of Art: 172.

Musée Carnavalet, Histoire de Paris: 203 (unten links), 227 (oben rechts), 240, 241.

NASA: 309, 313, 379; James Webb Telescope: 276.

Nationaal Archief: 352 (oben).

National Diet Library, Tokyo: 219 (oben).

National Gallery of Art, Washington DC: 18 (unten rechts), 147.

National Library of Medicine: 377.

Nationalmuseum/Cecelia Heisser: 182.

NOAA: 326.

Pixel17.com, CC BY: 278 (oben rechts), 396, 398 (oben links).

Rijksmuseum, Amsterdam: 156, 174 (oben), 180 (unten), 190, 213.

RKDimages/Herzog Anton Ulrich-Museum: 223 (unten).

Royal Asiatic Society of Great Britain and Ireland: 89.

The Royal Belgian Institute of Natural Sciences, Brussels: 24.

© The Royal Society: 205.

Science Photo Library: 107; American Philosophical Society: 280 (unten links), 385; Royal Astronomical Society: 14; Victor de Schwanberg: 392.

Shutterstock/AdolescentChat: 344-345; Attaphong: 337 (Mitte); Bruno Biancardi: 23; Elfinadesign: 295; Everett Collection: 329 (unten), 349; Fahed3339: 47; Fishtail Studio: 267; Ana Flasker: 103; Ganjalex: 339 (oben), 339 (unten); Vladimir Goncharenko: 119; Grayjay: 398 (oben rechts), 399; Nicholas Grey: 28; Pavel Ilyukhin: 75 (unten); Anton_Ivanov: 44-45; Lukasz Janyst: 180 (oben), 187; Josehidalgo87: 22; K. Cozy Bear: 402; Maksim Kabakou: 332-333; Lenscap Photography: 305; Viacheslav Lopatin: 4-5, 58; Maforche: 177 (unten links); Maxx-Studio: 374-375; Juan Carlos Munoz: 26; Neveshkin Nikolay: 105; New Africa: 49; Oleksiy Mark: 11, 331; Pepermpron: 398 (unten); Piscine26: 384; Pyty: 370; Leon Rafael: 177 (oben rechts); Sakkmesterke: 388-389; David H. Seymour: 73; SkillUp: 320-321; Sylverarts Vectors: 284-285; Abbie Warnock-Matthews: 133; WinWin artlab: 334-335; Written in the Stars: 161 (oben), 173; Xamnesiacx84: 112; YARphotographer: 177 (unten rechts); Zita: 246 (unten links), 265 (oben), 265 (unten).

SLUB Dresden: 135.

Smithsonian Libraries: 17, 79 (links), 79 (rechts), 160 (unten rechts), 168, 171 (links), 171 (rechts), 221 (rechts), 243, 273, 298.

Staatliche Museen zu Berlin/Ägyptisches Museum und Papyrussammlung/ Sandra Steiß, CC BY-SA: 51; Museum für Vor- und Frühgeschichte/Claudia Plamp: CC BY-SA: 30, 31; Vorderasiatisches Museum/Olaf M. Teßmer: 16 (unten links), 39.

Städel Museum, Frankfurt am Main: 278 (oben links), 394.

Trinity College, Cambridge, CC BY: 363.

U.S. National Archives and Records Administration: 281 (oben Mitte), 314.

University of California Libraries: 10 (rechts), 153, 206.

University of California, Los Angeles/Los Angeles Times Photographic Collection: 366.

University of Illinois Urbana-Champaign: 371 (oben).

The University of Michigan Library: 366.

University of Pennsylvania Libraries: 125, 188; Provenance Online Project: 19 (unten rechts), 151.

UNSW/Andrew Kelly: 41 (unten).

Wellcome Collection: 32-33, 181 (unten rechts), 191, 199, 203 (unten rechts), 223 (oben), 226 (unten), 232, 235, 254 (oben).

Wikimedia Commons/Rocky Acosta, CC BY: 304; Atilin, CC BY-SA: 127; George M. Bergman, CC BY-SA: 280 (oben links), 338; Wolfgang Beyer, CC BY-SA: 281 (unten rechts), 300-301, 310 (oben), 310 (unten), 311; Cffk, CC BY-SA: 337 (unten); Chas_zzz_ brown, Shibboleth, CC BY-SA: 308 (links); Keenan Crane and Henry Segerman, CC BY-SA: 266; Cush: 391 (oben); Dan Dry, CC BY-SA: 329 (oben); Geographicus Rare Antique Maps: 337 (oben); Feldkurat Katz, CC BY-SA: 272; Lovasoa: 358-359, 369; Mwjohnson0, CC BY: 319; Marie-Lan Nguyen, CC BY: 36; Ponor, CC BY-SA: 395 (unten); Rama, CC BY-SA: 216; Salix alba, CC BY-SA: 341 (oben); Beojan Stanislaus, CC BY-SA: 308 (rechts); Steelpillow, CC BY-SA: 361; Jorge Stolfi: CC BY-SA: 365; Trombonist04, CC BY-SA: 72; Ms Sarah Welch: 18 (unten links), 93; Wikimol: 327; Wikipeter-HH, CC BY-SA: 368; Stefan Zachow: 279 (unten, Mitte rechts), 297.

Yale Center for British Art: 226 (oben rechts), 231.

Yale Peabody Museum: 16 (oben rechts), 43 (oben), 43 (unten).

Es wurden alle Anstrengungen unternommen, um die Urheberrechtsinhaber der in diesem Buch verwendeten Bilder zu nennen. The Bright Press entschuldigt sich für etwaige Auslassungen oder Fehler und ist gerne bereit, in zukünftigen Ausgaben dieses Buchs die entsprechenden Korrekturen vorzunehmen.